普通高等教育“十三五”规划教材暨智能制造领域人才培养规划教材

机械制造技术基础

主　编　蔡安江　于　洋　牛秋林　李勇峰
副主编　阮晓光　林　红
主　审　赵　宁

华中科技大学出版社
中国·武汉

内 容 简 介

本书是以教育部机械工程类专业教学指导委员会制定的指导性专业培养计划为基础，以新工科理念为指导思想，遵循专业人才培养的规律组织编写的。

本书阐述了机械制造所必需的基础知识、基本理论和基本方法，融合了机械制造工艺、金属切削原理与刀具、金属切削机床及机床夹具设计等内容。全书分 5 篇，共 11 章，主要内容包括机械制造技术概述、金属切削原理、金属切削刀具、金属切削机床、机床夹具设计、机械加工精度、机械加工表面质量、机械加工过程中的振动、机械加工工艺规程设计、机械装配工艺规程设计和现代制造技术等。各章均附有习题与思考题。全书内容力求系统新颖、重点突出，便于自学。全书采用最新国家标准与术语。

本书可作为普通高等学校机械工程类及其相关专业本科生的教材或参考书，也可作为相关专业研究生的参考书，还可供制造业工程技术人员参考。

图书在版编目(CIP)数据

机械制造技术基础/蔡安江等主编. —武汉：华中科技大学出版社，2019.1
普通高等教育“十三五”规划教材暨智能制造领域人才培养规划教材
ISBN 978-7-5680-4844-6

Ⅰ.①机… Ⅱ.①蔡… Ⅲ.①机械制造工艺-高等学校-教材 Ⅳ.①TH16

中国版本图书馆 CIP 数据核字(2018)第 294515 号

机械制造技术基础 蔡安江 于 洋 牛秋林 李勇峰 主编
Jixie Zhizao Jishu Jichu

策划编辑：余伯仲
责任编辑：刘 飞
封面设计：原色设计
责任监印：周治超
出版发行：华中科技大学出版社(中国·武汉) 电话：(027)81321913
武汉市东湖新技术开发区华工科技园 邮编：430223
录 排：武汉三月禾文化传播有限公司
印 刷：武汉洪林印务有限公司
开 本：787mm×1092mm 1/16
印 张：18.25
字 数：471 千字
版 次：2019 年 1 月第 1 版第 1 次印刷
定 价：54.80 元

华中出版

本书若有印装质量问题，请向出版社营销中心调换
全国免费服务热线：400-6679-118 竭诚为您服务

前　言

本书是以教育部机械工程类专业教学指导委员会制订的指导性专业培养计划为基础，以体现新工科的理念、有利于建立与企业联合的人才培养机制为指导思想，注重培养学生科学的思维方法、工程意识和创新意识，注重提高学生的基本工艺技能、综合解决工程实际问题的能力与工程素质，遵循专业人才培养的规律组织编写的。

本书综合了机械制造工艺学及机床夹具设计、金属切削机床、金属切削原理与刀具的基本内容，对机械制造技术的基础知识、基本理论、基本方法等进行了系统整合。本书结构严谨、叙述简明，体现了专业知识的传统性、基础性、系统性和实用性，力求理论联系实际，注重体现机械制造领域的最新成就和发展趋势、多学科间的知识交叉与渗透，注重培养学生的工程思想，以提高学生综合运用知识解决工程实际问题的能力。书中的计量单位、名词术语、材料牌号等全面采用最新国家标准。

本书由西安建筑科技大学蔡安江、西安科技大学于洋、湖南科技大学牛秋林、河南科技学院李勇峰担任主编，西安建筑科技大学阮晓光、林红担任副主编，蔡安江负责全书的统稿工作。本书编写人员及分工：西安建筑科技大学蔡安江（第 1 章、第 11 章）、林红（第 2 章、第 7 章）、郗长青（第 4 章）、阮晓光（第 6 章、第 8 章），河南科技学院李勇峰（第 5 章），西安科技大学于洋（第 10 章）、张武刚（第 9 章），湖南科技大学牛秋林（第 3 章）。

本书承蒙西北工业大学赵宁教授担任主审。在本书的编写过程中参考并引用了近几年来国内出版的有关教材、论著和手册中的相关内容，在此向有关的作者表示衷心的感谢。

本书得到了西安建筑科技大学教材建设项目的资助，在此表示感谢！

最后，向参加本书审稿和出版工作，以及在编写过程中给予帮助和支持的各位同仁，致以最诚挚的感谢！限于作者的水平和经验，书中的缺点和疏漏在所难免，诚望同行和读者批评指正。

编　者

2018 年 7 月

目　录

第 1 篇　概述与切削原理

第 2 篇　机械加工工艺系统

第 3 篇　机械加工质量

第 4 篇　工艺过程设计

第 5 篇　机械制造技术的发展

第 1 篇　概述与切削原理

第1章　机械制造技术概述

1.1　制造与制造系统

1.1.1　制造

制造的含义十分广泛。制造是人类按照市场需求，运用主观掌握的知识和技能，借助于手工或可利用的客观物质工具，利用有效的工艺方法和必要的能源，将原材料转化为最终物质产品并投放市场的全过程。

狭义的“制造”一般是指产品的制造过程，凡是投入一定的原材料，使原材料在物理性质和化学性质上发生变化而转化为产品的过程，无论其生产过程是连续型的还是离散型的，都称为制造过程。它包括毛坯制造、零件加工、检验与装配、包装与运输等，主要考虑的是制造企业内部的物质流。

广义的“制造”包含产品的全生命周期过程，国际生产工程学会(CIRP)1990年给出了定义：“制造是一个涉及制造工业中产品设计、物料选择、生产计划、生产过程、质量保证、经营管理、市场销售和服务的一系列相关活动和工作的总称”。它包括市场分析、经营决策、设计与加工装配、质量控制、销售、运输、售后服务及报废回收等过程，必须同时考虑物质流与信息流两个方面。

随着人类生产力的发展，“制造”的概念和内涵在“范围”和“过程”两个方面将进一步拓展。

1.1.2　制造系统

制造系统是指由制造过程(产品的经营规划、开发研制、加工制造和控制管理等)及其所涉及的硬件(生产设备、工具等)、软件(制造理论、制造工艺和方法及各种制造信息等)和人员组成的一个将制造资源(生产设备、工具、材料、能源、资金、技术、信息和人力等)转变为产品(含半成品)的有机整体。制造系统实际上就是一个工厂(企业)所包含的生产资源和组织机构，而通常意义所指的制造系统仅是一种加工系统，是制造系统的一个组成部分，如柔性制造系统。

国际生产工程学会于1990年给“制造系统”下的定义：制造系统是制造业中形成制造生产(简称生产)的有机整体。在机电工程产业中，制造系统具有设计、生产、发运和销售的一体化功能。

机械制造系统是一个典型的、具体的制造系统。其组成如图1-1所示。机械制造过程是一个资源向产品或零件的转变过程，如图1-2所示。这个过程是不连续(离散)的，其系统状态是动态的，故机械制造系统是离散的动态系统。

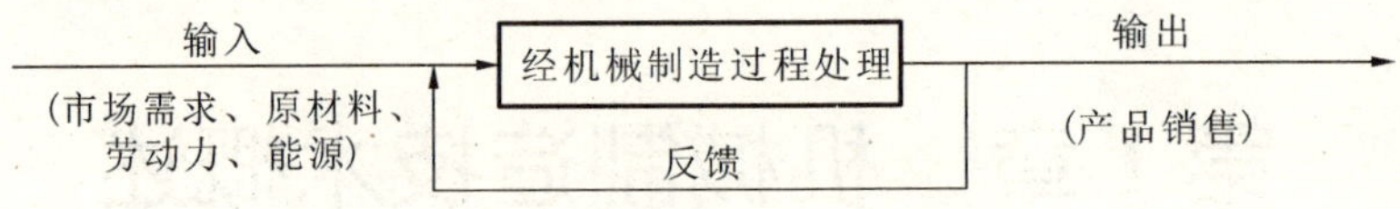

图 1-1 机械制造系统的组成

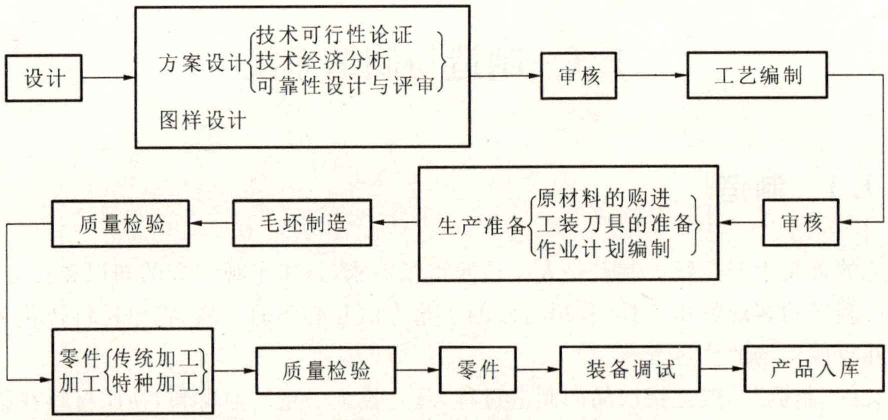

图 1-2 机械制造过程

机械加工系统是由机床、夹具、刀具、工件、操作人员和加工工艺等组成的。机械加工系统输入的是制造资源(毛坯或半成品、能源和劳动力),经过机械加工过程制成成品或零件输出。

机械加工系统在运行过程中,总是伴随着物料流、信息流和能量流的运动,这三者之间相互联系、相互影响,是一个不可分割的有机整体,如图 1-3 所示。

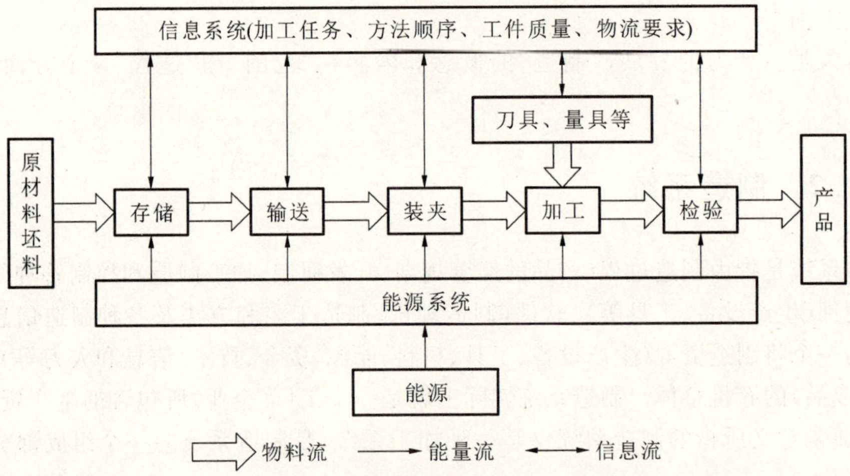

图 1-3 机械加工系统的“三流”运动

(1) 物料流(物流) 机械加工系统输入的是原材料或坯料、半成品及相应的刀具、量具、夹具、润滑油、切削液和其他辅助物料等,经过输送、装夹、加工检验等过程,最后输出半成品或成品(伴随切屑的输出)。整个加工过程(包括加工准备)是物料输入和输出的动态过程,这种物料在机械加工系统中的运动称为物料流。

(2) 信息流 机械加工系统必须集成各个方面的信息,以保证机械加工过程的正常进行。这些信息主要包括加工任务、加工工序、加工方法、刀具状态、工件要求、质量指标和切削参数等，分为静态信息（工件尺寸要求、公差大小等）和动态信息（刀具磨损、机床故障状态等）。所有这些信息构成了机械加工过程的信息系统。这个系统不断地和机械加工过程的各种状态进行信息交换，有效地控制机械加工过程，以保证机械加工的效率和产品质量。这种信息在机械加工系统中的作用过程称为信息流。

（3）能量流　机械加工系统是一个动态系统，其动态过程是机械加工过程中的各种运动过程。这个运动过程中的所有运动，特别是物料的运动，均需能量来维持。来自机械加工系统外部的能量（一般为电能），多数转变为机械能。一部分机械能用以维持系统中的各种运动，另一部分通过传递、损耗而到达机械加工的切削区域，转变为分离金属的动能和势能。这种在机械加工过程中的能量运动称为能量流。

1.2 制造技术

1.2.1 制造技术概念

制造技术是完成制造过程所使用的一切生产技术的总称，是将原材料和其他生产要素经济合理地转化为可直接使用的具有高附加值的成品（半成品）和技术服务的技术群，是制造企业的技术支柱和持续发展的根本动力。

制造技术也有广义与狭义之分。广义制造技术涉及制造活动的各个方面及其全过程，是从概念产品到最终产品的集成活动与系统工程，是一个功能体系和信息处理系统。而狭义制造技术则是指机械加工与装配工艺技术。

制造技术的发展是由社会、政治、经济等多方面因素决定的，但最主要的因素是科学技术的推动和市场的牵引。纵观近200年的发展历程，技术的推动和市场的牵引是影响制造技术发展的主要因素。科学技术的每次重大进展都推动了制造技术的发展，人类的需求不断增长和变化，也促进了制造技术的不断进步。20世纪80年代以来，随着社会需求个性化、多样化的发展，生产类型沿小批量→大批量→多品种变批量的方向发展，以及以计算机为代表的高技术和现代化管理技术的引入、渗透与融合，不断地改变着传统制造技术（以机械-电力技术为核心的各类技术相互联结和依存的制造工业技术体系）的面貌和内涵，从而形成了先进制造技术。

1.2.2 机械制造技术

机械制造技术即机械产品制造过程中所需要的一切手段的总和，是实现机械制造过程的最基本环节。机械加工中，材料的质量和性能通过制造技术的实施而发生变化，从原材料或毛坯制造成零件的过程中，质量的变化可分为质量不变、质量减少和质量累加三种类型。不同类型采用不同的工艺方法。与此相对应，机械加工方法分为材料成形法、材料去除法和材料累加法三种。

1. 材料成形法（质量不变）

材料成形法是将原材料转化成各种形状与尺寸的零件加工方法。在成形前后，材料主要是形状发生变化，而质量基本不变。该工艺以热加工形式为主，主要用来制造毛坯或形状复杂、精度要求不高的零件，制造精度要求较高的零件则采用精密成形工艺。

材料成形工艺的特点是材料利用率高，但产生变形的能量消耗较大。典型的工艺方法有铸造、锻造、挤压、冲压、注塑、吹塑、粉末冶金和连接成形(焊接、黏结、卷边接合、铆接)等。

粉末冶金是用金属粉末或金属与非金属粉末的混合物作为原料，经压制、烧结以及后处理等工序，制造某些金属制品或金属材料的方法。由于粉末冶金可直接制造出尺寸准确、表面光洁的零件，且材料利用率可达95%，大大减少了切削加工量，显著降低了制造成本，因而在机械制造业中获得日益广泛的应用。但粉末冶金工艺成形的产品结构形状有一定的限制，塑性、韧性较差，粉末原材料价格较高，一般只适用于成批或大量生产。

粉末冶金的工艺流程如图 1-4 所示。

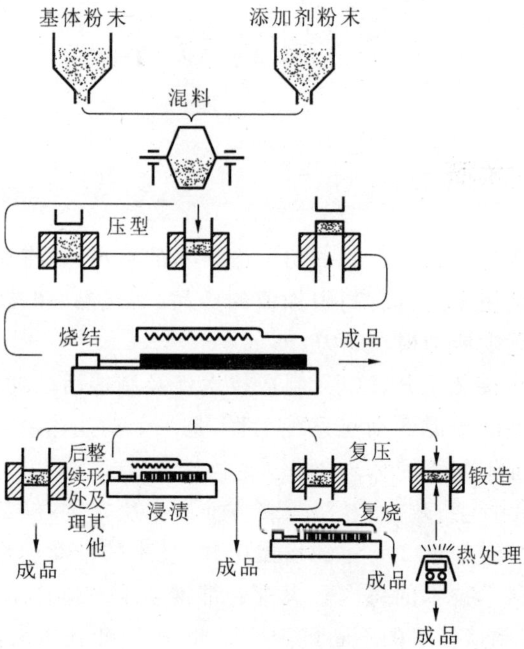

图 1-4 粉末冶金工艺流程

2. 材料去除法(质量减少)

材料去除法是采用在原材料上通过不同工艺方法去除一部分多余材料，达到设计要求的形状、尺寸和公差的零件加工方法。在制造过程中，材料的质量逐渐减少。该工艺主要用来提高零件的加工精度和表面加工质量。

材料去除工艺的特点是无功资源消耗多(大部分能量消耗在去除材料上)、加工周期长、材料浪费严重，但目前仍是保证零件设计要求的一种最经济的工艺方法，在机械制造业中占有重要的地位。

材料去除法主要分为传统的切削加工和特种加工。

切削加工是在机床上通过刀具和工件之间的相对运动及相互力的作用实现的。切削过程中，所具有的力、热、变形、振动、磨损等问题决定了零件最终获得的几何形状及表面质量。切削加工的方法很多，常见的有车削、铣削、刨削、磨削、钻削、拉削和镗削等。

特种加工是不同于传统的切削加工，它是利用电能、化学能、光能、声能、热能及机械能等能量对材料进行加工的工艺方法。在特种加工过程中，刀具与工件基本不接触，不存在切削力和工件材料性能对加工的影响，因此又称为无切削力加工。

特种加工能解决普通机械加工方法无法解决或难以解决的问题，如具有高硬度、高强度、高脆性或高熔点的各种难加工材料（硬质合金、钛合金、淬火工具钢、耐热钢、不锈钢、陶瓷、金刚石、宝石、石英、玻璃及锗、硅等）零件的加工，具有较低刚度或复杂曲面形状的特殊零件（薄壁件、弹性元件、复杂曲面形状的模具内腔、叶轮机械的叶片、喷丝头、各种冲模及冷拔模上的型孔、整体涡轮等）的加工，各种超精、光整或具有特殊要求的零件（航空陀螺仪、伺服阀等）的加工等。特种加工在现代制造技术中占有越来越重要的地位，并已在现代制造、科学研究和国防工业中获得了日益广泛的应用。

特种加工一般按能量来源和作用形式以及加工原理来分类，主要有：电火花加工（EDM）、电火花线切割加工（WEDM）、化学加工（CHM）、电化学加工（ECM）、电化学机械加工（ECMM）、电接触加工（RHM）、激光束加工（LBM）、超声波加工（USM）、电子束加工（EBM）、离子束加工（IBM）、等离子体加工（PAM）、电液加工（EHM）、磨料流加工（AFM）、磨料喷射加工（AJM）、液体喷射加工（HDM）及各类复合加工等。

3. 材料累加法（质量累加）

材料累加法是 20 世纪 80 年代发展起来的一种工艺新技术，它充分利用计算机数据模型和自动成形系统，采用材料累加的方法分层制造零件。在制造过程中，材料的质量逐渐增加。该工艺可制造各种形状复杂的零件，制造周期大大缩短，材料利用率高，在制造过程中不产生力，能量消耗较低。材料累加法的典型工艺是目前正在迅速发展的快速原型制造技术。

快速原型制造技术突破了传统的加工模式，被认为是近几十年制造技术领域的一次重大突破，它综合了机械工程、数控技术、CAD 与 CAM 技术、激光技术以及新型材料技术等，可以自动迅速地把设计思想物化为具有一定结构和功能的原型或直接制造零件，可以对产品设计进行快速评价、修改，以响应市场需求，提高企业的竞争能力。快速原型制造技术对于制造企业的模型、原型及成形件的制造方式正产生着深远影响。

快速原型制造技术的基本原理是直接根据产品 CAD 的三维实体模型数据，经计算机数据处理后，将三维实体数据模型转化为许多二维平面模型的叠加，再通过计算机控制、制造一系列的二维平面模型，并顺次将其联结，形成复杂的三维实体零件。快速原型制造技术工艺过程如图 1-5 所示。目前，快速原型制造技术主要有激光立体光刻法（SLA）、选择性激光烧结法（SLS）、分层实体制造法（LOM）和熔融沉积造型法（FDM）等。

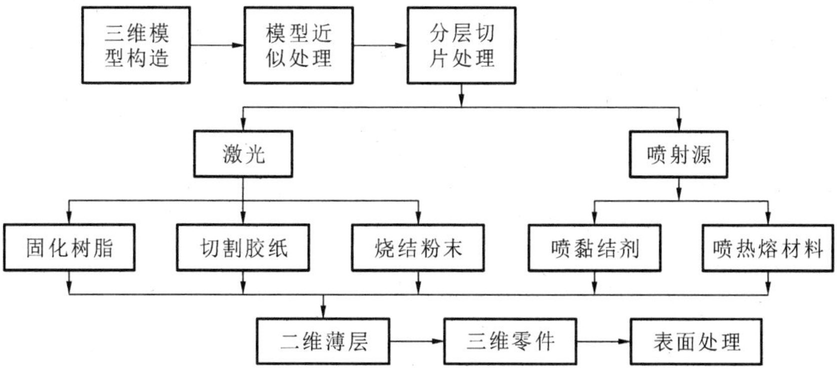

图 1-5　快速原型制造技术工艺过程

3D 打印是快速原型制造技术的一种，它是一种以数字模型文件为基础，运用粉末状金属或塑料等材料，通过逐层打印的方式来构造物体的技术，可极大地缩短产品的研制周期，提高生产率和降低生产成本。

3D 打印技术出现在 20 世纪 90 年代中期，实际上是利用光固化和纸层叠等技术的最新快速成形技术。它与普通打印工作原理基本相同，打印机内装有液体或粉末等“打印材料”，与电脑连接后，通过电脑控制把“打印材料”一层层叠加起来，最终把计算机上的蓝图变成实物。3D 打印技术中存在着许多不同的技术，它们的不同之处在于可用的材料方式，并以不同层构建部件。3D 打印常用材料有尼龙玻璃纤维、耐用性尼龙材料、石膏材料、铝材料、钛合金、不锈钢、镀银、镀金、橡胶类材料。目前，3D 打印技术已应用在珠宝、鞋类、工业设计、建筑、工程和施工、汽车、航空航天、牙科和医疗产业、教育、地理信息系统、土木工程、枪支、艺术、娱乐及其他领域。

1.2.3 制造技术的创新

1. 可持续发展是制造技术创新的动力与空间

可持续发展是指社会、经济、人口、资源、环境的协调发展和人的全面发展。人的繁衍、物质的生产、自然界对于人类生活资源和生产资源的产出三方面构成了一个综合系统，任何一方都有可能危害世界的持续和发展。

现代工业的生产模式是不符合可持续发展的，主要表现为：环境意识淡薄，“先污染，后治理”；回收、再生意识差；重视降低成本、不重视产品的耐用性和易于修理性，高度享受是以高资源消耗为代价的；环境立法、企业文化、环境生态系统教育不够。这些所形成的生产模式很难做到持续发展的，从而迫使人们必须摆脱传统的制造模式，开拓新型的可持续发展的制造模式。

可持续发展为制造技术提供了创新的空间，是促进制造技术创新的动力。发展可持续制造技术必须探讨符合可持续发展的、新型的制造技术，而且要从基础理论和工艺技术两方面进行突破性研究，如工业生态学、生态型制造技术、干式切削与磨削技术、延长产品生命周期的设计制造技术、生长型制造的实用化技术、以人为中心协调环境与文化要求的文化主导型制造技术等。

可持续发展的生产模式正在推动新一轮的技术创新；由资源型的发展模式逐步变为技术型的发展模式，变为经济、社会、资源与环境相协调的新发展模式；由物质短缺的社会所具有的大量生产模式转化到物质丰富的社会所应有的一种新生产模式——循环制造模式。

2. 知识化是制造技术创新的资源

随着产品市场国际化的激烈竞争，产品的功能日趋集成化和复合化，开发新产品所需的知识越来越多，尤其是高新知识。可以说，技术的产品和工艺创新完全依赖于科学知识、工程技术知识、管理知识和经济知识的积累与综合。而科学知识和工程技术知识是制造技术创新的基础。

创新所需的知识可划分为主导知识和辅助知识。对于制造技术创新而言，主导知识是有关制造本身的机理、规律、技术、技能、装置及系统等方面的知识，有量化的知识，更有非量化的知识，如经验等。主导知识是一种动态的知识，会随着科学技术的进步而不断更新。辅助知识的知识面很广，如计算机、信息论、生态学、管理科学等，是为主导知识服务的，促进主导知识的现代化，共同成为创新的资源。只有把握主导知识，掌握所需的辅助知识，创新成果才可能有深度，有应用前景。

3. 数字化是制造技术创新的手段

面对 21 世纪的制造技术创新，数字化是主要手段。继计算几何、计算力学问世之后，计算切削工艺学、计算制造、数字化制造、新型材料零件数字化设计与制造等陆续被提出，更加明显地看出数字化是技术创新的主要手段。

计算机网络为数字化信息的传递、为实现“光速贸易”提供了技术手段，同时也为实现全球化制造，基于网络的制造提供了物理保证，是实现数字化制造的重要途径。这不仅有利于参与市场竞争，促进设备资源的共享，更有利于快速获得制造技术信息，激发创新灵感。

4. 可视化是制造技术创新的虚拟检验

虚拟现实（VR）技术的飞速发展为实用性技术的创新提供了虚拟原型和技术的虚拟检验。虚拟现实技术提供的可视化，不只是一般几何形体的空间显示，它可以对噪声、温变、力变、磨损、振动等进行可视化，还可以把人的创新思维表述为可视化的虚拟实体，促进创造灵感的进一步升华。

1.3　生产类型及其工艺特征

在机械制造过程中，由于产品的类型不同，产品的结构、尺寸、技术要求不同，市场对其需求也是多种多样的，因此每种产品的年生产纲领（年产量）是不同的。

生产类型的划分依据是产品（或零件）的年生产纲领。产品（或零件）的年生产纲领是指包括备品和废品在内的该产品（或零件）的年生产量。产品（或零件）的年生产纲领对制造过程中的生产管理形式、所用的机床设备、工艺装备及加工方法都有很大的影响。

零件的年生产纲领可按下式计算：

$$N = Qn(1 + a\% + b\%)$$

式中：N——零件的年生产纲领（件/年）；

Q——产品的年产量（台/年）；

n——每台产品中该零件的数量（件/台）；

$a\%$——备品率；

$b\%$——废品率。

根据产品的大小、特征、生产纲领、批量及其投入生产的连续性，按生产专业化程度的不同，可将生产划分为三种类型：单件生产、成批生产和大量生产，见表 1-1。表 1-1 中的重型零件、中型零件、轻型零件，可参考表 1-2 所列数据确定。

表 1-1　生产纲领与生产类型

生产类型		同种零件的年生产纲领（件/年）		
		重型零件	中型零件	轻型零件
单件生产		＜5	＜20	＜100
成批成生	小批	5～100	20～200	100～500
	中批	100～300	200～500	500～5000
	大批	300～1000	500～5000	5000～50000
大量生产		＞1000	＞5000	＞50000

表 1-2 机械产品质量类别

机械产品类别	加工零件的质量/kg		
	轻型零件	中型零件	重型零件
电子工业机械	＜4	4～30	＞30
机床	＜15	15～50	＞50
重型机械	＜100	100～2000	＞2000

(1) 单件生产　产品的种类很多,同一种产品的数量不多(仅制造一个或少数几个),很少再重复生产。如制造大、重型机械产品或新产品试制等都属于单件生产。

(2) 成批生产　产品的种类较多,每种产品均有一定的数量,各种产品是分期分批地轮番进行生产。如机床制造、机车制造和电机制造等多属于成批生产。

(3) 大量生产　产品的品种较少,产量很大,同一工作地长期重复地进行某一零件的某一工序的生产。如汽车、拖拉机、轴承和自行车等的制造多属于大量生产。

同一产品(或零件)每批投入生产的数量称为批量。根据产品的特征和批量的大小,成批生产可分为小批生产、中批生产和大批生产。小批生产接近单件生产,大批生产接近大量生产,中批生产介于单件生产和大量生产之间。

各种生产类型的工艺特征见表 1-3。

表 1-3 各种生产类型的工艺特征

工艺特征	生产类型		
	单件生产	成批生产	大量生产
生产对象	品种很多、数量少	品种较多、数量较多	品种较少、数量很大
零件的互换性	配对制造、无互换性,广泛采用钳工修配	大部分具有互换性,少数用钳工修配	全部具有互换性,某些高精度配合件用分组选择法装配
毛坯的制造方法及加工余量	铸件用木模手工制造;锻件用自由锻。毛坯精度低,加工余量大	部分铸件用金属模;部分铸件用模锻。毛坯精度中等,加工余量中等	用高生产率的毛坯制造方法。铸件广泛采用金属模机器造型,锻件用模锻,毛坯精度高,加工余量小
机床设备	通用机床或数控机床、加工中心 机床按类别和规格大小采用"机群式"排列布置	通用机床和部分高生产率机床兼用,数控机床、加工中心、柔性制造单元、柔性制造系统 机床按加工类别分工段排列布置	高生产率的专用机床、组合机床、自动机床、数控机床或专用生产线、自动生产线、柔性制造生产线 机床设备按流水线或自动线形式排列
夹具	多用标准通用夹具,很少采用专用夹具,靠划线及试切法达到尺寸精度	广泛采用夹具或组合夹具,部分靠划线法达到加工精度	广泛采用高生产率专用夹具,靠夹具及调整法达到加工精度
刀具与量具	采用通用刀具与万能量具	较多采用专用刀具及专用量具或三坐标测量机	广泛采用高生产率的专用刀具和量具,或采用统计分析法保证质量

续表

工艺特征	生产类型		
	单件生产	成批生产	大量生产
对工人的要求	需要技术精湛的工人	需要技术熟练的工人	对操作工人的技术要求较低，对调整工人的技术要求较高
工艺文件	只有工艺过程卡片	有工艺过程卡片，重要工序有工序卡片	有详细的工艺文件
发展趋势	箱体类复杂零件采用加工中心加工	采用成组技术，数控机床、柔性制造技术等加工	在计算机控制的自动化制造系统中加工，实现在线故障、自动报警和加工误差自动补偿

由表 1-3 可知，不同的生产类型具有不同的工艺特征。在制订零件机械加工工艺时，必须首先确定生产类型。一般生产同一产品，大量生产要比成批生产、单件生产的生产效率高，成本低，性能稳定，质量可靠。因此，产品结构的标准化、系列化就显得十分重要。推行成组技术、组织成组加工及区域性专业化生产，可使大批量生产中被广泛采用的高效率加工方法和设备应用到中小批生产中。

1.4　机械制造业的发展

人类文明的发展和制造业的进步是密切相关的。机械制造业的发展过程，是一个不断提高机械制造产品的加工精度和加工表面质量、不断提高和完善制造过程的自动化水平、不断降低制造成本、不断提高生产效率的过程。

人类的制造活动最早追溯到新石器时代。在新石器时代，人们利用石器作为劳动工具，制造处于一种萌芽阶段。到了青铜器和铁器时代，制造业主要是以利用人力进行纺织、冶炼和铸造各种农耕器具为主的原始制造活动，并以手工作坊的形式出现，形成了以分工为基础的协作工场手工制造业，较好地满足了以农业为主的自然经济的需要。

18 世纪中叶，自瓦特发明了蒸汽机，制造业取得了历史性的进步。机械技术与蒸汽动力技术相结合，标志着机器-蒸汽动力时代的到来，产生了第一次工业革命，手工劳动逐渐被机器生产所代替，出现了火车、轮船、由动力驱动的纺织机械和金属切削机床等，为制造提供了机械加工的基础装备，并制造出满足机械制造、纺织、矿山、农业、化工、原材料、交通运输和建筑等不同行业需求的各种机器，机械制造业逐渐形成规模，近代工业化大生产开始出现。

19 世纪中叶，电磁场理论的建立为发电机和电动机的产生奠定了基础，从而迎来了电气时代。以电力作为动力源，使机械结构和生产效率发生了重大变化。与此同时，互换性原理和公差制度应运而生。所有这些都使机械制造业发生了重大变革，机械制造业从而进入了快速发展时期。

20 世纪初，内燃机的发明又引发了制造业的革命，生产规模逐渐扩大，制造业进入了以生产汽车为代表的应用大批量生产方式和技术（零件互换技术等）的时代。流水生产线的出现和泰勒科学管理理论的产生,标志着机械制造业进入了“大批量生产”(mass production)时代,实现了以刚性自动化为特征的大量生产方式和“规模效益第一”的生产方式(降低劳动力成本获得高效益),产生了工业技术的革命和创新,形成了以机械-电力技术为核心的各类技术相互联结和依存的制造工业技术体系。

20 世纪 70 年代,随着工业市场竞争的不断加剧,大批量的生产方式开始逐步向多品种、中小批量的生产方式转变。大规模集成电路的出现以及运筹学、现代控制论、系统工程等软科学的产生和发展,使机械制造业产生了一次新的飞跃。制造业逐步实现了柔性自动化生产,形成了面向制造的设计、满足用户要求的设计/制造及准时生产(JIT:just in time)的制造理念。

20 世纪 80 年代,信息产业的崛起和通信技术的发展加速了市场的全球化进程,市场竞争更加激烈,消费者的需求日趋主体化、个性化和多样化,市场竞争的焦点集中在以最短的时间(T)开发出高质量(Q)、低成本的产品(C),投放市场,并为用户提供好的服务(S)。基于先进的计算机技术和自动化技术的先进制造技术成为制造业赢得市场竞争的主要手段,主要有 CAD(computer aided design)、CAPP(computer aided process planning)、CAM(computer aided manufacturing)、DNC(directed numerical control)、FMS(flexible manufacturing system)、MRP(manufacturing resources planning)、GT(group technology)、PDM(product data management)等。

20 世纪 90 年代,计算机网络技术的发展给制造业带来了巨大的变化,全球经济一体化进程打破了传统的地域经济发展模式,市场变得更加广阔,市场竞争的焦点已集中在快速响应、瞬息万变的市场需求上,制造业逐步向柔性化、集成化、智能化和网络化发展,产生了许多先进的制造模式,如 ERP(enterprise resource planning)、CE(concurrent engineering)、LP(lean production)、AM(agile manufacturing)、VM(virtual manufacturing)等。

进入 21 世纪,随着全球环境的日益恶化,制造业对环境所产生的影响已成为当前制造科学所必须面临和解决的重大问题,以绿色制造为代表的环保型制造受到广泛的关注,它的实施将带来 21 世纪制造业的一系列重大变革和技术创新。

机械制造业的发展历程按其生产方式的变化可以概括为劳动密集型、设备密集型、信息密集型、知识密集型和智能密集型的发展过程,总是与社会生产力水平的发展、先进制造技术的应用、市场需求的变化和社会需求的变化这四大因素紧密相关。

1.5 机械制造业在国民经济中的作用

在整个制造业中,机械制造业占有特别重要的地位。纵观世界各国,任何一个经济强大的国家,无不具有强大的机械制造业,许多国家的经济腾飞,机械制造业功不可没,其中,日本最具有代表性。二次世界大战后,日本先后提出“技术立国”和“新技术立国”的口号,对机械制造业的发展给予了全面支持,并抓住机械制造的关键技术——精密工程、特种加工和制造系统自动化,使日本在 1945 年以后的短短 30 年里,一跃成为世界经济大国。

机械制造业是国民经济的装备部,是国家经济发展的支柱,是国民经济收入的重要来源,在整个国民经济中处于十分重要的地位。制造业的发展对一个国家的经济、社会甚至文化具有巨大和深刻的影响,国民经济的发展速度在很大程度上取决于机械制造业技术水平的高低和发展速度。

(1) 机械制造业是人类物质生产的基础,人们物质消费水平的提高,有赖于制造技术和制造业的发展。可以说,没有制造业的发展就没有今天人类的现代物质文明。

(2) 机械制造业是重要的基础工业,是为国家创造财富的重要产业。据统计,20 世纪 90 年代,20 个工业化国家制造业所创造的财富占国内生产总值(GDP)的比例平均为 22.15%;美国财富的 68%来源于制造业;日本国内生产总值的 49%是由制造业提供;我国制造业产值占工业总产值的比例为 45%。

(3) 机械制造业是为国民经济的各个部门提供技术装备的,其技术发展水平不仅决定企业现时的竞争力,更决定了全社会的长远效益和经济的持续增长。可以说,制造业是实现经济增长的物质保证,没有机械制造业的发展和振兴,就没有整个国民经济的发展和振兴;国民经济各个部门的生产技术水平和经济效益,在很大程度上取决于机械工业所能提供装备的技术性能、质量和可靠性。

(4) 机械制造业是加快信息产业发展的物质基础。没有信息产业的快速发展,制造业就不可能较快地实现高技术化;反之,若没有制造业的拉动和支持,也不可能有信息产业的发展和进步。制造业和信息产业是相互依赖、相互推动、共同发展的。

(5) 机械制造业历来是应用科学技术的主要领域,发挥着应用最新科技推动社会、经济发展的主导作用。现代化的工业、农业、国防和科学技术,都以相应的机械装备为物质基础,先进的技术装备集中了相关科技领域的最新科技成果。同样,没有机械制造业提供质量优良、技术先进的装备,相关领域的技术(如新材料技术、信息技术、生物工程技术等)发展就会受到制约,而机械制造业也为其他领域的技术研究开发提供了许多重要的研究方向、课题及先进的实验装备。

习题与思考题

1-1 如何理解制造的概念?

1-2 机械制造技术可划分为哪几种类型?其典型的工艺方法有哪些?

1-3 制造系统有哪些组成要素?

1-4 简述机械加工系统中的物料流、信息流和能量流。

1-5 单件生产、成批生产和大量生产各有哪些工艺特征?

1-6 简述机械制造业的发展。

1-7 如何理解制造技术的创新。

1-8 如何理解机械制造业对一个国家的重要性?

第 2 章　金属切削原理

2.1　切削运动及切削要素

2.1.1　切削运动

切削运动是指切削加工时，为了获得各种形状的零件，刀具与工件必须具有一定的相对运动。按其所起的作用，切削运动可分为主运动和进给运动。

1. 主运动

由机床或人力提供的运动，它使刀具与工件之间产生主要的相对运动。主运动的特点是速度最高，消耗功率最大。车削时，主运动是工件的回转运动。

2. 进给运动

由机床或人力提供的运动，它使刀具与工件间产生附加的相对运动。进给运动将使被切金属层不断地投入切削，以加工出具有所需几何特性的加工表面。车削外圆时，进给运动是刀具的纵向运动；车削端面时，进给运动是刀具的横向运动；牛头刨床刨削时，进给运动是工作台的移动。

主运动的运动形式可以是旋转运动，也可以是直线运动；主运动可以由工件完成，也可以由刀具完成；主运动和进给运动可以同时进行，也可以间歇进行；主运动通常只有一个，而进给运动的数目可以有一个或几个。

2.1.2　切削加工过程

切削加工过程中，在切削运动的作用下，工件表面一层金属不断地被切除变为切屑，从而加工出所需要的表面，三个表面始终处于不断的变动之中：前一次走刀的已加工表面，即为后一次走刀的待加工表面；过渡表面则随进给运动的进行不断被刀具切除，如图 2-1 所示。其含义是：

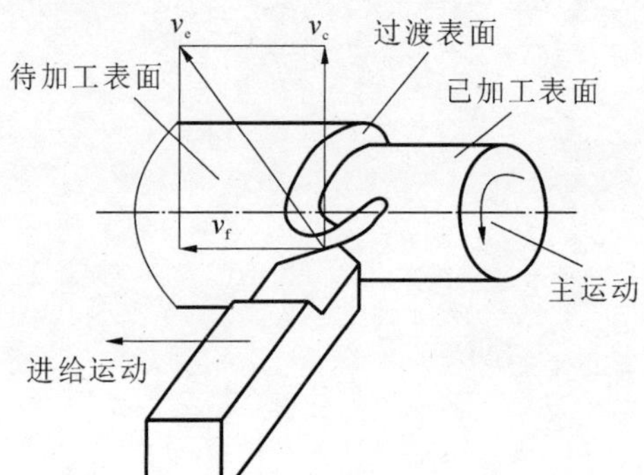

图 2-1　切削外圆时的切削运动和加工表面

(1) 待加工表面　即将被切去金属层的表面;

(2) 切削表面　切削刃正在切削而形成的表面,切削表面又称加工表面或过渡表面;

(3) 已加工表面　已经切去多余金属层而形成的新表面。

2.1.3 切削用量三要素

切削用量是用来描述切削加工中主运动和进给运动的参数。切削用量包括切削速度、进给量、背吃刀量三个要素。

1. 切削速度 v_c

切削速度是指切削加工时,切削刃选定点相对于工件主运动的瞬时速度,即单位时间内工件和刀具沿主运动方向相对移动的距离,单位为 m/s。

主运动为旋转运动时,切削速度 v_c 的计算公式为

$$v_c = \frac{\pi d n}{1000 \times 60} \quad (\text{m/min}) \tag{2-1}$$

式中:d——工件直径(mm);

n——工件或刀具每分钟转数(r/min)。

若运动为往复运动时,平均切削速度为

$$v_c = \frac{2Ln_r}{1000 \times 60} \quad (\text{m/min}) \tag{2-2}$$

式中:L——往复运动行程长度(mm);

n_r——主运动每分钟的往复次数(往复次数/min)。

2. 进给量 f

进给量是指刀具在进给运动方向上相对工件的位移量,可用刀具或工件每转或每行程的位移量来表述或度量。车削时进给量的单位是 mm/r,即工件每转一圈,刀具沿进给运动方向移动的距离。刨削等主运动为往复直线运动,其间歇进给的进给量为 mm/双行程,即每个往复行程刀具与工件之间的相对横向移动距离。单位时间的进给量,称为进给速度,车削时的进给速度 v_f 的计算公式为

$$v_f = nf \quad (\text{mm/min 或 mm/s}) \tag{2-3}$$

对于铣刀、铰刀、拉刀等多齿刀具,还规定了每刀齿进给量 f_z,单位是 mm/z。进给速度、进给量和每刀齿进给量之间的关系为

$$v_f = nf = nzf_z \tag{2-4}$$

式中:n——主轴转速(r/s);

z——多齿刀具的齿数。

3. 背吃刀量 a_p

背吃刀量是指主刀刃工作长度(在基面上的投影)沿垂直于进给运动方向上的投影值。对于外圆车削,背吃刀量等于工件已加工表面和待加工表面之间的垂直距离,如图 2-2 所示。

$$a_p = \frac{d_w - d_m}{2} \tag{2-5}$$

式中:d_w——待加工表面直径;

d_m——已加工表面直径。

2.1.4 切削层参数

切削层是指切削刃正在切削的金属层。切削层在垂直于主运动方向的截面尺寸称为切削层参数。它决定了刀具切削部分所承受的负荷和切屑尺寸的大小，还影响切削力和刀具磨损、表面质量和生产效率。

1. 切削厚度 h_d

切削厚度是指垂直于切削刃方向上度量的切削层截面尺寸。它反映了切削刃单位长度上工作负荷的大小。车外圆时，如主削刃为直线（见图 2-2），则有

$$h_d = f\sin\kappa_r \tag{2-6}$$

2. 切削宽度 b_d

切削宽度是指沿切削刃方向度量的切削层截面尺寸。车外圆时，如主削刃为直线（见图 2-2），则有

$$b_d = a_p/\sin\kappa_r \tag{2-7}$$

3. 切削层面积 A_d

切削层面积是指切削层在切削层尺寸度量平面内的横截面积。车外圆时，如车刀主切削刃为直线，则有

$$A_d = h_d b_d = f a_p \tag{2-8}$$

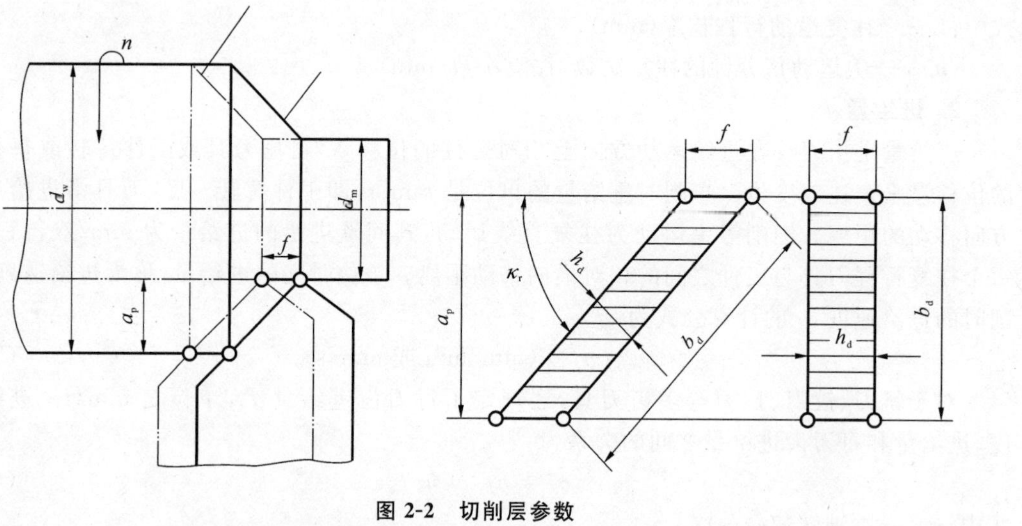

图 2-2 切削层参数

2.1.5 确定切削用量的步骤

切削三要素对切削力、刀具磨损和刀具耐用度、产品加工质量等都有直接的影响。只有选择合适的切削用量，才能充分发挥机床和刀具的功能，最大限度地挖掘生产潜力，降低生产成本。

在刀具寿命已确定的条件下，欲使 v_c、f、a_p 三者乘积即金属切除率最大，无疑应首先选择尽量大的背吃刀量 a_p，其次再根据机床动力和刚性限制条件或已加工表面粗糙度的要求

选择尽量大的进给量 f,最后依据三要素与刀具寿命关系式计算确定切削速度 v_c。

1. 背吃刀量的选择

切削加工一般分为粗加工、半精加工和精加工。

粗加工(Ra=12.5～50 μm)时，应尽量用一次走刀就切除全部加工余量。在中等功率机床上,背吃刀量可达 8～10 mm。

半精加工(Ra=3.2～6.3 μm)时,背吃刀量取为 0.5～2 mm。

精加工(Ra=0.8～1.6 μm)时,背吃刀量取为 0.1～0.4 mm。

粗加工时,当加工余量太大、工艺系统刚性不足,或者加工余量极不均匀,以致引起很大振动时,可分几次走刀,若二次走刀或多次走刀时,应将第一次走刀的背吃刀量取大些,一般为总加工余量的 2/3～3/4,而且最后一次走刀的背吃刀量取得要小一点,以使精加工工序有较高的刀具耐用度和加工精度及较小的表面粗糙度。

在加工铸、锻件或加工不锈钢等加工硬化严重的材料时,应尽量使背吃刀量大于硬皮层或冷硬层的厚度,以保护刀尖,避免过早磨损。

精加工时,背吃刀量的选取应该根据表面质量的要求来选择。在用硬质合金刀具、陶瓷刀具、金刚石和立方氮化硼刀具精细车削和镗孔时,切削用量可取为 a_p=0.05～0.2 mm, f=0.01～0.1 mm,v=240～900 m/min,这时表面粗糙度可以达到 Ra=0.32～0.1 μm,精度达到或高于 IT5(孔达到 IT6),可以代替磨削加工。

2. 进给量的选择

粗加工时,由于工件的表面质量要求不高,进给量的选择主要受切削力的限制。在机床进给机构的强度、车刀刀杆的强度和刚度以及工件的装夹刚度等工艺系统强度良好,硬质合金或陶瓷刀片等刀具的强度较大的情况下,可选用较大的进给量。当断续切削时,为减小冲击,要适当减小进给量。

在半精加工和精加工时,因背吃刀量较小,切削力不大,进给量的选择主要考虑加工质量和已加工表面的表面粗糙度,一般取值较小。

在实际生产中,进给量常常根据经验或查表法确定。按经验确定的粗车进给量在一些特殊情况(如切削力很大,工件长径比很大,刀杆伸出长度很大)下,还需对所选定的进给量进行校验(一项或几项),如刀杆强度、刀杆刚度、刀片强度、工件装夹刚度、机床进给机构强度等。

3. 切削速度的选择

在 a_p、f 值选定后,应该在此基础上再选出最大的切削速度,此速度主要受刀具耐用度的限制。因此,在一般情况下,要根据已经选定的背吃刀量、进给量 f 及刀具耐用度 T,按下述公式计算出切削速度 v_T。

$$v_T = \frac{C_v}{T^m a_p^{x_v} f^{y_v}} K_v \tag{2-9}$$

式中:C_v——与工件材料、刀具材料和其他切削条件有关的常数;

K_v——切削进度的修正系数,与工件材料、毛坯表面状态、刀具材料、加工方式、车刀主偏角、副偏角、刀尖圆弧半径及刀杆尺寸对切削速度的影响有关,具体的修正系数值可查相关表格。

式中的各系数和指数可查阅切削用量手册。

生产中选择切削速度的一般原则如下。

(1) 粗车时，a_p、f 较大，故选择较低的切削速度；精车时，a_p、f 均较小，故选择较高的切削速度。

(2) 工件材料强度、硬度高时，应选择较低的切削速度；反之选择较高的切削速度。如加工奥氏体不锈钢、钛合金和高温合金时，则切削速度也要选得低些。易切碳钢的切削速度则较同硬度的普通碳钢的高。加工灰铸铁的切削速度较中碳钢的低。而加工铝合金和铜合金的切削速度则较加工钢的切削速度高得多。

(3) 刀具材料的切削性能越好时，切削速度应选得越高。硬质合金刀具的切削速度比高速钢刀具的要高好几倍，而涂层硬质合金的切削速度又比未涂层的刀片有明显提高。很明显，陶瓷、金刚石和立方氮化硼刀具的切削速度又比硬质合金刀具的高得多。

(4) 精加工时，应尽量避免积屑瘤和鳞刺产生的区域。

(5) 断续切削时，为减小冲击和热应力，宜适当降低切削速度。

(6) 在易发生振动的情况下，切削速度应避开自激振动的临界速度。

(7) 加工大件、细长件和薄壁工件时，应选用较低的切削速度。

(8) 加工带外皮的工件时，应适当降低切削速度。

2.1.6 提高切削用量的途径

(1) 采用切削性能更好的新型刀具材料。

(2) 改善工件材料的切削加工性。

(3) 改进刀具结构和选配合理的刀具几何参数。

(4) 提高刀具的制造和刃磨质量。

(5) 采用性能好的新型切削液和高效的冷却方法。

2.1.7 切削用量优化及切削数据库

1. 切削用量优化

切削用量是指根据生产中的经验数据进行必要的计算获得的数据，并非最佳值。随着计算机技术的广泛应用，计算机辅助切削用量的优化选择成为可能。

所谓“最优化技术”，就是以数学中多元函数求极值理论为基础，借助计算机对最优化问题的数学模型进行优化求解，使优化目标最优且满足一定约束的最优选择变量的技术。应用最优化技术确定最优切削用量，首先要建立符合实际加工条件的数学模型，包括以下几个方面。

1) 目标函数

目标函数是优化目标 U 与切削用量之间的函数关系式，即

$$U = U(a_p, f, v_c) \tag{2-10}$$

式中的 U 可以是单个优化目标(如单件生产成本、单件工序工时等)，也可以是多个优化目标的组合。

2) 约束条件

约束条件是指生产条件对切削用量施加的种种限制，包括刀具切削性能(如刀具寿命)、加工质量(如表面粗糙度)、工艺系统力学性能(如工件刚度、刀具强度与刚度、机床进给机构

强度)、机床参数规范(如机床功率、机床主轴扭矩、机床极限转速和进给量)等因素,同样也需建立起这些因素 $G_i(i=1,2,\cdots,m)$ 与切削用量之间的函数关系式。

一般,约束条件可表示为

$$G_i = G_i(a_p, f, v_c) \leqslant G_{ic}(i = 1,2,\cdots,m) \tag{2-11}$$

式中:G_{ic}——每个约束条件的限定值;

m——约束条件的个数。

有了上述数学模型,再选择合适的最优化方法,并编制出相应的计算机程序,在计算机上进行优化运算,便可得到使 U 最小(或最大)且满足 m 个约束条件的最优切削用量。用这种方法确定最优切削用量,不仅快速易行,而且可以实现多目标综合优化。另外,由于在优化运算中每进行一步都要考虑约束条件,因此,最终得到的最优切削用量不需要校验便可使用。可见,这种方法比前一种更为科学合理,是切削用量优化选择的发展趋势。

目前国内外正利用计算机筹建最优切削用量数据库,以供生产调用,这将对切削加工产生深远的影响。

2. 金属切削数据库的概念

金属切削加工中需要合理的参数和设计等大量数据。随着科学技术的发展和计算机的广泛应用,为了使用方便、查找迅速、选择数据合理,将研究所、高等院校及工厂实验室经验证在实际生产中行之有效的切削用量数据、手册中的数据经评价、分析并处理后存入计算机中,形成可供用户查询的一种金属切削数据处理中心。这个数据处理中心称为金属切削数据库。金属切削数据库储存了大量切削加工方法,大量工程材料的切削数据,大量刀具材料的数据,不同机床的性能及原始参数等,用户可根据具体的加工条件,从数据库中搜索到适合该加工条件的刀具材料、刀具合理的几何参数、合理的刀具寿命和优化的切削用量值。对于金属切削数据库,既有全国性的大型数据库,也有适合某单位、部门工作需要的小型数据库,后者相对具体。

2.2　金属切削过程

研究金属切削变形过程对于切削加工技术的发展和进步、保证加工质量、降低生产成本、提高生产效率,都有着十分重要的意义。因为金属切削加工中的各种物理现象,如切削力、切削热、刀具磨损以及已加工表面质量等,都以切屑形成过程为基础,而实际生产中出现的积屑瘤、振动、卷屑与断屑等,都与切削变形过程有关。因此,对金属切削变形过程的研究,正是抓住了问题的根本,深入到了本质。下面就对这些现象和规律做简单介绍。

2.2.1　切屑形成过程及切屑种类

1. 切屑形成过程

金属的切削过程实际上就是切屑的形成过程,就本质而言,是被切金属层在刀具切削刃和前刀面的作用下,经受挤压而产生剪切滑移变形的过程。切削塑性金属时,材料受到刀具的作用以后,开始产生弹性变形。随着刀具继续切入,金属内部的应力、应变继续加大。当应力达到材料的屈服点时,产生塑性变形。刀具再继续前进,应力进而达到材料的断裂强度,金属材料被挤裂,并沿着刀具的前刀面流出而成为切屑。

金属切削过程中切削层大致可以划分为三个变形区,如图 2-3 所示。

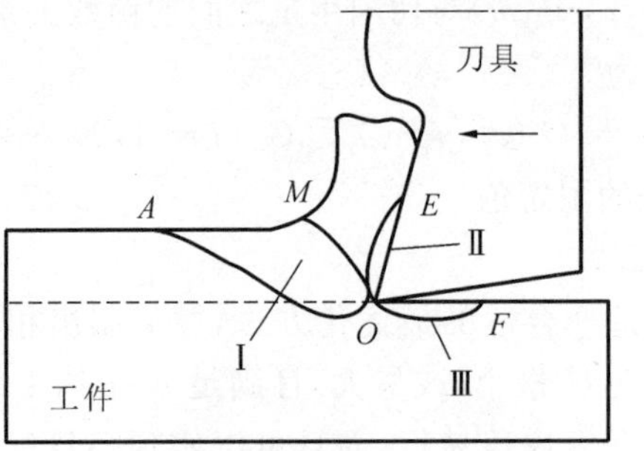

图 2-3 金属切削过程的三个变形区

(1) 第Ⅰ变形区即切削刃前方变形区,主要是沿剪切面的滑移变形区,是切削变形的主要区域,也称基本变形区。此区涉及变形的种类与状态,涉及被切削材料应力-应变特性和强度问题,因此直接与切削过程中的切削力和所消耗的功率有关。

(2) 第Ⅱ变形区即与刀具前刀面接触的切屑底层变形区,是切屑产生的区域。切屑底层受到前刀面的挤压与摩擦,其流动速度较上层略缓,甚至滞留在前刀面上,形成积屑瘤。由第Ⅰ变形区的变形与第Ⅱ变形区的摩擦所产生的切削热直接影响了刀具的磨损与耐用度。

(3) 第Ⅲ变形区即近切削刃处已加工表面的变形区,是后刀面与已加工表面产生摩擦的区域。此区涉及刀具的磨损、工件的尺寸精度、加工表面粗糙度与表面质变层等问题,因此与加工表面质量直接相关。

2. 切屑种类

由于加工材料和切削条件不同,切屑变形的性质和程度不同,常见的切屑有三种基本类型,如图 2-4 所示。

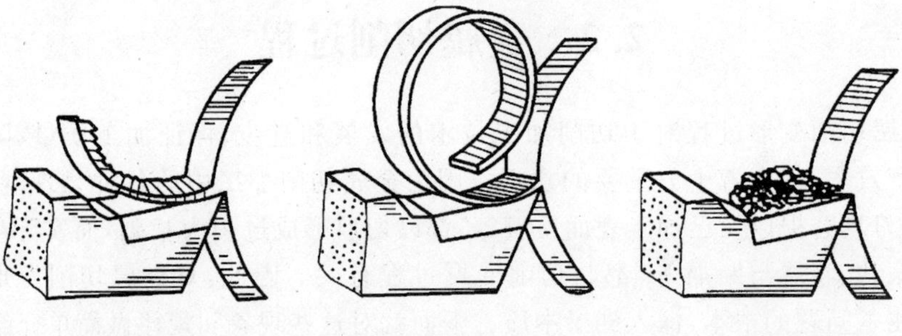

(a) 节状切屑 (b) 带状切屑 (c) 崩碎切屑

图 2-4 切屑的种类

(1) 节状切屑 切屑的顶面有明显的挤裂裂痕,而底面仍旧相连,呈一节一节的形状(见图 2-4(a))。切削速度较低、切削厚度较大以及用较小的刀具前角加工中等硬度的塑性材料时容易得到这类切屑。节状切屑的变形很大,切削力也较大,且有波动,因此加工表面不够光洁。

(2) 带状切屑 切削塑性较好的材料时,表层金属受到刀具挤压,产生很大的塑性变形,而后沿剪切面滑移,在尚未完全剪裂以前,刀具又开始挤压下一层金属,于是形成连续的带状切屑(见图 2-4(b))。用较大的前角、较高的切削速度和较薄的切削厚度加工塑性较好的金属材料时容易得到这类切屑。形成带状切屑时，切屑的变形小，切削力平稳，加工表面光洁。但带状切屑往往连绵不断，容易缠绕在工件或刀具上，会刮伤工件或损坏刀刃，还会使自动加工无法进行，所以必须采取断屑或卷屑措施。

(3) 崩碎切屑　在切削铸铁和黄铜等脆性材料时，切削层金属发生弹性变形以后，一般不经过塑性变形就突然崩落，形成不规则的碎块状屑片，即崩碎切屑(见图 2-4(c))。工件越是硬脆，越容易产生这种切屑。产生崩碎切屑时，切削热和切削力都集中在主切削刃和刀尖附近，刀尖容易磨损，并容易产生振动，影响表面质量。

切屑的形状可以随切削条件的不同而改变。在生产中，常根据具体情况采取不同的措施来得到需要的切屑，以保证切削加工的顺利进行。例如，加大前角、提高切削速度或减小进给量，可将节状切屑转变成带状切屑，使加工的表面较为光洁。

2.2.2　积屑瘤

在一定范围的切削速度下加工塑性材料时，在刀具的前刀面上靠近刀刃的部位，常发现黏附着一小块很硬的金属，这块金属称为积屑瘤，或称为刀瘤。

1. 积屑瘤的形成

在切削过程中，刀屑间的摩擦使前刀面和切屑底层一样都是刚形成的新鲜表面，它们之间的黏附能力较强。因此在一定的切削条件(压力和温度)下，切屑底层与前刀面接触处发生黏结，使与前刀面接触的切屑底层金属流动较慢，而上层金属流动较快。流动较慢的切屑底层，称为滞流层。如果温度与压力适当，滞流层金属就与前刀面黏结成一体。随后，新的滞流层在此基础上逐层积聚、黏合，最后形成积屑瘤，如图 2-5 所示。变大的积屑瘤受外力作用或振动影响会发生局部断裂或脱落。积屑瘤的产生、成长、脱落过程是在短时间内进行的，并在切削过程中呈周期性地不断出现。

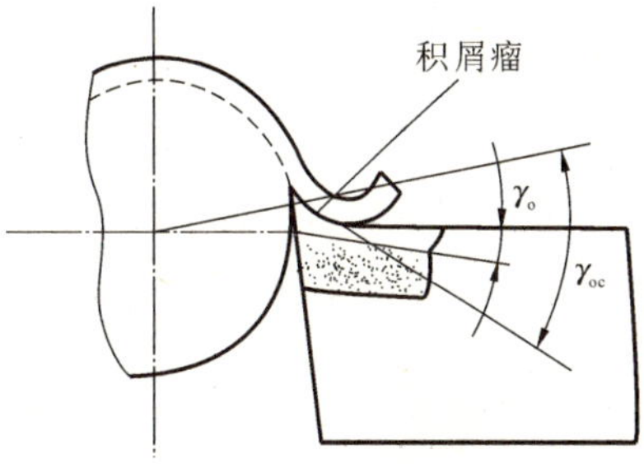

图 2-5　积屑瘤

2. 积屑瘤对切削加工的影响

(1) 起到保护刀刃、减少刀具磨损的作用　积屑瘤在形成过程中，由于金属剧烈变形引起强化，其硬度远高于被切金属，因而可代替刀刃进行切削。

(2) 增大前角　积屑瘤黏附在前刀面上，增大了刀具的实际工作前角，因而可减小切屑变形，减小切削力。

(3) 影响工件的尺寸精度和表面粗糙度　积屑瘤的顶端伸出切削刃之外，而且不断地产生和脱落，使切削层公称厚度不断变化，影响工件尺寸精度。此外还会导致切削力变化，引起振动，并会有一些积屑瘤碎片黏附在工件已加工表面上，使表面变得粗糙。

从以上分析可知，积屑瘤对切削过程有利有弊，在粗加工时可利用积屑瘤保护切削刃，在精加工时应尽量避免积屑瘤产生。

3. 影响积屑瘤的因素

工件材料和切削速度是影响积屑瘤的主要因素。

(1) 工件材料　工件材料的塑性越高，切削变形越大，摩擦越严重，切削温度越高，就越容易产生黏结而形成积屑瘤。因此，对塑性较高的工件材料进行正火或调质处理，提高强度和硬度，降低塑性，减小切屑变形，即可避免积屑瘤的生成。

(2) 切削速度　切削速度是通过切削温度和摩擦来影响积屑瘤的，并且很明显，即切削速度是影响积屑瘤形成的主要因素。当切削速度很低(5 m/min)时，切削温度较低，切屑内部结合力较大，前刀面与切屑间的摩擦小，积屑瘤不易形成；当切削速度增大(5～50 m/min)时，切削温度升高，摩擦加大，则易于形成积屑瘤；切削速度很高(>100 m/min)时，切削温度较高，摩擦较小，则无积屑瘤形成。可见，提高或降低切削速度是减少积屑瘤的措施之一。

此外，增大前角、减小进给量、降低刀具前刀面表面粗糙度和合理采用切削液，都有助于抑制积屑瘤的产生。

2.2.3　切削力和切削功率

切削力是切削加工过程中的重要因素之一，它影响零件的加工精度、表面粗糙度和生产率。切削力过大时，会使工件变形，从而影响工件的加工精度，在机床工件-刀具系统的刚度不够时，切削力还会引起振动，使工件表面粗糙。切削力太大还可能造成“打刀”“闷车”、损坏机床、顶跑工件等生产事故。因此，生产中往往要求我们必须考虑切削力的大小和方向，并采取措施加以控制。

1. 切削力的产生与分解

刀具在切削工件时，必须克服材料的变形抗力，克服刀具与工件及刀具与切屑之间的摩擦力，才能切下切屑。这些抗力就构成了实际的切削力。

实际加工中，总切削力的方向和大小都不易直接测定，也没有直接测定它的必要。为了适应设计和工艺分析的需要一般不直接研究总切削力，而是研究它在一定方向上的分力。

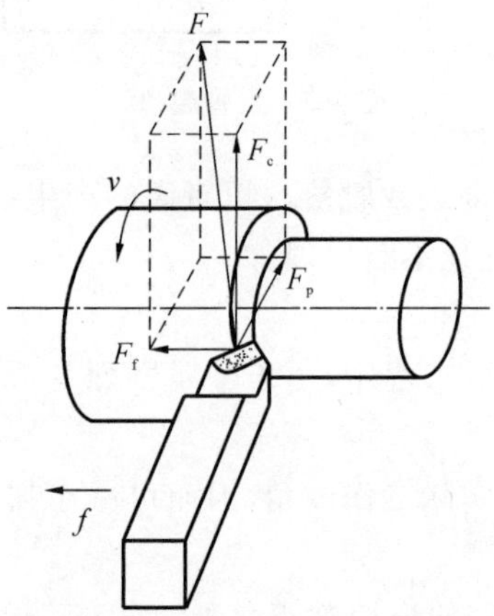

图 2-6　切削力的分解示意图

以车削外圆为例，总切削力 F 可以分解为以下三个互相垂直的分力，如图 2-6 所示。

(1) 主切削力(切向分力)F_c　F_c的大小占总切削力的 80%～90%。F_c消耗的功率最多，占总功率的 90%以上，是计算机床动力、主传动系统零件和刀具强度及刚度的主要依据。主切削力对刀具的作用是将刀头向下压，当主切削力过大时，可能会使刀具崩刃或折断。主切削力对工件的作用是切下切屑，当切削用量过大时，切下切屑所产生的主切削力过大，就可能发生“闷车”现象。

(2) 进给力(轴向分力)F_f　总切削力在进给运动方向上的分力，是设计或校验进给系统零件强度和刚度的依据。一般只消耗总功率的 1%～5%。

(3) 背向力(径向分力)F_p　总切削力在背吃刀量方向上的分力。因为切削时这个方向上的运动速度为零，所以 F_p不做功。但其反作用力作用在工件上，容易使工件弯曲变形，特别是细长轴工件的刚性较差，变形尤为明显，这不仅影响加工精度，同时还会引起振动，从而影响表面粗糙度，应给予充分注意。如车细长轴时采用主偏角为 90°的偏刀就是为了减小 F_p。

显然，总切削力和三个切削分力的关系是

$$F = \sqrt{F_c^2 + F_f^2 + F_p^2} \tag{2-12}$$

2. 影响切削力的因素

(1) 工件材料　工件材料是影响切削力的基本因素。强度、硬度较高的材料，由变形所产生的切削力就比较大；反之，切削力就较小。

(2) 刀具角度　刀具角度中对切削力影响较大的是前角和主偏角。前角加大会使切削力减小，而主偏角则对 F_f 和 F_p 影响较大。

(3) 切削用量　切削用量中，进给量和背吃刀量是影响切削力的主要因素。进给量和背吃刀量增大都会使切削力增大。

实际应用中计算切削力的公式是建立在实验基础上，并综合了影响切削力的各个因素的经验公式。

3. 切削功率

切削过程中消耗的总功率为各分力所消耗功率的总和，称为切削功率，用 P_m 表示。在车削外圆时，由于背向力 F_p 所消耗的功率等于零，进给力 F_f 所消耗的功率很小，可忽略不计。因此，切削功率 P_m 可用下式计算：

$$P_m = 10^{-3} F_c \cdot v_c \quad (\text{kW}) \tag{2-13}$$

式中：F_c——主切削力(N)；

v_c——切削速度(m/s)。

机床电动机的功率 P_E 可用下式计算：

$$P_E = P_m/\eta \quad (\text{kW}) \tag{2-14}$$

式中：η——机床传动效率，一般取 0.75～0.85。

2.2.4 切削热、切削温度及切削液

1. 切削热

切削热是由切削功转变而来的：一是切削层发生的弹、塑性变形功；二是切屑与前刀面、工件与后刀面间消耗的摩擦功，如图 2-7 所示。

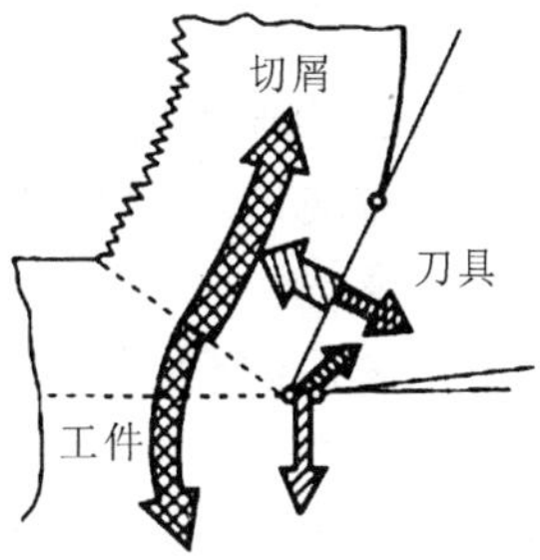

图 2-7　切削热的产生与传出

切削热产生以后，由切屑、工件、刀具及周围的介质(如空气)传出。各部分传出的比例取决于工件材料、切削速度、刀具材料及刀具几何形状等。实验结果表明，车削时的切削热主要是由切屑传出的。

传入切屑及介质中的热量越多，对加工越有利。传入刀具的热量虽不是很多，但由于刀头体积很小，特别是高速切削时，切屑与前刀面发生连续而强烈的摩擦，因此刀头上的温度最高可达 1000 ℃以上，会使刀头材料软化，加速磨损，缩短寿命，影响加工质量。传入工件的热，可能使工件变形，产生形状和尺寸误差，对于细长轴及薄壁零件，影响尤为显著。

在切削加工中，如何设法减少切削热的产生、改善散热条件以及减少高温对刀具和工件的不良影响，有着重大的意义。

2. 切削温度及其影响因素

切削温度一般是指切削区的平均温度。切削温度的高低，除了用仪器进行测定外，还可以通过观察切屑的颜色大致估计出来。例如，切削碳钢时，随着切削温度的升高，切屑的颜

色也发生相应的变化:淡黄色表示切削温度约 200 ℃,蓝色表示切削温度约 320 ℃。

切削温度的高低取决于切削热的产生和传出情况,它受切削用量、工件材料、刀具材料及刀具角度等因素的影响。

(1) 切削用量　切削速度增加时,单位时间产生的切削热随之增加,对温度的影响最大。进给量和背吃刀量增加时,切削力增大,摩擦也大,所以切削热会增加。但是在切削面积相同的条件下,增加进给量与增加背吃刀量相比,后者可使切削温度低些。原因是当增加背吃刀量时,切削刃参加切削的长度随之增加,这将有利于热的传出。

(2) 工件材料　工件材料的强度及硬度越高,切削中消耗的功越大,产生的切削热越多。切削钢时发热多,切削铸铁时发热少,因为钢在切削时产生的塑性变形所需的功大。材料的导热性好,切削热很快通过工件和切屑传出,切削温度就低。

(3) 刀具材料　导热性好的刀具材料,可使切削热很快传出,能降低切削温度。

(4) 刀具角度　主偏角减小时,切削刃参加切削的长度增加,传热条件好,可降低切削温度。前角的大小直接影响切削过程中的变形和摩擦,前角大时,产生的切削热少,切削温度低。但当前角过大时,会使刀具的传热条件变差,反而不利于切削温度的降低。

3. 切削液

降低切削温度最有效的措施是合理地使用切削液。在金属切削过程中合理选用切削液,可以改善刀具与切屑、刀具与工件界面的摩擦情况,改善散热条件,从而降低切削力、切削温度和刀具磨损。切削液还可减少刀具与切屑的黏结,抑制积屑瘤的生长,提高已加工表面的质量,可以减少工件热变形,保证加工精度。切削液的作用如下。

(1) 冷却作用　切削液能带走大量的切削热,大大降低切削温度。

(2) 润滑作用　切削液能渗入切屑与刀具的接触表面、工件与刀具的接触表面,形成润滑膜,降低摩擦系数,减小切削力,减少切削热,减少切屑与刀具的黏结,减少刀具的磨损和降低工件的表面粗糙度。

(3) 排屑作用　利用高压、大剂量切削液冲走切屑,这对孔加工和磨削尤其重要。

(4) 清洗和防锈作用　切削液能冲洗工件已加工表面和机床表面,若在其中加入防锈添加剂,还能在金属表面生成保护膜,起到防锈、防蚀作用。

常用的切削液有以下两大类。

(1) 水类切削液　常见的水类切削液有水溶液(肥皂水、苏打水等)、乳化液等,这类切削液比热大、流动性好,主要起冷却作用,也有一定的润滑作用。为了防止机床和工件生锈常加入一定量的防锈剂。水类切削液多用于粗加工。

(2) 油类切削液　油类切削液又称切削油,主要成分是矿物油,少数采用动植物油或复合油。这类切削液比热小、流动性差,主要起润滑作用,也有一定的冷却作用,为了改善切削液的性能,除防锈剂外,还常在切削液中加入油性添加剂、防霉添加剂、抗泡沫添加剂和乳化剂等。油类切削液多用于精加工。

切削液通常应根据加工性质、工件材料和刀具材料来选择。

粗加工时,主要的要求是冷却,也希望降低一些切削力及切削功率,一般应选用冷却作用较好的切削液,如低浓度的乳化液等。精加工时,主要希望提高表面质量和减少刀具磨损,应选用润滑作用较好的切削液,如高浓度的乳化液或切削油等。

加工一般钢材时,通常选用乳化液或硫化切削油,加工铜合金和非铁金属时,不宜采用含硫化油的切削液,以免腐蚀工件。加工铸铁、青铜、黄铜等脆性材料时,为了避免崩碎的切屑进入机床运动部件，一般不用切削液。但在低速精加工中，为了提高表面质量，可用煤油作为切削液。

高速钢刀具应根据加工的性质和工件材料选用合适的切削液。硬质合金刀具一般不用切削液。如果要用，必须连续地、充分地供给，切不可断断续续，以免硬质合金刀片因骤冷骤热而开裂。

2.3　刀具的磨损与寿命

刀具失效的形式有刀具的磨损与破损两大类，前者又称为正常磨损，后者又称为非正常磨损。

刀具在切削加工过程中，由于摩擦作用必然会逐渐磨损。当磨损量达到一定的程度时，可明显发现：切削力加大，切削温度上升，切屑颜色也会改变，工艺系统会发生振动，加工表面粗糙度将增大，加工精度降低。有时刀具也可能在切削过程中突然损坏而失效，造成刀具破损。因此研究刀具磨损、破损及其使用寿命对加工质量、生产成本和效率的影响具有重要的意义。

2.3.1　刀具磨损

1. 刀具磨损的形式

刀具的磨损是指刀具在正常的切削过程中，由于物理的或化学的作用，使刀具逐渐产生的磨损。在切削过程中，刀具的前刀面和后刀面与切屑和工件接触，并产生强烈的摩擦，同时在接触区内有很高的温度与压力，因此随着切削的进行，前、后刀面都将发生磨损。刀具的磨损包括下述几种形式。

(1) 前刀面磨损(月牙洼磨损)。

在切削塑性材料时，若切削速度与切削厚度较大，在前刀面上往往会磨出月牙洼(见图 2-8)。月牙洼的位置出现在刀具前刀面切削温度最高的地方，它和切削刃之间有一条小棱边。在磨损过程中，月牙洼的宽度、深度不断增大，当月牙洼扩展到使棱边很窄时，切削刃的强度急剧削减，极易导致崩刃。月牙洼磨损量用其最大深度 KT 表示(见图 2-9)。

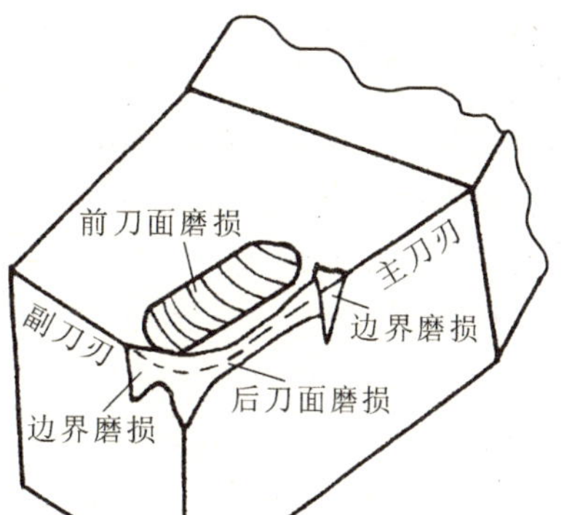

图 2-8　刀具的磨损形态

(2) 后刀面磨损。

由于加工表面和刀具后刀面间存在着强烈的摩擦，在后刀面上毗邻切削刃的地方很快被磨出后角为零的小棱面，这就是后刀面磨损(见图 2-9(a))。后刀面磨损主要发生在以较低的切削速度、较小的切削厚度切削塑性材料及加工脆性材料的情况下。后刀面磨损带往往是不均匀的。根据其在不同位置处的磨损特点，可划分为三个磨损区。

① 刀尖磨损区(C 区)　在刀尖处，强度较低，散热条件差，磨损比较严重，其最大值为 VC 。

② 边界磨损区(N 区)　亦称边界磨损，由于上道工序的加工硬化层或毛坯表面硬层的

影响，被磨成较严重的深沟，以 VN 表示。

③ 均匀磨损区(B 区)　在参与切削的切削刃中部，磨损较均匀，平均磨损带宽度以 VB 表示，而最大磨损带宽度以 VB_{max} 表示。

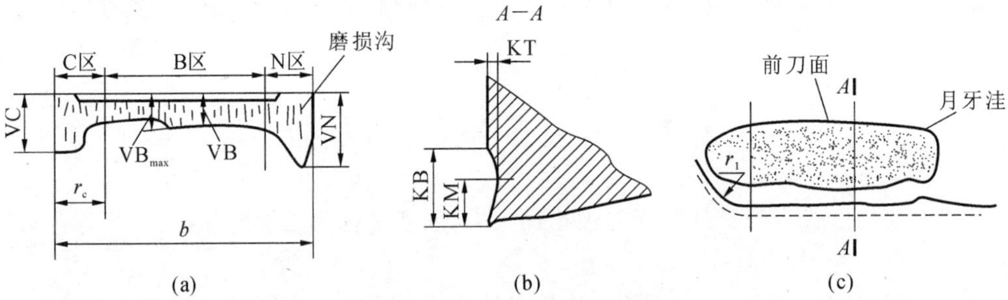

图 2-9　刀具磨损的测量位置

(3) 前刀面和后刀面同时磨损。

该形式兼有上述两种磨损形式的特点，在切削塑性金属时，经常会发生这种磨损。

2. 刀具磨损的原因

切削过程中的刀具磨损与一般机械零件的磨损有明显的不同：刀具与切屑、工件间的接触表面经常是新鲜表面；接触面上压力很大；接触面的温度也很高。因此，刀具磨损是机械、热和化学的三种作用的综合结果。

(1) 磨料磨损。

磨料磨损是指工件或切屑中的硬质点以及积屑瘤碎片，在刀具表面刻划出沟纹的现象。该过程很像砂轮磨削工件，刀具被一层一层磨掉，属于纯机械作用。

磨料磨损在各种切削速度下都可能发生，但是低速下的磨料磨损是刀具磨损的主要原因。这是由于低速时，切削温度较低，其他原因产生的磨损不显著。刀具抵抗磨料磨损的能力主要取决于其硬度和耐磨性。由于高速钢刀具的硬度、耐磨性较硬质合金、陶瓷等的低，故其易产生磨料磨损。

(2) 黏结磨损。

刀具与工件、切屑之间存在着很大的压力及强烈的摩擦，它在一定的温度、压力作用下将产生黏结，由于摩擦副的相对运动，黏结点将被破坏而被一方带走，从而造成黏结磨损。由于工件与切屑的硬度较刀具的低，通常情况下，黏结点的破坏常发生在工件或切屑一方。但由于交变应力、接触疲劳、热应力以及刀具表层结构缺陷等原因，黏结点的破坏也会发生在刀具一方，从而造成刀具磨损。

(3) 扩散磨损。

扩散磨损是指在高温下，工件与刀具材料中的化学元素相互扩散，使两者的化学成分发生变化，从而削弱了刀具材料的性能，加快了刀具磨损。例如用硬质合金刀具切削钢材时，从 800 ℃开始，硬质合金中的 Co、W 、C 等元素便迅速地扩散到切屑和工件中去，硬质合金中失去了 W，会使刀具表面硬度、耐磨性降低；失去 Co 削弱了硬质合金中硬质相的黏结强度，切屑和刀具中的 Fe 则向刀具表面扩散，形成新的低硬度、高脆性的复合碳化物，所有这些都加速了刀具磨损。扩散磨损在高温下产生，并随温度升高而加剧。

扩散磨损的快慢和程度与刀具材料的化学成分关系很大，这是由于不同元素的扩散速率不同所致。如硬质合金中 Ti 元素的扩散速率远低于 Co、W，TiC 又不易分解，故 YT 类合金的抗扩散磨损能力优于 YG 类合金。YN 类合金和涂层合金则更佳。硬质合金中添加 Ta、Nb 后会形成固熔体，更不易扩散，故具有良好的抗扩散磨损性能。

(4) 氧化磨损。

氧化磨损是一种化学性质的磨损。当切削温度达 700～800 ℃时，空气中的氧在切屑形成的高温区与刀具材料中的某些成分(Co、WC、TiC)发生氧化反应，形成较软的氧化物(Co_3C_4、CoO、WO_3、TiO_2)，从而使刀具表面硬度下降，较软的氧化物被切屑或工件擦掉而形成氧化磨损。

(5) 热电磨损。

工件、切屑与刀具由于材料不同，在高温下切削时，在接触区将会产生热电势，这种热电势有促进扩散作用而加速刀具磨损。这种磨损称为热电磨损。

总之，刀具磨损与工件材料、刀具材料、切削用量、介质情况等都有关系。某一具体情况下的主要磨损原因可能是上述诸原因中的一种或多种，需具体情况具体分析。一般来说，用硬质合金刀具切削钢料时，磨料磨损总是存在的，但所占比例不大；在中低速切削速度(切削温度)下，以冷焊磨损为主；在高速(高温)情况下，以扩散磨损、氧化磨损和热电磨损为主。

3. 刀具磨损过程

随着切削时间的延长，刀具的磨损会逐渐加大。实验表明：不同切削条件下的刀具磨损过程基本相似，图 2-10 为典型的刀具磨损曲线，其磨损过程可分为三个阶段：

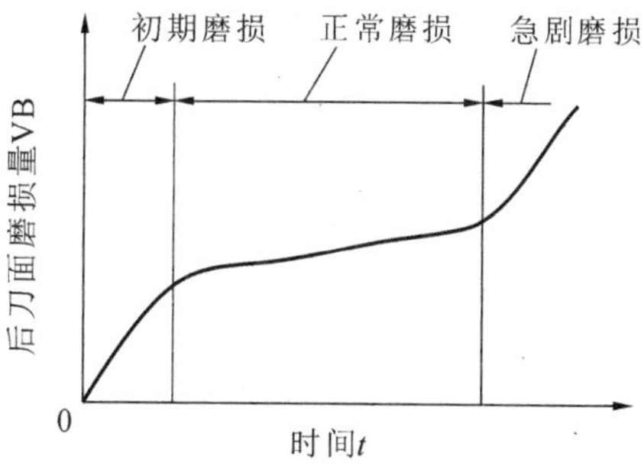

图 2-10　刀具磨损的典型曲线

(1) 初期磨损阶段　由于新刃磨的刀具切削刃较锋利，其后刀面与切屑和工件实际接触面积很小，压强较大，加之其后刀面存在着微观不平等缺陷，故这一阶段的磨损较快。初期磨损量的大小与刀具刃磨质量有关，经仔细研磨过的刀具，其初期磨损量小，要耐用得多。当磨损到达一定值后，即稳定下来。一般初期磨损量为 0.05～0.10 mm。

(2) 正常磨损阶段　经初期磨损后，刀具的粗糙表面已经磨平，接触表面积增大，压强减小，从而磨损速率明显减小，刀具进入正常磨损阶段。此阶段的磨损量比较缓慢均匀。后刀面磨损量随切削时间的延长而近似成比例增加。这是刀具工作的有效阶段。

(3) 急剧磨损阶段　刀具经正常磨损阶段后，切削刃明显变钝，切削力、切削温度迅速升高，此时刀具的磨损情况发生了质的变化而进入急剧磨损阶段。此时若继续使用该刀具则不仅不能保证加工质量，而且刀具材料的消耗大，经济上很不合算，故生产中应避免达到这一磨损阶段。应在这一阶段到来之前及时更换刀具。

4. 刀具的磨钝标准

刀具的磨损达到一定限度就不能继续使用，而应进行重磨，这个磨损限度称为刀具的磨钝标准。一般刀具都存在后刀面的磨损，它对加工质量、切削力、切削温度的影响比较显著，并且比较容易测量，因此在金属切削的科学研究中通常是以后刀面的磨损值 VB 达到一定数值作为磨钝标准。国际标准化组织 ISO 统一规定以 1/2 背吃刀量上测量的磨损带宽度作为刀具的磨钝标准。

确定磨钝标准时应考虑以下因素。

(1) 工艺系统的刚性　工艺系统的刚性差时，VB 应取小值。如车削刚性差的工件，应将 VB 控制在 0.3 mm。

(2) 工件材料　在切削难加工材料时，一般应选用较小的磨钝标准，如加工高温合金及不锈钢等。加工一般材料时，VB 可取得大一些。

(3) 工件尺寸　加工大型工件时，为避免频繁换刀，VB 应取大值。

(4) 加工精度和表面质量　加工精度和表面质量较高的工件时，应取较小 VB 值，以确保加工质量。

2.3.2 刀具寿命

1. 刀具寿命的概念

刀具在使用过程中会不断的磨损，当达到一定的磨损标准时，不能满足加工质量或生产率所要求的切削性能，则需进行重磨。刃磨好的刀具从开始切削到磨损量达到磨钝标准为止的总切削时间(单位为 min)，称为刀具的使用寿命，用 T 表示。它是指净切削时间，不包括对刀、测量、快进、回程等非切削时间。刀具寿命是指刀具的使用寿命乘以刀具的刃磨次数，即一把新刀从投入使用经多次重磨到报废为止的总切削时间。

刀具使用寿命是一个重要的参数，它不仅是确定换刀时间的重要依据，同时也是衡量工件材料加工性能和刀具材料切削性能，以及刀具几何参数和切削用量的选择是否合理的重要依据。对于某些切削加工而言，当工件、刀具材料与刀具几何形状选定之后，切削用量是影响刀具使用寿命的主要因素。

2. 切削用量与刀具使用寿命的关系

(1) 切削速度与刀具使用寿命的关系。

切削速度与刀具使用寿命的关系可用单因素试验法求得。实验前先选定刀具后刀面上的磨钝标准。然后，保证其他切削条件不变，在常用切削速度范围内，取不同的切削速度(v_{c1}，v_{c2}，v_{c3}……)做磨损实验，可得到各种切削速度下的刀具磨损曲线(见图 2-11 中的各条曲线)，根据选定的磨钝标准 VB 值即可求出各切削速度所对应的刀具使用寿命(T_1，T_2，T_3……)。在双对数坐标轴上标出点(T_1，v_{c1})、(T_2，v_{c2})、(T_1，v_{c3})……可发现，在一定的切削速度下，这些点基本上在一条直线上(见图 2-12)，因此，这条直线的方程为

$$\lg v_c = -m\lg T + \lg A \tag{2-15}$$

式中：m——该直线的斜率，$m=\tan\varphi$；

A——当 $T=1$ s(或 1 min)时直线在纵坐标上的截距。

m 和 A 均可由图 2-12 实测得到。故 T 和 v_c 的关系可以表示成：

$$v_c = A/T^m \tag{2-16}$$

或

$$T = (A/v_c)^{\frac{1}{m}} \tag{2-17}$$

T-v_c 关系式反映了切削速度与刀具使用寿命之间的关系，是选择切削速度的重要依据。指数 m 反映了切削速度对刀具使用寿命的影响程度。显然，m 值越大，刀具使用寿命受切削速度的影响越小，即刀具的切削性能越好。

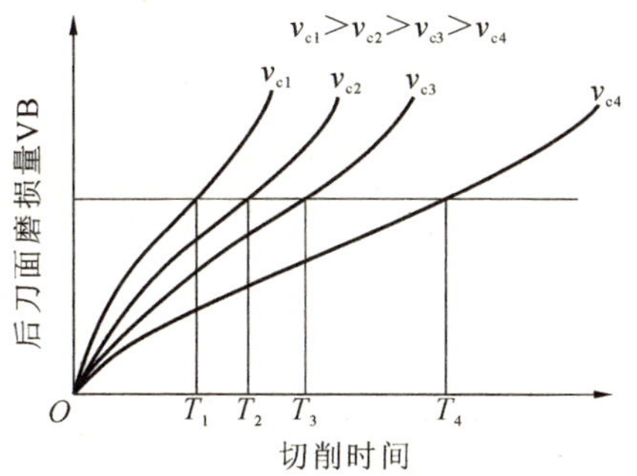

图 2-11　各种切削速度下的刀具磨损曲线

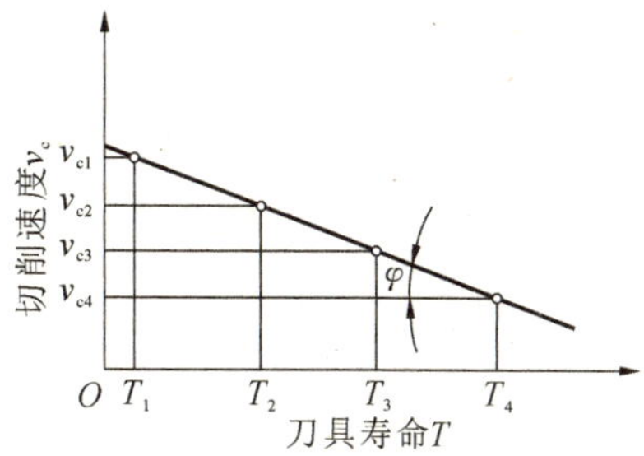

图 2-12　双对数坐标中的 T-v_c 曲线

(2) 进给量、背吃刀量与刀具使用寿命的关系。

根据上述方法，同样可求得 f-T、a_p-T 的关系式：

$$f = B/T^n \tag{2-18}$$

$$a_p = C/T^p \tag{2-19}$$

式中：B、C——常数；

n、p——指数。

(3) 切削用量与刀具使用寿命的经验公式。

综合式(2-17)、式(2-18)、式(2-19)可以得到切削用量三要素与刀具使用寿命关系的经验公式：

$$T = \frac{C_T}{v_c^{1/m} f^{1/n} a_p^{1/p}} \tag{2-20}$$

式中：C_T——与工件材料、刀具材料和其他切削条件有关的常数。一般情况下，$m<n<p$。

当用 YT5 硬质合金车刀切削 $\sigma_b=750$ MPa 的碳钢时($f>0.75$ mm/r)，切削用量与刀具使用寿命的关系为

$$T = \frac{C_T}{v_c^5 f^{2.25} a_p^{0.75}} \tag{2-21}$$

从式(2-20) 可知，切削用量中以切削速度 v_c 对刀具的使用寿命影响最大，进给量 f 次之，背吃刀量 a_p 影响最小。

3. 合理选择刀具使用寿命

在实际生产中，刀具的使用寿命同生产效率和加工成本之间存在着较为复杂的关系。刀具的使用寿命并不是越高越好，若刀具的使用寿命选得过高，则切削用量必将被限制在很低的水平，此时虽然刀具的消耗及其费用较少，但过低的加工效率也会使经济效果变得很差。若刀具的使用寿命选得过低，虽可采用较高的切削用量使金属切除量有所提高，但由于刀具磨损加快而使换刀、刃磨的工时和费用显著增加，同样达不到高效率、低成本的要求。所以一般选用刀具使用寿命时应从以下三个方面考虑：

(1) 使该工序的加工生产率最高，亦即零件的加工时间最短；

(2) 使该工序的生产成本最低，亦即所消耗的生产费用最低；

(3) 使该工序所获得的利润最高。

一般情况下，应采用最低生产成本刀具使用寿命，在生产任务紧迫或生产中节拍不平衡时，可选用最高生产率刀具使用寿命。

实际工作中，制定刀具使用寿命时还应具体考虑下述因素。

(1) 刀具的构造、刃磨情况。若刀具结构复杂，制造、刃磨费用高，则刀具的使用寿命应规定得高些。

(2) 机床上刀具的调整情况。若刀具调整复杂，则刀具的使用寿命应规定得高些。例如：组合机床上的刀具、自动线上的刀具。

(3) 生产进度。若某工序单位生产时间的生产成本较高时，刀具使用寿命应规定得低些，这样可以选用较大的切削用量，缩短加工时间，降低生产成本；若某工序的生产成为制约生产线上生产的瓶颈时，刀具的使用寿命应定得低些，这样可以选用较大的切削用量，以加快该工序的生产节拍。

(4) 另外，在精加工尺寸较大的工件时，为避免在加工同一表面时中途退刀，刀具使用寿命应规定至少得完成一次走刀。

2.4 切削加工技术经济

在实际生产过程中，技术和经济是相互促进、相互制约、紧密联系的两个方面。先进技术是推动经济发展的重要条件和手段，而经济发展的需要也是技术进步的动力和方向。对于具体的技术方案而言，不仅要从技术上评价它的结果，而且还要从经济上评价它的效果。一个最优的切削加工方案就是要以最低的生产成本，生产出质量优良的产品，这样才能使产品在市场上具有较强的竞争能力。

切削加工中常用零件的加工质量、生产率和经济性应作为评价不同工艺方案技术经济效果的主要指标。

2.4.1 零件的加工质量

切削加工中，评价零件加工质量的主要指标是加工精度和表面质量，它直接影响着产品的使用功能、生产率和加工成本。有关这部分内容将在第 6 章和第 7 章中详细介绍。

2.4.2 切削加工生产率

切削加工的生产率是指单位时间内生产零件的数量，即

$$R_0 = \frac{1}{t_w} = \frac{1}{t_m + t_c + t_o} \tag{2-22}$$

式中：R_0——生产率；

t_w——生产一个零件所需的总时间；

t_m——基本工艺时间，即加工一个零件所需的总切削时间；

t_c——辅助时间，即除切削时间之外，与加工直接有关的时间，它是工人为了完成切削加工而消耗于各种操作上的时间，例如调整机床、空移刀具、装卸或刃磨刀具、安装和找正工件、检验等的时间；

t_o——其他时间，即除切削时间外，与加工没有直接关系的时间，包括擦拭机床、清扫切屑及自然需要等的时间。

由式(2-22)可知，提高切削加工生产率，实际就是设法减少零件加工的基本工艺时间、辅助时间及其他时间。

以车外圆为例，基本工艺时间可用下式计算：

$$t_m = \frac{lh}{nfa_p} = \frac{\pi d_w lh}{100 v_c f a_p} s \tag{2-23}$$

式中：l——车刀行程长度(mm)，$l = l_w$(被加工外圆面长度)$+ l_1$(切入长度)$+ l_2$(切出长度)；

h——工件半径上的加工余量(mm)；

d_w——工件待加工表面直径(mm)；

v_c——切削速度(m/s)；

f——进给量(mm/r)；

a_p——背吃刀量(mm)；

n——工件转速(r/s)。

从式(2-23)可以看出，提高生产率的主要途径如下。

(1) 在可能的条件下，采用先进的毛坯制造工艺和方法，减小加工余量。

(2) 合理地选择切削用量，粗加工时可采用强力切削(f 和 a_p较大)，精加工时可采用高速切削。

(3) 在可能的条件下，采用先进的和自动化程度较高的工、夹、量具。

(4) 在可能的条件下，采用先进的机床设备及自动化控制系统，例如在大批量生产中采用自动化机床，多品种、小批量生产中采用数控机床、计算机辅助制造等。

2.4.3　经济性

经济性是指所制定的切削加工方案在保证加工精度和表面质量的前提下，生产成本最低。制造一个零件或产品所必需的一切费用的总和，即零件或产品的生产成本，主要包括坯料和原材料费用、操作工人的工资、机床电费、机床设备及工量具的折旧费、车间经费和企业管理费等。若将原材料的成本除外，每个零件切削加工的费用 C_W(元/件)可用下式表示：

$$C_W = (t_m + t_c + t_o)M + \frac{t_m}{T}C_t = t_m M + \frac{t_m}{T}C_t \tag{2-24}$$

式中：M——单位时间内分担的全厂开支，包括工人工资、机床电费、设备折旧费和一般管理费等；

T——刀具耐用度；

C_t——刀具的费用，包括磨刀费和刀具折旧费。

由此可知，零件切削加工成本包括工时成本和刀具成本两部分。影响切削成本的主要因素有基本工艺时间、辅助时间、其他时间及刀具耐用度等。因此要降低零件切削成本就必须缩减 t_m、t_c 和 t_o，提高刀具耐用度，降低刀具成本，并节约全厂开支等。

综上所述，切削加工最优的技术经济总目标应是在可能的条件下，以最低的成本高效地加工出质量合格的零件或产品。

2.5 工件材料的切削加工性

2.5.1 工件材料切削加工性的概念和衡量指标

工件材料切削加工性是指工件材料被切削加工的难易程度。根据不同的要求，可以用不同的指标来衡量工件材料的切削加工性。

常用评定切削加工性能的指标如下。

(1) 刀具寿命 T 或一定寿命下的切削速度 V_T。在相同切削条件下加工不同材料时，在一定切削速度下刀具寿命 T 较大，或一定寿命下所允许的切削速度 V_T 较高的材料，则其加工性较好；反之，其加工性较差。如将寿命 T 定为 60 min，则 V_T 可写作 V_{60}。

(2) 相对加工性。为统一标准起见，取正火状态下的 45 钢作为基准材料，刀具寿命为 60 min，这时的切削速度为基准(写作 $(V_{60})_j$)，而将其他材料的切削速度与其 $(V_{60})_j$ 相比，这个比值 K_r 称为相对加工性。显然，K_r 越大，工件材料的切削加工性越好；K_r 越小，则其切削加工性越差。

(3) 已加工表面质量。切削加工时，凡容易获得好的加工表面质量(含表面粗糙度、加工硬化程度和表面残余应力等)的材料，其切削加工性较好，反之较差。精加工时，常以此作为衡量加工性的指标。

(4) 切屑控制或断屑的难易。切削加工时，凡切屑易于控制或断屑性能良好的材料加工性较好，反之则较差。在自动机床或自动线上，常以此作为衡量加工性的指标。

(5) 切削力。在相同的切削条件下，凡切削力较小的材料，其切削加工性较好；反之较差。在粗加工中，当机床刚性或动力不足时，常以切削力作为衡量指标。

V_T 和 K_r 是最常用的切削加工性指标，对于不同的加工条件都能适用。

2.5.2 影响工件材料切削加工性的因素

工件材料的物理、力学性能，化学成分和金相组织是影响加工性的主要因素。

1. 材料的物理、力学性能

(1) 硬度。硬度高的材料，切削时刀屑接触长度小，切削力和切削热集中在切削刃附近，刀具易磨损，寿命低，所以加工性不好。例如，高温合金、耐热钢，由于高温合金硬度高，高温下切削时，刀具材料与工件材料的硬度比降低，使刀具磨损加快，加工性差。另外，硬质点多和加工硬化严重的材料，加工性也差。

(2) 强度。强度高的材料，切削力大，温度高，刀具易磨损，加工性不好。例如，1Cr18Ni9Ti 常温硬度不太高，但高温下仍能保持较高强度，故加工性差。

(3) 塑性。强度相近的同类材料，塑性越大，切削中的塑性变形和摩擦越大，故切削力大，温度高，刀具易磨损。在低速切削时，还易产生积屑瘤和鳞刺，使加工表面粗糙度值增大，且断屑也较困难，故加工性差。另外，塑性太小的材料，切削时的切削力、切削热集中在切削刃附近，刀具易产生崩刃，加工性也较差。在碳素钢中，低碳钢的塑性过大，高碳钢的塑性太小、硬度又高，故它们的加工性都不如硬度和塑性均适中的中碳钢好。

(4) 热导率。热导率是通过对切削温度的影响来影响材料的加工性指标。热导率大的材料，由切屑带走和工件散出的热量多，有利于降低切削温度，使刀具磨损速率减慢，故加工性好。另外，韧性大、与刀具材料的化学亲和性强的材料，其加工性则不好。

2. 材料的化学成分

材料的化学成分主要通过其对材料物理、力学性能的影响来影响切削加工性。钢中碳的质量分数在 0.4%左右的中碳钢，加工性最好；而碳的质量分数低或较高的低、高碳钢均不如中碳钢。另外，钢中包含的合金元素 Cr、Ni、V、Mo、W、Mn 等虽然能提高钢的强度和硬度，但会使钢的切削加工性降低。而钢中添加少量的 S、P、Pb、Ca 等能改善其加工性。

铸铁中化学元素对切削加工性的影响，主要取决于这些元素对碳的石墨化作用。铸铁中的碳元素有两种形态：Fe_3C 与游离石墨形式。石墨具有润滑作用，铸铁中的石墨越多，越容易切削。因此，铸铁中如含有 Si、Al、Ni、Cu、Ti 等促进石墨化的元素，能改善其加工性；而含有 Cr、Mn、V、Mo、Co、S、P 等阻碍石墨化的元素，则会使其切削加工性变差。Fe_3C 的存在会加快刀具的磨损。

3. 材料的金相组织

一般情况下，塑性、韧性高或硬度、强度高的组织构成的材料，其可切削加工性差；反之则好。

低碳钢铁素体含量较高，所以强度和硬度低，延伸率高，易产生塑性变形。奥氏体不锈钢因为高温下的硬度、强度比低碳钢高，而塑性也高，切削时容易产生冷硬现象，所以比较难加工。淬火钢的组织以马氏体为主，所以硬度、强度均高，不易加工。中碳钢的金相组织是珠光体加铁素体，具有中等的硬度、强度和塑性，因此容易加工。灰铸铁中的游离石墨比冷硬铸铁中的多，所以加工性好。

2.5.3　改善工件材料切削加工性的途径

目前，改善工件材料加工性的途径主要有以下几方面。

1. 调整化学成分

材料的化学成分对其力学性能和金相组织有重要影响。在满足要求的条件下，通过调整工件材料的化学成分，其切削加工性得以改善。目前，生产上使用的易切钢就是在钢中加入适量的易切削元素 S、P、Pb、Ca 等制成的钢材。这些元素在钢中可起到一定的润滑作用并增加材料的热脆性。

2. 对工件材料进行适当的热处理

通过热处理工艺方法，改变钢铁材料中的金相组织是改善材料加工性的另一重要途径。高碳钢通过球化退火处理，使片状渗碳体组织转变为球状，降低了材料的硬度，从而可改善其加工性。低碳钢通过正火处理，可减小其塑性，提高硬度，使加工性得到改善。

3. 改变切削条件

当工件材料不能更改时，则只能改变切削条件使之适应该种材料的加工性。例如，选择适当的刀具材料，合理选择刀具几何参数和切削用量，采用性能良好的切削液和有效的使用方法，提高工艺系统刚性，增大机床功率，提高刀具刃磨质量，降低前后刀面的表面粗糙度等。

习题与思考题

2-1 什么是切削运动？试举出几种加工方法说明它们的主运动和进给运动。

2-2 什么是切削用量三要素？各自的定义如何？

2-3 试述切削用量的确定原则。

2-4 试述切削用量的优化方法。

2-5 切削加工时为什么会产生积屑瘤？积屑瘤对切削加工有何影响？如何利用？

2-6 在切削加工中为什么要加切削液？切削液分为哪几类？在实际生产中应该如何选择？

2-7 刀具磨损的原因是什么？刀具磨损的形式有哪几种？

2-8 什么是刀具磨钝标准？制定刀具磨钝标准应考虑哪些因素？

2-9 何谓刀具的使用寿命？试分析切削用量三要素对刀具使用寿命的影响规律。

2-10 何谓材料的切削加工性？其衡量指标主要有哪几个？各适用于何种场合？

第 2 篇　机械加工工艺系统

第3章　金属切削刀具

切削刀具是支撑和促进切削加工技术进步的关键因素，担负着材料成形过程中的减材重任。随着科学技术的不断进步，切削刀具的种类日益繁多，从过去简单的铣刀逐渐开发出的可转位铣刀、机夹式车刀等，多功能复合刀具、高速高效刀具、精密切削刀具将成为刀具发展的主流。同时，针对日益增多的难加工材料和种类繁多的复杂结构零部件，切削刀具行业需要在改进刀具材料、研发新的刀具材料和优化刀具结构等方面做出努力。

3.1　刀具概述

3.1.1　刀具几何结构

不同加工方式采用切削刀具的几何结构有很大的差别，如车刀、铣刀、钻头、拉刀等，但是这些刀具的切削部分均具有相似之处。通过分析其中一种刀具的几何结构，可演化出其他类似的刀具。以最常见、最普通的外圆车刀为例，车刀由刀头、刀体两部分组成，如图3-1所示。刀体的作用是把车刀装夹在刀架上，又称夹持部分，刀头则用于实现切削功能，又称切削部分。车刀的切削部分由3个刀面、2个刀刃和1个刀尖组成，其相互关系如图3-2所示，具体定义如下。

（1）前刀面 A_γ　刀具上切屑流过的表面。

（2）主后刀面 A_α　刀具上与工件上加工表面相互作用或相对应的表面。

（3）副后刀面 A_α'　刀具上与工件已加工表面相互作用或相对应的表面。

（4）主切削刃 S　刀具上前刀面与主后刀面的交线。

（5）副切削刃 S'　刀具上前刀面与副后刀面的交线。

（6）刀尖　主、副切削刃交汇处的一段切削刃。

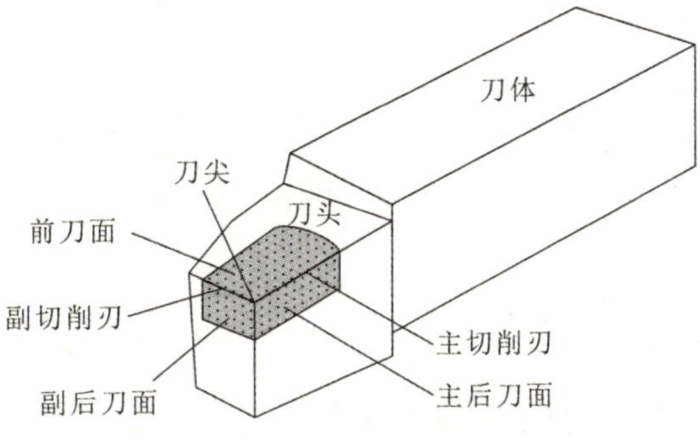

图3-1　车刀的基本结构

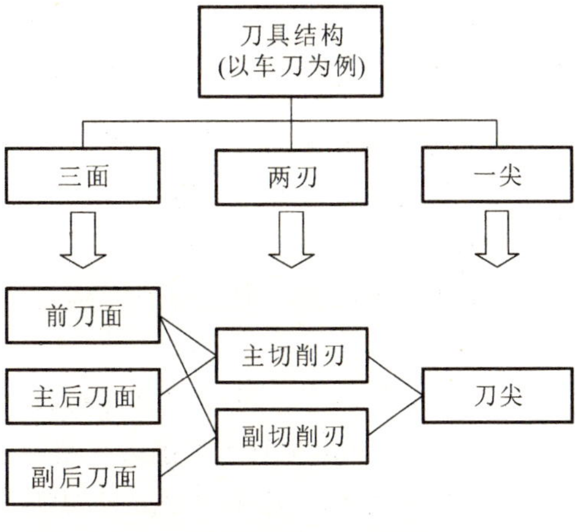

图3-2　车刀各组成部分之间的相互关系

为了适应不同加工的需要，提高刀尖的强度和耐用度，往往把刀尖刃磨成圆弧形或直线形的过渡刃。常用的刀尖形状有三种：交点刀尖、修圆刀尖和倒角刀尖，如图 3-3 所示。

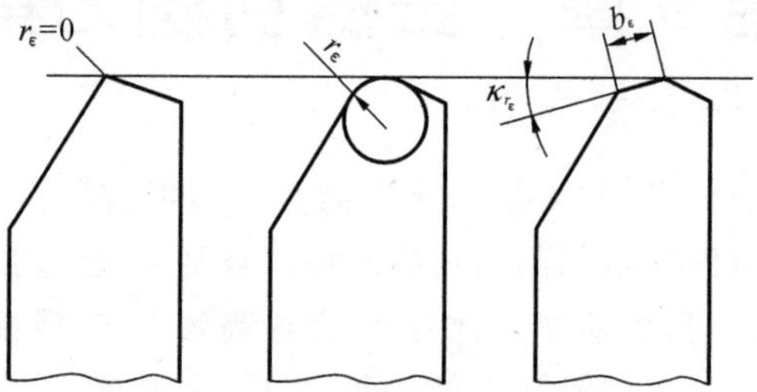

图 3-3 三种典型刀尖形状

另外，为了增加刀尖的抗冲击能力和降低加工表面粗糙度，副切削刃近刀尖处一般会有一小段平直的切削刃，这就是修光刃。修光刃与进给方向平行且长度大于工件每转 360°车刀沿进给方向的移动量，这样就可以起到修光作用。

3.1.2 刀具标注角度参考系

为了确定和测量刀具角度，必须引入参考系，如图 3-4 所示。

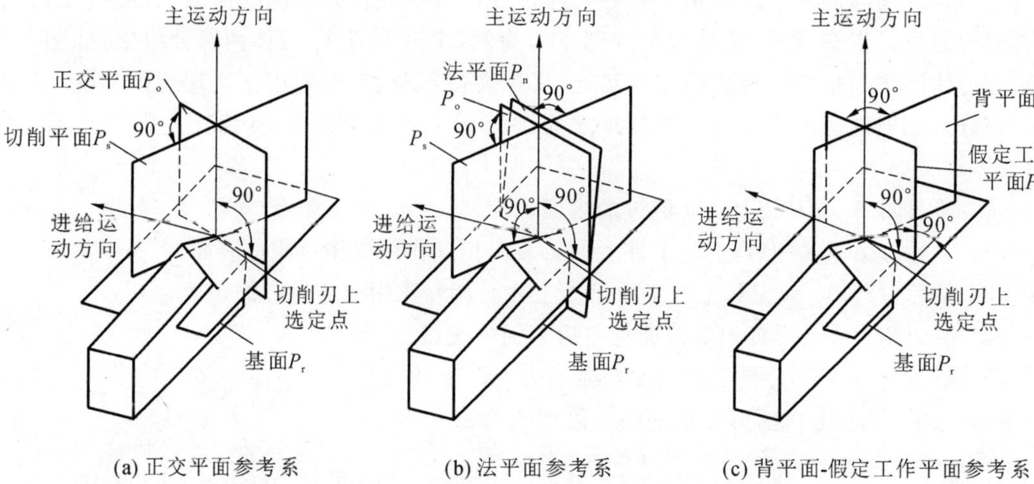

图 3-4 刀具标注角度参考系

组成刀具静止参考系的参考平面有如下几种。

(1) 基面 P_r　基面是通过主切削刃上某一选定点，垂直于该点主运动方向的平面。车刀的基面平行于刀具底平面。

(2) 切削平面 P_s　切削平面是通过主切削刃上某一选定点，与主切削刃相切且垂直于基面的平面。

(3) 正交平面 P_o　正交平面是通过切削刃上的选定点并同时垂直于基面和切削平面的平面。因此，它必定垂直于切削刃在基面上的投影。

(4) 法平面 P_n　法平面是通过切削刃选定点并垂直于切削刃的平面。

(5) 假定工作平面 P_f　假定工作平面通过切削刃选定点并垂直于基面，而且平行或垂直于刀具在制造、刃磨及测量时适合于安装或定位的一个平面或轴线，一般说来其方位要平行于假定的进给运动方向。

(6) 背平面 P_p　背平面是通过切削刃选定点并垂直于基面和假定工作平面的平面。

三种静止参考系如下。

正交平面参考系 P_r-P_s-P_o：由基面、切削平面和正交平面组成。

法平面参考系 P_r-P_s-P_n：由基面、切削平面和法平面组成。

背平面-假定工作平面参考系 P_r-P_p-P_f：由基面、背平面和假定工作平面组成。

3.1.3　刀具标注角度

刀具的标注角度是制造和刃磨刀具所必需的，并在刀具设计图上予以标注的角度。刀具的标注角度主要有五个，以车刀为例，外圆车刀的标注角度如图 3-5 所示。

(1) 前角 γ_o　在正交平面内测量的前刀面与基面之间的夹角。前角表示前刀面的倾斜程度，有正、负和零值之分。通过选定点的基面位于刀头实体之外时，γ_o 定为正值；位于刀头实体之内时，γ_o 定为负值。

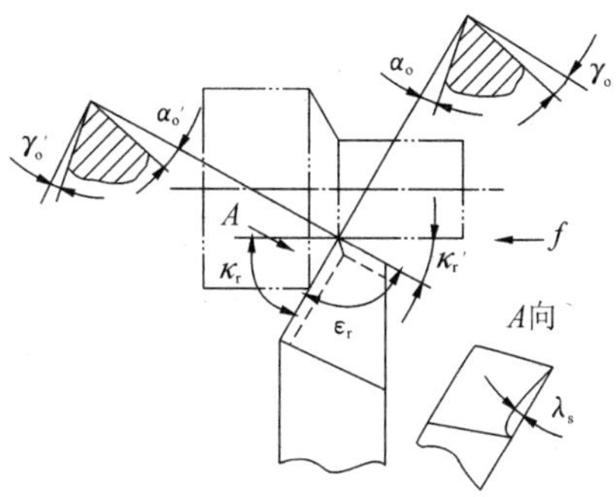

图 3-5　外圆车刀的标注角度

γ_o影响切削的难易程度。增大前角可使刀具锋利，切削轻快。但前角过大，刀刃和刀尖强度下降，刀具导热体积减小，影响刀具寿命。

(2) 后角 α_o　在正交平面内测量的主后刀面与切削平面之间的夹角，后角表示主后刀面的倾斜程度，一般为正值。

后角的作用是为了减小主后刀面与工件加工表面之间的摩擦以及主后刀面的磨损。但后角过大，刀刃强度下降，刀具导热体积减小，反而会加快主后刀面的磨损。

(3) 主偏角 κ_r　在基面内测量的主切削刃在基面上的投影与进给方向的夹角，主偏角一般为正值。

κ_r的大小影响刀具寿命。减小主偏角，主切削刃参加切削的长度增加，负荷减轻，同时加强了刀尖，增大了散热面积，使刀具寿命提高。

κ_r的大小还影响切削分力。减小主偏角使吃刀抗力增大，当加工刚性较弱的工件时，易引起工件的变形和振动。

(4) 副偏角 κ_r'　在基面内测量的副切削刃在基面上的投影与进给运动反方向的夹角，副偏角一般为正值。

副偏角的作用是为了 8 减小副切削刃与工件已加工表面之间的摩擦，以防止切削时产生振动。副偏角的大小影响刀尖强度和表面粗糙度。

(5) 刃倾角 λ_s　在切削平面内测量的主切削刃与基面之间的夹角。

λ_s有正、负和零值之分，当刀尖是切削刃最高点时，λ_s 定为正值；反之为负，如图 3-6 所示。

λ_s 影响刀尖强度和切屑流动方向。粗加工时为增强刀尖强度，λ_s 常取负值；精加工时为防止切屑划伤已加工表面，λ_s 常取正值或零。

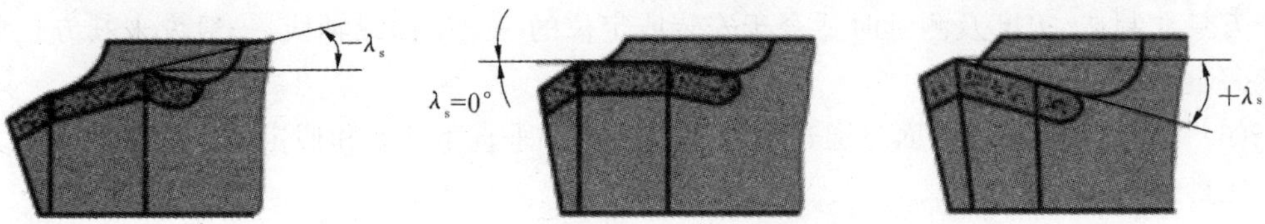

图 3-6 外圆车刀的刃倾角

3.2 刀具材料

3.2.1 刀具材料的性能

金属切削时，刀具切削部分直接和工件及切屑相接触，承受着很大的切削载荷和冲击，并受到工件和切屑的剧烈摩擦，产生很高的切削温度，即刀具切削部分是在高温、高压及剧烈摩擦的恶劣条件下工作的。因此，刀具切削部分材料应具备以下性能。

1. 高的硬度和耐磨性

硬度是刀具材料应具备的基本特性。刀具要从工件上切下切屑，其硬度必须比工件材料的硬度大。常温下刀具的硬度一般必须在 60HRC 以上。

耐磨性是指材料抵抗磨损的能力，它与材料硬度、强度和组织结构有关。一般来说，刀具材料的硬度越高，耐磨性就越好。组织中硬质点(碳化物、氮化物等)的硬度越高，数量越多，颗粒越小，分布越均匀，则耐磨性越高。但刀具材料的耐磨性实际上不仅取决于它的硬度，而且也和它的化学成分、强度、纤维组织及摩擦区的温度有关。

2. 足够的强度和韧性

切削时刀具要承受较大的切削力、冲击和振动，为避免崩刀和折断，刀具材料应具有足够的强度和韧性。

3. 较高的耐热性

耐热性是衡量刀具材料切削性能的主要标志。它是指刀具材料在高温下保持硬度、耐磨性、强度和韧度的性能(亦称为热稳定性)。通常把材料在高温下仍保持高硬度的能力称为热硬性(亦称为高温硬度、红硬性)，它是刀具材料保持切削性能的必备条件。刀具材料的高温硬度越高，耐热性越好，允许的切削速度就越高。

4. 导热性好

刀具材料的导热性越好，切削热越容易从切削区散走，有利于降低切削温度。刀具材料的导热性用热导率表示。热导率大，表示导热性好，切削时产生的热量就容易传散出去，从而降低切削部分的温度，减轻刀具磨损。

5. 具有良好的工艺性和经济性

刀具材料本身的可切削性能、耐磨性能、热处理性能、焊接性能等要好，以便制造成各种刀具，而且要追求高的性能价格比。

3.2.2 刀具材料的分类

金属切削刀具材料包括工具钢(如碳素工具钢、合金工具钢)、高速钢、硬质合金、涂层刀具、金属陶瓷、陶瓷和超硬材料(如金刚石、立方氮化硼)等。其中,高速钢、硬质合金和涂层刀具是目前最常用的刀具材料。表 3-1 给出了常用金属切削刀具材料的物理力学性能。

表 3-1　常用金属切削刀具材料的物理力学性能

材料种类		密度/(g/cm^3)	硬度	抗弯强度/GPa	断裂韧度/(MPa/m$^{1/2}$)	导热系数/(W/(m·K))	耐热性/℃
高速钢		8.7～8.8	84HRA～85HRA	2～4	18～30	20～30	600～700
硬质合金	WC-Co	14～15	91HRA～93HRA	1.5～2	10～15	80～110	800～900
	WC-TiC-TaC-Co	10～13	90HRA～92HRA	1.3～1.8	9～14	25～42	900～1000
陶瓷	Al_2O_3	3.9～3.98	92.5HRA～93.5HRA	1.4～0.75	3.0～3.5	29	1200
	Al_2O_3-TiC	4.2～4.3	93.5HRA～94.5HRA	0.7～0.9	3.5～4.0	17	1200
	Si_3N_4	3.2～3.6	1350HV～1600HV	0.6～0.9	5～7	20～35	1300
超硬材料	聚晶立方氮化硼	3.48	4500HV	0.5～0.8	6.5～8.5	130	1000～1300
	聚晶金刚石	3.52	9000HV	0.6～1.1	6.89	210	700～800

1. 高速钢

高速钢是一种加入了较多的钨、钼、铬、钒等合金元素的高合金工具钢。高速钢有较高的强度,抗弯强度是硬质合金的 2～3 倍;韧度比硬质合金高几十倍。高速钢的硬度在 63HRA 以上,且有较好的耐热性,在切削温度达到 500～650 ℃时,尚能进行切削。高速钢可加工性好,热处理变形较小,目前常用于制造各种复杂刀具(如钻头、丝锥、拉刀、成型刀具、齿轮刀具等)。高速钢刀具可以加工从非铁金属到高温合金的各种材料。表 3-2 列出了几种常用高速钢的牌号及其主要用途。

1) 普通高速钢

普通高速钢指用来加工一般工程材料的高速钢,常用的牌号如下。

(1) W18Cr4V(简称 W18)。属钨系高速钢,具有较好的切削性能,是我国最常用的一种高速钢。

(2) W6Mo5Cr4V2(简称 M2)。属钼系高速钢,碳化物分布均匀性、韧性和高温塑性均超过 W18,但其磨削性能较差。

(3) W9Mo3Cr4V(简称 W9)。这是一种含钨量较多,含钼量较少的钨钼系高速钢,其碳化物不均匀性介于 W18 和 M2 之间,但抗弯强度和冲击韧度高于 M2,具有较好的硬度和韧性,其热塑性也很好。

2) 高性能高速钢

高性能高速钢是在普通高速钢的基础上,用调整其基本化学成分和添加一些其他合金元素(如钒、钴、铅、硅、铌等)的办法,着重提高其耐热性和耐磨性而衍生出来的。它主要用来加工不锈钢、耐热钢、高温合金和超高强度钢等难加工材料。

表 3-2 常用高速钢的牌号及其主要用途

<table>
<tr><th colspan="2">类别</th><th>牌号</th><th>主要用途</th></tr>
<tr><td colspan="2" rowspan="3">普通高速钢</td><td>W18Cr4V</td><td>广泛用于制造钻头、铰刀、铣刀、拉刀、丝锥、齿轮等</td></tr>
<tr><td>W6Mo5Cr4V2</td><td>用于制造要求热塑性好和受较大冲击载荷的刀具,如轧制钻头等</td></tr>
<tr><td>W14Cr4V mnRe</td><td>用于制造要求热塑性好和受较大冲击载荷的刀具,如轧制钻头等</td></tr>
<tr><td rowspan="7">高性能高速钢</td><td>高碳高速钢</td><td>95W18Cr4V</td><td>用于制造对韧性要求不高,但对耐磨性要求较高的刀具</td></tr>
<tr><td>高矾高速钢</td><td>W12Cr4V4Mo</td><td>用于制造形状简单,对耐磨性要求较高的刀具</td></tr>
<tr><td rowspan="5">超硬高速钢</td><td>W6Mo5Cr4V2Al</td><td>用于制造复杂刀具和难加工材料用的刀具</td></tr>
<tr><td>W10Mo4Cr4V3Al</td><td>耐磨性好,用于制造加工高强度耐热钢的刀具</td></tr>
<tr><td>W6Mo5Cr4V5SiNbAl</td><td>用于制造形状简单的刀具,如加工铁基高温合金的钻头</td></tr>
<tr><td>W12Cr4V3Mo3Co5Si</td><td>耐磨性、耐热性好,用于制造加工高强度钢的刀具</td></tr>
<tr><td>W2Mo9Cr4VCo8(M42)</td><td>用于制造难加工材料的刀具,可作复杂刀具,价格昂贵</td></tr>
</table>

2. 硬质合金

硬质合金是用高硬度、高熔点的金属碳化物(如 WC、TiC、TaC、NbC 等)粉末和金属黏结剂(如 Co、Ni、Mo 等)经高压成形后,再在高温下烧结而成的粉末冶金制品。硬质合金中的金属碳化物熔点高、硬度高、化学稳定性与热稳定性好,因此,硬质合金的硬度、耐磨性、耐热性都很高,允许的切削速度远高于高速钢,加工效率高且能切削诸如淬火钢等硬材料。硬质合金的不足是与高速钢相比,其抗弯强度较低、脆性较大,抗振动和冲击性能也较差。硬质合金因其切削性能优良而被广泛用来制作各种刀具。在我国,绝大多数车刀、端铣刀和深孔钻都采用硬质合金制造。目前,在一些较复杂的刀具上,如立铣刀、孔加工刀具等也开始采用硬质合金制造。

硬质合金的常温硬度很高(89~93HRA,相当于 78~82HRC),耐熔性好,热硬性可达 800~1000 ℃以上,允许的切削速度比高速钢的提高 4~7 倍,刀具寿命比高速钢的高 5~8 倍,是目前切削加工中用量仅次于高速钢的主要刀具材料。但它的抗弯强度和韧性均较低,性脆,怕冲击和振动,工艺性也不如高速钢。

目前常用的硬质合金主要有钨钴类、钨钛钴类和钨钛钽(铌)钴类三大类,常用的硬质合金牌号及其应用范围见表 3-3。

表 3-3 常用的硬质合金牌号及其应用范围

<table>
<tr><th>牌号</th><th colspan="3">应用范围</th></tr>
<tr><td>YG3X</td><td rowspan="6">硬度,耐磨性,切削速度 ↑</td><td rowspan="6">抗弯强度 韧性 进给量 ↓</td><td>铸铁、非铁金属及其合金的精加工、半精加工,不能承受冲击载荷</td></tr>
<tr><td>YG3</td><td>铸铁、非铁金属及其合金的精加工、半精加工,不能承受冲击载荷</td></tr>
<tr><td>YG6X</td><td>普通铸铁、冷硬铸铁、高温合金的精加工、半精加工</td></tr>
<tr><td>YG6</td><td>铸铁、非铁金属及其合金的半精加工和粗加工</td></tr>
<tr><td>YG8</td><td>铸铁、非铁金属及其合金、非金属材料的粗加工,也可用于断续切削</td></tr>
<tr><td>YG6A</td><td>冷硬铸铁、非铁金属及其合金、非金属材料的粗加工,也可用于断续切削</td></tr>
</table>

续表

牌号	应用范围		
YT30	硬度，耐磨性，切削速度 ↓	↑ 抗弯强度 韧性 进给量	碳素钢、合金钢的精加工
YT15			碳素钢、合金钢在连续切削时的粗加工、半精加工，也可用于断续切削时的精加工
YT5			碳素钢、合金钢的粗加工，也可用于断续切削
YW1	硬度，耐磨性，切削速度 ↓	↑ 抗弯强度 韧性 进给量	高温合金、高锰钢、不锈钢等难加工材料及普通钢料、铸铁、非铁金属及其合金的半精加工和精加工
YW2			高温合金、高锰钢、不锈钢等难加工材料及普通钢料、铸铁、非铁金属及其合金的半精加工和精加工

1）钨钴类硬质合金（YG）

由 WC 和 Co 组成，代号为 YG。常温硬度为 89～91HRA，耐热性达 800～900 ℃，适用于加工切屑呈崩碎状的脆性材料。常用牌号有 YG3X、YG6X、YG6 和 YG8 等，其中数字表示含 Co 的质量分数，其余为含 WC 的质量分数。Co 在硬质合金中起黏结作用，含 Co 越多的硬质合金韧性越好，所以 YG8 适用于粗加工和断续切削，可用于加工 45 钢锻件粗车、65HRC 冷硬铸铁和中速车削淬硬钢；YG6 适于半精加工；YG3X 适于精加工和连续切削，可用于 HT200 铸件精车。

2）钨钛钴类硬质合金（YT）

由 WC、TiC 和 Co 组成，代号为 YT。此类硬质合金的硬度、耐磨性和耐热性（900～1000 ℃）均比 YG 类合金高，但抗弯强度和冲击韧度降低，主要适用于加工切屑呈带状的钢料等韧性材料。常用牌号有 YT30、YT15、YT14 和 YT5 等，其中数字表示含 TiC 的质量分数。所以 YT30 适用于钢料的精加工和连续切削，可用于低速精车合金钢蜗杆和高速精车调质钢长轴，YT15 适于半精加工，YT5 适于粗加工和断续切削。

3）钨钛钽（铌）钴类硬质合金（YW）

由 WC、TiC、TaC（NbC）和 TCo 组成，代号为 YW，又称通用合金。其抗弯强度、疲劳强度、冲击韧度、耐热性、高温硬度和抗氧化能力都有很大提高。常用牌号有 YW1 和 YW2，这两种硬质合金都具有 YG 类硬质合金的韧性，比 YT 类硬质合金的抗刃口剥落能力强。由于 YW 类硬质合金的综合性能较好，除可加工铸铁、非铁金属和钢料外，主要用于加工耐热钢、高锰钢、不锈钢等难加工材料，可用于制作高速精密镗削铝合金缸套。

3. 涂层刀具材料

涂层刀具是在韧性较好的硬质合金基体上，或在高速钢刀具基体上，涂覆一薄层耐磨性高的难熔金属化合物而获得的。涂层硬质合金一般采用化学气相沉积法，沉积温度在 1000 ℃左右；涂层高速钢刀具一般采用物理气相沉积法，沉积温度在 500 ℃左右。

常用涂层材料有 TiC、TiN、Al_2O_3 等，TiC 的硬度比 TiN 高，抗磨损性能好。对于要产生剧烈磨损的刀具，TiC 涂层较好。TiN 与金属亲和力小，润湿性能好，在空气中的抗氧化性能比 TiC 好，在容易产生黏结的条件下，TiN 涂层较好。在高速切削产生大热量的场合，

宜采用 Al_2O_3 涂层为好，因为 Al_2O_3 在高温下有良好的热稳定性能。

涂层材料有比基体高得多的硬度，有高的抗氧化性能和抗黏结性能，因而有高的耐磨性和抗月牙洼磨损能力。涂层具有低的摩擦系数，可降低切削时的切削力及切削温度，大大提高了刀具耐用度。涂层硬质合金的通用性广，一种涂层刀片可替代几种未涂层刀片使用。

4. 陶瓷刀具材料

陶瓷刀具材料的主要成分是硬度和熔点都很高的 Al_2O_3、Si_3N_4 等氧化物、氮化物，再加入少量的金属碳化物、氧化物或纯金属等添加剂，采用粉末冶金工艺方法经制粉、压制烧结而成。

陶瓷刀具有很高的硬度（91～95HRA）和耐热性，在 1200 ℃的温度下仍能切削，耐磨性和化学惰性好，摩擦系数小，抗黏结和扩散磨损能力强，因而能以更高的速度切削，并可切削难加工的高硬度材料。陶瓷刀具的最大缺点是脆性大，抗弯强度和冲击韧度低，承受冲击负荷的能力差。陶瓷刀具主要用于对钢料、铸铁、高硬材料（如淬火钢等）连续切削的半精加工或精加工。

5. 超硬刀具材料

超硬刀具材料包括天然金刚石、聚晶金刚石和聚晶立方氮化硼三种。金刚石刀具主要用于加工高精度及粗糙度很低的非铁金属、耐磨材料和塑料，如铝及铝合金、黄铜、预烧结的硬质合金和陶瓷、石墨、玻璃纤维、橡胶及塑料等。立方氮化硼主要用于加工淬硬钢、喷涂材料、冷硬铸铁和耐热合金等。各种超硬刀具材料的性能评价如表 3-4 所示。表 3-5 对比了典型刀具材料的物理性能。

表 3-4 各种超硬刀具材料的性能评价

材料性能	超硬刀具材料			
	PCD 复合片	CVD 金刚石	单晶金刚石	PCBN 复合片
耐磨性	良	良+	优	良−
韧性	优	良	良−	良
热、化学稳定性	良−	良	良	优
可加工性	优	良	良−	优
刃口质量	良	良+	优	良

表 3-5 典型刀具材料的性能比较

性能	材料性能比较
耐磨性	PCD＞PCBN＞Al_2O_3 基＞Si_3N_4 基＞TiC(N)基＞WC 基＞HSS
耐热性	PCBN＞Al_2O_3 基＞Si_3N_4 基＞WC 基＞PCD＞HSS
抗热震性	HSS＞WC 基＞ Si_3N_4 基＞CBN＞PCD＞TiC(N)基＞ Al_2O_3 基
热氧化温度	陶瓷＞CBN＞硬质合金＞PCD＞HSS
扩散强度大小(对钢铁)	PCD＞SiC＞ Si_3N_4 基＞PCBN＞ Al_2O_3 基
扩散强度大小(对钛)	Al_2O_3 基＞PCBN＞SiC＞ Si_3N_4 基＞PCD
溶解度大小(对未淬硬钢)(在 1027 ℃)	SiC＞Si_3N_4 基＞PCD＞WC 基＞PCBN＞TiN＞TiC＞Al_2O_3 基＞ZrO_2(PCBN 不宜加工铁素体和 45HRC 以下的钢件)

(1) 人造金刚石。

人造金刚石是在高温高压和金属触媒作用的条件下，由石墨转化而成。金刚石刀具的性能特点是：有极高的硬度和耐磨性，切削刃非常锋利，有很高的导热性。但耐热性较差，且强度很低。人造金刚石主要用于高速条件下精细车削及镗削有色金属及其合金和非金属材料，但由于金刚石中的碳原子和铁有很强的化学亲和力，故金刚石刀具不适合加工铁族材料。

(2) 立方氮化硼(简称 CBN)。

立方氮化硼(简称 CBN)是用六方氮化硼(俗称白石墨)为原料，利用超高温高压技术，继人造金刚石之后人工合成的又一种新型无机超硬材料。其主要性能特点是：硬度高(高达 8000～9000HV)，耐磨性好，能在较高切削速度下保持加工质量，热稳定性好，化学稳定性好，且有较高的热导率和较小的摩擦系数，但其强度和韧性较差。立方氮化硼主要用于对高温合金、淬硬钢、冷硬铸铁等材料进行半精加工和精加工。

3.3 典型切削刀具

在机械加工领域，切削刀具种类十分丰富，包含车刀、铣刀、钻头、拉刀、成形刀具等各类结构和功用不同的刀具，它们被广泛应用于各行各业。这里主要介绍几种最典型、应用最广泛的刀具：车刀、铣刀和钻头。

3.3.1 车刀

车刀是指被应用于车床的各类切削刀具，是切削加工中结构最简单、应用最广泛的一种刀具。

1. 车刀的类型

车刀的种类非常丰富，按车刀的用途不同可将其分为外圆车刀、端面车刀、切断刀、切槽刀、螺纹车刀、内孔车刀和成形车刀等(见图 3-7)。

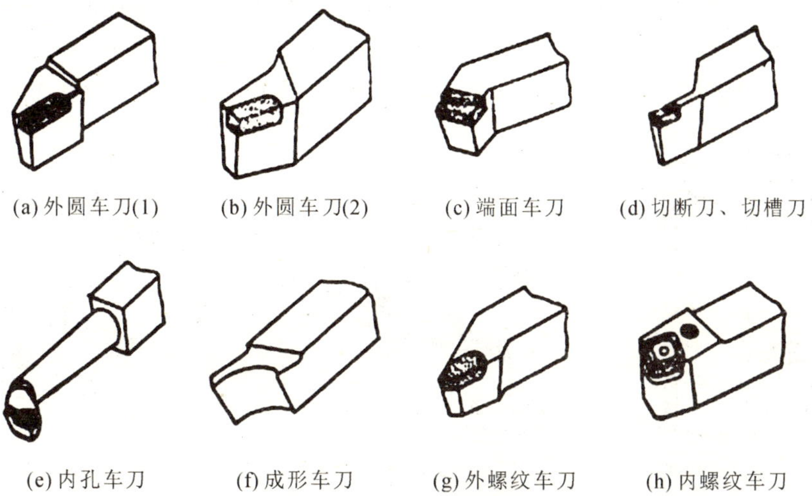

图 3-7　常用车刀类型

(1) 外圆车刀。

如图 3-7(a)、(b)所示，主偏角一般取 75°和 90°，外圆车刀用于车削外圆表面和台阶。

(2) 端面车刀。

如图 3-7(c)所示，主偏角一般取 45°，端面车刀用于车削端面和倒角，也可用来车外圆。

(3) 切断刀、切槽刀。

如图 3-7(d)所示，切断刀、切槽刀用于切断工件或车沟槽。

(4) 内孔车刀。

如图 3-7(e)所示，内孔车刀用于车削工件的内圆表面，如圆柱孔、圆锥孔等。

(5) 成形车刀。

如图 3-7(f)所示，成形车刀有凹、凸之分，用于车削圆角和圆槽或者各种特形面。

(6) 内、外螺纹车刀。

内、外螺纹车刀用于车削内圆表面的螺纹和外圆表面的螺纹。图 3-7(g)、(h)所示分别为外螺纹车刀、内螺纹车刀。

按车刀的结构不同可将其分为整体式车刀、焊接式车刀、机夹式车刀和可转位式车刀(见图 3-8)。

① 整体式车刀。

刀头部分和刀杆部分均为同一种材料，用作整体式车刀的刀具材料一般是高速钢，如图 3-8(a)所示。

② 焊接式车刀。

刀头部分和刀杆部分分属两种材料，即刀杆上镶焊硬质合金刀片，而后经刃磨所形成的车刀，如图 3-8(b)所示。

③ 机夹式车刀。

刀头部分和刀杆部分分属两种材料。它是将刀片用机械夹固的方法固定在刀杆上，如图 3-8(c)所示。这种车刀的刀片只有一个刀尖和一个刀刃，用钝后必须进行刃磨才能继续使用。

④ 可转位式车刀。

和机夹式车刀类似，可转位式车刀的刀头部分和刀杆部分也是分属两种材料，并将刀片用机械夹固的方法固定在刀杆上，如图 3-8(d)所示。刀片形状为多边形，即多条切削刃、多个刀尖，用钝后只需将刀片转位即可使新的刀尖和刀刃进行切削而不需重新刃磨。

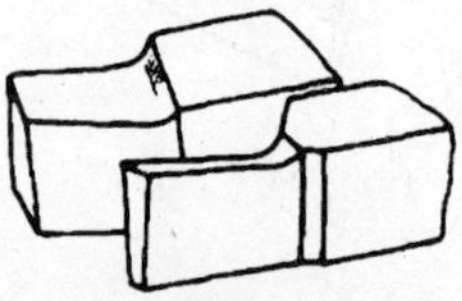

(a) 整体式

(b) 焊接式

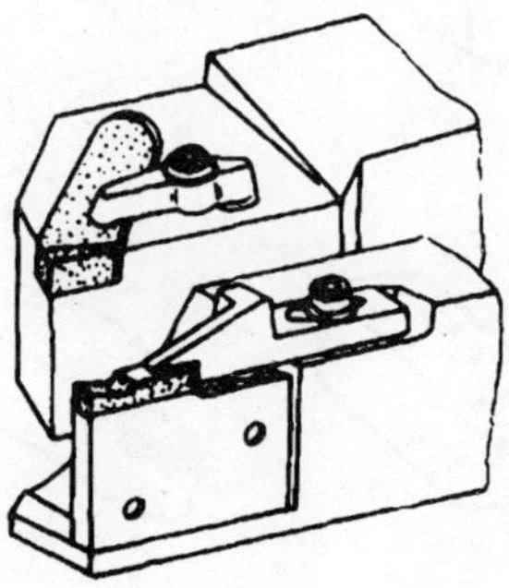

(c) 机夹式

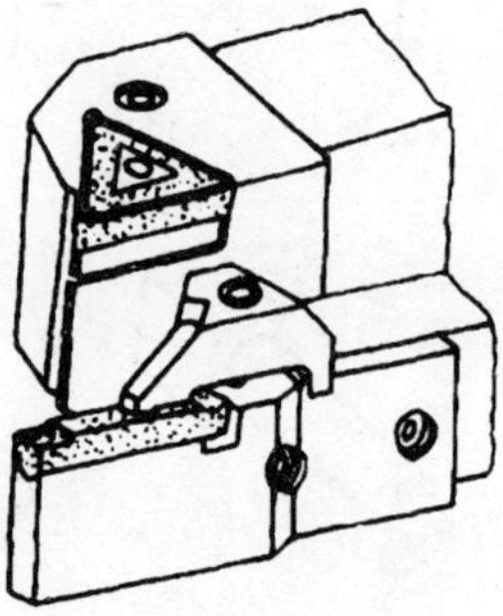

(d) 可转位式

图 3-8 车刀的四种结构形式

目前，机夹式车刀和可转位式车刀应用比较广泛，尤其以数控车床应用更为广泛；用于车削外圆，端面，切断，镗孔，车内、外螺纹等。

2. 焊接式车刀

硬质合金焊接车刀是将硬质合金刀片钎焊在刀杆槽内的车刀。焊接车刀的质量和使用寿命与刀片选择、刀槽形式、刀片在刀槽中的位置、刀具几何参数、焊接工艺和刃磨质量有密切关系。

焊接式车刀的刀槽可分为开口型、半封闭型、封闭型和嵌入型，如图 3-9 所示。开口型制造简单，常用于外圆车刀、弯头车刀和切槽车刀。半封闭型焊接面积较大，刀片焊接比较牢固，常用于 90°外圆车刀、内孔车刀。封闭型和嵌入型刀片焊接牢靠，主要用于刀片底面积较小的车刀，如螺纹车刀、切断车刀等。

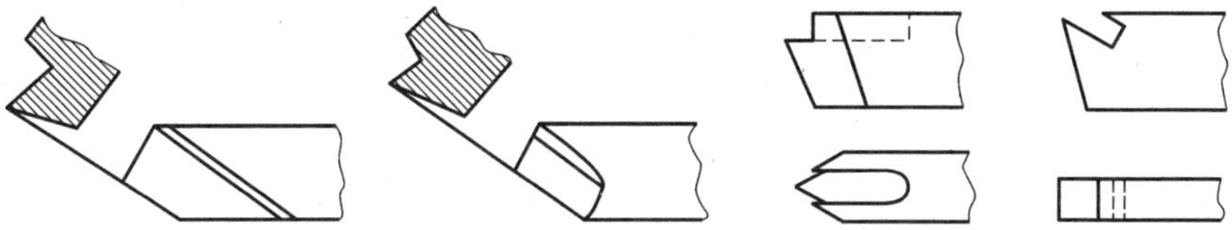

(a) 开口型　(b) 半封闭型　(c) 封闭型　(d) 嵌入型

图 3-9　焊接式车刀刀槽的形式

刀片在刀槽中的安装位置应使刃磨面积减小和可重磨的次数增多。一般车刀同时刃磨前刀面和后刀面，因此刀片应平放，如图 3-10 所示，并作出刀槽前角。其目的是为了提高刃磨效率和减少磨削砂轮的消耗。

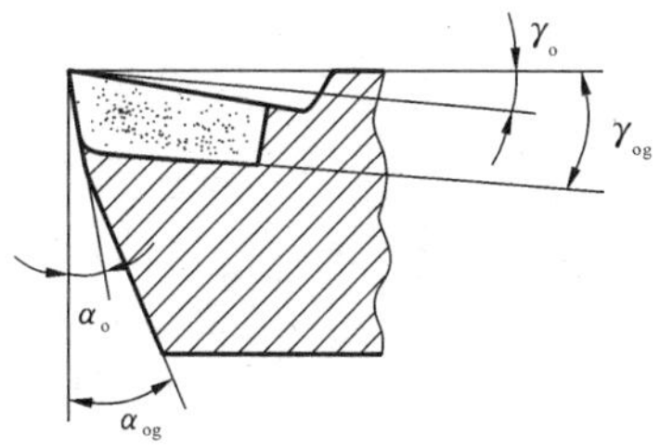

图 3-10　刀片在刀槽中的安装位置

3. 机夹式车刀

机夹式车刀是指采用机械夹固方法将预先加工好的但不能转位使用的刀片夹紧在刀杆上的车刀。使用时刀刃磨损后可进行多次重磨后继续使用。如带有压制好断屑槽的刀片不能进行重磨。目前，常用机夹式车刀主要有切断车刀、切槽车刀、螺纹车刀、大型车刀和金刚石车刀等。

机夹式车刀要求刀片夹固可靠，重磨后能调整切削刃位置，结构简单和断屑可靠。常用的夹紧结构有上压式、自锁式和弹性压紧式，如图 3-11 所示。

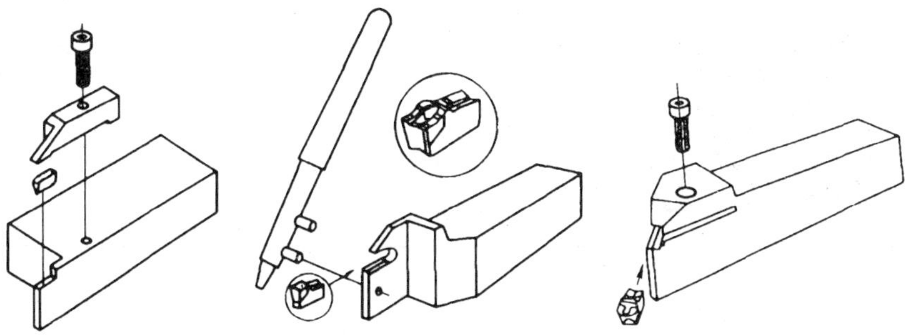

(a) 上压式　(b) 自锁式　(c) 弹性压紧式

图 3-11　机夹式车刀夹紧机构形式

4. 可转位式车刀

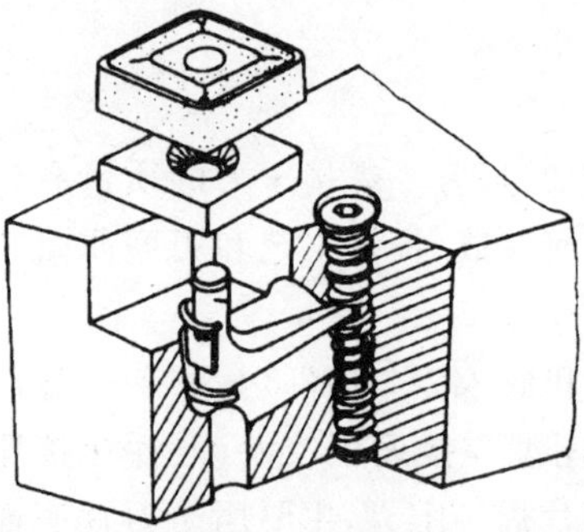

图 3-12　可转位刀片组成示意图

可转位式车刀是指用机械夹固的方法，将可转位刀片夹紧后固定在刀柄上的车刀，主要由可转位刀片、刀垫、杠杆、螺钉和刀柄组成，如图 3-12 所示。

可转位刀片的优点在于：具有合理的槽形和几何参数，可以提高刀具的寿命；刀刃磨钝后，可转变刀刃位置，快速更换新的刀刃；刀片上所有的切削刃损坏后刀片的更换比较方便；便于在刀片上使用各种涂层刀具材料，选用较高的切削用量；能实现标准化，一刀多用。

可转位式车刀虽然具有诸多优点，但是由于受到刀具结构、制造工艺等限制，可转位结构还不能满足部分刀片的需要，因此可转位式车刀还不能完全取代焊接式和机夹式车刀。

可转位式车刀的类型有外圆车刀、端面车刀、内孔车刀、切断车刀和螺纹车刀等，选用方法与焊接式车刀类似。最常用的可转位式车刀的夹紧结构主要包含如下几种，如表 3-6 所示。

表 3-6　可转位式车刀类型与夹紧结构特点

名称	结构示意图	定位面	夹紧件	主要特点和使用场合
杠杆式	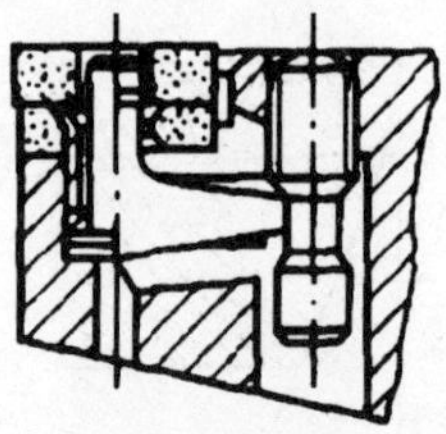	底面周边	杠杆螺钉	定位精度高，调节余量大，夹紧可靠，拆卸方便。卧式车床，数控车床均能使用
楔构式	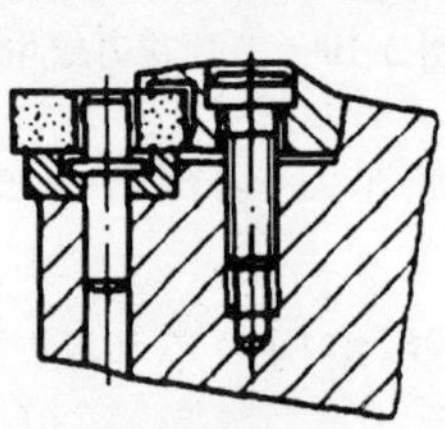	底面孔周边	楔形压板螺钉	是楔压和上压的组合式。夹紧可靠，装卸方便。重复定位精度低。适用于卧式车床断续切削车刀
楔销式	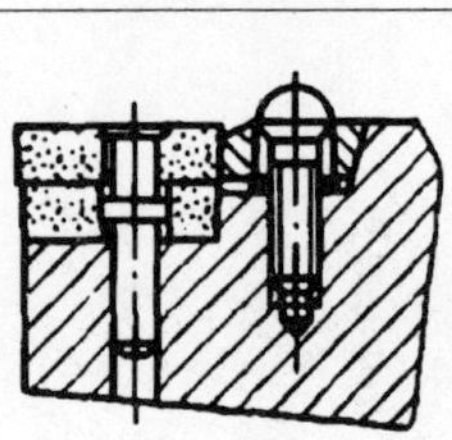		楔块螺钉	刀片尺寸变化较大时也可夹紧。装卸方便。适用于卧式车床进行连续车削车刀

续表

名称	结构示意图	定位面	夹紧件	主要特点和使用场合
上压式		底面周边	压板螺钉	夹紧元件小,夹紧可靠,装卸容易,排屑受一定影响。卧式车床、数控车床均能使用
偏心式	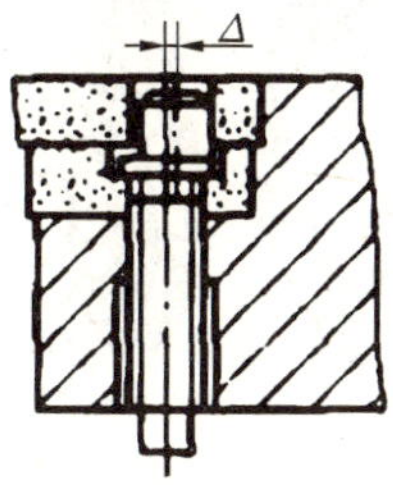		偏心螺钉	夹紧元件小,结构紧凑,刀片尺寸误差对夹紧影响较大,夹紧可靠性差。适用于轻中型连续切削车刀
螺销上压式	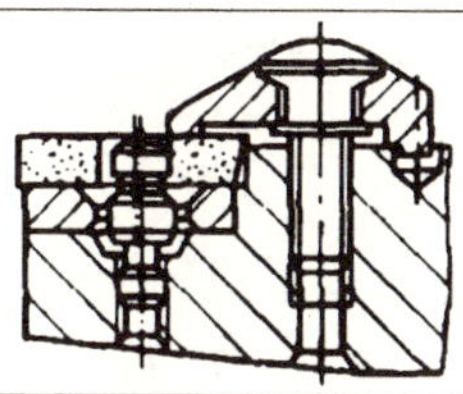		压板螺钉 偏心螺销	偏心式和上压式的组合式。螺销旋入时上端圆柱将刀片推向定位面。压板从上面压紧刀片。夹紧可靠,重复定位精度高。用于数控车床用的车刀
压孔式	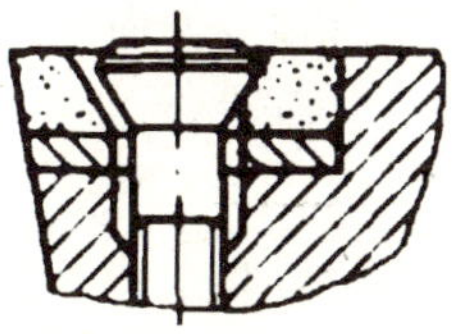		锥形螺钉	结构简单、零件少,定位精度高,容屑空间大,对螺钉质量要求高。适用于数控车床上使用的内孔车刀和仿形车刀

3.3.2　铣刀

铣削是被广泛使用的一种利用多齿旋转刀具进行切削加工的方法,主要用于加工平面、台阶面、沟槽、成形表面和切断等。铣刀的种类繁多,但从结构实质上可看成是分布在圆柱体、圆锥体或特形回转体的外缘或端面上的切削刃或镶装上刀齿的多齿刀具,因此铣削属于断续切削。每一个刀齿相当于一把车刀,其切削加工特点与车削加工的基本相同。在铣削加工中,用圆柱铣刀和端铣刀铣削平面具有代表性,故在讨论铣削原理和铣刀的几何角度时以这两种刀具为主。

1. 铣刀的类型

铣刀按其用途大体上可分为加工平面用铣刀、加工沟槽用铣刀和加工成形面用铣刀三类。

(1) 圆柱铣刀。

如图 3-13 所示,它用在卧式铣床上加工平面,主要用高速钢制造,也可以镶焊螺旋形的硬质合金刀片。螺旋形切削刃分布在圆柱表面上,没有副切削刃。螺旋形的刀齿切削时是逐渐切入和脱离工件的,所以切削过程较平稳,一般适合加工宽度小于铣刀长度的狭长平面。

(2) 面铣刀。

面铣刀又称端铣刀，如图 3-14 所示，它用在立式铣床上加工平面，铣刀的轴线垂直于被加工表面。面铣刀的主切削刃位于圆柱或圆锥表面上，副切削刃位于圆柱或圆锥的端面上。用面铣刀加工平面时，由于同时参加切削的齿数较多，又有副切削刃的修光作用，因此已加工表面粗糙度小。小直径的面铣刀一般用高速钢制成整体式，大直径的面铣刀是在刀体上焊接硬质合金刀片，或采用机械夹固式可转位硬质合金刀片。

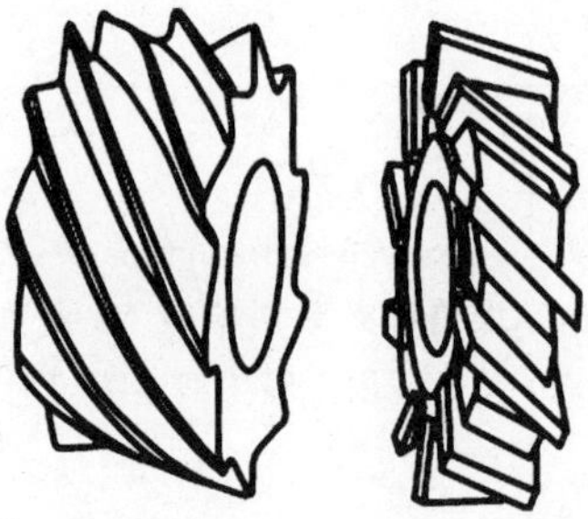

图 3-13　圆柱铣刀

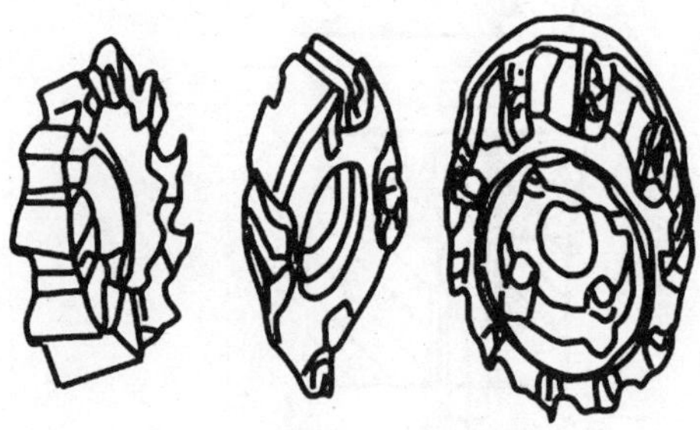

图 3-14　面铣刀

(3) 立铣刀。

立铣刀相当于带柄的小直径圆柱铣刀，一般由三到四个刀齿组成。用于加工平面、台阶、槽和相互垂直的平面，利用锥柄或直柄紧固在机床主轴中，如图 3-15 所示。其主切削刃位于圆周面上，端面上的切削刃是副切削刃，故切削时一般不宜沿轴线方向进给。用立铣刀铣槽时槽宽有扩张，故应取直径比槽宽略小的铣刀。

(4) 键槽铣刀。

键槽铣刀主要用来加工圆头封闭键槽，如图 3-16 所示。外形类似立铣刀，有两个刀齿，端面切削刃为主切削刃，圆周的切削刃是副切削刃。其他槽类铣刀还有 T 形槽铣刀和燕尾槽铣刀等。

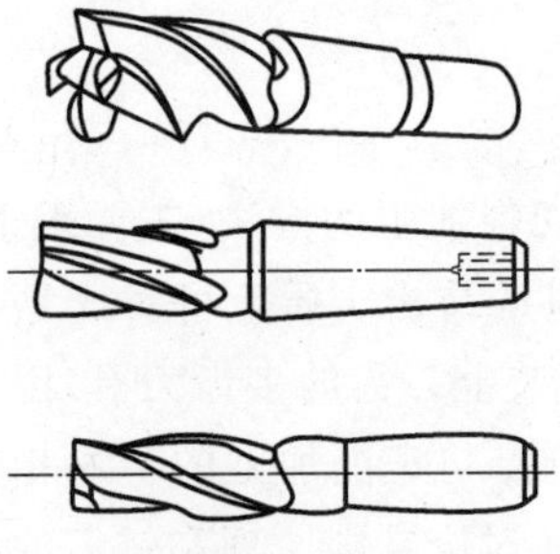

图 3-15　立铣刀

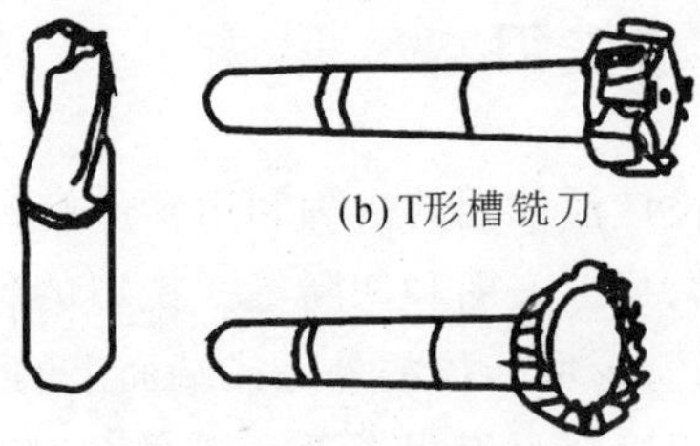

(b) T形槽铣刀

(a) 键槽铣刀　(c) 燕尾槽铣刀

图 3-16　键槽铣刀

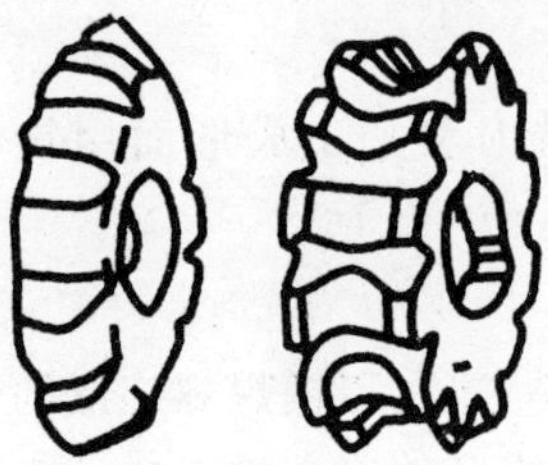

图 3-17　成形铣刀

(5) 成形铣刀。

成形铣刀是在铣床上用于加工成形表面的刀具，是为特定形状的工件或加工表面专门设计制造的，其刀齿廓形要根据被加工工件的廓形来确定。如图 3-17 所示，用成形铣刀可在通用的铣床上加工复杂形状的表面，并获得较高的精度和表面质量，生产率也较高。除此之外，还有仿形用的指状铣刀等。

2. 铣刀的结构特点

以圆柱铣刀为例,来说明铣刀的标注角度参考系。与车刀相似,铣刀的标注角度参考平面由基本坐标平面和测量平面组成,其基本坐标平面有基面和切削平面。其中基面是通过切削刃选定点并包含铣刀轴线的平面,并假定与主运动方向垂直。切削平面是通过切削刃选定点的圆柱切平面。测量平面有端剖面,螺旋齿铣刀还有法剖面。

(1) 圆柱铣刀。

圆柱铣刀可分为粗齿和细齿两种。粗齿圆柱铣刀齿数少,刀齿强度高,容屑空间大,重磨次数多,适用于粗加工。细齿圆柱铣刀齿数多,工作平稳,适用于精加工。

选择铣刀直径时,应保证铣刀心轴具有足够的刚度和强度,刀齿具有足够的容屑空间以及在能多次重磨的条件下,尽可能选择较小数值。一般根据铣削用量和铣刀心轴来选择铣刀直径。

圆周铣削时,铣刀旋转运动是主运动,工件的直线移动是进给运动。圆柱铣刀的标注角度如图3-18所示。

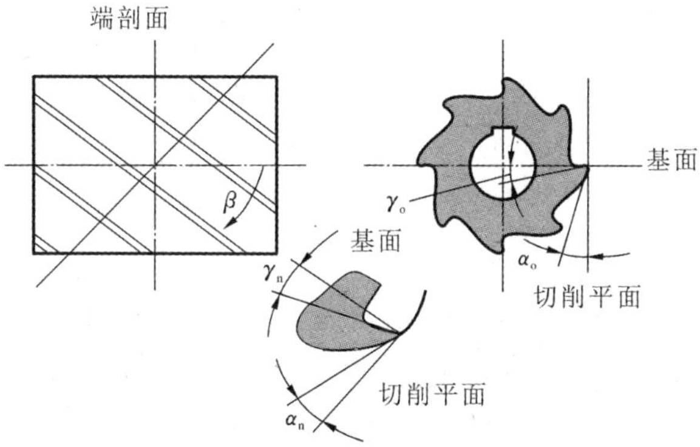

图3-18 圆柱铣刀的标注角度

螺旋角 β:螺旋切削刃展开成直线后,与铣刀轴线间的夹角。

前角 γ_o:过切削刃上选定点在端剖面上测量的前刀面与基面的夹角。

后角 α_o:过切削刃上选定点在端剖面上测量的后刀面与切削平面间的夹角。前角和后角都标注在端剖面上。

若是螺旋齿,还要标注螺旋角 β、法向前角 γ_n 和法向后角 α_n 三个参数。

法向前角 γ_n:过切削刃上选定点在法剖面上测量的前刀面与基面的夹角。

法向后角 α_n:过切削刃上选定点在法剖面上测量的后刀面与切削平面间的夹角。

前角 γ_o和法向前角 γ_n两者的关系为

$$\tan\gamma_n = \tan\gamma_o\cos\beta$$

(2) 面铣刀。

面铣刀的标注角度如图3-19所示。面铣刀的一个刀齿,相当于一把小车刀,其几何角度基本与外圆车刀相类似,所不同的是铣刀每齿基面只有一个,即以刀尖和铣刀轴线共同确定的平面为基面。因此面铣刀每个刀齿都有前角、后角、主偏角和刃倾角四个基本角度。

前角 γ_o:在正交平面中测量前刀面与基面之间的夹角。

后角 α_o:在正交平面中测量后刀面与切削平面之间的夹角。

主偏角 κ_r:主刀刃与进给方向在基面上投影之间的夹角。

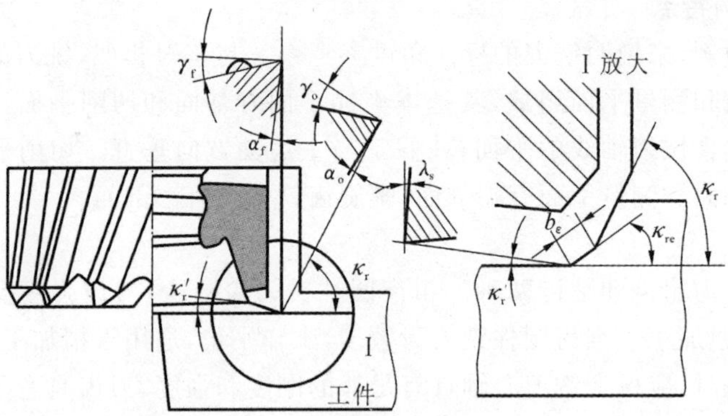

图 3-19　面铣刀的标注角度

刃倾角 λ_s：主切削刃与基面之间的夹角。

(3) 立铣刀。

如图 3-20 所示，立铣刀在圆柱面上的切削刃是主切削刃，端面上的切削刃是副切削刃，因此铣削时不宜沿铣刀轴线方向做进给运动。主切削刃上螺旋角的作用与圆柱铣刀的螺旋角相似，一般 30°～45°。为了使副切削刃有足够的强度，常在副切削刃的前刀面上磨出宽为 0.4 mm～1.5 mm，前角约为 6°的棱边。根据国家标准规定，立铣刀有粗齿、细齿，直柄、锥柄之分。粗齿齿数一般取 3～4 个齿，细齿齿数一般为 5 齿、6 齿、8 齿。

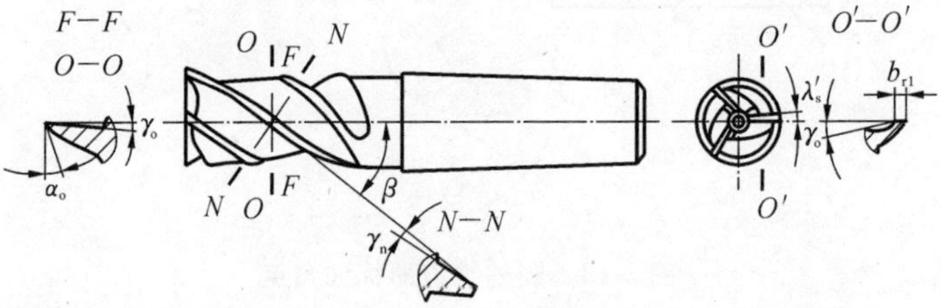

图 3-20　立铣刀

(4) 键槽铣刀。

键槽铣刀用于铣削圆头封闭键槽，如图 3-21 所示。这种铣刀在圆柱面和端面上都有刀齿，端刃为完整刃口，既像立铣刀又像钻头。这种刀具齿数少，螺旋角小。工作时不仅可以纵向进给，同时也可以轴向进给。铣削时要分几次垂直进给和纵向进给，才能完成键槽的加工。直径是 2～22 mm 的键槽铣刀用圆柱柄，直径是 14～40 mm 的键槽铣刀用锥柄。

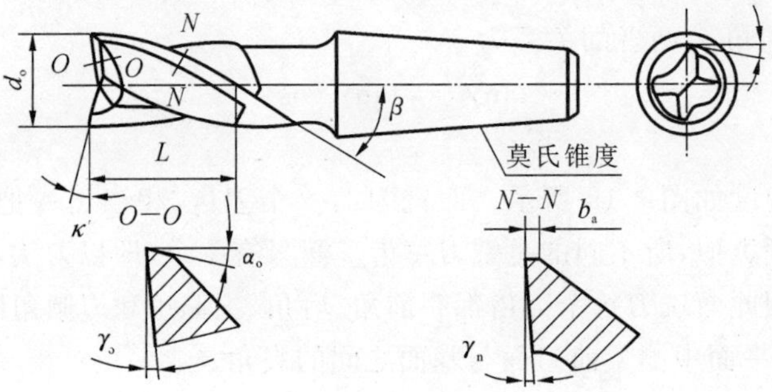

图 3-21　键槽铣刀

3. 铣削用量

铣削用量应当根据工件的加工精度、铣刀的耐用度及机床的刚性来选择，首先选定背吃刀量，然后选取进给量，最后确定铣削速度。

（1）背吃刀量的选择。背吃刀量是指一次进给所切去金属层的深度。它的选取应视工艺系统的刚度和已加工表面的精度、表面粗糙度而定。

（2）进给量和切削速度。粗加工时，加工余量较大，精度要求不高，此时应当根据工艺系统刚性及刀具耐用度来选择。在刀具性能允许的条件下应以较大的每齿进给量进行切削，以提高生产率。半精加工时，此时工件的加工余量一般在 0.5～2 mm，并且无硬皮，加工后要降低表面粗糙度，因此应选择较小的每齿进给量和较大的切削速度。精加工时加工余量很小，应当着重考虑刀具的磨损对加工精度的影响，因此宜选择较小的每齿进给量和较大的铣削速度进行铣削。

4. 铣削方式

（1）端铣方式。

用面铣刀加工平面时，依据铣刀与工件加工面相对位置的（或称吃刀关系）不同可分为三种铣削方式，如图 3-22 所示。

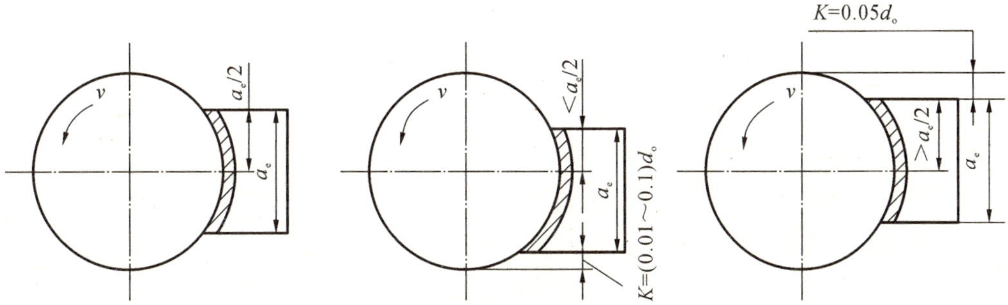

(a) 对称铣　(b) 不对称逆铣　(c) 不对称顺铣

图 3-22　端铣

① 对称铣：铣刀轴线位于铣削弧长的对称中心位置，即切入、切出时切削厚度相同时为对称铣。这种铣削方式具有较大的平均切削厚度，在用较小的每齿进给量铣削淬硬钢时，为使刀齿超越冷硬层切入工件，应采用对称铣削。

② 不对称逆铣：切入时的切削厚度小于切出时的切削厚度为不对称逆铣。铣削碳钢和一般合金钢时，采用这种铣削方式，可减小切入时的冲击，故可使硬质合金端铣刀的使用寿命提高一倍以上。

③ 不对称顺铣：切入时的切削厚度大于切出时的切削厚度为不对称顺铣。实践证明，不对称顺铣用于加工不锈钢和耐热合金时，可减少硬质合金的剥落磨损，提高切削速度 40%～60%。

（2）圆周铣削方式。

根据铣削时切削层参数变化规律的不同，圆周铣削有逆铣和顺铣两种形式。如图 3-23 所示。

① 逆铣。铣削时，铣刀切入工件时的切削速度方向与工件的进给方向相反，这种铣削方式称为逆铣。逆铣时，刀齿的切削厚度从零逐渐增大。刀齿在开始切入时，由于切削刃钝

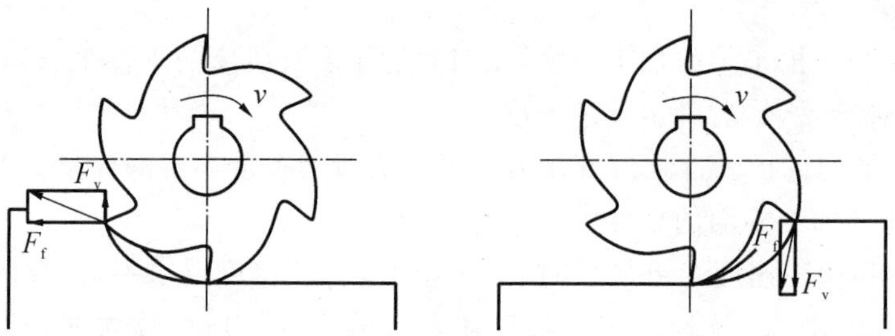

(a) 逆铣　　(b) 顺铣

图 3-23　圆周铣

圆半径的影响，刀齿在工作表面上打滑、产生挤压和摩擦，使这段表面产生严重的冷硬层。至滑行到一定程度时(即切削厚度等于或大于切削刃钝圆半径)，刀齿才能切入工件。下一个刀齿切入时，又在冷硬层上挤压、滑行，使刀齿容易磨损，同时使工件表面粗糙度增大。

② 顺铣。铣削时，铣刀切入工件时的切削速度方向与工件的进给方向相同，这种铣削方式称为顺铣。顺铣时，刀齿的切削厚度切入时最大，而后逐渐减小，避免了逆铣切入时的挤压、滑擦和啃刮现象；而且刀齿的切削距离较短，铣刀磨损较小，寿命可比逆铣时高 2～3 倍，已加工表面质量也较好；特别是铣削硬化趋势强的难加工材料时效果更明显。另外，顺铣时，前面作用于切削层的垂直分力始终向下，因而整个铣刀作用于工件的垂直分力较大，将工件始终压紧在夹具上，避免了工件的振动，安全可靠。

5. 铣刀的磨损

铣刀磨损的基本规律与车刀相似。高速钢铣刀在逆铣时由于刀齿对工件表面挤压、滑行比较严重，因此磨损主要发生在后刀面上。用硬质合金铣刀铣削钢件时，因切削速度高，切屑沿前面滑动的速度大，因此后刀面磨损的同时，前刀面也有较小的磨损。此外，由于硬质合金面铣刀进行高速断续切削，使刀具经受着反复的机械冲击和热冲击，产生裂纹而引起刀齿的疲劳破损。铣削速度越高，疲劳磨损出现的时间就越早。如果铣刀的几何角度选择不合理或使用不当，加之刀齿强度差，则刀齿在承受很大的冲击力后，会产生没有裂纹的破损。

防止铣刀破损的措施主要有以下几种。

(1) 合理选择刀片牌号：应采用韧性好、抗热裂纹敏感性小、耐热性和耐磨性好的刀片材料。

(2) 合理选用铣削参数：根据工件材料的不同物理力学特性和刀片材料的性能差异，在一定的加工条件下，选用合理的、能保证铣刀正常工作的切削参数。

(3) 合理选择工件与铣刀之间的相对位置：铣刀的安装位置直接影响切入角和切出角，因此，合理选择铣刀的安装位置对减少铣刀的破损起着重要作用。

3.3.3 钻头

孔加工刀具是机加工中应用非常广泛的一类刀具。由于孔的形状、规格、精度要求和加工方法不同，孔加工刀具种类很多。按结构特征和用途的不同可将其分为扁钻、麻花钻、中心钻、深孔钻、铰刀、扩孔钻、锪钻等。

1. 钻头的类型

(1) 扁钻。

扁钻是一种古老的孔加工刀具，它的切削部分为铲形，结构简单，制造成本低，切削液容易导入孔中，但切削和排屑性能较差。

(2) 麻花钻。

麻花钻是孔加工刀具中应用最为广泛的刀具，特别适合于直径小于 30 mm 的孔的粗加工，直径大一点的也可用于扩孔。麻花钻按其制造材料不同可分为高速钢麻花钻和硬质合金麻花钻。在钻孔中以高速钢麻花钻为主。

(3) 中心钻。

中心钻主要用于加工轴类零件的中心孔，根据其结构特点分为无护锥中心钻(见图 3-24(a))和带护锥中心钻(见图 3-24(b))两种。钻孔前，先打中心孔，有利于钻头的导向，防止孔的偏斜。

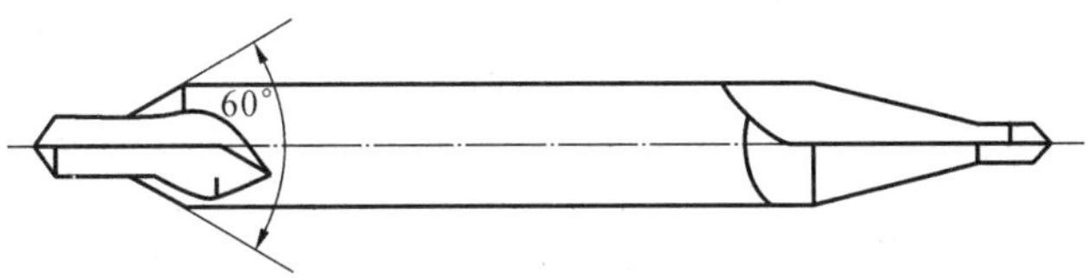

(a) 无护锥中心钻

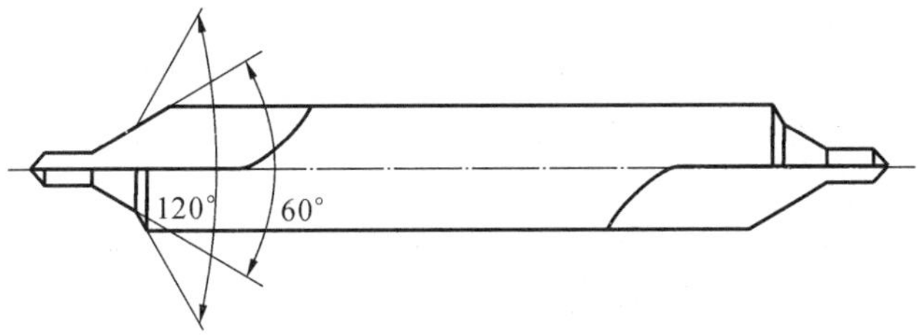

(b) 带护锥中心钻

图 3-24　中心钻

(4) 深孔钻。

深孔钻一般用来加工深度与直径的值较大的孔，由于切削液不易到达切削区域，刀具的冷却散热条件差，切削温度高，刀具耐用度降低；再加上刀具细长，刚度较差，钻孔时容易发生引偏和振动。因此为保证深孔加工质量和深孔钻的耐用度，深孔钻在结构上必须解决断屑排屑、冷却润滑和导向三个问题。

(5) 铰刀。

铰刀是孔的精加工刀具，也可用于高精度孔的半精加工。由于铰刀齿数多，槽底直径大，其导向性及刚度好，而且铰刀的加工余量小，制造精度高，结构完善，所以铰孔的加工精度一般可达 IT6～IT8，表面粗糙度 Ra 可达 1.6～0.2 μm。其加工对象一般为中小孔。铰孔操作方便，生产率高，而且也容易获得高质量的孔，所以在生产中应用极为广泛。

(6) 扩孔钻。

扩孔钻通常用于铰或磨前的预加工或毛坯孔的扩大，其外形与麻花钻类似。扩孔钻通常有三四个刃带，没有横刃，前角和后角沿切削刃的变化小，故加工时导向效果好，轴向抗力小。另外，扩孔钻主切削刃较短，容屑槽浅；刀齿数目多，钻心粗壮，刚度强，切削过程平稳，再加上扩孔余量小。因此，扩孔时可采用较大的切削用量，而其加工质量却比麻花钻好。一般加工精度可达IT10～IT11，表面粗糙度 Ra 可达 6.3～3.2 μm。常见的结构形式有高速钢整体式、镶齿套式和硬质合金可转位式。

(7) 锪钻。

锪钻用于在孔的端面上加工圆柱形沉头孔、加工锥形沉头孔或凸台表面。锪钻上的定位导向柱是用来保证被锪的孔或端面与原来的孔有一定的同轴度和垂直度的。导向柱可以拆卸，以便制造锪钻的端面齿。锪钻可制成高速钢整体结构或硬质合金镶齿结构。

2. 麻花钻

在生产中使用最多的是麻花钻。对于直径为 0.1～80 mm 的孔，都可使用麻花钻加工。标准麻花钻的结构如图 3-25(a)、图 3-25(b)所示，由柄部、颈部和工作部分组成。

(1) 柄部。柄部是钻头的夹持部分，用于与机床连接，并在钻孔时传递转矩和轴向力。麻花钻的柄部有锥柄和直柄两种。直柄主要用于直径小于 12 mm 的小麻花钻。锥柄用于直径较大的麻花钻，能直接插入主轴锥孔或通过锥套插入主轴锥孔中。锥柄钻头的扁尾用于传递转矩，并通过它方便地拆卸钻头。

(2) 颈部。麻花钻的颈部凹槽是磨削钻头柄部时的砂轮越程槽，槽底通常刻有钻头的规格及厂标。直柄钻头多无颈部。

(3) 工作部分。麻花钻的工作部分有两条螺旋槽，因外形很像麻花而得名。它是钻头的主要部分，由切削部分和导向部分组成。

切削部分担负着切削工作，由两个前面、主后面、副后面、主切削刃、副切削刃及一个横刃组成。横刃为两个主后面相交形成的刃，副后面是钻头的两条刃带，工作时与工件孔壁(即已加工表面)相对，如图 3-25(c)所示。

导向部分是当切削部分切入工件后所起的导向作用，也是切削部分的备磨部分。为减少导向部分与孔壁的摩擦，其外径(即两条刃带上)磨有(0.03～0.12)/100 的倒锥。

钻心圆是一个假想的圆，它与钻头的两个主切削刃相切。钻心圆直径约为钻头直径的 0.15，为了提高钻头的刚度，钻头由前端向后逐渐加大(即正锥)，递增量为 1.4 mm～2.0 mm/100 mm，如图 3-25(d)所示。

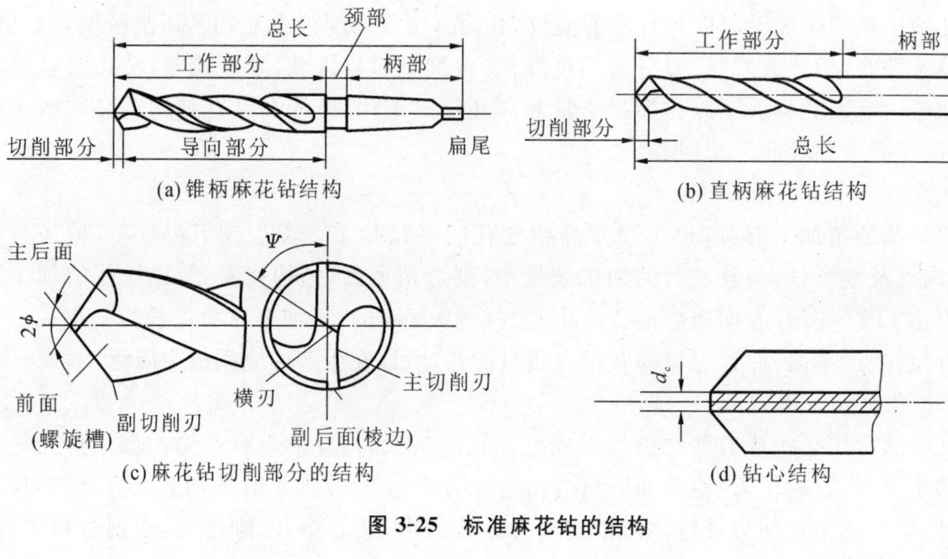

图 3-25　标准麻花钻的结构

3. 麻花钻的结构缺陷

(1) 麻花钻的前面和后面都是曲面，沿主切削刃各点的前角、后角各不相同，相差较大，切削能力悬殊；刃倾角和切削速度方向也不同，因而各点的切屑流出方向不同，互相牵制不利于切屑的卷曲，并有侧向挤压使切屑产生附加变形。

(2) 麻花钻的主切削刃全刃参加切削，切削宽度宽，刃上各点的切削速度又不相等，容易形成螺旋形切削，排屑困难。因此切屑与孔壁挤压摩擦，常常划伤孔壁，加工后的表面粗糙度值大。

(3) 麻花钻的直径受孔径的限制，螺旋槽使钻心更细，钻头的刚度低；仅有两条棱带导向，孔的轴线容易偏斜；再加上横刃前角小（负值）、长度大，钻削时轴向抗力大，定心困难，钻头容易摆动。因此，孔的几何公差较大。

(4) 刀尖和主、副切削刃交汇处切削速度最高、刀尖角较小。由于刃带的存在使副切削刃后角为零，因此刀尖处的摩擦最大，发热量大，散热条件差，磨损最快。

标准麻花钻结构上的这些特点严重影响了它的切削性能，因此在使用中常常加以修磨。

4. 麻花钻的刃磨

(1) 修磨过渡刃。标准麻花钻的外缘是主副切削刃的交点，此处磨损最快。可将该处修磨成双重顶角，当直径大于 50 mm 时，还可磨出三重顶角，也可磨出圆弧刃（相当于多重顶角），如图 3-26 所示。其好处是刀尖角加大，主切削刃工作长度增加，切削厚度减小，刀具特别是刀尖的强度和散热条件得以改善。但另一方面由于切削厚度变薄，切削变形和单位面积切削力加大，所以对于塑性大的金属不宜采用此类修磨办法。

(2) 修磨横刃。横刃切削条件差，将原来的横刃长度修磨短，同时修磨出前角，有利于钻头的定心和减小轴向力。图 3-27 所示的是横刃的修磨方法。

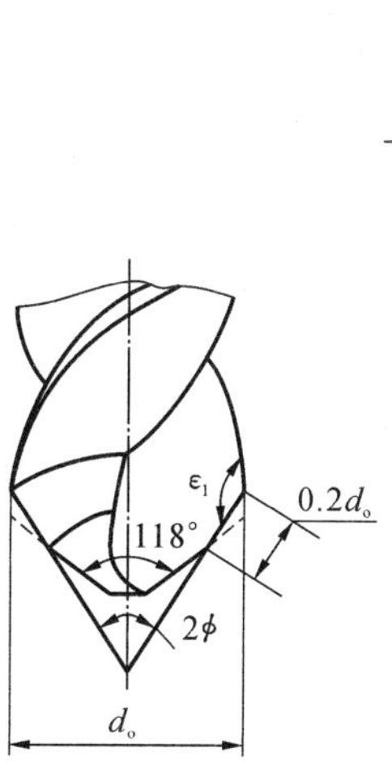

图 3-26　修磨过渡刃

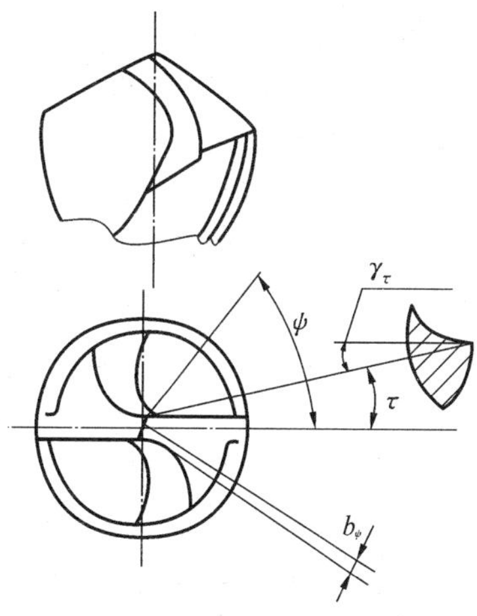

图 3-27　修磨横刃

(3) 修磨前刀面。这种修磨是改变前角的大小和前刀面形式，以适应不同材料的加工。加工硬脆材料时，为保证切削刃的强度，可将靠近外缘处的前刀面磨平一些以减小前角，如图 3-28(a)所示。加工强度很低的材料时，为了减小切削变形，可在前刀面上磨出卷屑槽，以增大前角，如图 3-28(b)所示，使钻头切削轻快，改善已加工表面质量。

(4) 修磨分屑槽。如图 3-29 所示，在钻削塑性材料或尺寸较大的孔时，为了便于排屑，

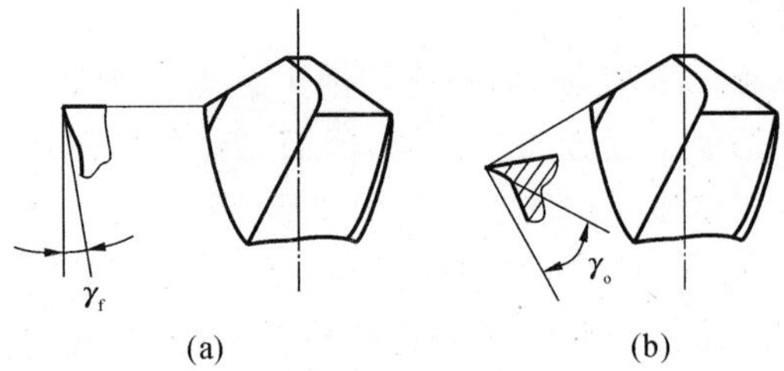

图 3-28 修磨前刀面

可在两主切削刃的后刀面上交错磨出分屑槽，也可在前刀面上轧制出分屑槽，使切屑分割成窄条，便于排屑。开分屑槽时应注意几点：① 槽深要大于进给量；② 两个主切削刃后面上的分屑槽径向位置应错开。③ 分屑槽侧面应呈圆喇叭形，以保证侧刃（开分屑槽形成的）有一定的后角，否则挤压严重，效果反而更差。孔径越大越深开分屑槽的效果越好。

（5）修磨刃带。加工软材料时，为了减小刃带与孔壁的摩擦，对于直径大于 12 mm 的钻头，可根据图 3-30 所示对刃带进行修磨。修磨后钻头的耐用度可提高一倍以上。

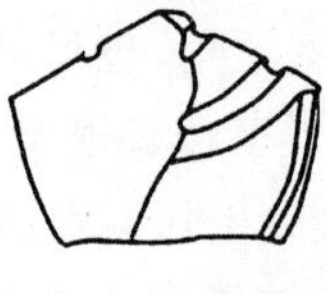

图 3-29 修磨分屑槽

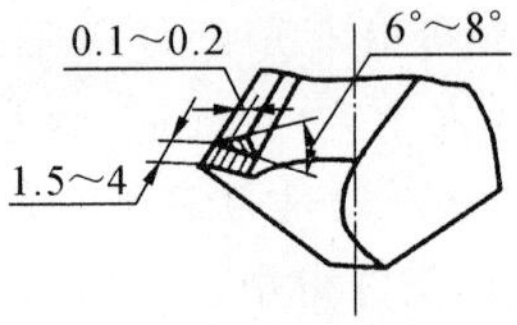

图 3-30 修磨刃带

习题与思考题

3-1 刀具标注角度有哪些？简述它们的定义。

3-2 刀具标注角度参考系有哪几个面？简述它们的定义。

3-3 车刀切削部分由哪几部分组成？

3-4 刀具切削部分材料应具备哪些基本性能？为什么？

3-5 刀具材料有哪几种？常用牌号有哪些？性能如何？

3-6 铣刀的几何角度应如何选择？

3-7 什么是顺铣和逆铣？铣削用量如何选择？

3-8 孔加工刀具有哪些？如何分类？

3-9 麻花钻由哪几部分组成？各部分的作用是什么？

3-10 麻花钻的前角是如何形成的？为什么外径处大，内径处小？

第4章　金属切削机床

4.1　机床概述

金属切削机床是指用切削、磨削或特种加工方法加工各种金属工件，使之获得所要求的几何形状、尺寸精度和表面质量的机床，国外称之为“工具机”，我国又称为工作母机，习惯上简称为机床。

4.1.1　机床的基本组成

金属切削机床通常都由以下基本部分组成。

1. 动力源

动力源是指为机床提供动力（功率）和运动的驱动部分，如各种交流电动机、直流电动机和液压传动系统的液压泵、液压马达等。

2. 传动系统

传动系统包括主传动系统、进给传动系统和其他运动的传动系统，如变速箱、进给箱等部件，有些机床主轴组件与变速箱合在一起称为主轴箱。

3. 支承件

支承件是指用于安装和支承其他固定的或运动的部件，以承受其重力和切削力的构件，如床身、底座、立柱等。支承件是机床的基础构件，也称机床大件或基础件。

4. 工作部件

工作部件包括以下几个部分。

(1) 与最终实现切削加工的主运动和进给运动有关的执行部件，如主轴及主轴箱、工作台及其溜板或滑座、刀架及其溜板以及滑枕等安装工件或刀具的部件。

(2) 与工件和刀具安装及调整有关的部件或装置，如自动上下料装置、自动换刀装置、砂轮修整器等。

(3) 与上述部件或装置有关的分度、转位、定位机构和操纵机构等。

不同种类的机床，由于其用途、表面形成运动和结构布局的不同，这些工作部件的构成和结构差异很大，但就运动形式来说，主要是旋转运动和直线运动，所以工作部件结构中大多含有轴承和导轨。

5. 控制系统

控制系统是指用于控制各工作部件的正常工作系统，主要是指电气控制系统，有些机床局部采用液压或气动控制系统。数控机床的控制系统是数控系统，它包括数控装置、主轴、进给的伺服控制系统（伺服单元）、可编程序控制器、输入装置、输出装置等。

6. 冷却系统

冷却系统是指用于对加工工件、刀具及机床的某些发热部位进行冷却的工作系统。

7. 润滑系统

润滑系统包括用于对机床的运动副(如轴承、导轨等)进行润滑,以减小摩擦、磨损和发热。

8. 其他装置

其他装置包括排屑装置、自动测量装置等。

4.1.2 机床的技术和性能指标

机床的技术和性能指标是根据使用要求提出和设计的,通常包括以下内容。

1. 机床的工艺范围

机床的工艺范围是指机床适应不同生产要求的能力,即机床上可以完成的工序种类,能加工的零件类型、毛坯和材料种类,适用的生产规模等。

2. 机床的技术参数

机床的技术参数主要包括尺寸参数、运动参数和动力参数等。

1) 尺寸参数

尺寸参数具体反映机床的加工范围,包括主参数、第二主参数和与加工零件有关的其他尺寸参数,如卧式车床,主参数为床身上工件的最大回转直径,第二主参数为最大工件长度。

2) 运动参数

运动参数是指机床执行元件的运动速度,如主轴最高与最低转速、刀架最大与最小进给量等。

3) 动力参数

动力参数是指机床电动机的功率,有些机床还应给出主轴允许承受的最大转矩等其他参数。

3. 机床精度

机床精度是指为了保证被加工工件能达到要求的精度和表面粗糙度,并在长期使用中能保持这种能力,机床本身必须具备的精度,它主要包括几何精度、运动精度、传动精度、定位精度、工作精度及精度保持性等几个方面。

1) 几何精度

几何精度是指机床在不运动或运动速度较低时各主要部件的形状、相互位置和相对运动的精确程度,如导轨的直线度,主轴径向跳动及轴向窜动,主轴中心线对滑台移动方向的平行度或垂直度等。几何精度直接影响加工工件的精度,是评价机床质量的基本指标,它主要取决于结构设计、制造和装配质量。

2) 运动精度

运动精度是指机床空载并以工作速度运动时,主要零部件的几何位置精度,如高速回转主轴的回转精度。对于高速精密机床,运动精度是评价机床质量的一个重要指标,它与结构设计及制造等因素有关。

3) 传动精度

传动精度是指机床传动系统各末端执行件之间运动的协调性和均匀性。影响传动精度的主要因素是传动系统的设计,传动元件的制造和装配精度。

4）定位精度

定位精度是指机床的定位部件运动到达规定位置的精度。定位精度直接影响被加工工件的尺寸精度和形状精度。机床构件和进给控制系统的精度、刚度、动态特性，以及机床测量系统的精度都将影响机床的定位精度。

5）工作精度

加工规定的试件，用该试件的加工精度表示机床的工作精度。工作精度一般用形状精度、尺寸精度、位置精度和表面粗糙度来衡量。工作精度是各种因素综合影响的结果，包括机床自身的精度、刚度 、热变形和刀具、工件的刚度及热变形等。

6）精度保持性

精度保持性是指机床在规定的工作期内，能稳定保持所要求精度的特性。影响精度保持性的主要因素是磨损和变形。

4. 机床刚度

机床的刚度是指机床系统抵抗变形的能力。作用在机床上的载荷有多种形式，根据不同的性质，可将载荷分为静载荷和动载荷。不随时间变化或变化极为缓慢的力（如重力）称为静载荷；凡随时间变化的力（如冲击振动力、交变切削力等）称为动载荷。因此，机床刚度被分为静刚度和动刚度。动刚度与机床的抗振性密切相关，通常所说的机床刚度一般是指静刚度，即整台机床在静载荷作用下，各构件及结合面抵抗变形的综合能力。

4.1.3　机床的分类

机床种类繁多，分类比较复杂。机床传统分类方法主要是按其加工原理和加工性质进行分类的。根据我国制定的机床型号编制方法，目前将机床分为 11 大类：车床、钻床、镗床、磨床、齿轮加工机床、螺纹加工机床、铣床、刨插床、拉床、锯床和其他机床。在每一类机床中，又按工艺范围、布局形式和结构，将其分为若干组，每一组又细分为若干系（系列）。

在上述基本分类方法的基础上，还可根据机床的其他特征进行进一步细分。

1. 按应用范围（通用性程度）

（1）通用机床（或称万能机床）

通用机床用于加工多种零件的不同工序，加工范围较广，通用性较大，但结构比较复杂，自动化程度低、生产率低，这种机床主要适用于单件小批量生产，如卧式车床。

（2）专门化机床

专门化机床工艺范围较窄，专门用于加工某一类或几类零件的某一道（或几道）特定工序，如曲轴车床、凸轮轴车床等。

（3）专用机床

专用机床工艺范围最窄，只能用于加工某一种零件的某一道特定工序，适用于大批大量生产，如加工机床主轴箱的专用镗床、加工车床导轨的专用磨床等。

2. 按工作精度

根据工作精度，同类型机床又可分为普通精度机床、精密机床和高精度机床，分别为精度、性能等符合有关标准中规定的普通级、精密级和高精度级要求的机床。

3. 按自动化程度

按自动化程度，机床可分为手动、机动、半自动和自动机床等。

4. 按质量与尺寸

按质量与尺寸，同类型机床分为仪表机床、中型机床（一般机床）、大型机床（质量达10 t）、重型机床（质量大于30 t）和超重型机床（质量大于100 t）。

5. 按数控功能

按数控功能，机床又可分为非数控机床、一般数控机床、加工中心、柔性制造单元等。

一般情况下，机床根据加工性质分类，再按机床的某些特点加以进一步描述，如高精度万能外圆磨床、立式钻床等。

4.1.4 机床型号

机床型号是指赋予每种机床的一个代号，用以简明地表示机床的类型、通用性、结构特性、主要技术参数等。目前，我国的机床型号是根据2008年颁布的国家标准GB/T 15375—2008《金属切削机床　型号编制方法》编制的。该标准规定了金属切削机床和回转体加工自动线型号的表示方法，机床的型号由汉语拼音字母和阿拉伯数字按一定规律组合而成，它适用于各类通用机床和专用金属切削机床、自动线，不包括组合机床、特种机床。型号由基本部分和辅助部分组成，中间用“/”隔开，读作“之”。基本部分需统一管理，辅助部分纳入型号与否由企业自定。

1. 通用机床型号

通用机床型号用下列方式表示：

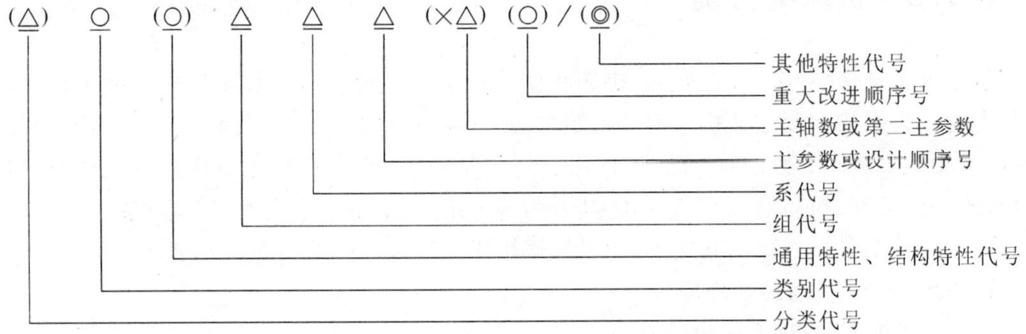

其中：① 有“( )”的代号或数字，当无内容时则不表示，当有内容时则不带括号；

② 有“○”符号者，为大写的汉语拼音字母；

③ 有“△”符号者，为阿拉伯数字；

④ 有“◎”符号者，为大写的汉语拼音字母或阿拉伯数字，或两者兼而有之。

1）机床的分类及类别代号

机床的类别代号用汉语拼音字母（大写）表示，按其相对应的汉字字义读音，如“车床”的汉语拼音是“Chechuang”，所以用“C”表示，读作“车”。必要时，每个类别可分为若干分类，分类代号用阿拉伯数字表示，作为型号的首位而位于类别代号前，如磨床可分为M、2M、3M。机床的类别代号见表4-1。

表4-1　机床的类别代号

类别	车床	钻床	镗床	磨床			齿轮加工机床	螺纹加工机床	铣床	刨插床	拉床	锯床	其他机床
代号	C	Z	T	M	2M	3M	Y	S	X	B	L	G	Q
读音	车	钻	镗	磨	二磨	三磨	牙	丝	铣	刨	拉	割	其他

2）机床的特性代号

机床的特性代号表示机床所具有的特殊性能，包括通用特性和结构特性代号，它们都用大写的汉语拼音字母表示，位于类别代号之后。通用特性代号有统一的固定含义，它在各类机床的型号中表示的意义相同。当某类型机床，既有普通型又有某种通用特性时，则在类别代号之后加通用特性代号予以区别。当在一个型号中需同时使用 2～3 个通用特性代号时，一般按重要程度顺序排列，通用特性代号如表 4-2 所示。如果某类型机床仅有某种通用特性，而无普通型时，则通用特性不予表示。如 C1312 型单轴转塔自动车床，由于这类自动车床没有“非自动”型，所以不必用“Z”表示通用特性。

表 4-2　机床的通用特性代号

通用特性	高精度	精密	自动	半自动	数控	加工中心（自动换刀）	仿形	轻型	加重型	柔性加工单元	数显	高速
代号	G	M	Z	B	K	H	F	Q	C	R	X	S
读音	高	密	自	半	控	换	仿	轻	重	柔	显	速

对主参数值相同而结构、性能不同的机床，常在型号中加结构特性代号予以区分。根据各类机床的具体情况，对某些结构特性代号，可以赋予一定含义。但结构特性代号与通用特性代号不同，它在型号中没有统一的含义，只在同类机床中起区分机床结构、性能不同的作用。当型号中有通用特性代号时，结构特性代号应排在通用特性代号之后。结构特性代号用汉语拼音字母（通用特性代号中已用的字母和“I”“O”两个易与数字混淆的字母不能用）表示。例如，CA6140 型卧式车床中的“A”可理解为这种型号的车床在结构上有别于 C6140 型车床。

3）机床的组别、系别代号

机床的组别和系别代号用两位阿拉伯数字表示，位于类别代号或特性代号之后。每类机床按其结构性能及使用范围划分为 10 个组，用 1 位数字（0～9）表示。每组机床又分若干个系（系列），用 1 位数字（0～9）表示，位于组代号之后。组的划分原则是：在同一类机床中，主要布局或使用范围相同的机床，即为同一组。系的划分原则是：在同一组机床中，主参数相同，并按一定公比排列，工件和刀具本身的和相对的运动特点基本相同，且基本结构及布局形式也相同的机床，即划为同一系。常用机床的组别和系别代号可参考《金属切削机床型号编制方法》（GB/T 15375—2008）。表 4-3 所示的是车床、钻床类组别的划分。

表 4-3　车床、钻床类组别划分表

类别	组别									
	0	1	2	3	4	5	6	7	8	9
车床 C	仪表小型车床	单轴自动车床	多轴自动、半自动车床	回转、转塔车床	曲轴及凸轮轴车床	立式车床	落地及卧式车床	仿形及多刀车床	轮、轴、辊、锭及铲齿车床	其他车床
钻床 Z		坐标镗钻床	深孔钻床	摇臂钻床	台式钻床	立式钻床	卧式钻床	铣钻床	中心孔钻床	其他钻床

4）机床主参数、设计顺序号

机床主参数代表机床规格的大小，用折算值（主参数乘以折算系数，折算系数一般是

1/10或 1/100，也有少数是 1）表示。位于系代号之后。当无法用一个主参数表示某些通用机床时，则在型号中用设计顺序号表示。

5）主轴数和第二主参数

对于多轴机床，如多轴车床、多轴钻床等，其主轴数应以实际数值列入型号，置于主参数之后，用“×”分开，读作“乘”。单轴可省略，不予表示。第二主参数一般是指最大工件长度、最大跨距、工作台工作面长度等。第二主参数也用折算值表示。

6）机床的重大改进顺序号

当机床的结构、性能有重大改进，并按新产品重新设计、试制和鉴定时，在原机床型号的尾部需加重大改进顺序号，以区别于原机床，序号按 A、B、C……字母的顺序选用。重大改进设计不同于完全的新设计，它是在原有机床的基础上进行改进设计的。

7）其他特性代号

其他特性代号主要用以反映各类机床的特性，如：对于数控机床，可用来反映所采用的不同控制系统等；对于加工中心，可用来反映控制系统、联动轴数、自动交换主轴头、自动交换工作台等；对于一般机床，可以反映同一型号的变形等。其他特性代号用汉语拼音字母（“I ”“O”两个字母除外）表示，其中，L 表示联动轴数，F 表示复合。

例如，MG1432A 型高精度万能外圆磨床的型号含义为：M—类别代号（磨床类）；G—通用特性代号（高精度）；1—组别代号（外圆磨床组）；4—系别代号（万能外圆磨床系）；32—主参数（最大外圆磨削直径为 320 mm）；A—重大改进顺序号（第一次重大改进）。

2. 专用机床型号

专用机床的型号一般由设计单位代号和设计顺序号组成，其表示方法如下。

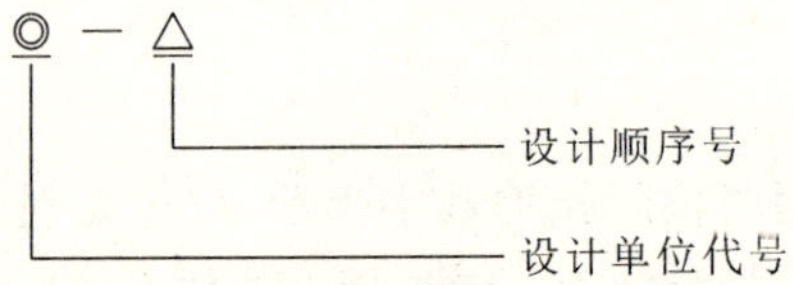

设计单位代号包括机床生产厂代号和机床研究单位代号，位于型号之首。专用机床的设计顺序号按该单位的设计顺序号排列，从 001 开始，位于设计单位代号之后，并用“－”隔开，读作“至”。如某单位设计制造的第 100 种专用机床，其型号为：×××－100。

3. 机床自动线型号

机床自动线的型号由设计单位代号、机床自动线代号和设计顺序号组成，由通用机床或专用机床组成的机床自动线代号为“ZX”，读作“自线”，机床自动线的型号表示方法如下。

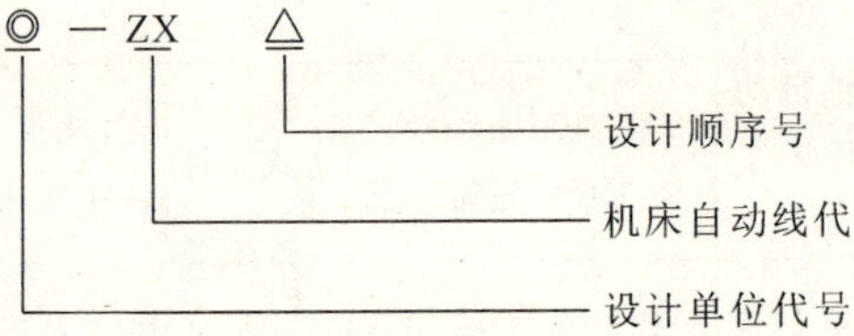

例如，某单位以通用机床或专门为某厂设计的第一条机床自动线，其型号为：×××－ZX001。

4.2　数控机床

4.2.1　数控机床的概念

数控机床是数字控制机床的简称，是一种装备数控系统的机床，该系统能处理具有特定代码和其他符号编码指令规定的程序。

数控系统是程序控制系统，能处理输入到系统中具有特定代码的程序，并将其译码，从而控制机床运动并加工零件。计算机数控（CMC）系统是由装有数控系统程序的专用计算机、输入/输出设备、可编程序控制器（PLC）、存储器、主轴驱动装置及进给驱动装置等部分组成的控制系统。

数控加工就是根据零件图及工艺要求等原始条件编制零件数控加工程序，并将其输入数控系统，以控制数控机床中刀具与工件的相对运动，从而完成零件的加工。

4.2.2　数控机床的组成

数控机床的工作原理如图 4-1 所示。使用数控机床加工零件时，操作者首先应按照加工图纸的要求，用规定的代码和程序格式编制数控程序，将数控程序输入到数控装置，再由数控装置控制机床主运动的变速、启停，进给运动的方向、速度和位移大小，以及其他诸如刀具的选择与交换、工件的夹紧与松开和冷却与润滑的启停等辅助动作，使刀具与工件及其他辅助装置严格按照数控程序规定的顺序、路线、参数进行工作，从而加工出形状、尺寸与精度符合要求的零件。

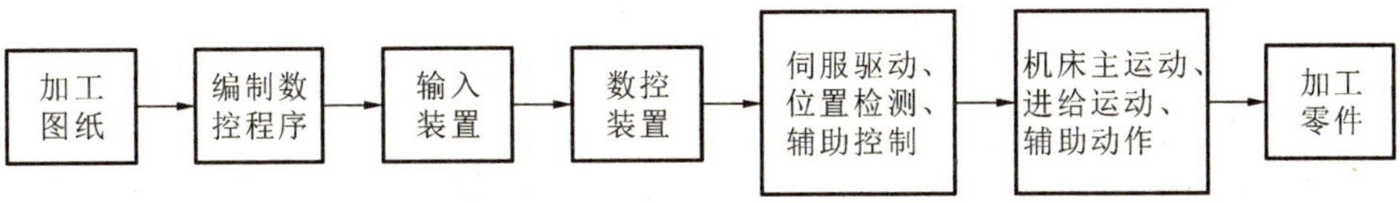

图 4-1　数控机床的工作原理

数控机床一般是由控制介质、数控装置、伺服驱动系统和机床机械部件组成。

1. 控制介质

使用数控机床加工零件时，所需的各种控制信息要靠某种中间载体携带和传输，这种载体称为“控制介质”。控制介质有多种，如穿孔带、穿孔卡、磁带及磁盘等，也可通过通信接口直接输入所需的各种信息。采用何种控制介质则取决于数控装置的类型。随着微型计算机的广泛应用，磁盘正在成为最主要的控制介质。

2. 数控装置

数控装置可分为普通数控系统（NC）和计算机数控系统（CNC）两大类。前者利用专用的控制计算机，又称硬件数控；后者利用通用的小型计算机或微型计算机加软件，又称软件数控。数控装置是数控机床的核心，一般由输入装置、控制器、运算器和输出装置等组成。

3. 伺服驱动系统

伺服驱动系统由伺服驱动电路和伺服驱动装置组成,并与机床上的执行部件和机械传动部件组成数控机床的进给系统。它根据数控装置发来的速度和位移指令控制执行部件和机械传动部件的进给速度、方向和位移。

4. 机械部件

数控机床的机械部件包括主运动部件、进给运动执行部件(如工作台)、拖板及其传动部件和床身、立柱等支承部件及冷却、润滑、转位和夹紧等辅助装置。对于加工中心类的数控机床,机械部件还包括存放刀具的刀库,交换刀具的机械手等部件。

4.2.3 数控机床的特点

数控机床是实现柔性自动化的重要设备,与其他加工设备相比,数控机床具有如下特点。

1. 适应性强

加工对象改变时,除更换刀具和解决工件装夹方式外,只需改变程序即可,特别适应目前多品种、小批量、变化快的生产特点。

2. 加工精度高,加工质量稳定

数控加工的尺寸精度一般在 0.005～0.01 mm 之间,不受零件结构的影响。数控机床加工过程中,机床自始至终都在规定的控制指令下工作,消除了操作者的人为误差。因此,数控机床加工精度高,尺寸一致性好,加工质量十分稳定。

3. 自动化程度高

数控加工过程中,除工件装夹外,其他加工过程全由机床自动完成,大大减轻了操作者的劳动强度,改善了劳动条件。

4. 生产效率高

数控机床自动化程度高,可实现刀具自行更换、工件自动检测;切削加工中可采用最佳切削参数和走刀路线;工件一次装夹后,除定位装夹表面不能加工外,其余表面均可加工;生产准备周期短,加工对象变化一般不需要专门的工艺装备设计制造时间。

5. 易于建立计算机通信网络

数控机床使用数字信息作为控制信息,易于与 CAD 系统连接,从而形成 CAD/CAM 一体化,它是 FMS、CIMS 等现代制造技术的基础。

4.2.4 数控机床的分类

数控机床的种类很多,通常从以下几个方面进行分类。

1. 按工艺用途分类

1) 普通数控机床

普通数控机床是指在加工工艺过程中的一个工序上实现数字控制的自动化机床,可分为数控车床、数控铣床、数控镗床、数控磨床和数控齿轮加工机床等。它和普通机床的工艺用途相似,但生产效率和自动化程度较普通机床的高。

2）加工中心

加工中心是指配有刀库和自动换刀装置的数控机床。工件一次装夹能完成多道工序。一般分为立式加工中心、卧式加工中心、龙门式加工中心等。它适合于产品更换频繁、零件形状复杂、精度要求高、生产批量大的零件加工。

3）多坐标数控机床

多坐标数控机床是指数控装置同时控制的轴数超过三个的机床，如螺旋桨、飞行器曲面等形状复杂的零件，若用一般的数控机床是无法加工的，需要三个以上坐标的合成运动才能加工出所需形状。现常用的是 4～6 坐标的数控机床。

2. 按控制运动轨迹分类

1）点位控制数控机床

点位控制数控机床的数控装置只控制刀具或机床的工作台从一点准确地移动到另一点，而对它们的运动轨迹没有严格要求，并且在运动和定位过程中不进行任何加工。常见的有数控钻床、数控镗床等。

2）直线控制数控机床

直线控制数控机床的数控装置不仅要控制刀具或机床的工作台从一点准确地移动到另一点，而且还要控制移动速度和轨迹，实现平行于坐标轴的直线进给运动，在移动部件移动时进行切削加工。常见的有数控车床、数控铣床等。

3）轮廓控制数控机床

轮廓控制（又称连续控制）数控机床的数控装置能够对两个或两个以上的坐标轴同时进行严格的连续控制。它不仅要控制移动部件从一点准确地移动到另一点，而且还要控制整个加工过程每一点的速度和位移量，使其加工出符合图样要求的形状复杂的零件。常见的有数控铣床、数控车床、加工中心等。

3. 按控制方式分类

1）开环控制数控机床

开环控制系统是不带反馈装置，只按照数控装置的指令脉冲进行工作，不对移动部件的实际位移进行检测和反馈的控制系统，如图 4-2 所示。它通常采用功率步进电动机或电液脉冲马达作为执行元件。这种系统结构简单、调试方便、价格低廉、易于维修，但精度较低（±0.02 mm），多用于经济型数控机床上。

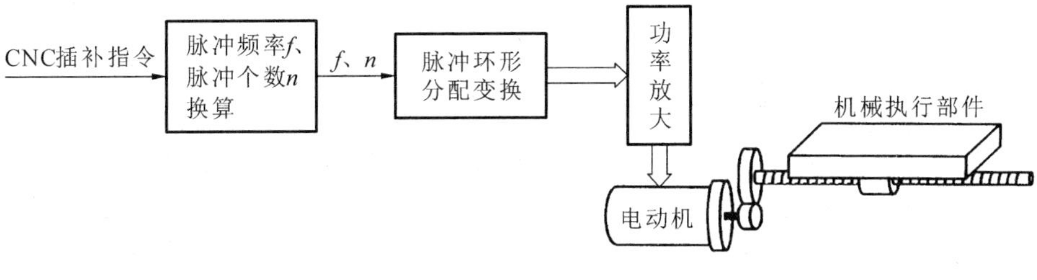

图 4-2　开环控制系统框图

2）闭环控制数控机床

闭环控制系统是在机床移动部件上装有位置检测装置的控制系统。在加工过程中，位置检测装置随时将测量到的位移量反馈给数控装置的比较器，并与输入指令进行比较，用差值控制运动部件，使运动部件严格按实际需要的位移量运动，如图 4-3 所示。这种系统加工精度高、移动速度快。但安装调试比较复杂，且位置检测装置造价较高，多用在高精度数控机床和大型数控机床上。

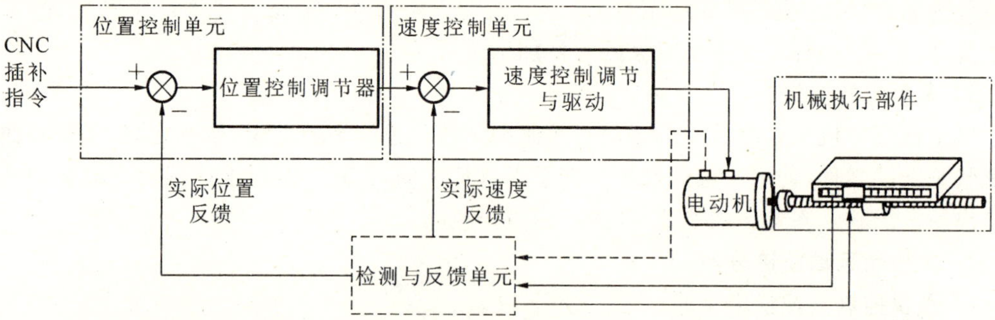

图 4-3　闭环控制系统框图

3）半闭环控制数控机床

半闭环控制系统是在开环控制伺服电动机轴上装有角位移检测装置的控制系统。它通过检测伺服电动机的转角间接地检测出移动部件的位移(或角位移)，将其反馈给数控装置的比较器，并与输入指令进行比较，用差值控制运动部件，如图 4-4 所示。这种系统测量装置简单，安装调试十分方便，并具有良好的系统稳定性，但精度低于闭环控制系统，多用于中档数控机床上。

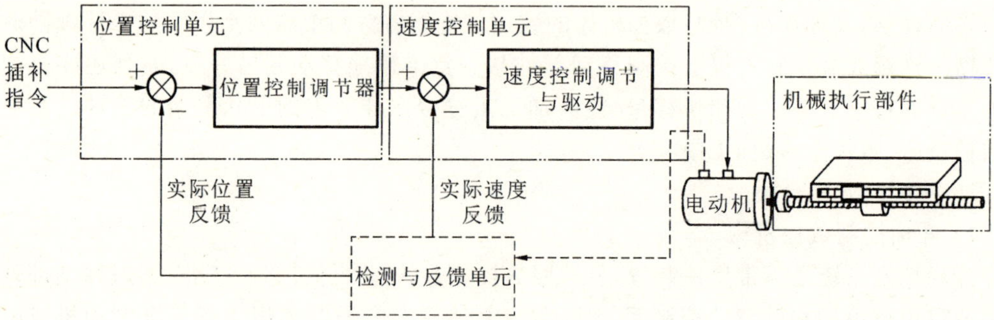

图 4-4　半闭环控制系统框图

4.2.5　加工中心

加工中心是备有刀库，并能自动更换刀具，对工件进行多工序加工的数字控制机床，如图 4-5 所示。工件经一次装夹后，数字控制系统能控制机床按不同工序，自动选择和更换刀具，自动改变机床主轴转速、进给量和刀具相对工件的运动轨迹及其他辅助功能，依次完成工件上多工序的加工。加工中心由于工序的集中和自动换刀，减少了工件的装夹、测量和机床调整等的时间，使机床的切削时间达到机床运行时间的 80%左右(普通机床仅为 15%～20%)。加工中心的应用可大大减少机床的数量，减少工序之间的工件周转、搬运和存放，减少装卸工件和换刀等辅助工序的时间，可消除多次安装造成的定位误差，更易于实现高精度、高效率、高度自动化加工和节约加工成本。

第一台加工中心是 1958 年由美国卡尼-特雷克公司首先研制成功的。它在数控卧式镗铣床的基础上增加了自动换刀装置，实现了工件一次装夹后即可进行铣削、钻削、镗削、铰削

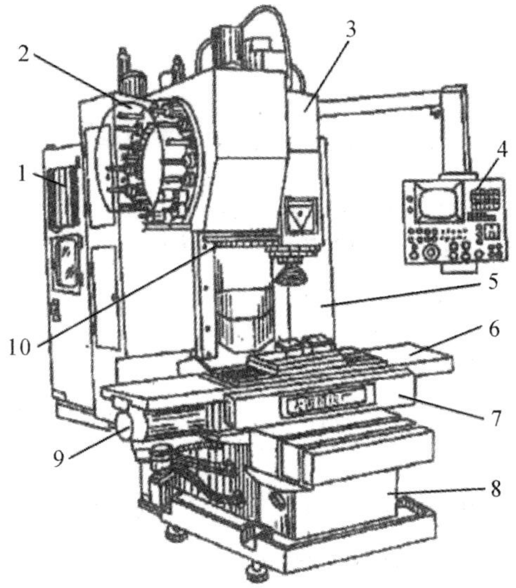

图 4-5　加工中心外形图

1—数控柜；2—刀库；3—主轴箱；4—操纵台；5—驱动电源柜；
6—纵向工作台；7—滑座；8—床身；9—x 轴进给伺服电动机；10—换刀机械手

和攻螺纹等多种工序的集中加工。20 世纪 70 年代以来，加工中心得到迅速发展，但是从总体上来看其基本组成大体相同，主要包括以下部分。

1）基础部件

基础部件包括床身、立柱、横梁和工作台等。它们是加工中心中质量和体积最大的部分，承受了大部分载荷，所以它们必须具有足够的强度和刚度，较好的制造精度和较小的热变形。

2）主轴部件

主轴部件是加工中心的关键部件，由主轴箱、主轴电动机和主轴轴承组成。

3）数控系统

数控系统由 CNC 装置、可编程序控制器、伺服驱动装置和操纵面板等部件组成，主要功能是控制加工中心完成各种加工动作。

4）自动换刀装置

自动换刀装置主要包括刀库、机械手、运刀装置等。该装置在数控系统的控制下可以完成换刀动作。

5）辅助装置

辅助装置主要由润滑、冷却、排屑、防护、液压和检测装置构成。

加工中心的加工质量和加工效率高，具有高度的柔性，应用越来越广，但其种类较多，在选用加工中心时需根据自身需要考虑。

（1）选定加工中心种类。

零件以回转面为主，则可选用车削中心。若其上还有键槽、小平面、螺孔等需要加工，则要选择带动力头的车削中心，带有分度功能的 C 轴等；箱体零件的加工往往选择卧式加工中心，对模具、叶片等的加工则宜选用立式加工中心。

（2）根据加工表面及曲面的复杂程度，决定其联动轴数。

一般采用三轴三联动或三轴两联动式加工中心。对复杂曲面加工，往往需要四轴三联动式，甚至五轴五联动式加工中心。

(3) 根据工件尺寸范围考虑其尺寸、型号。

主要考虑 x、y、z 轴行程及工件大小、承重，再考虑其精度等级要求。加工中心导轨有的采用贴塑导轨，有的采用滚动导轨。贴塑导轨负载能力较大，适宜有较重载切削的工况；滚动导轨磨损小，运动速度快，适宜切削力较小的工况。当切削力过大时，为了提高机床刚性，还可以选用龙门式结构的加工中心。

(4) 其他功能。

加工中心往往还带有接触式测头，测头占一把刀具的工位，可以由程序控制调出，检测加工表面的精度，以防止切削力下变形过大的现象出现。有些加工中心还有自适应控制功能，即根据电动机功率来自动调整切削用量，以达到提高生产率、保护设备和刀具的目的。

加工中心适宜于加工形状复杂、工序多、精度要求较高、需要多种类型的普通机床和众多刀具夹具，且经多次装夹和调整才能完成加工的零件。其加工的主要对象有箱体类零件，盘、套、板类零件，外形不规则零件，复杂曲面，刻线、刻字、刻图案以及其他特殊加工。加工中心的主要选择对象如下：

① 中小批量轮番生产并有一定复杂程度的零件；

② 有多个不同位置的平面和孔系需加工的箱体或多棱体零件；

③ 有较高的位置精度要求，更换机床加工时很难保证加工要求的零件；

④ 加工精度一致性要求较高的零件；

⑤ 切削条件多变的零件，例如，某些零件由于形状特点需切槽、镗孔、攻螺纹等；

⑥ 可成组安装在工作台上，进行多品种混流加工的零件；

⑦ 结构或形状复杂，普通加工时操作困难，工时长，加工效率低的零件；

⑧ 可镜像加工的零件等。

4.2.6 并联机床

并联机床是指用并联机构作为进给传动机构的数字控制机床，又称并联结构机床、虚拟轴机床。它基于空间并联机构 Stewart 平台原理开发，采用机械闭环结构。其基本特征：安装刀具的动平台有多个支路连接到固定平台上，没有滑台，没有导轨，通过支路上的运动副驱动平台运动、改变刀具的位姿和实现刀具的进给运动。1994 年，并联机床在美国芝加哥机床展上首次面世即被誉为是“21 世纪的机床”，成为机床家族中最有生命力的新成员。

并联机床是机构学理论、机器人技术与数控技术相结合的产物，同时兼顾了三者的优良特性。它克服了传统机床串联机构刀具只能沿固定导轨进给、刀具作业自由度偏低、设备加工灵活性和机动性不够等固有缺陷，可实现多坐标联动数控加工、装配和测量多种功能，更能满足复杂特种零件的加工。这种新型机床完全打破了传统机床结构的概念，抛弃了固定导轨的刀具导向方式，采用多杆并联机构驱动，大大提高了机床的刚度，使加工精度和加工质量都有较大的改进。另外，其进给速度的提高，使高速、超高速加工更容易实现。这种机床由于具有高刚度、高承载能力、高速度、高精度以及重量轻、机械结构简单、制造成本低、标准化程度高等优点，因此受到学术界的广泛关注。当然，并联机床进入实用领域，还有许多问题需要解决。

4.3　机床的选用

合理选用机床应考虑的因素很多。首先是机床的工艺适应性，即所选机床的工艺特点应能满足零件的成形要求。其次是所选机床的加工精度与被加工零件的尺寸公差、几何公差、表面粗糙度等要求相适应。此外还应考虑经济性、生产的类型和批量、加工效率、自动化程度以及人员的技术水平、环境和劳动保护情况等。

4.3.1　普通机床的适用范围和工艺特点

1. 车床的适用范围和工艺特点

1) 卧式车床

卧式车床适用于单件、小批量生产，可完成车削内外圆柱面、圆锥面、成形回转面、车削端面和螺纹，用滚花刀进行滚花，由尾座完成钻孔、扩孔、铰孔、攻螺纹和套螺纹等，但自动化程度低，辅助运动由手工操作完成，生产率较低。

2) 转塔车床

与卧式车床相比，转塔车床的尾座由转塔刀架代替，只做纵向运动，前刀架可做纵向和横向运动，转塔的六角面上可利用附具分别安装挡料块车刀、钻头、铰刀等切削刀具和工具，也可在一个附具上安装数把车刀以实现多刀同时加工。该机床适用于成批生产。

3) 立式车床

立式车床适用于单件小批生产加工径向尺寸大而轴向尺寸相对较小的大型和重型零件，如各类盘、轮类零件。立式车床可分单立柱式和双立柱式，前者用于加工直径较小（一般小于 1600 mm）的零件，后者用于加工直径较大（一般大于 2000 mm）的零件。

2. 镗床的适用范围和工艺特点

1) 金刚镗床

金刚镗床是一种高速精密镗床，因以前采用金刚石镗刀而得名。金刚镗床适用于加工精度高、表面粗糙度小的孔。机床刚度高，加工精度很高。主轴中心线位置按工件孔距可进行调整。工件安装在工作台上，工作台沿床身导轨由液压传动实现半自动进给工作循环。

2) 坐标镗床

坐标镗床有立式单柱（见图 4-6）、立式双柱（见图 4-7）和卧式（见图 4-8）等主要类型。

坐标镗床是一种高精密机床，其加工工艺范围较广，除镗孔、钻孔、扩孔、铰孔、精铣平面和沟槽外，还可进行紧密刻线和划线，以及孔距直线尺寸的精密测量等工作。生产中它主要用于镗削精密的孔（IT5 级或更高）和位置精度要求很高的孔系（定位精度达 0.002～0.01 mm）的加工。

3. 刨床类机床的适用范围和工艺特点

1) 牛头刨床

牛头刨床适用于单件小批生产，主要用于加工平面、斜面、沟槽等，调整简便，易于操作。

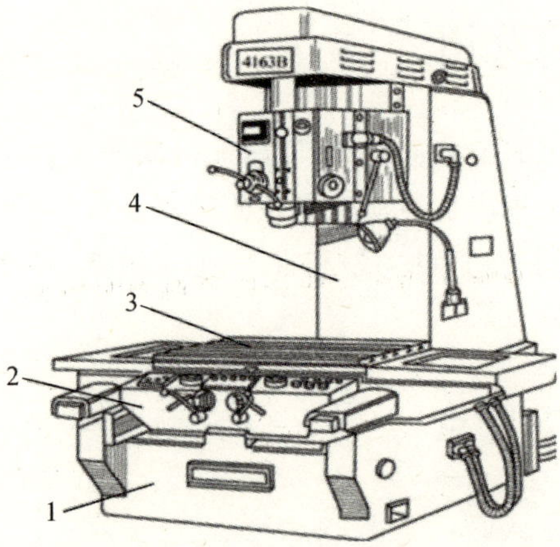

图 4-6 立式单柱坐标镗床

1—床身;2—床鞍;3—工作台;4—立柱;5—主轴箱

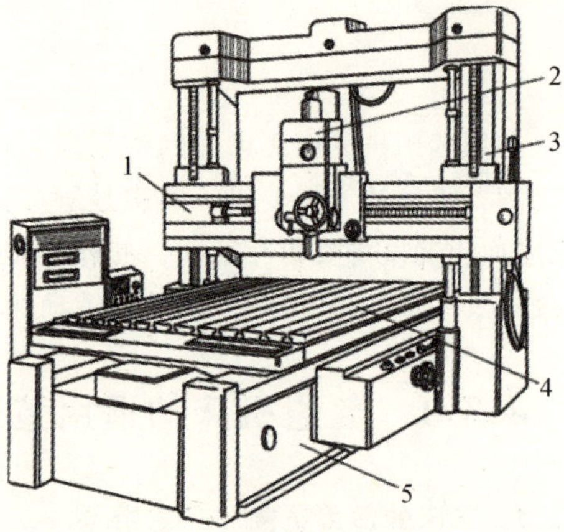

图 4-7 立式双柱坐标镗床

1—横梁;2—主轴箱;3—立柱;4—工作台;5—床身

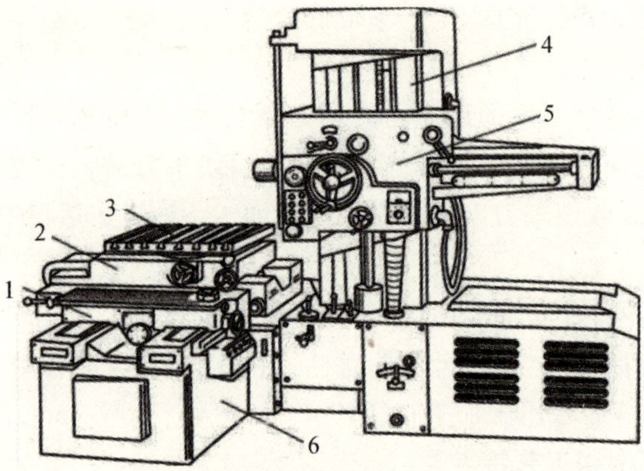

图 4-8 卧式坐标镗床

1—横向滑座;2—纵向滑座;3—回转工作台;4—立柱;5—主轴箱;6—床身

2）插床

图 4-9 所示为插床，主要用于加工沟槽、平键槽、花键孔、多边孔等。工件装在工作台上，除能做直线进给外，还能做圆周进给或进行分度。插床的生产率较低。

3）龙门刨床

龙门刨床(见图 4-10) 适用于大型零件的平面或沟槽的加工。龙门刨床有两个垂直刀架和两个水平刀架，可同时加工一个零件的几个平面，或几个零件一起装夹同时加工。工作台能做无级调速实现直线往复主运动，刀架做间歇进给运动。该机床刚性好，生产率高。

4. 钻床类机床的适用范围和工艺特点

1）立式钻床

立式钻床适合在中小型工件上钻孔、扩孔、铰孔和攻螺纹。立钻可以自动进给，操作简便，但每加工完一个孔后，需移动工件对准下一个孔的位置再加工，劳动强度大。

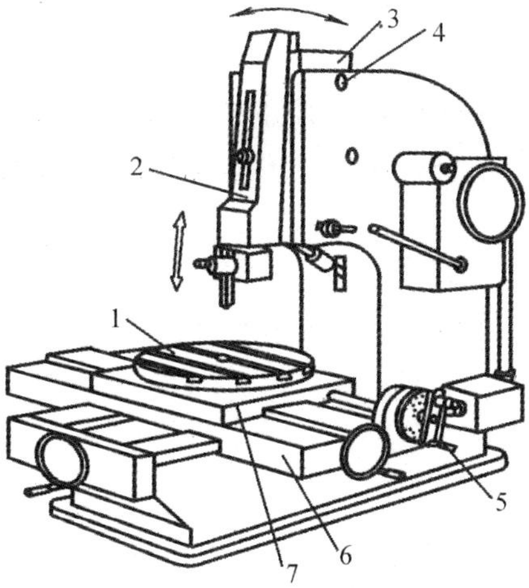

图 4-9　插床

1—圆工作台；2—滑枕；3—滑枕导轨座；4—轴；5—分度装置；6—床鞍；7—滑板

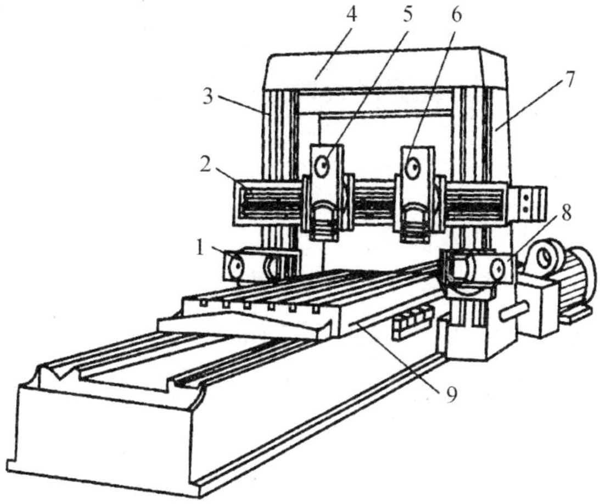

图 4-10　龙门刨床

1—左侧刀架；2—横梁；3—左立柱；4—顶梁；5、6—垂直刀架；7—右立柱；8—右侧刀架；9—工作台

2）摇臂钻床

摇臂钻床(见图 4-11）适用于单件小批生产，主要用于钻孔、扩孔、铰孔和攻螺纹。工件一次装夹后，就能顺序加工各个不同位置的孔，机床的变速机构、摇臂升降、回转及夹紧可由液压传动来实现，使用方便，生产效率高。

3）可调式多轴立式钻床

可调式多轴立式钻床(见图 4-12）适用于多孔工件的成批生产。工件安装在工作台上，主轴轴线位置可根据加工孔的位置进行调整，以适应多孔同时加工，多轴箱可沿立柱上下移动，并完成半自动工作循环，生产率高。

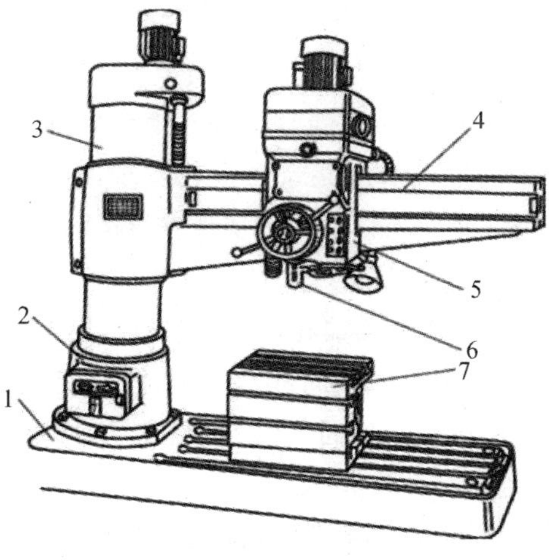

图 4-11　摇臂钻床

1—底座；2—内立柱；3—外立柱；4—摇臂；5—主轴箱；6—主轴；7—工作台

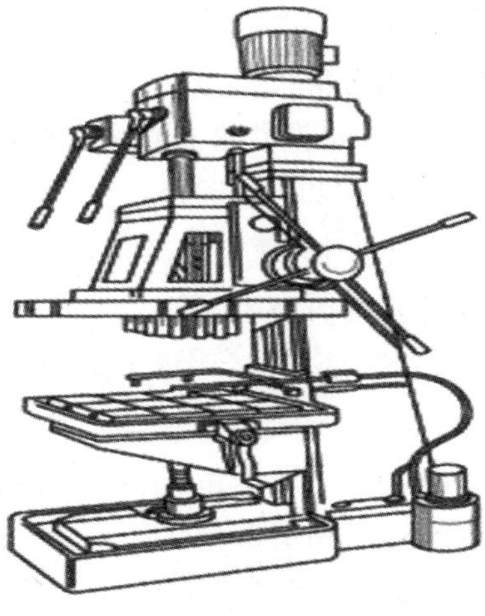

图 4-12　可调式多轴立式钻床

5. 铣床类机床的适用范围和工艺特点

1）卧式万能升降台铣床

卧式万能升降台铣床适合于加工平面、斜面、沟槽和成形表面。使用机床附件如立铣头、分度头及圆形工作台，可扩大加工范围，如加工铣刀螺旋表面、分齿零件的局部表面等。

2）立式铣床

立式铣床适合于加工平面、斜面、沟槽、台阶等。立式铣床的主轴垂直布置，除工作台能做三个相互垂直方向的进给运动快速移动外，主轴可沿轴线做进给调位移动，又能在垂直平面内调整一定角度。

3）龙门铣床

龙门铣床适合于对大中型工件，如床身导轨、箱体、机座等零件的平面或成形面的加工。龙门铣床的横梁和立柱上分别安装有铣头，每个铣头都有独立的主运动、进给运动和调位移动。工件紧固在工作台上做纵向直线进给运动，可用多把铣刀同时加工几个表面，生产率高。

6. 齿轮加工机床的适用范围和工艺特点

1）滚齿机

滚齿机适合于加工直齿、螺旋齿圆柱齿轮和蜗轮。按展成法原理加工，生产率高。

2）插齿机

插齿机适合于加工双联及多联的内外直齿圆柱齿轮。用展成法原理加工。加工精度较高，但生产率较低。

3）剃齿机

剃齿机适合精加工未经淬火的齿轮，但不宜加工多联的小齿轮。

淬火后的齿轮，可用珩齿机或磨齿机进行精加工。

7. 磨床的适用范围和工艺特点

1）平面磨床

平面磨床根据砂轮主轴的布置实行及工作台的形状的不同分为卧轴矩台式、卧轴圆台式、立轴矩台式和立轴圆台式。平面磨床适合于磨削平面，主运动由砂轮实现，分周边切削和端面切削两种。工件由工作台上的电磁吸盘吸紧并由工作台带动实现进给运动。

2）万能外圆磨床

万能外圆磨床适合于磨削内外圆柱面、内外圆锥面以及轴和孔的台肩面。工件由工作台上的头架并利用三爪卡盘或前后顶尖夹持，由头架带动做圆周进给，由工作台带动做纵向进给运动。砂轮架、头架、工作台均可回转一定角度以适应不同工件的加工。

3）无心外圆磨床

无心外圆磨床适合于细长、简单的圆柱表面加工，如小轴、销、细长轴、套类零件的外圆磨削。图 4-13 所示是无心外圆磨削示意图。工件安置在砂轮与导轮之间，其中心略高于它们的中心线，以工件本身的圆柱表面作定位基准，利用磨削力和导轮双曲面对工件的摩擦力使工件做圆周进给运动和轴向进给运动。工件原始形状误差将影响它的圆度，装卸工件简单方便、生产率高。

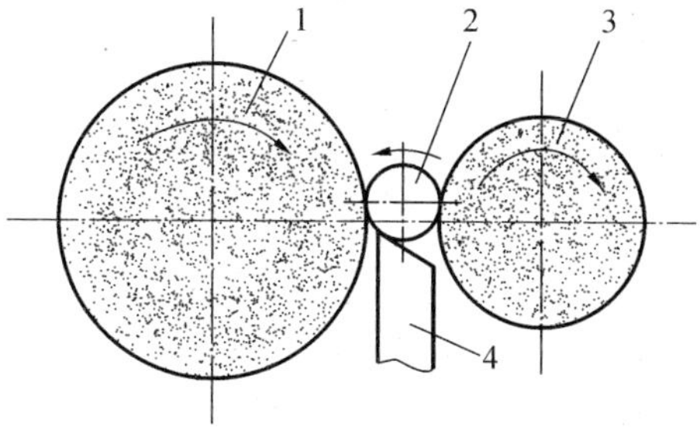

图 4-13　无心外圆磨削示意图

1—磨削砂轮；2—工件；3—导轮；4—托板

4）普通内圆磨床

普通内圆磨床适合于对内圆柱孔和内圆锥孔的磨削。工件由工作台上的头架并利用三爪卡盘夹持做圆周进给运动，内圆磨头（砂轮）高速旋转。工件头架可回转一定角度，由工作台带动做纵向进给。

4.3.2　根据典型表面的加工方案选择机床

典型表面主要指平面、外圆面、内孔面、渐开线齿面等，典型表面的加工方案主要考虑工件的精度要求，以及生产类型、零件的结构和大小、工件材料及热处理等因素。现根据尺寸公差等级和表面粗糙度 Ra（μm）的要求列出典型表面的一般加工方案。

外圆面加工方案如表 4-4 所示。平面加工方案如表 4-5 所示。

表 4-4　外圆面加工方案

序号	加工方案	经济精度等级	表面粗糙度 $Ra/\mu m$	适用范围
1	粗车	IT13～IT11	12.5～25	加工淬硬钢以外的各种金属
2	粗车—半精车	IT10～IT8	6.3～3.2	
3	粗车—半精车—精车	IT8～IT7	1.6～0.8	
4	粗车—半精车—精车—抛光（或滚压）	IT7～IT6	0.2～0.025	
5	粗车—半精车—精车—金刚石车	IT6～IT5	0.4～0.025	加工非铁金属
6	粗车—半精车—精车—研磨	IT5～IT3	0.1～0.008	加工钢或铸铁，主要用于淬火钢。其中序号 6、11 和 12 多用于单件小批生产；9 主要用于电镀前的预加工；10 多用于大批量生产
7	粗车—半精车—磨削	IT7～IT6	0.8～0.4	
8	粗车—半精车—粗磨—精磨	IT6～IT5	0.4～0.1	
9	粗车—半精车—粗磨—精磨—抛光	IT7～IT6	0.2～0.1	
10	粗车—半精车—粗磨—精磨—超精加工	IT5 以上	0.1～0.05	
11	粗车—半精车—粗磨—精磨—超精磨	IT5 以上	<0.025	
12	粗车—半精车—粗磨—精磨—研磨	IT5～IT3	<0.1	

表 4-5　平面加工方案

序号	加工方案	经济精度等级	表面粗糙度 Ra/μm	适用范围
1	粗车	IT13～IT11	25～12.5	回转体零件的端面（非铁金属、铸铁、钢）
2	粗车—半精车	IT10～IT8	6.3～3.2	
3	粗车—半精车—精车	IT8～IT7	1.6～0.8	
4	粗车—半精车—磨削	IT8～IT6	0.8～0.2	
5	粗车—半精车—精车—金刚石车	IT6	0.8～0.2	
6	粗铣（或粗刨）	IT13～IT11	25～12.5	未淬硬平面
7	粗铣（或粗刨）—精铣（或精刨）	IT10～IT8	6.3～3.2	
8	粗铣（或粗刨）—半精铣（或半精刨）—精铣（或精刨）	IT8～IT7	3.2～1.6	
9	粗铣—拉削	IT9～IT7	0.8～0.2	大量生产，未淬硬的较小平面
10	粗铣（或粗刨）—精铣（或精刨）—宽刃精刨	IT7	0.8～0.2	未淬硬平面（单件小批采用刮研方案）
11	粗铣（或粗刨）—精铣（或精刨）—刮研	IT7～IT6	0.8～0.1	
12	粗铣（或粗刨）—精铣（或精刨）—粗磨—精磨	IT7～IT6	0.4～0.025	精度要求较高的淬硬或未淬硬平面
13	粗铣—精铣—磨削—研磨	IT5 以上	0.1～0.008	高精度平面

孔加工方案如表 4-6 所示。

表 4-6　孔加工方案

序号	加工方案	经济精度等级	表面粗糙度 Ra/μm	适用范围
1	钻	IT13～IT11	12.5	大批量生产加工未淬火钢及铸铁的实心毛坯，也可用于加工非铁金属，孔径≤20 mm
2	钻—铰	IT10～IT8	6.3～1.6	
3	钻—粗铰—精铰	IT8～IT7	1.6～0.8	
4	钻—扩	IT11～IT10	12.5～6.3	大批量生产加工未淬火钢及铸铁的实心毛坯，也可用于加工非铁金属，孔径>20 mm
5	钻—扩—铰	IT9～IT8	3.2～1.6	
6	钻—扩—粗铰—精铰	IT7	1.6～0.8	
	钻—扩—机铰—手铰	IT7～IT6	0.4～0.2	
7	钻—扩—拉	IT9～IT7	1.6～0.1	大批量生产加工小零件的通孔
8	粗镗（或扩孔）	IT13～IT11	12.5～6.3	除淬火钢外的各种材料；毛坯有铸出或锻出的孔
9	粗镗（粗扩）—半精镗（精扩）	IT10～IT9	3.2～1.6	
10	粗镗（粗扩）—半精镗（精扩）—精镗（铰）	IT8～IT7	1.6～0.8	
11	粗镗（粗扩）—半精镗（精扩）—精镗—浮动镗刀精镗	IT7～IT6	0.8～0.4	

续表

序号	加工方案	经济精度等级	表面粗糙度 $Ra/\mu m$	适用范围
12	粗镗(扩)—半精镗—磨孔	IT8～IT7	0.8～0.2	主要用于淬火钢,也可用于未淬火钢
13	粗镗(扩)—半精镗—粗磨—精磨	IT7～IT6	0.2～0.1	
14	粗镗—半精镗—精镗—精细镗(金刚镗)	IT7～IT6	0.4～0.05	用于加工非铁金属
15	钻—扩—粗铰—精铰—珩磨	IT7～IT6	0.2～0.025	用于加工钢铁金属且精度要求很高的孔
16	钻—扩—拉—珩磨			
17	钻—扩—拉—研磨			
18	粗镗—半精镗—精镗—研磨	IT7～IT6	0.2～0.025	用于加工钢铁金属且精度要求很高的孔

实际生产中,某一零件的具体加工方案主要取决于工件的结构特点、尺寸精度和表面粗糙度要求等。

4.3.3　根据工件的几何公差要求选用机床

典型机床加工工件需要达到的几何精度如表 4-7 所示。

表 4-7　典型机床加工的几何精度

机床	主电动机功率/kW	工件测量尺寸/mm	圆度/mm	圆柱度/mm	平面度/mm	平行度/mm	垂直度/mm	表面粗糙度 $Ra/\mu m$
CA6140 卧式车床	7.5	D=400 L=100	0.01	0.01	0.025			1.6
C5116C 单轴立式车床	40	D=1600 L=1500	0.015	0.03	0.05			
T6112 卧式铣镗床	10	D=300 L=200	0.02	0.02	0.02			1.6
B6050D 牛头刨床	4	L=300 H=50			0.025	0.03	0.02	
B2012A 龙门刨床	60	B=1250 L=2000 H=300			0.03	0.02	0.02	
X6132C 万能升降台铣床	7.5	L=150			0.02	0.02	0.02	1.6
X5030 立式升降台铣床	7.5	L=150			0.02	0.02	0.02	1.6
L5110 或 L6120 立式或卧式内拉床	17 或 22	H=40 D=200				0.06 或 0.08		

续表

机床	主电动机功率/kW	工件测量尺寸/mm	圆度/mm	圆柱度/mm	平面度/mm	平行度/mm	垂直度/mm	表面粗糙度 Ra/μm
M7120A 卧轴矩台平面磨床	2.8	L=1000				0.015		0.2
M7232B 立轴矩台平面磨床	17	L=1000				0.015		0.8
M7475B 立轴圆台平面磨床	25	L=100				0.02		0.8
M1432A 万能外圆磨床	4	D=320 L=1000	0.003	0.008				0.2
M2110 内圆磨床	3	D=100	0.006	0.005	0.008 (端面)		0.01(端面对孔中心线)	0.4

注:1. D—工件直径;L—工件长度;B—工件宽度;H—工件高度;

2. 表中的精度数值是工件相应于表列测量尺寸范围时的数值。

习题与思考题

4-1 简述机床的基本组成及主要技术性能指标。

4-2 解释下列机床型号的含义:CA6140,Z3040,MBG1432,X5032,Y3150E,CK3263B。

4-3 简述数控系统中开环、闭环和半闭环系统的区别。

4-4 简述选用机床应考虑的因素。

4-5 分别说明常见车床、镗床、刨床、钻床、铣床、磨床和齿轮加工机床的适用范围和工艺特点。

4-6 平面、外圆、孔加工方案各有哪些?能分别达到何种精度?

第5章 机床夹具设计

5.1 夹具概述

夹具属于机床的附加装置，在机械加工过程中用来固定加工对象，能够准确快捷地确定加工对象和刀具以及机床之间的相对加工位置，并能把加工对象可靠夹紧的工艺装备。广义上说，在工艺过程的任何工序中，用来迅速、方便、安全地安装工件的装置，都可称为夹具。例如焊接夹具、检验夹具、装配夹具、机床夹具等，其中机床夹具最为常见，常简称为夹具。只有正确地将工件装夹在机床夹具上，才能便利有效地加工出符合图纸设计要求的合格零件。因此，在现代制造中，机床夹具是一种不可缺少的工艺装备，它直接影响着零件的加工精度、劳动生产率和零件的加工成本等。

5.1.1 机床夹具的作用

(1) 能稳定地保证工件的加工精度。

工件加工精度包括尺寸精度、几何形状和位置精度。用夹具装夹工件时，工件相对于刀具及机床的位置精度由夹具保证，不受工人技术水平的影响，可使一批工件的加工精度趋于一致。

(2) 能减少辅助工时，提高劳动生产率，降低生产成本。

使用夹具装夹工件方便、快速，工件不需要划线找正，可显著地减少辅助工时；工件在夹具中装夹后提高了工件的刚性，可加大切削用量；可使用多件、多工位装夹工件的夹具，并可采用高效夹紧机构，进一步提高劳动生产率。

(3) 能扩大机床的使用范围，实现一机多能。

根据加工机床的成形运动，附加不同类型的夹具，即可扩大机床原有的工艺范围。例如在车床的溜板上或摇臂钻床工作台上装上镗模，就可以进行箱体零件的镗孔加工。又如利用分度头可以在万能铣床上加工齿轮和花键，代替齿轮加工机床进行加工。

(4) 减轻工人劳动强度。

使用人力通过各种传动机构对工件进行夹紧，称为手动夹紧。而现代高效率的夹具，大多采用机动夹紧方式。在机动夹紧中，一般都设有产生夹紧力的动力系统，常用的动力系统有：气动、液压、气液联合、电动、磁力、真空动力等系统。机动夹紧可以大幅度缩减装夹工件的辅助时间，提高生产率和减轻工人的劳动强度。

5.1.2 机床夹具的分类

随着机械制造业的蓬勃发展，产品的种类各式各样，与之对应的加工方法与手段也随之增多。因此所需要的机床夹具种类也比较多，但生产中一般可按照夹具的应用场合、使用特点、加工所使用的机床类型以及夹紧所用的动力源进行分类。

1. 按夹具的使用特点分类

（1）通用夹具。

通用夹具是指已经标准化的，在一定范围内可用于加工不同工件的夹具。例如，车床上的三爪自定心卡盘和四爪单动卡盘，铣床上的平口钳、分度头和回转工作台等。它们由于具有一定的通用性，故而得名。这类夹具一般由专业工厂生产，常作为机床附件提供给用户。其特点是适应性广，生产效率低，因此主要适用于单件、小批量生产中。

（2）专用夹具。

专用夹具是指为某一工件的某道工序而专门设计的夹具。其特点是结构紧凑，操作迅速、方便、省力，可以保证较高的加工精度和生产效率，但设计制造周期较长、制造费用也较高。当产品变更时，专用夹具将由于无法再使用而报废，因此只适用于产品固定且批量较大的生产中。

（3）通用可调夹具和成组夹具。

这类夹具的特点是夹具的部分元件可以更换，部分装置可以调整，以适应不同零件的加工。用于相似零件的成组加工的夹具，称为成组夹具。通用可调夹具与成组夹具相比，加工对象不很明确，适用范围更广一些。

（4）组合夹具。

组合夹具是指按零件的加工要求，用专门的标准化、系列化的拼装零部件组装而成的夹具，只用于特定的工件和工序。其特点是灵活多变，万能性强，制造周期短，元件能反复使用，特别适合于新产品的试制和单件小批生产。

（5）随行夹具。

随行夹具是一种在自动线上使用的夹具。该夹具既要起到装夹工件的作用，又要与工件成为一体沿着自动线从一个工位移到下一个工位，进行不同工序的加工。

2. 按使用的机床分类

各类机床由于自身工作特点和结构形式各不相同，对所用夹具的结构也相应地提出了不同的要求。按所使用的机床不同，夹具又可分为：车床夹具、铣床夹具、钻床夹具、镗床夹具、磨床夹具、齿轮机床夹具和其他机床夹具等。

3. 按夹紧动力源分类

夹具根据所采用的夹紧动力源不同，可分为：手动夹具、气动夹具、液压夹具、气液夹具、电动夹具、磁力夹具、真空夹具等。

5.1.3 机床夹具的组成

机床夹具的种类和结构很多，但一般来说，夹具都是由定位元件、夹紧装置、夹具体、对刀与导向装置、连接元件和其他元件及装置组成。以加工图 5-1 所示的后盖零件上 $\phi11$ mm 孔的钻床夹具为例，简述夹具的基本组成。

1. 定位元件及定位装置

定位元件与定位装置与工件的定位基准相接触，用于确定工件在夹具中的正确位置，从而保证加工时工件相对于刀具和机床加工运动间的相对正确位置，如图 5-2 中的定位元件 4、5、9。

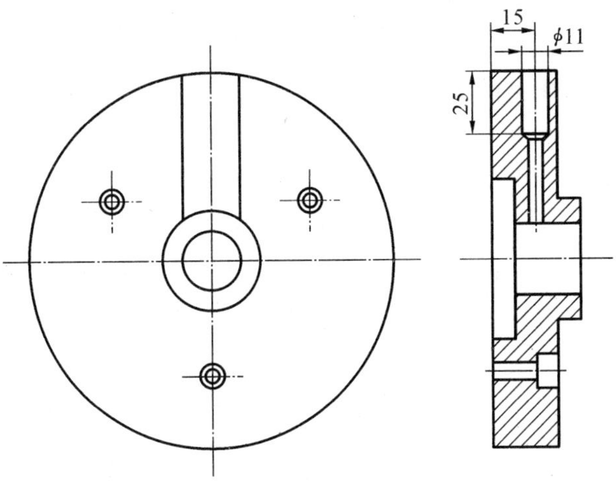

图 5-1　后盖零件钻径向孔的工序图

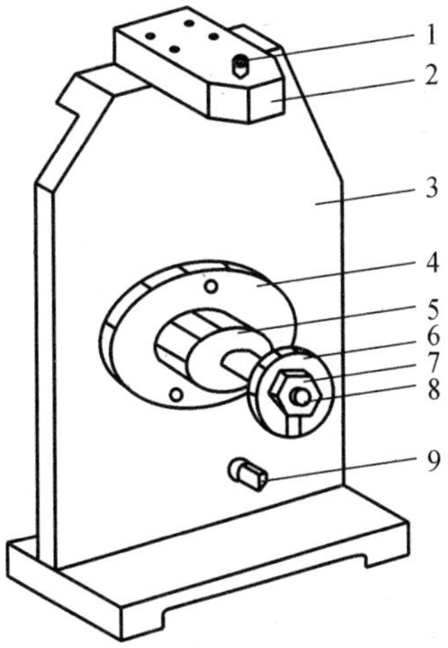

图 5-2　后盖钻夹具

1—钻套；2—钻模板；3—夹具体；4—支承板；5—圆柱销；6—开口垫圈；7—螺母；8—螺杆；9—定位销

2. 夹紧装置

夹紧装置的作用是将工件压紧夹牢，保证工件在加工过程中受到外力作用时不会离开已经确定的正确位置，如图 5-2 中的元件 6、7。

3. 导向元件与对刀元件

这些元件的作用是保证工件与刀具之间的位置正确。用于确定刀具在加工前正确位置的元件，称为对刀元件，如对刀块。用于确定刀具位置并导引刀具进行加工的元件，称为导引元件，如图 5-2 中的元件 1。

4. 夹具体

夹具体是机床夹具的关键部件，也是主要用来连接或固定夹具上各元件及装置，使其成为一个整体的基础件。夹具体可使夹具相对机床具有确定的位置，主要有槽系与孔系两类，如图 5-2 中的元件 3。

5. 连接元件

此元件是使夹具与机床相连接的元件，保证机床与夹具之间的相对位置关系。

6. 其他元件及装置

某些夹具根据工件的加工要求，要有分度机构，铣床夹具要求有定位键，大型夹具还要求有吊装元件等。

以上这些组成部分，并不要求每种机床夹具都一一具备，但是任何夹具都必须有定位元件和夹紧装置，它们是保证工件加工精度的关键，目的是使工件定位准确、夹牢。

5.2　工件在夹具中的定位

5.2.1　装夹工件的方法

对一批工件来说，不论先后，每一个工件都需要放在预先规定的位置。要做到这一点，就需要采取两方面的措施：一是将夹具安装在机床上，通过调整使夹具、刀具及机床之间获得正确的相对位置，即所谓的夹具在机床上的对定；二是确保工件在夹具中占有一个正确的位置，即工件在夹具中的定位。因此，工件在机床上的定位包括工件在夹具上的定位和夹具相对于机床的定位两个方面。这里只讨论工件在夹具上的定位。

为保证工件被加工表面加工后达到规定的加工要求（尺寸、形状和位置精度），工件在机床上加工前，必须将其放在准确的位置上，并将其可靠固定，以确保工件在加工过程中不发生位置变化，这个过程被称为装夹。简言之，确定工件在机床上或夹具中占有准确加工位置的过程叫做定位；在工件定位后用外力将其固定，使其在加工过程中保持定位位置不变的操作叫做夹紧。装夹就是定位和夹紧过程的总和。

工件在机床上的装夹主要有两种方法。

1. 找正法

找正法：把工件直接放在机床上，或者放在四爪单动卡盘、机用虎钳等机床附件中，根据工件的一个或几个表面用划针或指示表找正工件准确位置后再进行夹紧；也可以先按加工要求进行加工位置的划线工序，然后再按划出的线痕进行找正实现装夹。这类装夹方法的不足之处在于工人劳动强度大、生产效率低、定位精度低，而且要求工人技术等级高，并且常常需要增加划线工序，所以增加了生产成本。由于这种方法只需要使用通用性很好的机床附件和工具即可完成装夹，因此能适宜加工各种不同零件的各种表面，特别适合用于单件、小批量生产。

2. 用夹具装夹工件

这种装夹方式是指若工件直接装在夹具上，不需要进行找正，就能直接得到准确加工位置。如图 5-3(a)所示的一批套筒工件，除孔 ϕ6H7 外其余各表面都已加工合格，现要求在钻床上钻出保证图示要求的孔。钻孔工序用的钻床夹具如图 5-3(b)所示，不需要进行划线，将工件直接装在定位销 3 上，用开口垫圈 5 和螺母 4 将其夹紧，孔 ϕ6H7 的加工要求即可通过快换钻套 1、钻模板 2 和键 7 得到保证。加工下一个工件时，夹具在机床上的位置不动，只需松开开口垫圈 5 和螺母 4 装卸工件即可。

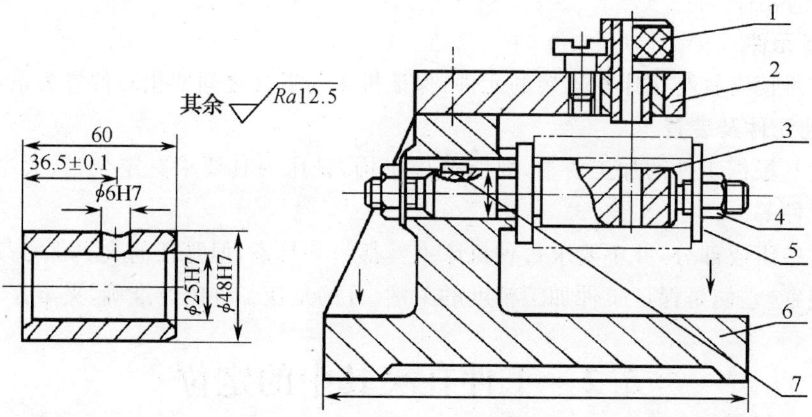

(a) 套筒　　　　(b) 钻孔工序用的钻床夹具

图 5-3　套筒和钻孔工序用的钻床夹具

1—快换钻套；2—钻模板；3—定位销；4—螺母；5—开口垫圈；6—夹具体；7—键

5.2.2　定位的基本原理

1. 六点定位原理

任何一个自由物体在三维空间中相对于三个互相垂直的坐标系 $Oxyz$ 来说，都有六个独立活动的可能性，即沿 x、y、z 三个坐标轴的移动和绕 x、y、z 三个坐标轴的转动。习惯上把这种独立活动的可能性，称为自由度，活动可能性的个数称为自由度的数目。因此空间任一自由物体共有六个自由度。如图 5-4 所示，工件沿 x、y、z 轴移动的三个自由度，称为平动自由度，分别以 $\vec{x}$、$\vec{y}$、$\vec{z}$表示；绕 x、y、z 轴转动的三个自由度，称为转动自由度，分别以 $\widehat{x}$、$\widehat{y}$、$\widehat{z}$ 表示。若使工件在某方向有确定的位置，就必须限制其在该方向的自由度。工件定位的任务就是根据加工精度的要求限制工件的全部或部分自由度，限制的方法是用相当于六个支承点的定位元件与工件的定位基准面接触，如图 5-5 所示，在底面 xOy 内的三个支承点限制了 $\widehat{x}$、$\widehat{y}$、$\vec{z}$ 三个自由度；在侧面 yOz 内的两个支承点限制了 $\vec{x}$、$\widehat{z}$ 两个自由度；在端面 xOz 内的一个支承点限制了 $\vec{y}$ 一个自由度。因此，工件的六个自由度就全部被限制了。

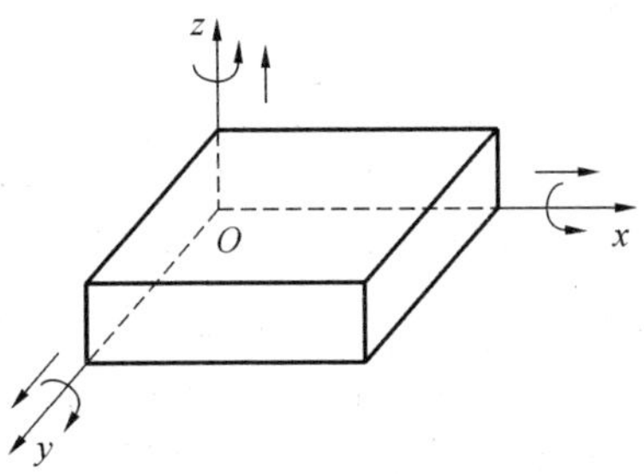

图 5-4　物体的六个自由度

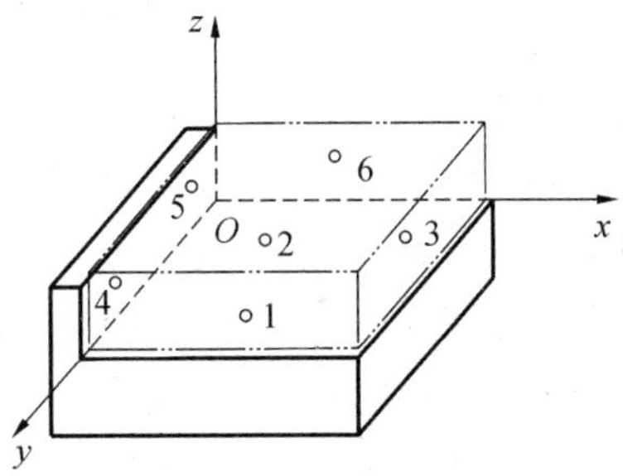

图 5-5　工件的六点定位

由此可知工件在夹具中定位的基本原理：工件在夹具中的位置有六个自由度，要限制这六个自由度，需要在夹具上按一定要求布置六个支承点或相当于支承点的定位元件，使它们与工件紧密接触或配合，其中每一个支承点相应地消除一个自由度，从而使工件在夹具中占有一个完全确定的位置。这就是所谓的“六点定位原理”。

需要注意：一是当工件的形状及工件的定位基准不同时，定位点的分布应根据具体情况做相应的改变，但不论定位点的定位形式如何改变，“六点定则”不能改变，即六个支承点必须消除工件的六个自由度；二是“六点定位原理”是把夹具中的定位元件抽象成了支承点，每个支承点消除工件的一个自由度，最终将工件的六个自由度都消除，但实际上夹具有时使用的是一些具体的定位元件，并不都是直接由支承点组成的，往往是通过定位元件上的具体定位表面体现出来的。工件上的定位基面与定位元件上相对应的定位表面合称为定位副。

2. 限制工件自由度与加工要求的关系

工件在加工中是否需要对六个自由度都要加以限制呢？这要根据工件的加工要求来确定。为了达到某一工序的加工要求，有时不一定要完全限制工件的六个自由度，或工件加工不一定非要使工件的位置达到完全确定的程度。

根据夹具定位元件限制工件自由度的情况，可将工件在夹具中的定位分为以下几种情况。

1）完全定位

根据被加工表面的加工精度要求，有时需要将工件的六个自由度全部限制，这种定位方法称为完全定位。如图 5-6(a)所示，在工件上加工不通槽。槽宽由刀具直径保证，但是要保证尺寸 A，就要限制 $\widehat{x}$、$\widehat{y}$、$\vec{z}$，要保证尺寸 B，需要限制 $\vec{x}$、$\widehat{z}$，要保证尺寸 C，需要限制 $\vec{y}$，所以六个自由度都要限制。

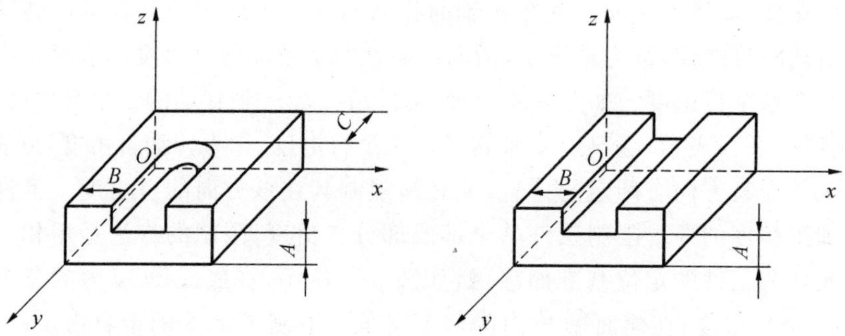

(a) 完全定位　　(b) 不完全定位

图 5-6　不同加工要求的零件

2）不完全定位

根据工件被加工表面的加工精度要求，有时在夹具中工件的六个自由度没有被全部限制，但能满足加工要求，这种定位方式称为不完全定位。如图 5-6(b)所示，在工件上加工通槽，不需要保证尺寸 C，所以也不必限制 $\vec{y}$，只需要限制其他五个自由度就可以了。这种定位虽然没有完全限制工件的六个自由度，但保证加工精度的自由度已全部限制，因此也是合理的定位，这在实际夹具定位中普遍存在。由此可以看出，工件定位时所要限制的自由度数目，是根据具体的加工要求来定的，并不是六个自由度都必须限制，所以，完全定位和不完全定位都是合理的定位方式。

3）欠定位

根据被加工表面的加工精度要求，需要限制的自由度没有得到完全限制，即实际限制的自由度个数少于工序加工要求所必须限制的自由度数目，这种定位方法称为欠定位。欠定位不能保证工件的加工精度要求，在工件加工中是绝对不允许的。

4）过定位

若工件的某自由度被两个或两个以上的定位元件重复限制，这种定位方法称为过定位，也叫重复定位。图 5-7(a)为某工件以孔与端面联合定位，长销与工件孔配合限制工件 $\vec{x}$、$\widehat{x}$、$\vec{y}$、$\widehat{y}$ 四个自由度，支承大端面限制工件 $\widehat{x}$、$\widehat{y}$、$\vec{z}$ 三个自由度，可以发现 $\widehat{x}$、$\widehat{y}$ 两个自由度被两个定位元件重复限制，出现过定位。

过定位可能导致定位干涉或工件装夹困难，进而导致工件或定位元件产生变形、定位误差增大，因此在定位设计中应该尽量避免过定位。为了消除或减少过定位造成的不良后果，可采取如下措施。

(1) 改变定位元件不合理的定位结构，使定位元件重复限制自由度的部分不起定位作用。图 5-7(b)所示为将大端面改为小端面，图 5-7(c)所示为在工件与大端面加球形垫圈。

(2) 提高工件定位基准之间以及定位元件工作表面之间的位置精度，这样也可消除因过定位而引起的不良后果，保证工件的加工精度，而且有时还可以提高工件的局部刚度和工

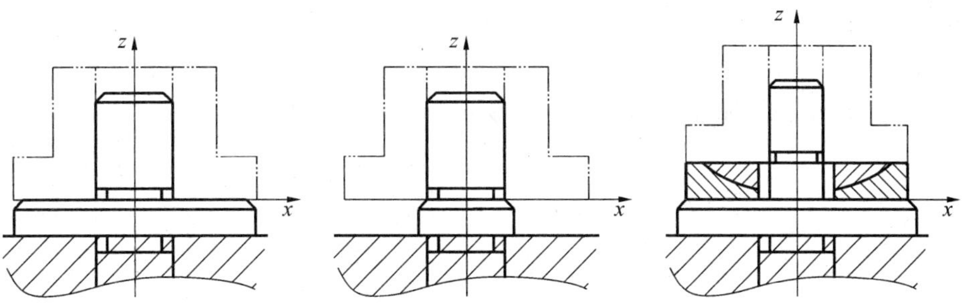

(a) 过定位　　(b) 改端面　　(c) 加球形垫圈

图 5-7　工件过定位情况及改善措施

件定位的稳定性。因此，当加工刚性差的工件时，过定位亦可合理应用。

5.2.3　常见的定位方式及所用定位元件

在加工中可根据工件的结构形状、加工要求、生产条件来确定具体的定位方法，每种定位方法是通过各类定位元件来实现的，如平面、外圆柱面、圆孔、型面、组合面等。夹具上的定位元件除起定位作用外，多数情况下还要承受工件的重量、夹紧力和切削力，因此要求定位元件具有足够的精度、强度和刚度及良好的耐磨性和工艺性。

1. 以平面定位常用定位元件

平面定位的主要形式是支承定位。工件的定位基准平面与定位元件表面相接触而实现定位，常见的支承元件有下列几种。

1) 固定支承

支承的高度尺寸是固定的，使用时不能调整高度。固定支承主要有支承钉和支承板两种。

(1) 支承钉　图 5-8 所示为用于平面定位的几种常用支承钉，其主要利用顶面对工件进行定位。其中：图 5-8(a)为平头支承钉，常用于精基准面的定位；图 5-8(b)为球头支承钉，多用于粗基准面的定位；图 5-8(c)为网纹支承钉，常用在要求较大摩擦力的侧面定位，可防止工件受力后滑动；图 5-8(d)为带衬套支承钉，由于它便于拆卸和更换，一般用于批量大、磨损快、需要经常修理的场合。支承钉限制一个自由度。

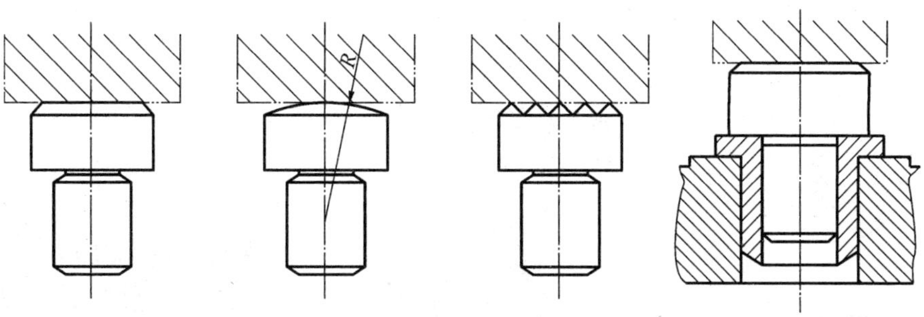

(a) 平头支承钉　　(b) 球头支承钉　　(c) 网纹支承钉　　(d) 带衬套支承钉

图 5-8　几种常用的支承钉

(2) 支承板　支承板有较大的接触面积，工件定位稳固。一般较大的精基准平面定位多用支承板作为定位元件。图 5-9 是两种常用的支承板，图 5-9(a)为平板式支承板，它结构简单、紧凑，但不易清除落入沉头螺孔中的切屑，一般用于侧面定位。图 5-9(b)为斜槽式支承板，它在结构上做了改进，即在支承面上开了两个斜槽为固定螺钉用，使清屑容易，并易于保证工作表面清洁，适合底面定位。长方形支承板限制了两个自由度。

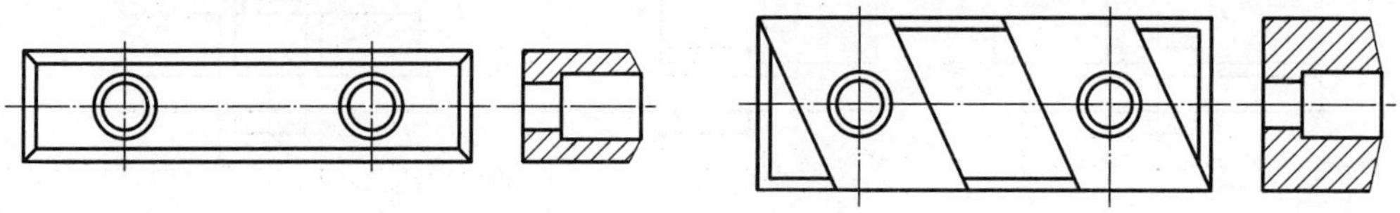

(a) 平板式支承板　　(b) 斜槽式支承板

图 5-9　两种常用的支承板

支承钉、支承板的结构、尺寸均已标准化，设计时可查有关标准手册。

2）可调支承

可调支承是指夹具体上支承点的高低可以在一定范围内调整。图 5-10 所示为几种常用的可调支承典型结构，其组成均为螺钉、螺母。可调支承用于未加工过的平面定位，以调节补偿各批毛坯尺寸误差，一般不是对每个加工工件进行调整，而是一批工件毛坯调整一次。

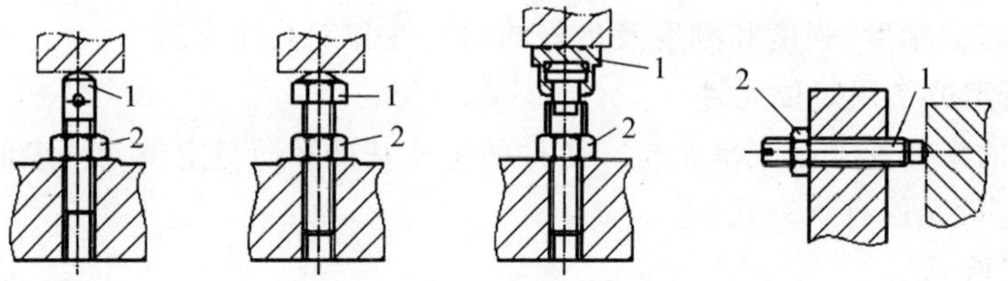

(a)　(b)　(c)　(d)

图 5-10　几种常用的可调支承典型结构

1—可调支承螺钉；2—螺母

3）自位支承(浮动支承)

自位支承是指支承点本身所处的位置在定位过程中，随工件定位基准面的变化而自动调整并与之相适应。图 5-11 是几种常用的自位支承结构，尽管每一个自位支承与工件间可能是两点或三点接触，但实际上仍然只起一个定位支承点的作用，只限制工件的一个自由度。自位支承常用于毛坯表面、断续表面、阶梯表面定位。

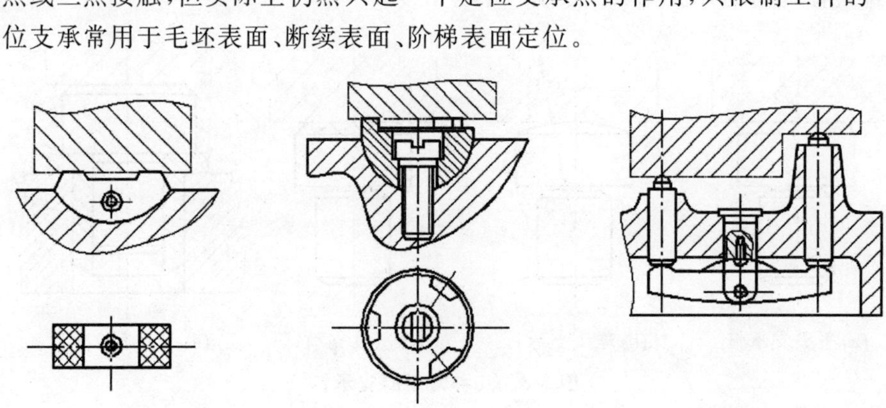

(a)　(b)　(c)

图 5-11　几种常用的自位支承结构

4）辅助支承

辅助支承是在工件定位之后才参与支承的定位元件，不起定位作用，不限制工件自由度，只能提高工件加工时的刚度或起防止倾覆的作用。图 5-12 为几种常见的辅助支承结构，图 5-12(a)、(b)为螺旋式辅助支承，用于小批量生产；图 5-12(c)为推力式辅助支承，用于大批量生产。

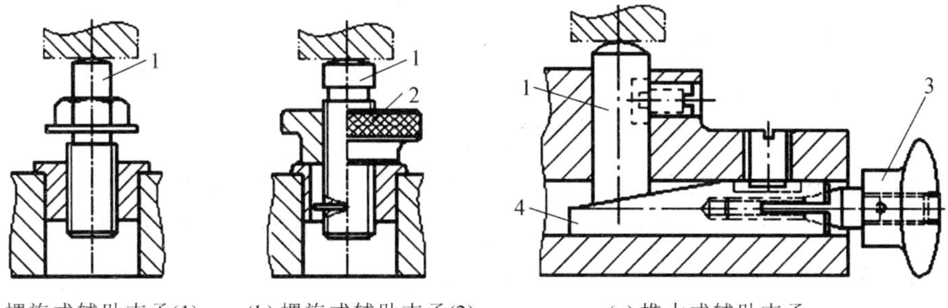

(a) 螺旋式辅助支承(1)　(b) 螺旋式辅助支承(2)　(c) 推力式辅助支承

图 5-12　几种常见的辅助支承结构

1—支承；2—螺母；3—手轮；4—楔块

图 5-13 为辅助支承应用实例，图 5-13(a)的辅助支承用于提高工件稳定性和刚度；图 5-13(b)的辅助支承起预定位作用。

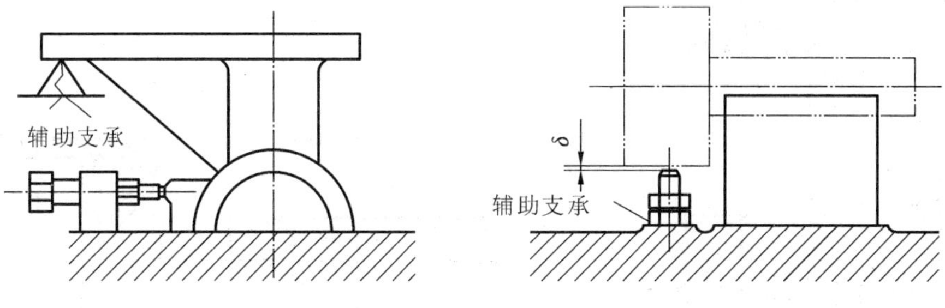

(a) 提高稳定性和刚度　(b) 起预定位作用

图 5-13　辅助支承应用实例

2. 以外圆定位常用定位元件

工件以外圆柱面作定位基准时，根据外圆柱面的完整程度、加工要求和安装方式，可以在 V 形块、定位套、半圆套及圆锥套中定位，其中最常用的是在 V 形块上定位。

1）V 形块

V 形块有固定式和活动式之分。图 5-14 为常用固定式 V 形块：图 5-14(a)用于较短的精基准定位；图 5-14(b)用于较长的精基准(或阶梯轴)定位；图 5-14(c)用于两段精基准面相距较远的场合；图 5-14(d)中的 V 形块是在铸铁底座上镶淬火钢垫块而成，用于定位基准直径与长度较大的场合。

图 5-15 中的活动式 V 形块限制工件的 $\vec{x}$ 移动自由度。该 V 形块除了具有定位功能外，还具有夹紧作用。根据工件与 V 形块的接触母线长度，固定式 V 形块可以分为短 V 形块和长 V 形块，前者限制工件的两个自由度，后者限制工件的四个自由度。

V 形块定位的优点：① 对中性能好，即能使工件的定位基准轴线对中在 V 形块两斜面的对称平面上，在左右方向上也不会发生偏移，且安装方便；② 适应性较强，不论定位基准

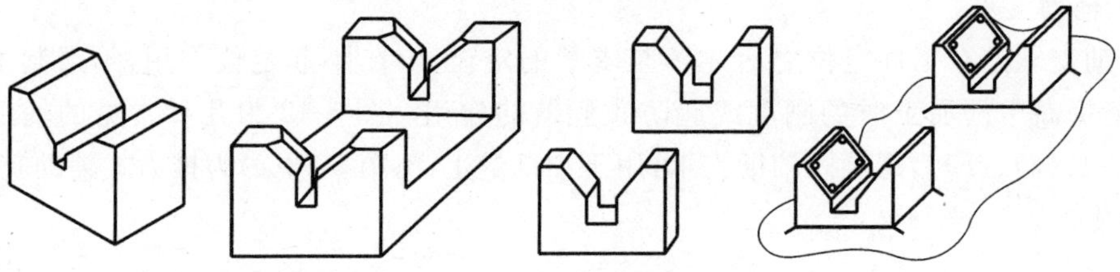

(a) 用于较短的精基准定位　(b) 用于较长的精基准定位　(c) 用于两段精基准面相距较远的场合　(d) 用于定位基准直径与长度较大的场合

图 5-14　常用固定 V 型块

是否经过加工，不论是完整的圆柱面还是局部圆弧面，都可采用 V 形块进行定位。

V 形块上两斜面间的夹角一般选用 60°、90°或 120°，其中以 90°应用最多。其典型结构和尺寸均已标准化，设计时可查国家标准手册。V 形块的材料一般用 20 钢，渗碳深度为 0.8～1.2 mm，淬火硬度为 60～64 HBC。

2）定位套

工件以外圆柱表面为定位基准在定位套内孔中定位，这种定位方法一般适用于精基准定位，如图 5-16 所示。图 5-16(a)为短定位套定位，限制工件的两个自由度，图 5-16(b)为长定位套定位，限制工件的四个自由度。

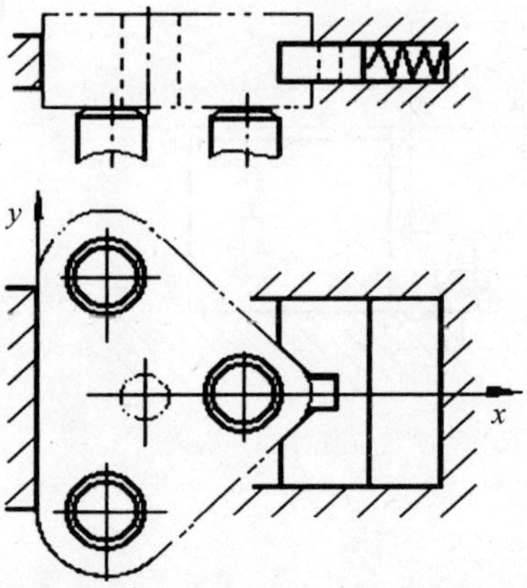

图 5-15　活动 V 形块应用实例

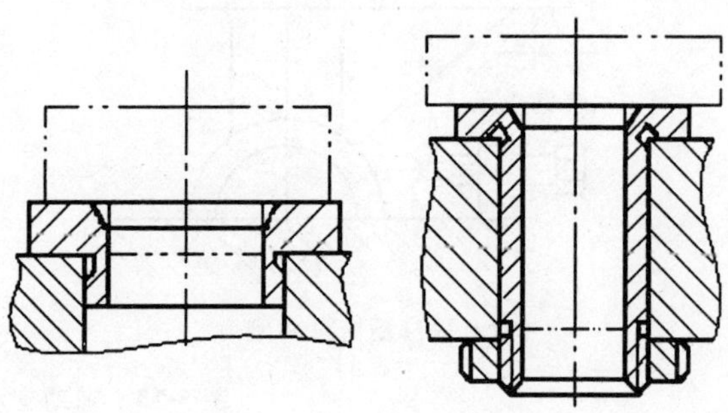

(a) 短定位套定位　(b) 长定位套定位

图 5-16　工件在定位套内定位

3）半圆套

当工件尺寸较大，用圆柱孔定位不方便时，可将圆柱孔改成两半，如图 5-17 所示的半圆套结构简图，下半圆起定位作用，上半圆起夹紧作用。图 5-17(a)为可卸式，图 5-17(b)为铰链式，后者装卸工件方便些。短半圆套定位限制工件的两个自由度，长半圆套定位限制工件的四个自由度。

4）圆锥套

工件以圆锥套定位时，常与后顶尖(反顶尖)配合使用。如图 5-18 所示，夹具体锥柄 1 插入机床主轴孔中，通过传动螺钉 2 对定位圆锥套 3 传递扭矩，工件 4 圆柱左端部在定位圆锥套 3 中通过齿纹锥面进行定位，限制工件的三个移动自由度，工件圆柱右端锥孔在后顶尖 5(当外径小于 6 mm 时，用反顶尖)上定位，限制工件的两个转动自由度。

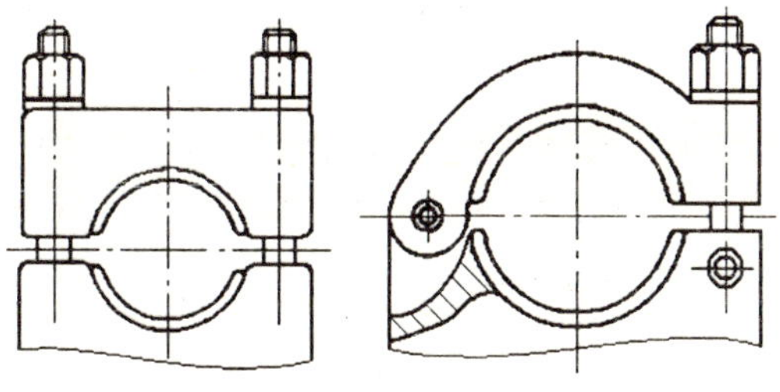

(a) 可卸式　　(b) 铰链式

图 5-17　半圆套结构简图

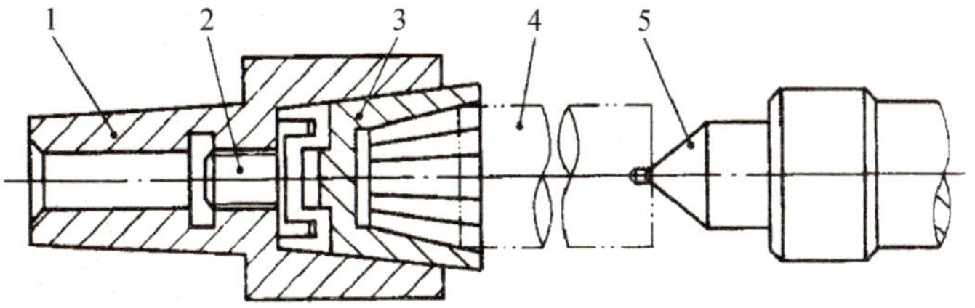

图 5-18　工件在圆锥套中定位

1—夹具体锥柄；2—传动螺钉；3—定位圆锥套；4—工件；5—后顶尖

3. 以圆孔定位常用定位元件

工件以圆孔定位多属于定心定位（定位基准为圆柱孔的轴线），常用的定位元件有定位销、圆柱心轴、圆锥销、圆锥心轴等。圆孔定位还经常与平面定位联合使用。

1）定位销

图 5-19 为几种常用的圆柱定位销，其工作部分直径 d 通常根据加工要求和便于装夹考虑，按 g5、g6、f6 或 f7 制造。图 5-19(a)、(b)、(c)所示的定位销与夹具体的连接采用过盈配合；图 5-19(d)为带衬套的可换式圆柱销结构，这种定位销与衬套的配合采用间隙配合，故其位置精度较固定式定位销的低，一般用于大批量生产。为便于工件顺利装入，定位销的头部应有 15°倒角。短圆柱销限制工件的两个自由度，长圆柱销（长径比＞0.8）限制工件的四个自由度。

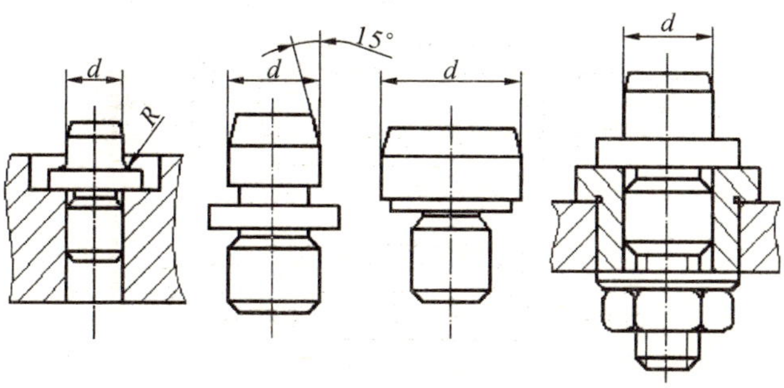

(a) $d<10$　(b) $d=10\sim18$　(c) $d>18$　(d) $d>10$

图 5-19　几种常用的圆柱定位销

2）圆锥销

圆锥销常用于工件孔端的定位，可限制三个移动自由度。在加工套筒、空心轴等工件时，也经常用到圆锥销。图 5-20(a)用于粗基准，图 5-20(b)用于精基准。圆锥销限制了工件的 $\vec{x}$、$\vec{y}$、$\vec{z}$ 三个移动自由度。

工件在单个圆锥销上定位容易倾斜，所以圆锥销一般与其他定位元件组合定位。如图 5-21 所示，工件以底面作为主要定位基面，采用活动圆锥销，只限制 $\vec{x}$、$\vec{y}$ 两个移动自由度，即使工件的孔径变化较大，也能准确定位。

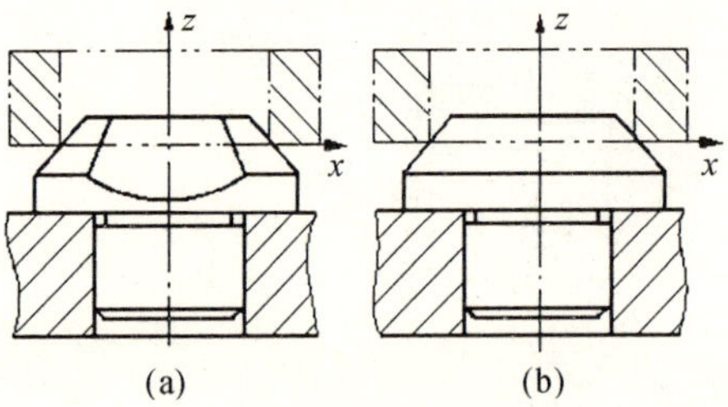

图 5-20　圆锥销

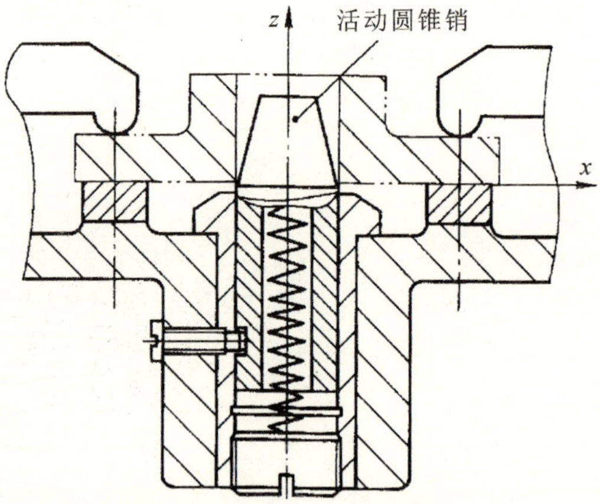

图 5-21　圆锥销组合定位

3）定位心轴

定位心轴主要用于空心盘类或套筒类工件的车、铣、磨及齿轮加工，常见的有圆柱心轴和圆锥心轴等。

(1) 圆柱心轴。

图 5-22(a)为间隙配合圆柱心轴，其定位精度不高，但装卸工件比较方便；图 5-22(b)为过盈配合圆柱心轴，常用于对定心精度要求高的场合；图 5-22(c)为花键心轴，用于以花键孔为定位基准的场合。当工件孔的长径比 $L/D>1$ 时，工件部分可略带锥度。

短圆柱心轴限制工件的两个自由度，长圆柱心轴限制工件的四个自由度。间隙配合心轴限制工件的五个自由度(心轴外圆部分限制四个自由度，轴肩面限制一个自由度，用于定心精度不高的场合)；过盈配合心轴限制工件的四个自由度，定心精度高，装卸困难。

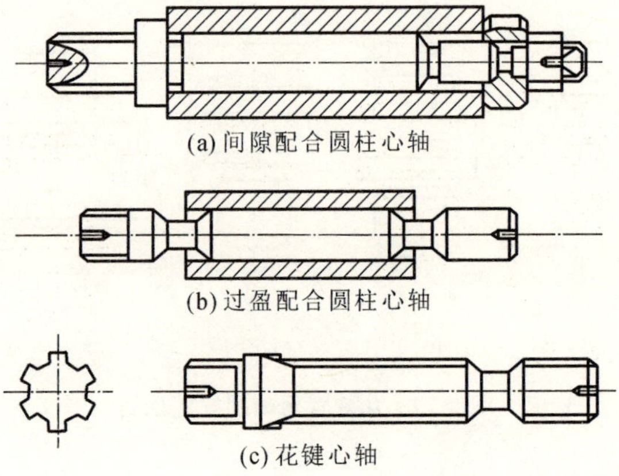

图 5-22　几种常见的定位心轴

(2) 圆锥心轴。

装夹工件时，通过工件孔和心轴接触表面的弹性变形夹紧工件，使用小锥度心轴定位可获得较高的定位精度，它可以限制五个自由度。图 5-23 是以工件上的圆锥孔在圆锥心轴上定位的情形。这类定位方式是圆锥面与圆锥面接触，要求锥孔和圆锥心轴的锥度相同，接触良好，因此定心精度与角向定位精度均较高，而轴向定位精度取决于工件孔和心轴的尺寸精度。圆锥心轴限制工件的五个自由度，即除绕轴线转动的自由度没限制外，其余的均已限制。

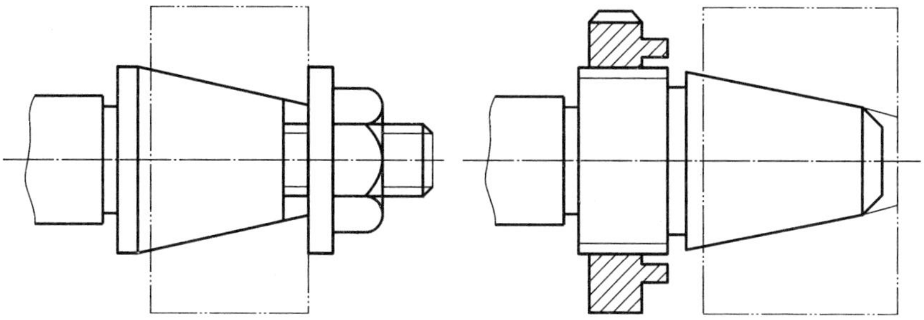

图 5-23　圆锥心轴

4. 以组合表面进行定位

在实际加工过程中，为满足加工要求，有时需要采用几个定位面相组合的方式进行定位。在实际生产中，工件往往不是采用单一表面的定位，而是以组合表面定位。常见的有平面与平面组合，平面与孔组合，平面与外圆组合，平面与其他表面组合，锥面与锥面、两顶尖孔的组合等。例如，在加工箱体工件时，往往采用一面两孔组合定位，如图 5-24 所示。当采用一个平面、两个短圆柱销为定位元件时，此时工件上的两孔直径分别为 $D_1{}^{+\delta_{D_1}}_{0}$、$D_2{}^{+\delta_{D_2}}_{0}$，两孔中心距为 $L\pm\delta_{L_D}$，夹具上两销的中心距为 $L\pm\delta_{L_d}$。由于平面限制 $\widehat{x}$、$\widehat{y}$、$\vec{z}$ 三个自由度，第一个定位销限制 $\vec{x}$、$\vec{y}$ 两个自由度，第二定位销限制 $\vec{x}$ 和 $\widehat{z}$，因此 $\vec{x}$ 过定位。由于两孔中心距和两销中心距都有制造误差，因此可能发生干涉而使工件不能在夹具上实现定位，导致工件两孔无法套在两定位销上，如图 5-24(a)所示。

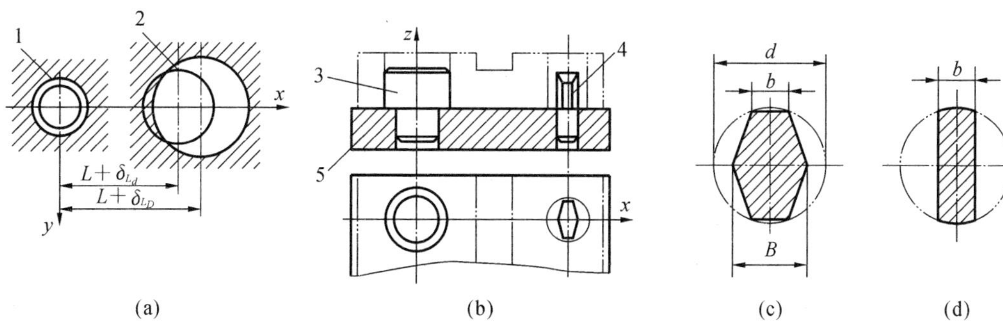

图 5-24　一面两孔组合定位情况

1,2—孔；3—短圆柱销；4—短削边定位销；5—平面

为解决这个过定位问题，可把右销沿两销连心线方向削扁，使定位副在连心线方向的间隙增大，而垂直于连心线方向仍保持原间隙不变。于是右销成为削边定位销，又称菱形定位销，如图 5-24(c)、(d)所示。菱形定位销不再限制 $\vec{x}$，只与圆柱销联合限制 $\widehat{z}$。图 5-24(c)所

示削边销的截面形状为菱形，又称菱形销，用于直径小于 50 mm 的孔的定位；具有如图 5-24(d)所示截面形状的削边销常用于直径大于 50 mm 的孔的定位。

在生产实际中，设计削边销尺寸的方法步骤如下。

(1) 确定两销中心距。

两销中心距的基本尺寸等于两孔中心距的基本尺寸，其偏差一般取工件两孔中心距偏差的 1/5～1/3，当孔距公差大时，取小值；反之，取大值，以便于生产制造。

(2) 短圆柱销直径尺寸 d_1 的确定。

取 $d_{1max}=D_{1min}$，定位销的直径公差一般按 g6、f7 配合选取，并进行尺寸圆整处理。

(3) 确定削边销宽度 b 和 B 值。

削边销的结构尺寸已经标准化，设计时应尽量按照标准选用。削边销的宽度 b 和 B 值在设计时可按表 5-1 选取。

表 5-1 削边销的结构尺寸(mm)

配合孔 D_2	>3～6	>6～8	>8～20	>20～24	>24～30	>30～40	>40～50
b	2	3	4	5		6	8
B	D_2～0.5	D_2～1	D_2～2	D_2～3	D_2～4	D_2～5	

(4) 计算削边销直径尺寸 d_2。

先按式(5-1)计算出削边销与工件孔配合的最小间隙，再计算削边销直径尺寸 d_2，并按 g6 或 f7 选取偏差，最后圆整处理。

$$\Delta_{2min} \approx 2b(\delta_{L_D} + \delta_{L_d})/D_2 \tag{5-1}$$

$$d_2 = D_2 - \Delta_{2min} \tag{5-2}$$

式中：Δ_{2min}——削边销与孔配合的最小间隙(mm)；

b——削边销的宽度(mm)；

δ_{L_D}、δ_{L_d}——工件上两孔中心距公差和夹具上两销中心距公差(mm)；

D_2——工件上削边销定位孔直径(mm)；

d_2——削边销直径尺寸(mm)。

5.3 定位误差

5.3.1 产生定位误差的原因

按照"六点定位原理"，可以设计和检查工件在夹具上的正确位置，但能否满足工件对工序加工精度的要求，则取决于刀具与工件之间正确的相互位置。而影响这个正确的位置关系的因素很多，如夹具在机床上的装夹误差、工件在夹具中的定位误差和夹紧误差、机床的调整误差、工艺系统的弹性变形和热变形误差、机床和刀具的制造误差及磨损误差等。为了保证工件的加工质量，误差总和应满足如下关系式

$$\Delta \leqslant \delta \tag{5-3}$$

式中：Δ——各种因素产生的误差总和；

δ——工件被加工尺寸的公差。

本章只研究定位误差对加工精度的影响，所以式(5-3)可写为

$$\Delta_d + \Delta_{\sum} \leqslant \delta \tag{5-4}$$

式中：Δ_d—— 工件在夹具中的定位误差，一般应小于 $\delta/3$；

$\Delta_{\sum}$ ——除定位误差外，其他因素引起的误差总和。

所谓定位误差，是指由于工件定位造成的加工面相对工序基准的位置误差，也就是由于定位不准造成的加工面相对于工序基准沿加工要求（加工尺寸）方向上的最大位置变动量。因为对一批工件来说，刀具经调整后位置是不动的，即被加工表面的位置相对于定位基准是固定的，所以定位误差就是工序基准在加工尺寸方向上的最大变动量。

如图 5-25 所示，在轴上铣键槽，要求保证槽底至轴心的距离 H。若采用 V 形块定位，键槽铣刀按规定尺寸 H 调整好位置。实际加工时，由于工件直径存在公差，会使轴心位置发生变化。不考虑加工过程误差，仅由于轴心位置变化而使工序尺寸 H 也发生变化，此变化量（即加工误差）是由工件的定位引起的，故称为定位误差。

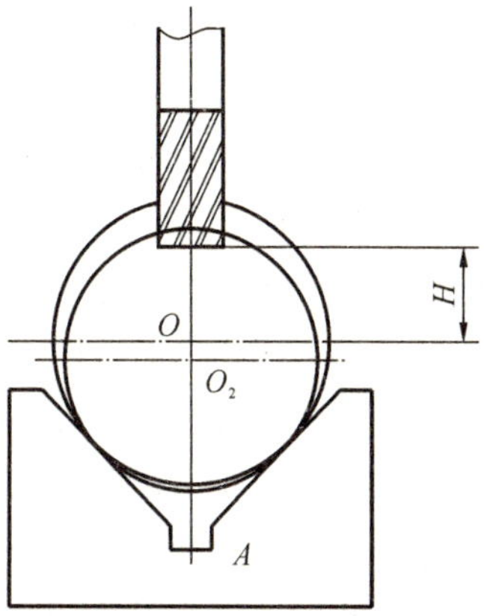

图 5-25　定位误差

造成定位误差的原因有两个方面：

一是由于定位基准与工序基准不一致所引起的定位误差，称为基准不重合误差，即工序基准相对定位基准在加工尺寸方向上的最大变动量，以 Δ_b 表示；

二是由于定位副制造误差及其配合间隙所引起的定位误差，称为基准位移误差，即定位基准的相对位置在加工尺寸方向上的最大变动量，以 Δ_j 表示

5.3.2　定位误差的计算

分析和计算定位误差的目的，就是为了判断所采用的定位方案能否满足加工要求，以便对不同方案进行分析比较，从而选出最佳定位方案。它是决定定位方案的一个重要依据。

由定位误差产生的原因可知，基准不重合误差是由于定位基准选择不当产生的，而基准位移误差是由于定位副制造误差及其配合间隙所引起的。在工件定位时，上述两项误差可能同时存在，也可能只有一项存在，但不管如何，定位误差是由两项误差共同作用的结果。故有

$$\Delta_d = \Delta_j \pm \Delta_b \tag{5-5}$$

利用式(5-5)计算定位误差，称为误差合成法，是加工尺寸方向上的代数和。在定位误差的分析与计算中，可以将两项误差分别计算，再按式(5-5)进行合成。当 Δ_j 和 Δ_b 是由同一误差因素导致时，称 Δ_j 和 Δ_b 关联，此时如果它们方向相同，合成时取“+”号；如果它们方向相反，合成时取“−”号。当两者不关联时，可直接采用两者的和叠加计算定位误差。

分析计算定位误差时应注意：① 定位误差是指工件在某工序中某加工精度参数（尺寸、位置）的定位误差。它是该加工精度参数的加工误差的一部分；② 某工序的定位方案对本道工序的多个不同加工精度参数产生不同的定位误差，应分别逐一计算；③ 分析计算定位误差的前提是用夹具装夹加工一批工件，用调整法保证加工要求；④ 计算出的定位误差数

值是指加工一批工件时某加工精度参数可能产生的最大误差范围(加工精度参数最大值与最小值之间的变动量)。它是个界限范围,而不是某一个工件定位误差的具体值;⑤ 一批工件的设计基准相对定位基准产生的最大位置变动量 ΔB、定位基准相对对刀基准产生的最大位置变动量 ΔE 是产生定位误差的原因,而不一定就是定位误差的具体数值。

另外,定位误差是在采用调整法加工一批工件时产生的,若采用逐件试切法加工,则根本不存在定位误差。下面讨论常见定位方法的定位误差分析与计算。

1. 用夹具装夹工件进行加工时的工艺基准

所谓基准就是工件上用来确定其他点、线、面位置时所依据的点、线、面。用夹具装夹工件进行加工时所涉及的基准可分为设计基准和工艺基准两大类。定位基准是工艺基准的一种,是加工零件时用以确定零件在机床或夹具中正确位置的点、线、面。设计基准是指在设计图上确定几何要素的位置所依据的基准;工艺基准是指在工艺过程中所采用的基准。与夹具定位误差计算有关的工艺基准有以下三种。

(1) 工序基准　在工序图上用来确定加工表面的位置所依据的基准。工序基准可简单地理解为工序图上的设计基准。分析计算定位误差时所提到的设计基准,是指零件图上的设计基准或工序图上的工序基准。

(2) 定位基准　在加工过程中使工件占据正确加工位置所依据的基准,即工件与夹具定位元件定位工作面接触或配合的表面。为了提高工件的加工精度,应尽量选择设计基准作为定位基准。

(3) 对刀基准(调刀基准)　由夹具定位元件的定位工作面体现的,用于调整加工刀具位置所依据的基准。必须指出,对刀基准与上述两工艺基准的本质是不同的,它不是工件上的要素,它是夹具定位元件的定位工作面体现出来的要素(平面、轴线、对称平面等)。例如,若夹具定位元件是支承板,对刀基准就是该支承板的支承工作面。如图 5-26 所示,轴套件以内孔定位,在其上加工一直径为 ϕd 的孔,要求保证 ϕd 轴线到左端面的尺寸 L_1 及孔中心线对内孔轴线的对称度要求。尺寸 L_1 的设计基准是工件左端面 A',对刀基准是定位心轴的台阶面 A;ϕd 轴线对内孔轴线的对称度的设计基准是内孔轴线,对刀基准是夹具定位心轴的轴线 OO。

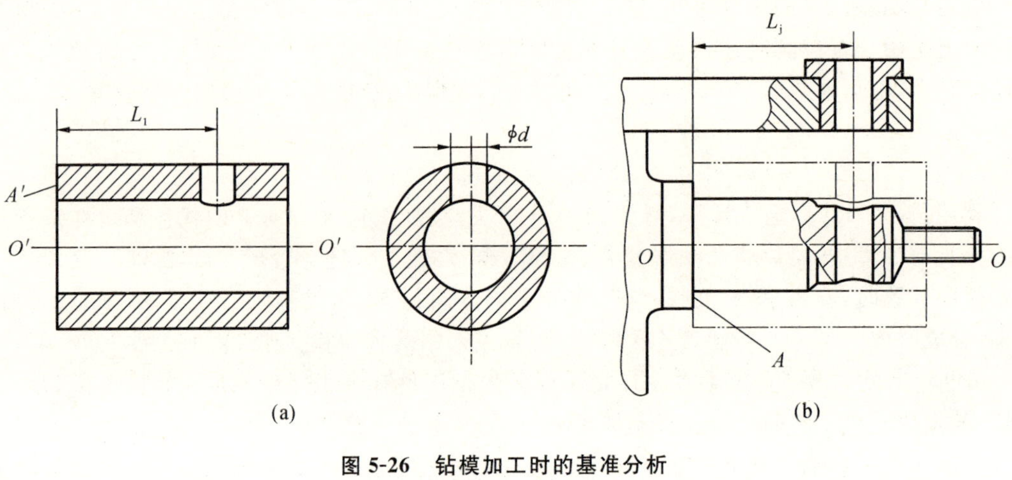

图 5-26　钻模加工时的基准分析

2. 工件以平面定位时的定位误差

图 5-27 为铣台阶面的两种定位方案。若按图 5-27(a)所示的定位方案铣工件上的台阶面 C,要求保证尺寸为 20±0.15 mm,下面分析和计算其定位误差。

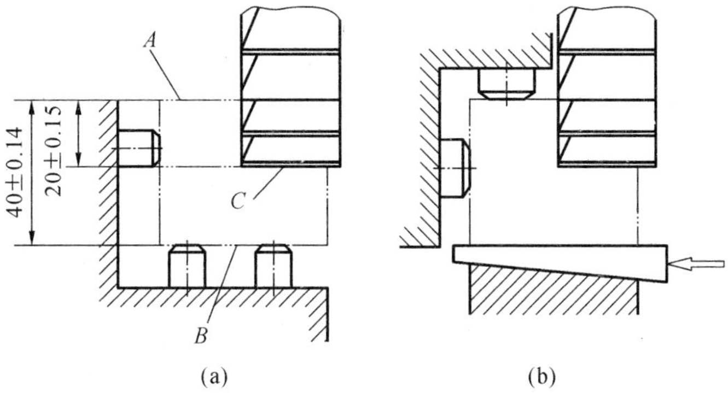

图 5-27　铣台阶面的两种定位方案

由工序简图知,加工尺寸 20±0.15 mm 的工序基准(也是设计基准)是 A 面,而图 5-27(a)中的定位基准面是 B 面,可见定位基准与工序基准不重合,必然存在基准不重合误差。这时的定位尺寸是 40±0.14 mm,与加工尺寸方向一致,所以基准不重合误差的大小就是定位尺寸的公差,即 $\Delta_b=0.28$ mm。若定位基准 B 面制造得比较平整光滑,则同批工件的定位基准位置不变,不会产生基准位移误差,即 $\Delta_j=0$。所以有

$$\Delta_d = \Delta_j \pm \Delta_b = 0.28 \text{ mm}$$

而加工尺寸 20±0.15 的公差 $\delta=0.30$ mm,所以,$\Delta_d=0.28\text{ mm}>\delta/3=(0.30/3)\text{mm}=0.10\text{ mm}$。

由式(5-4)可知,定位误差太大,留给其他加工误差的允许值就太小了,只有 0.02 mm,所以在实际加工中很容易出现废品。因此,此方案在没有其他工艺措施的条件下不宜采用。若改为图 5-27(b)所示的定位方案,使定位基准与工序基准重合,则定位误差为零。但若采用 5-27(b)所示的定位方案,工件需从下向上夹紧,夹紧方案不够理想,并且会使夹具结构变得很复杂。

3. 工件以外圆定位时的定位误差

当工件以外圆在 V 形块上定位时,若不考虑 V 形块的制造误差,则工件定位基准在 V 形块的对称面上,因此工件中心线在水平方向上的位移为零。但在垂直方向上,由于工件外圆有制造误差,而产生基准位移,如图 5-28(a)所示,其值为

$$\Delta_j = O_1O_2 = \frac{O_1M}{\sin\frac{\alpha}{2}} - \frac{O_2N}{\sin\frac{\alpha}{2}} = \frac{\frac{1}{2}d}{\sin\frac{\alpha}{2}} - \frac{\frac{1}{2}(d-\delta_d)}{\sin\frac{\alpha}{2}} = \frac{\delta_d}{\sin\frac{\alpha}{2}} \tag{5-6}$$

图 5-28(b)、(c)、(d)为三种不同工序尺寸标注情况,工件直径尺寸为 $d^{0}_{-\delta_d}$,其定位误差的分析计算如下:

图 5-28(b)为工序基准与定位基准重合,此时 $\Delta_b=0$,只有基准位移误差,故影响工件尺寸 H_1 的定位误差为

$$\Delta_d = \Delta_j = \frac{\delta_d}{2\sin\frac{\alpha}{2}} \tag{5-7}$$

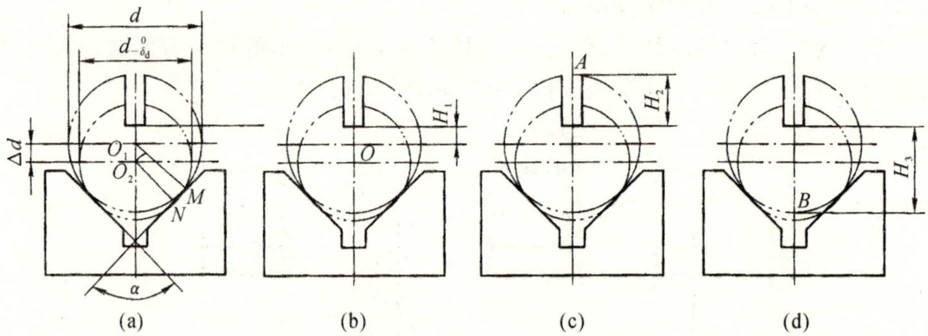

图 5-28　工件在 V 形块上定位时的定位误差分析

图 5-28(c)中的工序基准选在工件的上母线 A 处，工序尺寸为 H_2。此时工序基准与定位基准不重合，其误差为 $\Delta_b=\delta_d/2$，基准位移误差 Δ_j 同上。由于 Δ_b 和 Δ_j 均是由于工件尺寸制造误差引起的，属于关联误差因素，因此采用合成法计算时需判断其正负。其判断方法如下：当工件直径尺寸减小时，工件定位基准将下移；当工件定位基准位置不变时，若工件直径尺寸减小，则工序基准 A 下移，两者变化方向相同，故定位误差计算应采用和合成，即

$$\Delta_d=\Delta_j+\Delta_b=\frac{\delta_d}{2\sin\frac{\alpha}{2}}+\frac{\delta_d}{2} \tag{5-8}$$

图 5-28(d)中的工序基准选在工件的下母线 B 处，工件尺寸为 H_3。当工件直径尺寸变小时，定位基准将下移，但工序基准将上移，因此定位误差计算应采用减合成，即

$$\Delta_d=\Delta_j-\Delta_b=\frac{\delta_d}{2\sin\frac{\alpha}{2}}-\frac{\delta_d}{2} \tag{5-9}$$

可以看出，当式(5-7)、式(5-8)和式(5-9)中的 α 角相同，且以工件下母线为工序基准时，定位误差最小，而以工件上母线为工序基准时定位误差最大，所以图 5-28(d)所示的尺寸标注方法最好。可见，工件在 V 形块上定位时，定位误差会随加工尺寸的标注方法不同而不同。另外，随 V 形块夹角 α 的增大，定位误差减小，但夹角过大时，将引起工件定位不稳定，故一般多采用 90°的 V 形块。

4. 工件以圆柱孔定位时的定位误差

工件以圆柱孔在不同的元件上定位，所产生的定位误差是不同的。其常用的定位元件是圆柱定位心轴(或定位销)，此时定位误差的计算分为工件孔与定位心轴(或定位销)采用过盈配合和间隙配合两种情形。

(1) 工件以圆柱孔在过盈配合的心轴上定位。

由于工件孔与心轴(或定位销)为过盈配合时，定位副间无间隙，定位基准的位移量为零，所以 $\Delta_j=0$。

当标注如图 5-29(a)中的 H_1 尺寸时，工序基准与定位基准重合，则定位误差为

$$\Delta_d=\Delta_j+\Delta_b=0 \tag{5-10}$$

当标注如图 5-29(b)中的 H_2 尺寸时，工序基准在工件定位孔的母线上，则定位误差为

$$\Delta_d=\Delta_j+\Delta_b=\Delta_b=\frac{\delta_d}{2} \tag{5-11}$$

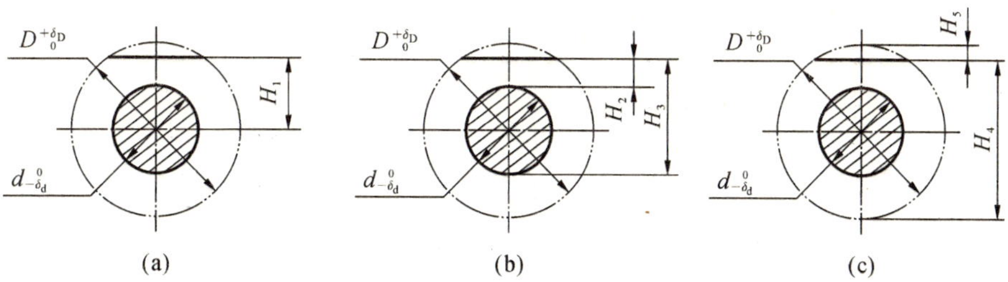

图 5-29 工件以圆柱孔在过盈配合心轴上定位

当标注如图 5-29(c)中的 H_5 尺寸时，工序基准在工件外圆母线上，则定位误差为

$$\Delta_d = \Delta_j + \Delta_b = \Delta_b = \frac{\delta_D}{2} \tag{5-12}$$

(2) 工件以圆柱孔在间隙配合的圆柱心轴(或圆柱销)上定位。

① 工件孔与定位心轴(或定位销)水平放置，如图 5-30 所示。图 5-30(a)为理想定位状态，工序基准(孔中心线)与定位基准(心轴轴线)重合，$\Delta_b = 0$；但由于工件的自重作用，使工件孔与定位心轴(或定位销)的上母线单边接触，孔中心线相对于定位心轴(或定位销)轴线将总是下移，图 5-30(b)是可能产生的最小下移状态，图 5-30(c)是可能产生的最大下移状态。由于定位副的制造误差，将产生定位基准位移误差，孔中心线在铅垂方向上的最大变动量为

$$\Delta_j = O_1O_2 = OO_2 - OO_1 = \frac{D_{max} - d_{min}}{2} = \frac{D_{min} - d_{max}}{2} = \frac{\delta_D + \delta_d}{2} \tag{5-13}$$

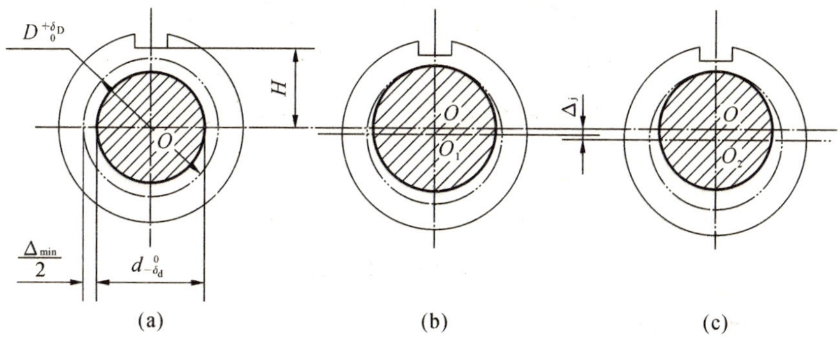

图 5-30 工件与定位心轴间隙配合水平放置时的定位误差计算

需要注意：基准位移误差 Δ_j 是最大位置变化量，而不是最大位移量。Δ_j 计算结果中没有包含 $\Delta_{min}/2$。这是因为 $\Delta_{min}/2$ 是常值系统误差，可以通过调刀消除。因此，在确定两刀尺寸时应加以注意。对于基准不重合误差，则应视工序基准的不同而做相应计算。

② 工件孔与定位心轴(或定位销)垂直放置　如图 5-31 所示，工件孔与定位心轴(或定位销)垂直放置，定位心轴(或定位销)与工件内孔则可能任意边接触，应考虑加工尺寸方向的两个极限位置及孔轴的最小配合间隙 Δ 的影响，此时最小配合间隙 Δ 无法在调整刀具尺寸时预先给予补偿，所以在加工尺寸方向上的最大基准位移误差可按最大孔和最小轴求得孔中心线位置的变动量

$$\Delta_j = \delta_D + \delta_d + \Delta_{min} = \Delta_{max} \tag{5-14}$$

而基准不重合误差，则应视工序基准的不同而做相应计算。

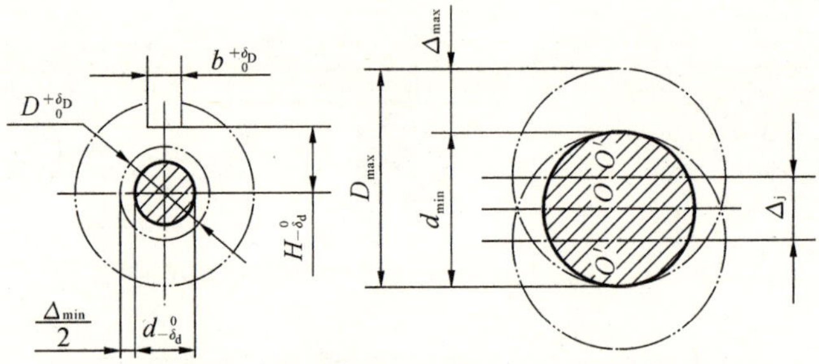

图 5-31 工件与定位心轴间隙配合垂直放置时的定位误差计算

5. 工件以一面两孔定位时的定位误差

(1)"1"孔中心线在 x、y 方向的最大位移为

$$\Delta_{D(1x)} = \Delta_{D(1y)} = \delta_{D_2} + \delta_{d_2} + \Delta_{1\min} = \Delta_{1\max} \tag{5-15}$$

(2)"2"孔中心线在 x、y 方向的最大位移分别为

$$\Delta_{D(2x)} = \Delta_{D(1x)} + 2\delta_{L_D} \tag{5-16}$$

$$\Delta_{D(2y)} = \delta_{D_2} + \delta_{d_2} + \Delta_{2\min} = \Delta_{2\max} \tag{5-17}$$

(3)两孔中心连线对两销中心连线的最大转角误差(见图 5-32)

$$\Delta_{D(\alpha)} = 2\alpha = 2\arctan\frac{\Delta_{1\max} + \Delta_{2\max}}{2L} \tag{5-18}$$

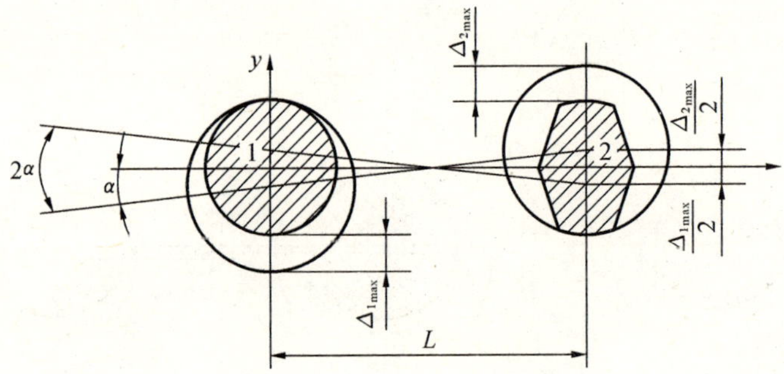

图 5-32 孔中心距转角误差

以上定位误差都属于基准位移误差。

6. 定位误差计算实例

如图 5-33 所示套类零件铣槽时,其工序尺寸有四种标注方式,若定位心轴水平放置,试分别计算工序尺寸为 H_1、H_2、H_3、H_4 的定位误差。

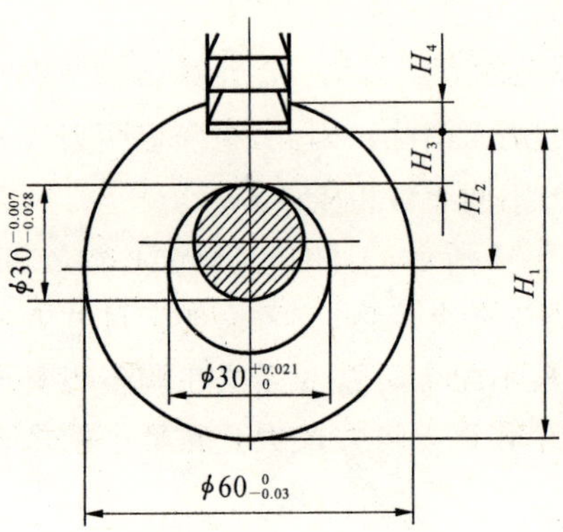

图 5-33 套类零件铣槽

解 (1)求 H_1 的定位误差。

① 工序基准是外圆下母线,定位基准是孔的轴线,两者不重合,$\Delta_B = 0.03/2 = 0.015(\text{mm})$。

② 以孔在间隙心轴上水平放置定位,$\Delta_Y = (0.021+0.021)/2 = 0.021(\text{mm})$。

③ 工序基准不在定位基面上,H_1 的定位误差为 $\Delta_D = \Delta_Y + \Delta_B = 0.015 + 0.021 = 0.036(\text{mm})$。

(2) 求 H_2 的定位误差。

① 工序基准是孔的轴线，定位基准是孔的轴线，两者重合，$\Delta_B=0$。

② 以孔在间隙心轴上水平放置定位，$\Delta_Y=(0.021+0.021)/2=0.021(mm)$。

③ H_2 的定位误差 $\Delta_D=\Delta_Y+\Delta_B=0.021+0=0.021(mm)$。

(3) 求 H_3 的定位误差。

① 工序基准是内孔的上母线，定位基准是孔的轴线，两者不重合，$\Delta_B=0.021/2=0.0105(mm)$。

② 以孔在间隙心轴上水平放置定位，$\Delta_Y=(0.021+0.021)/2=0.021(mm)$。

③ 工序基准在定位基面上，H_3 的定位误差为 $\Delta_D=\Delta_Y-\Delta_B=0.021-0.0105=0.0105(mm)$。

(4) 求 H_4 的定位误差。

① 工序基准是外圆上母线，定位基准是孔的轴线，两者不重合，$\Delta_B=0.03/2=0.015(mm)$。

② 以孔在间隙心轴上水平放置定位，$\Delta_Y=(0.021+0.021)/2=0.021(mm)$。

③ 工序基准不在定位基面上，H_4 的定位误差为 $\Delta_D=\Delta_Y+\Delta_B=0.015+0.021=0.036(mm)$。

5.4 工件在夹具中的夹紧

夹紧是工件装夹过程中的重要组成部分。工件定位后必须通过一定的机构产生夹紧力，把工件压紧在定位元件上，使其保持准确的定位位置，不会由于切削力、工件重力、离心力或惯性力等的作用而产生位置变化和振动，以保证加工精度和安全操作。这种产生夹紧力的机构称为夹紧装置。夹紧装置的设计和选择是否合理，将直接影响工件的加工质量和生产率。

5.4.1 夹紧装置的组成及基本要求

1. 夹紧装置的组成

夹紧装置分为手动夹紧和机动夹紧两类。根据结构特点和功用，典型夹紧装置一般由以下三部分组成，如图5-34所示。

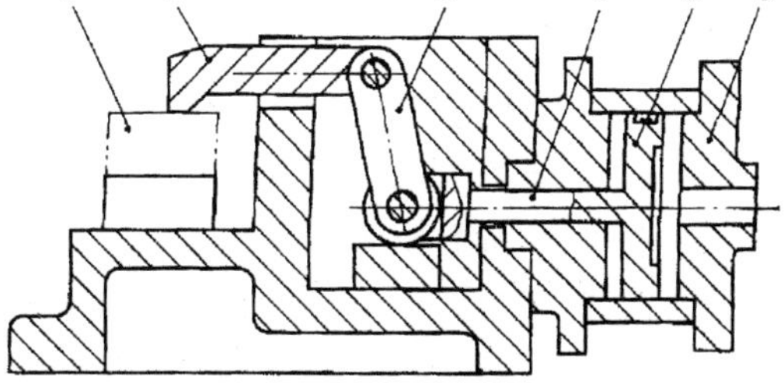

图5-34 夹紧装置的组成

1—工件；2—压板；3—连杆机构；4—活塞杆；5—活塞；6—气缸

（1）动力源装置　动力源是产生原始作用力的部分，主要用于产生夹紧力，是机动夹紧的必有装置。采用人力对工件进行夹紧，称之为手动夹紧；采用气动、液动、真空、电动以及机床的运动等动力装置来代替人力进行夹紧，称之为机动夹紧。效率高的机床夹具多采用机动夹紧方式。如图 5-31 中的活塞杆 4 、活塞 5 和气缸 6 组成动力夹紧装置中的一种气压装置。

（2）中间传力机构　它是介于动力源和夹紧元件之间的机构，用于接受和传递原始作用力，通过它将动力源产生的夹紧力传给夹紧元件，然后由夹紧元件最终完成对工件的夹紧。一般中间传力机构可以在传递夹紧力的过程中，改变原始作用力的方向和大小，并可具有一定的自锁性能，以保证夹紧的可靠性，这方面对手动夹紧尤为重要。如图 5-34 中的铰链连杆机构 3，就是中间传力机构。

（3）夹紧元件　它是夹紧装置中实现夹紧的最终执行元件。通过它和工件直接接触而完成夹紧工作，如图 5-34 中的压板 2。但在一些简单的手动夹紧装置中，夹紧元件和中间传力机构往往连在一起，很难区分开来。

2. 夹紧装置的基本要求

夹紧装置是夹具的重要组成部分。正确合理的设计和选择夹紧装置，有利于保证工件的加工质量、提高生产效率和减轻工人的劳动强度。因此对夹紧装置提出以下要求：

（1）夹紧过程可靠，不能改变工件定位后所占据的正确位置，即不应该破坏定位。

（2）夹紧力的大小适当，既要保证工件在加工过程中其位置稳定不变、振动小，又要使工件不会产生过大的夹紧变形或表面损伤。

（3）操作简单方便、安全省力，并要有足够的强度和刚度。

（4）结构性好，夹紧装置的结构力求简单、紧凑，便于制造和维修。

（5）手动夹紧机构要有自锁性能。

为满足上述要求，其核心问题是正确地确定夹紧力。

5.4.2　设计夹紧装置的基本准则

一套夹紧装置设计的优劣，在很大程度上取决于夹紧力的设计是否合理。夹紧力包括夹紧力的方向、作用点和大小三个要素，一个夹紧机构设计的好坏，在很大程度上取决于夹紧力三要素确定的是否合理。

1. 夹紧力方向的选择

由于在各种机械加工过程中，夹紧力的方向与切削的方向不尽相同，所以对夹紧力大小的要求也不同。夹紧力方向的选择原则如下所述。

（1）夹紧力的作用方向应不破坏定位的准确性和可靠性。

夹紧力的方向应指向主要定位基准面，把工件压向定位元件的主要定位表面上。如图 5-35 所示的直角支座镗孔，要求孔与 A 面垂直，故应以 A 面为主要定位基准，且夹紧力方向与之垂直，则较容易保证质量。反之，若压向 B 面，当工件 A、B 两面有垂直度误差时，就会使孔不垂直 A 面而产生报废，其实质是夹紧力的作用方向选择不当，改变了工件的主要定位基准面，从而产生了误差。

（2）夹紧力方向应是工件刚性较好的方向，应使工件变形尽可能小。

由于工件在不同方向上的刚度是不等的，不同的受力表面也因其接触面积大小而变形各异。如图 5-36 所示的薄壁套筒零件，夹紧力作用点放在如图所示的接触面处显然要比放在顶部时产生的变形小很多。

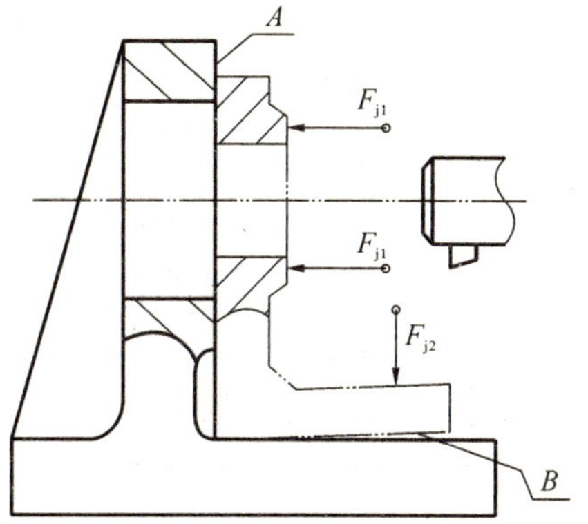

图 5-35　夹紧力方向应垂直于主要定位基面

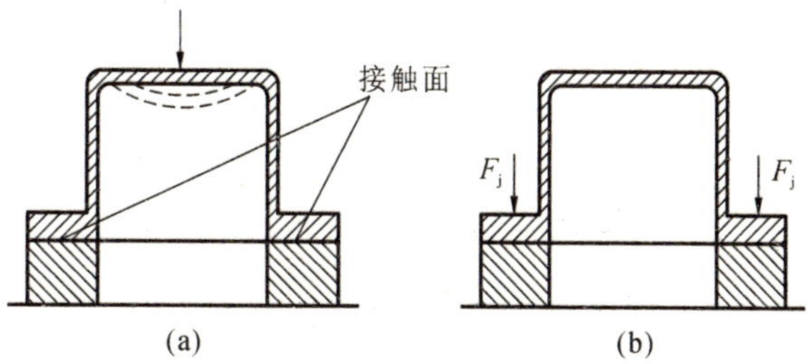

图 5-36　夹紧力作用点应在工件刚性较好的方向上

(3) 夹紧力方向应使所需夹紧力尽可能小。

在保证夹紧可靠的前提下，减小夹紧力可以减轻工人的劳动强度，提高生产效率，同时可以使机构轻便、紧凑以及减少工件变形。为此，应使夹紧力 Q 的方向最好与切削力 F、工件重力 G 的方向重合，这时所需要的夹紧力为最小。一般在定位与夹紧同时考虑时，切削力 F、工件重力 G、夹紧力 Q 三力的方向与大小也要同时考虑。图 5-37 所示为夹紧力、切削力和重力之间关系的几种示意情况。显然，图 5-37(a)最合理，所需夹紧力最小，而图 5-37(f)最不合理，所需夹紧力最大。

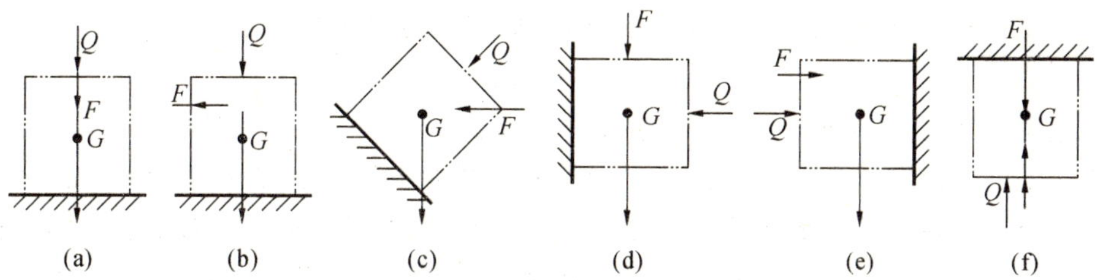

图 5-37　重力、切削力和夹紧力的关系

2. 夹紧力作用点的选择

夹紧力的作用点是指夹紧元件与工件相接触的位置。夹紧力作用点的位置和数目将直接影响工件定位后的可靠性和夹紧后的变形，选择时应注意以下几个方面：

(1) 保证工件定位稳定，不致引起工件产生位移或偏转。如图 5-38(a)中的夹紧力为 Q 时，因它作用在支承面范围之外，会使工件倾斜或移动，而夹紧力改为 Q_1 时，因它作用在支承面范围之内，所以是合理的。

(2) 夹紧力作用点应落在工件刚度较好的部位上，使被夹紧工件的夹紧变形尽可能小。这对刚度较差的工件尤其重要。如图 5-38(b)所示，将作用点由中间的单点改成两旁的两点夹紧，变形大为改善，且夹紧也较可靠。

(3) 夹紧力作用点应尽可能靠近被加工表面或切削部位，以减小切削力对工件造成的翻转力矩，必要时应在工件刚性差的部位增加辅助支承并施加附加夹紧力，以免振动和变形。如图 5-38(c)所示，辅助支承 a 尽量靠近被加工表面，同时给予附加夹紧力 Q_2。这样翻转力矩又增加了工件的刚性，既保证了定位夹紧的可靠性，又减小了振动和变形。为提高工件夹紧的可靠性和工件加工部位的刚度，也可在靠近工件加工部位另加一个辅助支承和相应的夹紧点。

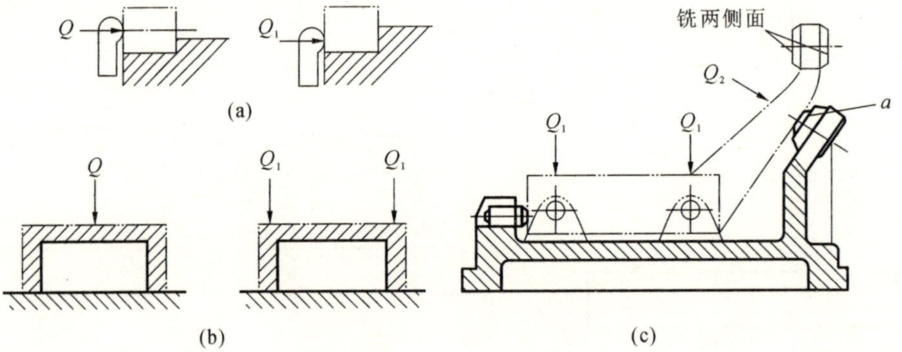

图 5-38　夹紧力作用点的选择

3. 夹紧力大小的确定

夹紧力的大小主要影响了工件定位的可靠性、工件的夹紧变形以及夹紧装置的结构尺寸和复杂性，因此夹紧力的大小应当适中。在实际设计中，确定夹紧力大小的方法有两种：经验类比法和分析计算法。

为简化起见，通常将夹具和工件视为一个刚性系统来计算夹紧力。采用分析计算法，一般根据切削原理的公式求出切削力的大小 F，必要时算出惯性力、离心力的大小，然后与工件重力及待求的夹紧力组成静平衡力关系，列出平衡方程式，即可计算出理论夹紧力 Q'。为安全可靠起见，还要考虑一个安全系数 K，因此实际的夹紧力应为

$$Q = KQ' \tag{5-19}$$

根据生产经验，一般取 K 值范围为 1.5～3，粗加工时取 2.5～3，精加工时取 1.5～2。

由于加工中切削力随刀具的磨钝、工件材料性质和余量的不均等因素而变化，而且切削力的计算公式是在一定的条件下求得的，使用时虽然根据实际的加工情况给予修正，但是仍然很难计算准确。所以在实际生产中一般很少通过计算法求得夹紧力，而是采用类比的方法估算夹紧力的大小。对于一些关键性的重要夹具，则往往通过实验方法来测定所需要的夹紧力。

夹紧力三要素的确定，实际上是一个综合性问题，必须全面考虑工件的结构特点、工艺方法、定位元件的结构和布置等多种因素，才能最后确定并具体设计出较为理想的夹紧机构。

5.4.3　常见的夹紧装置

从夹紧装置的组成中可以看出，不论采用何种动力源（手动或机动），外加的原始作用力要转化为夹紧力，都必须通过夹紧机构。

夹紧机构的选择需要满足加工方法、工件所需夹紧力大小、工件结构、生产率等方面的要求，因此，在设计夹紧机构时，首先要了解各种基本夹紧机构的工作特点（如能产生多大的夹紧力、自锁性能、夹紧行程、扩力比等）。夹具中常用的基本夹紧机构有斜楔、螺旋、偏心

等，它们都是根据斜面夹紧原理夹紧工件。

1. 斜楔夹紧机构

斜楔夹紧机构是利用斜面的楔紧作用，即利用斜面移动时所产生的力，将外力传递给工件，完成对工件的夹紧。斜楔夹紧主要用于增大夹紧力或改变夹紧力方向。图 5-39(a)为手动式斜楔夹紧机构，图 5-39(b)为机动式斜楔夹紧机构。图 5-39(b)中斜楔 2 在气动(或液动)作用下向前进，装在斜楔上方的小柱塞 3 在弹簧的作用下推压板 6 向前。当压板与螺钉 5 靠紧时，斜楔继续前进，此时柱塞 3 压缩小弹簧而压板停止不动。斜楔再向前前进时，压板后端抬起，前端将工件压紧。斜楔 2 只能在楔座 1 的槽内滑动。松开时，斜楔 2 向后退、弹簧 7 将压板 6 抬起，斜楔上的销子 4 将压板拉回。

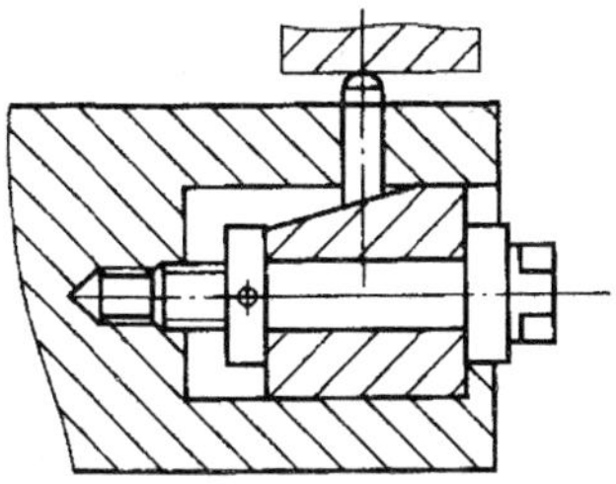

(a) 手动式

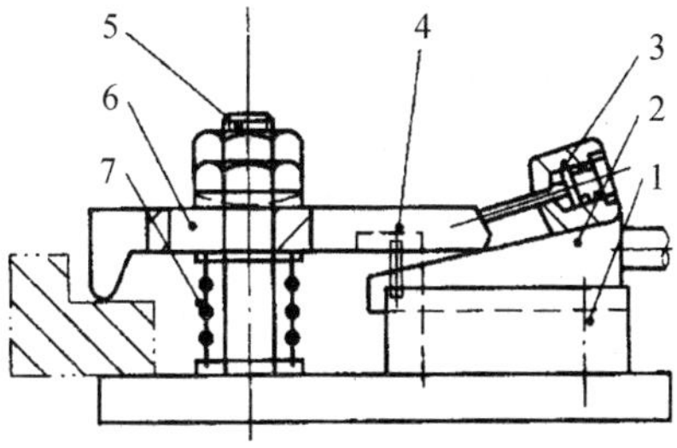

(b) 机动式

图 5-39　斜楔夹紧机构

1—楔座；2—斜楔；3——柱塞；4—销；5—螺钉；6—压板；7—弹簧

当工件夹紧并撤除原动力后，夹紧机构依靠摩擦力的作用，仍保持对工件的夹紧状态的现象称为自锁。当斜楔的斜楔角在 10°～15°时具有自锁性能，但其自锁的稳定性较差。斜楔夹紧机构简单，工作可靠，但由于它的机械效率较低，很少直接应用于手动夹紧，而常用在工件尺寸公差较小或毛坯质量较高的机动夹紧机构中。

2. 螺旋夹紧机构

螺旋夹紧机构结构简单、容易制造，而且螺旋相当于是一个斜楔缠绕在圆柱体的表面形成的，转动螺旋时即可夹紧工件；由于其升角小，所以螺旋机构具有较好的自锁性能，获得的夹紧力大，是应用最广泛的一种夹紧机构。图 5-40 是手动单螺旋夹紧机构，转动手柄，使压紧螺钉 1 向下移动，通过浮动压块 5 将工件夹紧。浮动压块既可增大夹紧接触面积，又能防止压紧螺钉旋转时带动工件偏转而破坏定位和损伤工件表面。

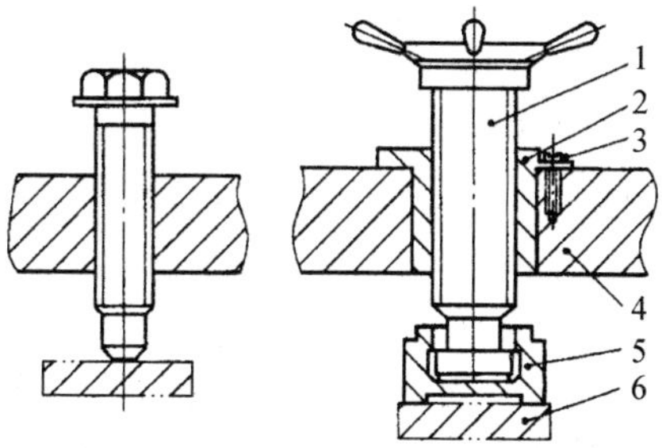

图 5-40　手动螺旋夹紧机构

1—螺钉；2—螺母衬套；3—止定螺钉；4—夹具体；5—浮动压块；6—工件

螺旋夹紧机构夹紧行程大，扩力比大，自锁性能好，在实际设计中得到广泛应用，尤其适合于手动夹紧机构，但其夹紧动作缓慢，效率低，不宜使用于自动化夹紧装置上。

3. 偏心夹紧机构

偏心夹紧机构也是从楔块夹紧装置转化而来的，它是将楔块包在圆盘上，旋转圆盘使工件得以夹紧。偏心夹紧机构的夹紧原理与斜楔夹紧机构相似，只是斜楔夹紧的楔角不变，而偏心夹紧的楔角是变化的，如图 5-41 所示。

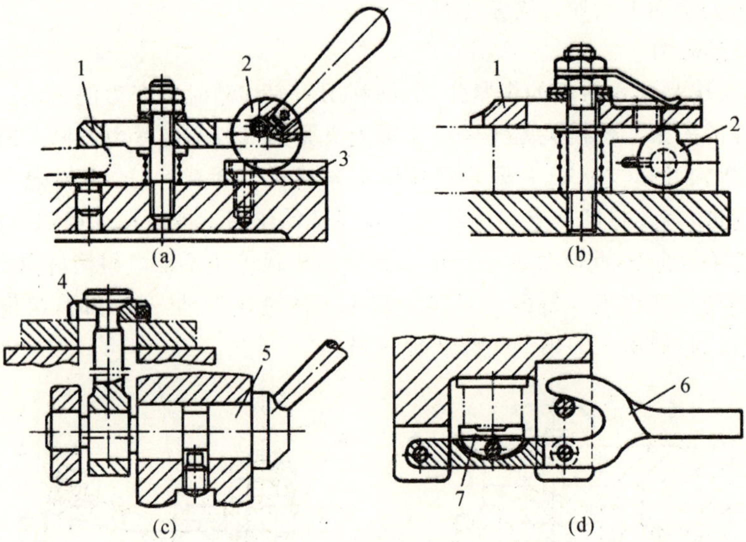

图 5-41 偏心夹紧机构

1—压板；2—偏心轮；3—偏心轮用垫板；4—快换垫圈；5—偏心轴；6—偏心叉；7—弧形压块

偏心夹紧机构的特点是夹紧行程小，夹紧力小，自锁能力差；夹紧迅速，结构紧凑。所以该机构主要应用于切削力不大，振动较小的场合，与其他元件联合使用。

4. 联动夹紧装置

联动夹紧装置是利用机构的组合完成单件或多件的多点、多向同时夹紧的机构。它可以实现多件加工、减少辅助时间、提高生产效率、减轻工人的劳动强度等。联动夹紧机构如图 5-42 所示。

多件联动夹紧机构，一般有平行式多件联动夹紧机构和连续式多件联动夹紧机构。平行式多件联动夹紧机构如图 5-43 所示。若采用刚性压板夹紧，则因一批工件的外圆直径尺寸的不一致，将导致个别工件夹不紧的现象。在图中增加了浮动装置，既可以同时夹紧工件，又方便操作。在理论上平行式夹紧各工件受到的夹紧力相等。另外，在设计联动夹紧机构时，应注意设置浮动环节；同时夹紧的工件不宜太多；结构的刚度要好，力求简单、紧凑。

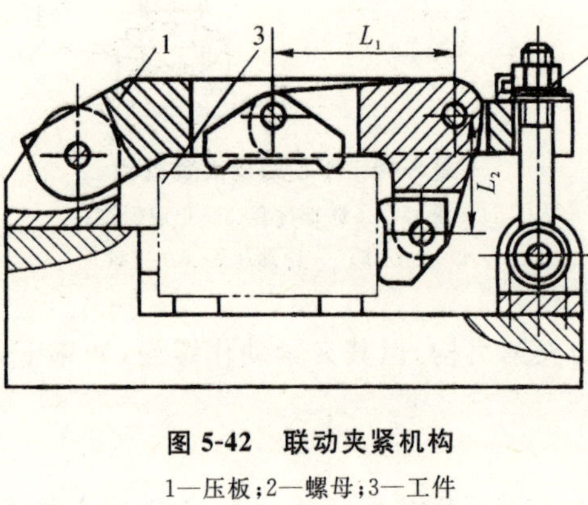

图 5-42 联动夹紧机构

1—压板；2—螺母；3—工件

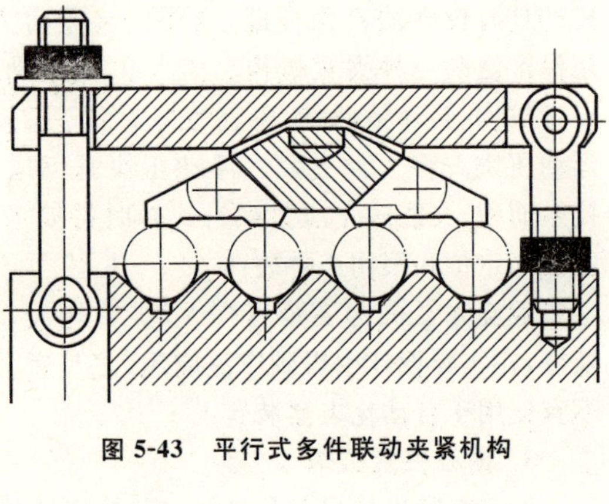

图 5-43 平行式多件联动夹紧机构

在大批大量生产中，为提高生产率、降低工人劳动强度，大多数夹具都采用机动夹紧装置。驱动方式有气动、液动、气液联合驱动，电（磁）驱动，真空吸附等多种形式。

5.5　典型机床夹具

5.5.1　车床夹具

车床主要用于加工零件的内外圆的回转成形面、螺纹以及端面等。在车床上用来加工工件的内外回转面及端面的夹具称为车床夹具。一些已标注化的车床夹具，如三爪自定心卡盘、四爪单动卡盘、顶尖、夹头等都作为机床附件提供，能保证一些小批量的形状规则的零件加工要求。面对一些特殊零件的加工，还需设计、制造车床专用夹具来满足加工工艺要求。车床夹具多数安装在车床主轴上；少数安装在车床的床鞍或床身上。

安装在车床主轴上的夹具，根据被加工工件定位基准和夹具的结构特点，分为以下四类：

(1) 卡盘和夹头式车床夹具，以工件外圆为定位基面，如三爪自定心卡盘及各种定心夹紧卡头等。

(2) 心轴式的车床夹具，以工件内孔为定位基面，如各种定位心轴(刚性心轴)、弹簧心轴等。

图 5-44 所示为一车床上常用的带锥柄的圆柱心轴。加工时，工件以内孔及端面为定位基准，在心轴上定位，用螺母通过开口垫圈将工件夹紧。该心轴以锥柄与车床主轴连接。设计心轴时，应注意正确选择工件孔与心轴配合。

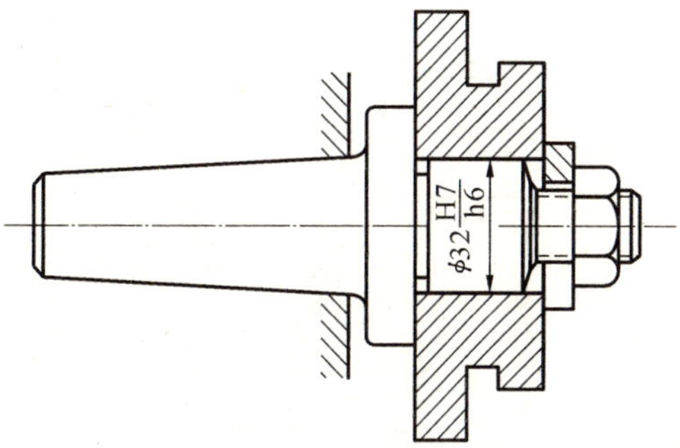

图 5-44　锥柄圆柱心轴

(3) 以工件顶尖孔定位的车床夹具，如顶尖、拨盘等。

(4) 角铁和花盘式夹具，以工件的不同组合表面定位。

图 5-45 所示为车气门顶杆端面的角铁式车床夹具。由于该工件是以细小的外圆柱面定位，因此很难采用自动定心装置，于是采用半圆套定位元件，夹具体必然设计成角铁状。为了使夹具平衡，该夹具采用了在一侧钻平衡孔的办法。

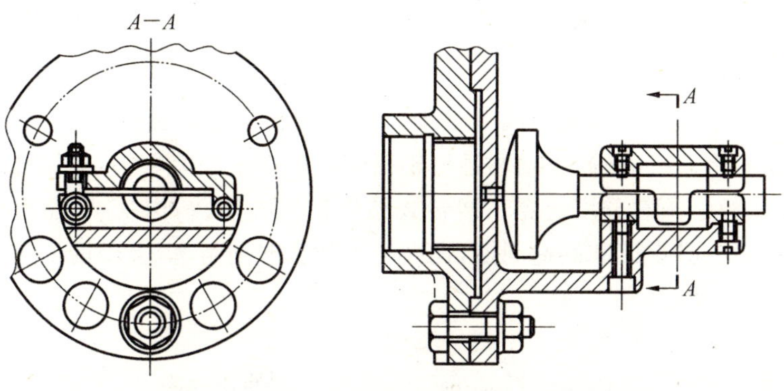

图 5-45　车气门顶杆端面的角铁式车床夹具

当工件定位基面为单一圆柱表面或与被加工表面轴线垂直的平面时，可采用各种通用车床夹具，如三爪自定心卡盘、四爪卡盘、顶尖、花盘等；当工件定位基面较复杂时，需要设计专用车床夹具。

5.5.2 钻床夹具

在钻床上钻、扩、铰、锪孔及攻螺纹时用的夹具，称为钻床夹具。这类夹具的特点是装有钻套和安装钻套用的钻模板，故习惯上简称为钻模。钻模上均设置钻套和钻模板，用以导引刀具。钻模主要用于加工中等精度、尺寸较小的孔或孔系。使用钻模可提高孔及孔系间的位置精度，其结构简单、制作方便，因此钻模在各类机床夹具中占的比重最大。

钻床夹具的种类很多，根据钻模板的工作方式分为以下五类。

(1) 固定式钻模。

这类钻模在加工过程中固定不动。夹具体上设有安放紧固螺钉或便于夹压的部位。这类钻模主要用于立式钻床加工单孔，或在摇臂钻床上加工平行孔系。

图 5-46 所示是在阶梯轴的大端钻孔的固定式钻模。工序图已确定了定位基准，钻模上采用 V 形块 2 及其端面和手动拔销 5 定位，用偏心压板夹紧，夹具体周围留有供夹紧用的凸缘或 U 形槽。

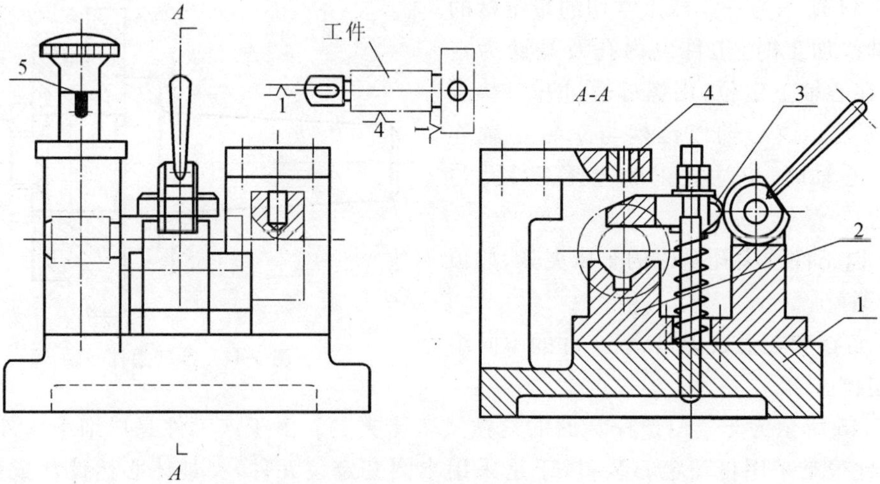

图 5-46 固定式钻模

1—夹具体；2—V 形块；3—偏心压板；4—钻套；5—手动拔销

(2) 回转式钻模。

回转式钻模用于加工工件同一圆周上平行孔系或加工分布在同一圆周上的径向孔系。回转式钻模的基本形式有立轴、卧轴和倾斜轴三种。工件一次装夹中，靠钻模依次回转加工各孔，因此这类钻模必须有分度装置。回转式钻模使用方便、结构紧凑，在成批生产中广泛使用。一般为缩短夹具设计和制造周期，提高工艺装备的利用率，夹具的回转分度部分多采用标准回转工作台，如图 5-47 所示。

(3) 翻转式钻模。

翻转式钻模是一种没有固定回转轴的回转钻模。在使用过程中，需要用手进行翻转，因

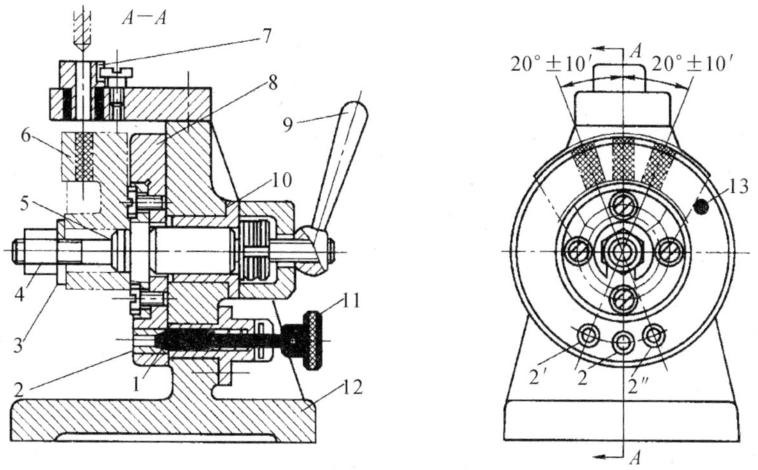

图 5-47　回转式钻模

1—定位销；2—定位套；3—开口垫圈；4—螺母；5—定位销；6—工件；
7—钻套；8—分度盘；9—手柄；10—衬套；11—捏手；12—夹具体；13—挡销

此夹具连同工件的重量不能太重，一般限于 8～10 kg。主要适用于加工小型工件上分布的几个方向的孔，这样可减少工件的装夹次数，提高工件上各孔之间的位置精度。

(4) 盖板式钻模。

盖板式钻模没有夹具体，只有一块钻模板，在钻模板上除了装钻套外，还有定位元件和夹紧装置。加工时，钻模板盖在工件上定位、夹紧即可。盖板式钻模的特点是定位元件、夹紧装置及钻套均设在钻模板上，钻模板在工件上装夹，因此结构简单、制造方便、成本低廉、加工孔的位置精度较高。常用于床身、箱体等大型工件上的小孔加工，对于中小批量生产，凡需钻、扩、铰后立即进行倒角、锪平面、攻螺纹等工步时，使用盖板式钻模也非常方便。加工小孔的盖板式钻模，因切削力矩小，可不设夹紧装置。

(5) 滑柱式钻模。

滑柱式钻模是带有升降台的通用可调夹具，在生产中应用较广。在滑柱式钻模的平台上可根据需要安装定位装置，钻模板上可设置钻套、夹紧元件及定位元件等。滑柱式钻模已标准化，其结构尺寸可查阅"夹具设计手册"。

5.5.3　镗床夹具

镗床夹具又称镗模，主要用于加工箱体、支架类零件上的孔或孔系，它不仅在各类镗床上使用，也可在组合机床、车床及摇臂钻床上使用。镗模的结构与钻模相似，一般用镗套作为导向元件引导镗孔刀具或镗杆进行镗孔。镗套按照被加工孔或孔系的坐标位置布置在镗模支架上。

根据镗套的布置形式不同，分为双支承镗模、单支承镗模和无支承镗模。

1. 双支承镗模

双支承镗模上有两个引导镗杆的支承，镗杆与机床主轴采用浮动连接，镗孔的位置精度由镗模保证，消除了机床主轴回转误差对镗孔精度的影响。根据支承相对于刀具的位置分为以下两种。

(1) 前后双支承镗模。

图 5-48 所示为镗削车床尾座孔的镗模，镗模的两个支承分别设置在刀具的前方和后方，镗刀杆 10 和主轴之间通过浮动镗头 11 连接。工件以底面、槽及侧面在定位板 3、4 及可调支承钉 7 上定位，限制 6 个自由度。采用联动夹紧机构，拧紧夹紧螺钉 6，压板 5、8 同时将工件夹紧。镗模支架 1 上装有滚动回转镗套 2，用以支承和引导镗刀杆。镗模以底面 A 作为安装基面安装在机床工作台上，其侧面设置找正基面 B，因此可不设定位键。

前后双支承镗模应用得最普通，一般用于镗削孔径较大，孔的长径比 $L/D>1.5$ 的通孔或孔系，其加工精度较高，但更换刀具不方便。

当工件同一轴线上孔数较多，且两孔距离 $L>10d$ 时，在镗模上应增加中间支承，以提高镗杆刚度(d 为镗杆直径)。

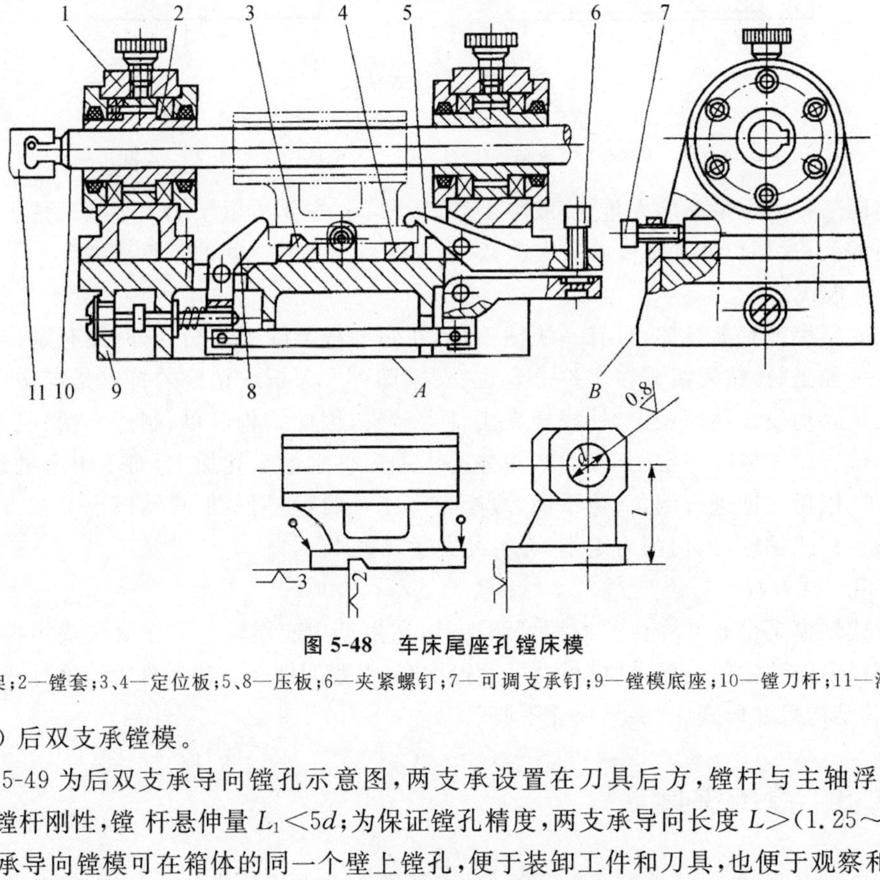

图 5-48 车床尾座孔镗床模

1—支架；2—镗套；3、4—定位板；5、8—压板；6—夹紧螺钉；7—可调支承钉；9—镗模底座；10—镗刀杆；11—浮动镗头

(2) 后双支承镗模。

图 5-49 为后双支承导向镗孔示意图，两支承设置在刀具后方，镗杆与主轴浮动连接。为保证镗杆刚性，镗 杆悬伸量 $L_1<5d$；为保证镗孔精度，两支承导向长度 $L>(1.25\sim1.5)L_1$。后双支承导向镗模可在箱体的同一个壁上镗孔，便于装卸工件和刀具，也便于观察和测量。

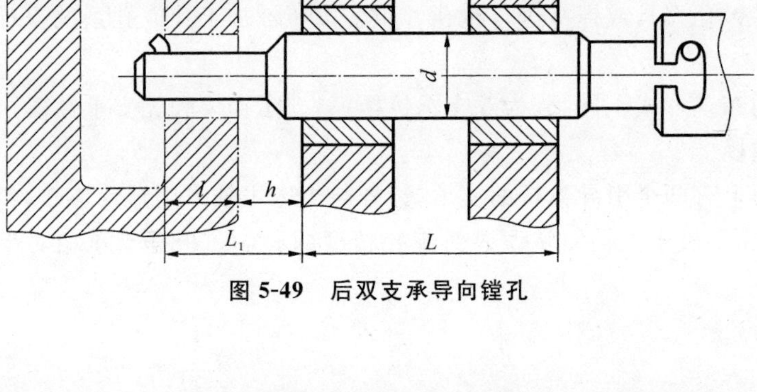

图 5-49 后双支承导向镗孔

2. 单支承镗模

这类镗模只有一个导向支承，镗杆与主轴采用固定连接。根据支承相对于刀具的位置分为以下两种。

(1) 前单支承镗模。

图 5-50 为前单支承导向镗孔，镗模支承设置在刀具的前方，主要用于加工孔径 $D>60$ mm、长度 $L<D$ 的通孔。一般镗杆的导向部分直径 $d<D$。因导向部分直径不受加工孔径大小的影响，故在多工步加工时，可不更换镗套。这种布置便于在加工中观察和测量，但在立镗时，切屑会落入镗套，应设置防护罩。

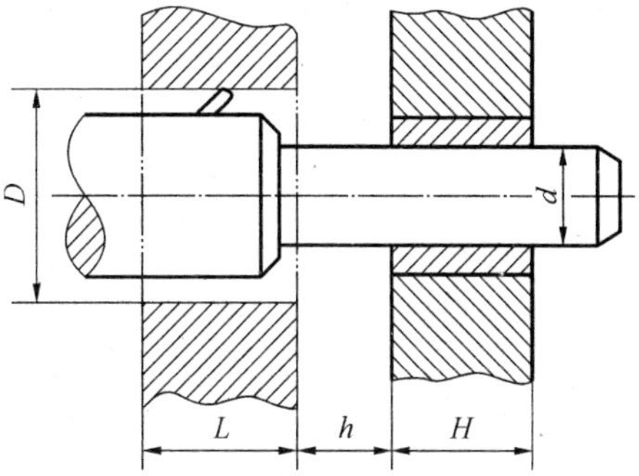

图 5-50　前单支承导向镗孔

(2) 后单支承镗模。

图 5-51 所示为采用后单支承镗孔，镗套设置在刀具的后方。用于立镗时，切屑不会影响镗套。

当镗削 $D<60$ mm、$L<D$ 的通孔或盲孔时，如图 5-51(a)所示，可使镗杆导向部分的尺寸 $d>D$。这种形式的镗杆刚度好，加工精度高，装卸工件和更换刀具方便，多工步加工时可不更换镗杆。

当加工孔长度 $L=(1-1.25)D$ 时，如图 5-51(b)所示，应是镗杆导向部分直径 $d<D$，以便镗杆导向部分可进入加工孔，从而缩短镗套与工件之间的距离 h 及镗杆的悬伸长度 L_1。以便于刀具及工件的装卸和测量，单支承镗模的镗套与工件之间的距离 h 一般为 20～80 mm，常取 $h=(0.5-1.0)D$。

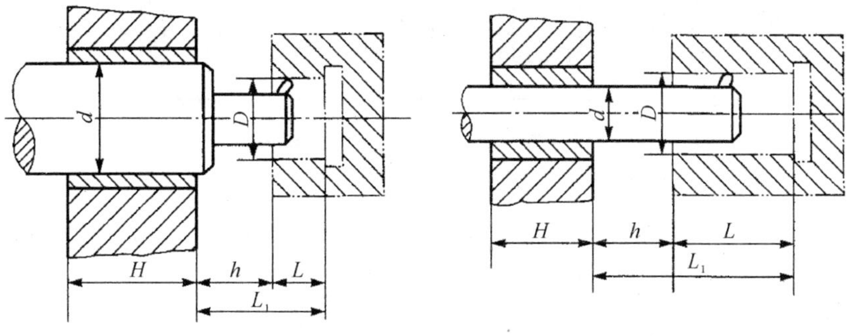

(a) $L<D$　　(b) $L\geq D$

图 5-51　后单支承镗孔

3. 无支承镗模

工件在刚性好、精度高的金刚镗床、坐标镗床或数控机床、加工中心上镗孔时，夹具上不设置镗模支承，加工孔的尺寸和位置精度均由镗床保证。这类夹具只需设计定位装置、夹紧装置和夹具体。

5.5.4　铣床夹具

铣床夹具主要用于加工工件上的平面、凹槽、键槽、直线成型面和齿轮等，而一般的铣削过程都是铣床工作台和夹具一起做进给运动。根据进给方式不同，通常将铣床夹具分为直线进给式、圆周进给式和靠模进给式三种，其中，以直线进给式应用最多。按铣削时的进给方式不同，铣床夹具可分为直线进给、圆周进给和靠模进给三种类型。

(1) 直线进给式铣床夹具　这类夹具安装在铣床工作台上，在加工中随工作台按直线进给方式运动。按照在夹具中同时安装工件的数目和工位多少分为单件加工、多件加工和多工位加工夹具。

图 5-52 所示是多件加工的直线进给式铣床夹具，该夹具用于在小轴 1 的端面上铣一通槽。六个工件以外圆面在活动 V 形块 2 上定位，以一端面在支承钉 6 定位。活动 V 形块装在两根导向柱 7 上，V 形块之间用弹簧 3 分离。工件定位后，由薄膜式气缸 5 推动 V 形块 2 依次将工件夹紧。由对刀块 9 和定位键 8 来保证夹具与刀具和机床的相对位置。这类夹具生产率高，多用于生产批量较大的情况。

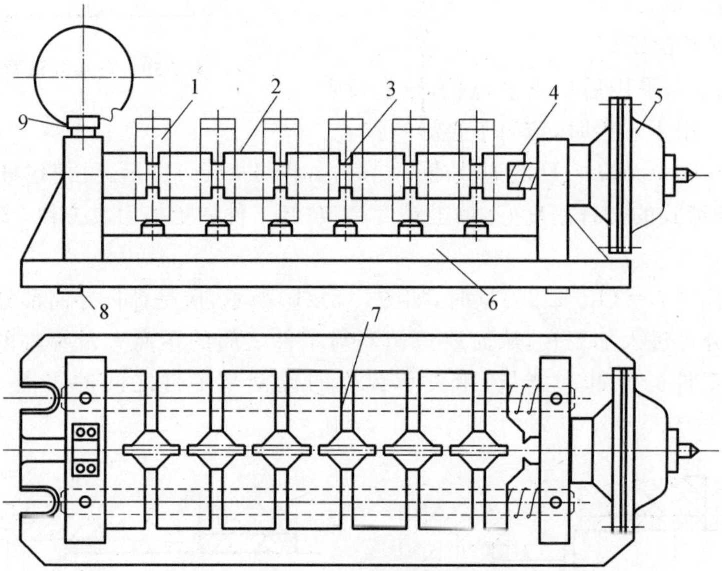

图 5-52　多件加工的直线进给式铣床夹具

1—小轴；2—活动 V 形块；3—弹簧；4—夹紧元件；5—薄膜式气缸；6—支承钉；7—导向柱；8—定位键；9—对刀块

图 5-53 所示是利用进给时间装卸工件的多工位直线进给式铣床夹具，在铣床工作台上装有两个相同的夹具 1 和 3，每个夹具都可以分别装夹 5 个工件，铣刀 2 安放在两个夹具的中间位置。当工作台向左直线进给时，铣刀便可铣削装在夹具 3 中的工件，与此同时，操作者便可在夹具 1 中装卸工件。待夹具 3 中的工件加工完成后，工作台快速退至中间位置，然后向右直线进给，铣削装在夹具 1 中的工件，这时操作者便可装卸夹具 3 中的工件，如此不断进行。这种双向进给铣床夹具使辅助时间与机动时间重合，提高了生产率。

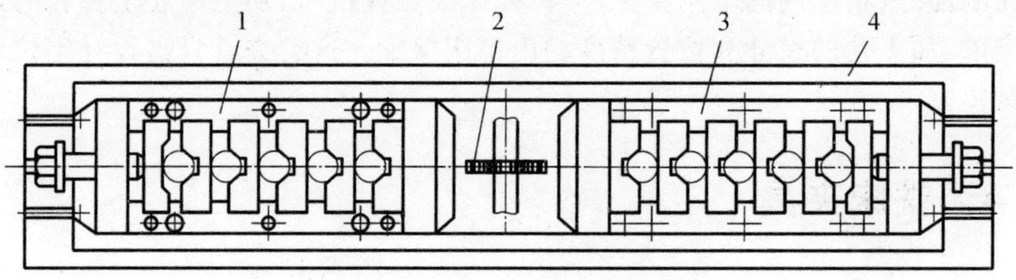

图 5-53　双向进给铣床夹具

1,3—夹具；2—铣刀；4—铣床工作台

(2) 圆周进给铣床夹具　圆周进给铣床夹具多用在回转工作台或回转鼓轮的铣床上，依靠回转台或鼓轮的旋转将工件顺序送入铣床的加工区域，实现连续切削。在切削的同时，可在装卸区域装卸工件，使辅助时间与机动时间重合，因此它是一种高效率的铣床夹具。

(3) 靠模进给式铣床夹具　是一种带有靠模的铣床夹具，适合在专用或通用铣床上加工各种非圆曲面。按照进给运动方式可分为直线进给式和圆周进给式两种。

图 5-54 所示为直线进给式靠模铣夹具示意图。靠模 3 与工件 1 分别装在夹具上，夹具安装在铣床工作台上，滚子滑座 5 与铣刀滑座 6 两者连为一体，且保持两者轴线间的距离 k 不变。该滑座组合件在重锤或弹簧拉力 F 的作用下，使滚子 4 压紧在靠模上，铣刀 2 则保持与工件接触。当工作台做纵向直线进给时，滑座则得一横向辅助运动，使铣刀仿照靠模的轮廓在工件上铣出所需的形状。这种加工一般在靠模铣床上进行。

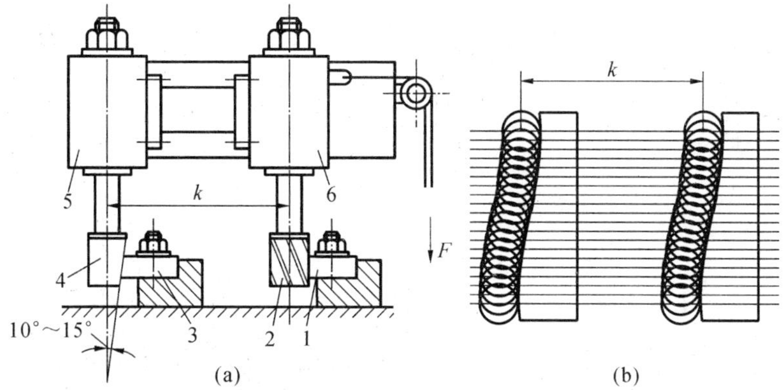

图 5-54　直线进给式靠模铣床夹具

1—工件；2—铣刀；3—靠模；4—滚子；5—滚子滑座；6—铣刀滑座

图 5-55 所示为圆周进给式靠模铣床夹具示意图。夹具装在回转工作台 3 上，回转工作台 3 装在滑座 4 上。滑座 4 受重锤或弹簧拉力 F 的作用使靠模 2 与滚子 5 保持紧密接触。滚子 5 与铣刀 6 不同轴，两轴相距为 k。当转台带动工件回转时，滑座也带动工件沿导轨相对于刀具做径向辅助运动，从而加工出与靠模外形相仿的成形面。

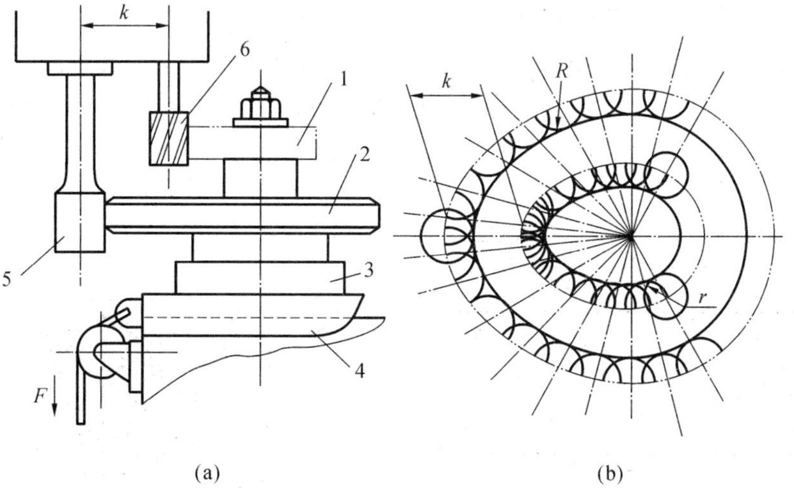

图 5-55　圆周进给式靠模铣床夹具

1—工件；2—靠模；3—回转工作台；4—滑座；5—滚子；6—铣刀

习题与思考题

5-1 夹具机构有哪些部分组成?

5-2 工件在夹具中夹紧时对夹紧力有什么要求?

5-3 分析三种夹紧机构的优缺点。

5-4 钻床夹具分为哪些类型? 各类钻模有何特点?

5-5 各类车床夹具有何特点?

5-6 根据六点定位原理,分析图 5-56 所示的各种定位方案中定位元件所限制的自由度。

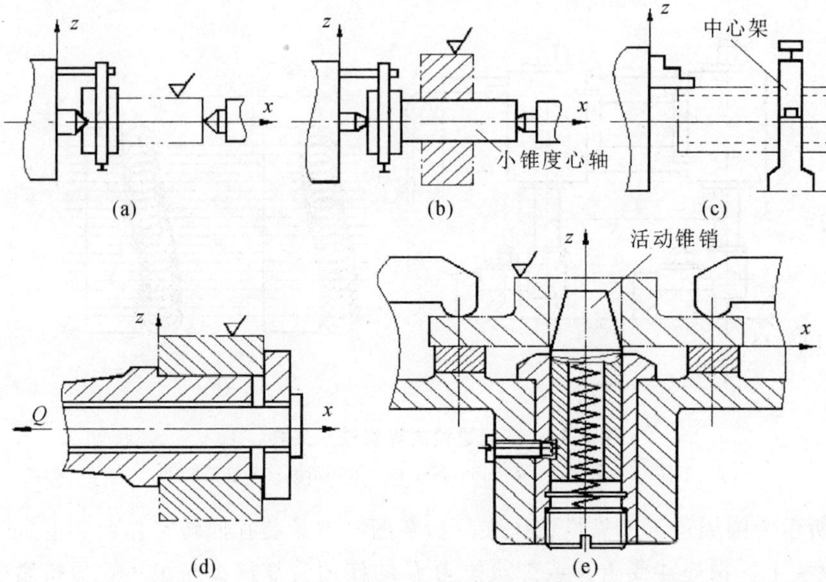

图 5-56

5-7 图 5-57 所示的零件以平面 3 和两个短 V 形块 1、2 进行定位,试分析该定位方案是否合理? 各定位元件应分别限制哪些自由度? 如何改进?

5-8 如图 5-58 所示,利用工件的孔将工件装夹在水平放置的心轴上,铣削工件的上平面,其工序尺寸为 H_1。根据图上的已知条件,试计算该工序尺寸定位方案的定位误差。如果其工序尺寸为 H_3,则该工序尺寸的定位误差又是多少?

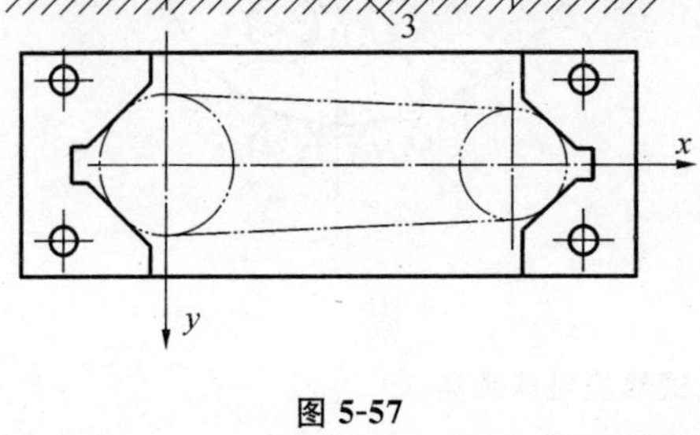

图 5-57

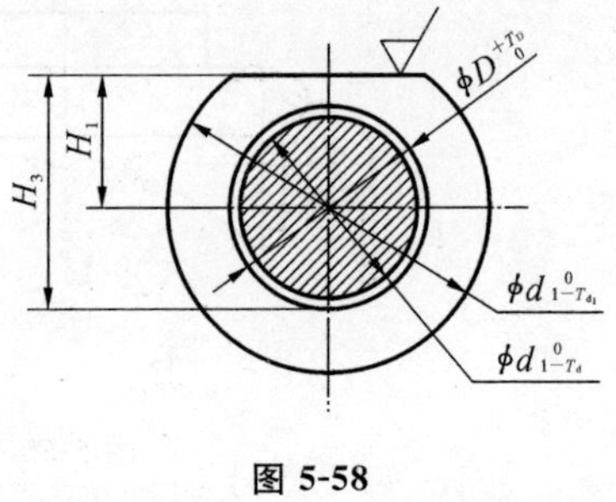

图 5-58

第 3 篇　机械加工质量

第 6 章　机械加工精度

6.1　机械加工精度概述

6.1.1　加工精度的概念及获取方法

1. 加工精度的概念

加工精度是指零件加工后的实际几何参数(尺寸、形状和相互位置)与理想几何参数的接近程度。实际值与理想值越接近,加工精度就越高。零件的加工精度包含尺寸精度、形状精度和位置精度。这三者之间相互关联,通常形状公差限制在位置公差内,位置公差一般限制在尺寸公差内。当尺寸精度要求高时,相应的位置精度和形状精度也要求高;但生产中也有形状精度、位置精度要求极高而尺寸精度要求不很高的表面,如机床床身导轨表面。

一般情况下,零件的加工精度越高,加工成本也越高,生产效率越低。从保证产品的使用性能分析,没有必要把每个零件都加工得绝对精确,可以允许有一定的加工误差。设计人员应根据零件的使用要求,合理的制定零件所允许的加工误差。工艺人员应根据设计要求、生产条件等因素,采取适当的工艺方法,保证加工误差不超过允许范围,并在此前提下尽量提高生产效率和降低成本。

在机械加工中,零件的尺寸、几何形状和表面间相对位置的形成,取决于工件和刀具在切削过程中相互位置的关系。而工件和刀具又安装在夹具和机床上,并受到夹具和机床的约束。因此,加工精度涉及整个工艺系统(由机床、夹具、刀具和工件构成的系统)的精度问题。工艺系统中的种种误差,在不同的具体条件下,以不同的程度和方式反映为加工误差。加工误差是指零件加工后的实际几何参数(尺寸、形状和相互位置)与理想几何参数的偏差。工艺系统的误差是“因”,加工误差是“果”。因此,把工艺系统的误差称为原始误差。切削加工中,由于各种原始误差的影响,会使刀具和工件间的位置与理想位置之间产生偏差,从而引起加工误差。加工精度和加工误差是从两个不同的角度来评定加工零件的几何参数,加工精度的高低是通过加工误差的大小来判定的,保证和提高加工精度实质上就是限制和减小了加工误差。

2. 加工精度的获取方法

1) 试切法

试切法是指操作工人在每一工步或走刀前进行对刀,切出一小段,测量其尺寸是否合适,如不合适,则调整刀具的位置,再试切一小段,直至达到尺寸要求后才加工这一尺寸的全部表面。试切法的生产效率低,且要求工人有较高的技术水平,否则不易保证加工质量,因此多用于单件小批生产。

2) 调整法

调整法是指按规定尺寸调整好机床、夹具、刀具和工件的相对位置及进给行程,保证在加工时自动获得符合要求的尺寸。采用这种方法加工时不再进行试切，生产效率大大提高，但其精度稍低，主要取决于机床和夹具的精度以及调整误差的大小。调整法可分为静调整法和动调整法两类。

(1) 静调整法　静调整法又称样件法，是在不切削的情况下，采用对刀块或样件调整刀具的位置。如在镗床上用对刀块调整镗刀的位置，以保证镗孔的直径尺寸。在铣床上用对刀块调整镗刀的位置，以保证工件的高度尺寸。在六角车床、组合机床、自动车床及铣床上，常采用行程挡块调整尺寸，这也是一种经验调整法，其调整精度一般较低。

(2) 动调整法　动调整法又称尺寸调整法，是按试切零件进行调整，直接测量试切零件的尺寸，可以是试切一件或一组零件，若所有试切零件合格，则调整完毕，即可开始加工。这种方法多用于大批大量生产。由于考虑了加工过程中的影响因素，动调整法的精度比静调整法的高。

3) 定尺寸刀具法

定尺寸刀具法是指利用固定尺寸的加工刀具加工工件的方法。如利用钻头、镗刀块、拉刀及铰刀等加工孔。有些固定尺寸的孔加工刀具可以获得非常高的精度，生产效率也非常高。但是由于刀具必然有磨损，磨损后尺寸不能保证，因此成本较高，多用于大批大量生产。此外，采用成形刀具加工也属于这种方法。

4) 主动测量法

主动测量法是指在加工过程中边加工边测量，达到要求时立即停止加工的方法。随着数字化和信息化技术的发展，主动测量获得的数值可以用数字显示，达到尺寸要求时可自动停车。这种方法的精度高，质量稳定，生产效率也高。由于要用一定型号规格的测量装置，故多应用于大批大量生产。应该注意，采用这种方法时，对前一工序的加工精度应有一定的要求。

6.1.2 工艺系统的几何误差

1. 机床误差

机床误差包括机床制造误差、磨损和安装误差。机床误差的项目较多，这里主要分析对零件加工精度影响较大的主轴回转误差、导轨误差及传动链误差。

1) 主轴回转误差

机床主轴是用来装夹工件或刀具，并将运动和动力传给工件或刀具的重要零件。主轴回转误差是指主轴实际回转轴线相对其理想回转轴线的变动量。它将直接影响被加工工件的形状精度和位置精度。为便于分析，可将主轴回转误差分解为径向圆跳动、轴向圆跳动和角度摆动。

(1) 径向圆跳动　径向圆跳动是指主轴回转轴线相对于理论回转轴线在径向的变动量，如图 6-1(a)所示。车外圆时，它使加工面产生圆度和圆柱度误差。产生径向圆跳动误差的主要原因是主轴支承轴颈的圆度误差和轴承工作表面的圆度误差等。

(2) 轴向圆跳动　轴向圆跳动是指主轴回转轴线沿理论回转轴线方向的变动量，如图 6-1(b)所示。车端面时，它使工件端面产生垂直度、平面度误差。产生轴向圆跳动的原因是主轴轴肩端面和推力轴承承载端面对主轴回转轴线有垂直度误差。

(3) 角度摆动　角度摆动是指主轴回转轴线相对理论回转轴线在角度方向上的偏移

量，如图 6-1(c)所示。车削时，角度摆动会使加工表面产生圆柱度误差和端面的形状误差。

提高主轴及箱体轴承孔的制造精度，选用高精度的轴承，提高主轴部件的装配精度，对主轴部件进行平衡，对滚动轴承进行预紧等，均可提高机床主轴的回转精度。

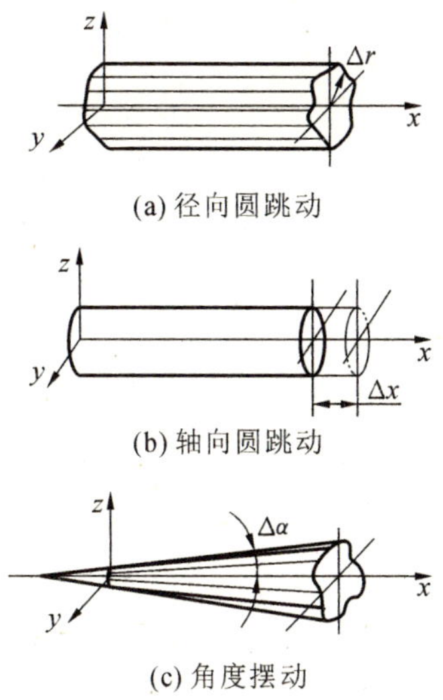

图 6-1　主轴回转误差的三种形式

2）导轨误差

机床导轨是机床各部件相对位置和运动的基准，它的各项误差直接影响被加工工件的精度。现以卧式车床为例分析机床导轨误差对加工精度的影响。

(1) 导轨在水平面内的直线度误差　如图 6-2 所示，车床导轨在水平面内的直线度误差将使刀尖在水平面内产生位移 Δy，造成工件在该处半径方向上产生误差 $\Delta R'$，$\Delta R'=\Delta y$。可见，导轨在水平面内的直线度误差将直接反映在被加工表面的法线方向(误差敏感方向)上，对加工精度的影响很大。

(2) 导轨在垂直面内的直线度误差　如图 6-3 所示，由于车床导轨在垂直方向上存在误差，使刀尖位置下降了 Δz，工件在半径上的尺寸增大了 ΔR，其相互关系为 $(R+\Delta R)^2=(\Delta z)^2+R^2$。由于 ΔR 一般很小，因此忽略 $(\Delta R)^2$ 项，得 $\Delta R\approx(\Delta z)^2/2R$。设 $\Delta z=0.1$ mm，$R=20$ mm，则 $\Delta R=0.00025$ mm。可见，导轨在垂直面内的直线度误差对加工精度影响很小，一般可忽略不计。

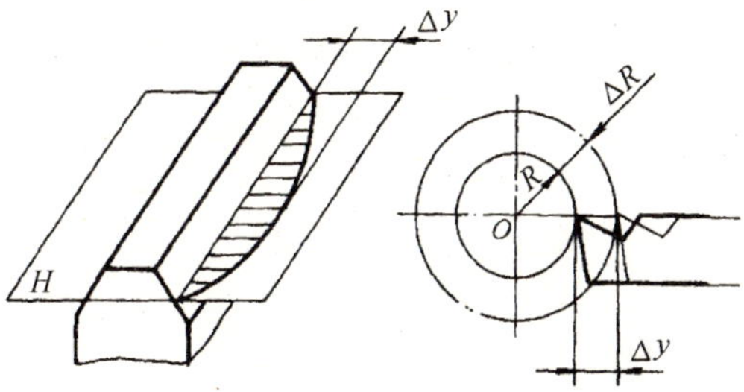

图 6-2　导轨在水平面内的直线度误差对加工精度的影响

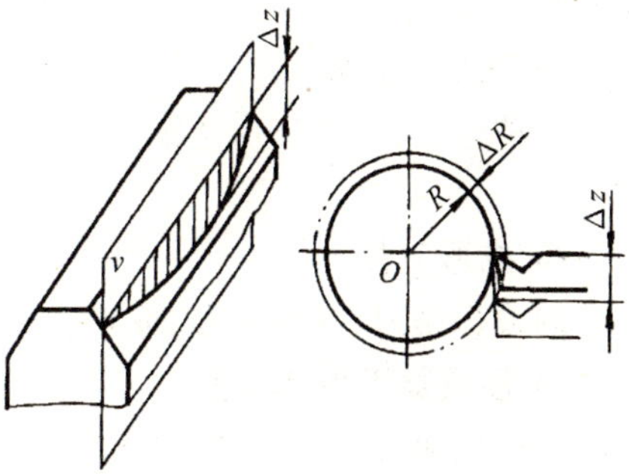

图 6-3　导轨在垂直面内的直线度误差对加工精度的影响

(3) 导轨间的平行度误差　机床导轨一般由两部分组成，如车床床身的前、后导轨。若前、后导轨不平行，溜板在移动时会发生倾斜，造成刀与工件相对位置发生变化，引起加工误差。如图 6-4 所示，车床导轨间在垂直方向上有平行度误差 Δl_3 时，将使工件与刀具的正确位置在误差敏感方向上产生 $\Delta y\approx(H/B)\times\Delta l_3$ 的偏移量，使工件半径产生 $\Delta R=\Delta y$ 的误差，对加工精度影响较大。

3）传动链误差

传动链误差是指传动链始末两端传动元件间相对运动的误差。机床传动链是由若干个传动元件按一定的相互位置关系连接而成的。因此，影响传动精度的因素有：传动件本身的制造精度和装配精度；各传动件及支撑元件的受力变形；各传动件在传动链中的位置；传动件的数目。

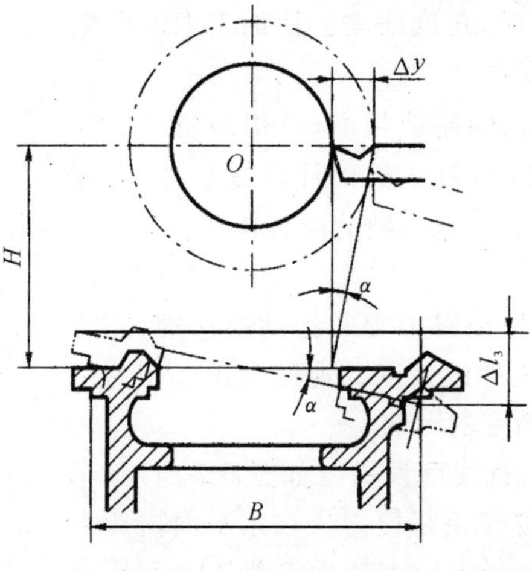

图 6-4　导轨间的平行度误差对加工精度的影响

各传动件的误差造成了传动链的传动误差，若各传动件的制造精度和装配精度低，则传动精度也低。由于传动件均有误差，则传动件越多，传动精度越低。传动件的精度对传动链精度的影响，随其在传动链中的位置的不同而不同，实践证明，越靠近末端的传动件，其精度对传动链精度的影响越大。因此，一般均使得最接近末端的传动件的精度比中间传动件的精度高 1～2 级。此外，传动件的间隙也会影响传动精度。

2. 刀具误差

刀具误差对工件加工精度的影响，主要表现为刀具的制造误差和磨损，其影响程度随刀具种类的不同而异。

1）定尺寸刀具

如钻头、铰刀、拉刀、丝锥等，加工时刀具的尺寸和形状精度直接影响工件的尺寸和形状精度。

2）成形刀具

如成形车刀、成形铣刀、成形砂轮的形状精度直接影响工件的形状精度。

3）展成加工用的刀具

如齿轮滚刀、插刀等的精度也影响齿轮的加工精度。

4）普通单刃刀具

如普通车刀、镗刀等的精度对工件的加工精度没有直接影响，但刀具的磨损会影响工件的尺寸精度和形状精度。

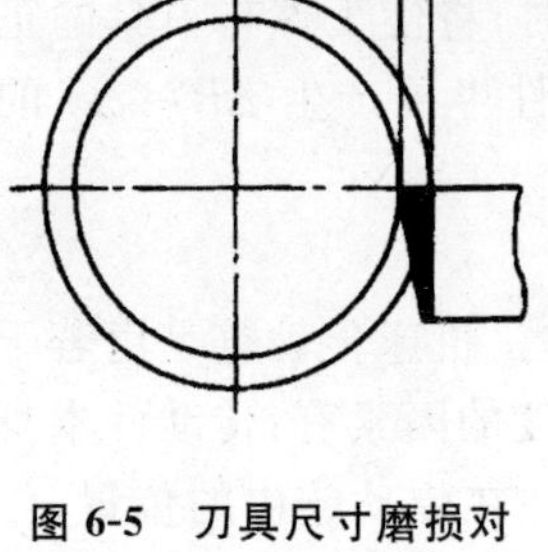

图 6-5　刀具尺寸磨损对加工精度的影响

刀具在误差敏感方向上的磨损对工件加工的尺寸精度影响较大，这种磨损称为尺寸磨损。如图 6-5 所示，对于普通外圆车削来说，尺寸误差 ΔR 就等于尺寸磨损 M。当刀具切削路程为 L（单位为 m）时，刀具的尺寸磨损量 M（单位为 μm）为

$$M = M_0 + \frac{K(L - L_0)}{1000} \approx M_0 + \frac{KL}{1000} \tag{6-1}$$

式中：M_0——刀具的初期磨损量（μm）；

L_0——初期磨损的切削行程长度（m）；

K——单位磨损量（μm/m）。

3. 夹具误差

夹具误差包括定位误差、夹紧误差、夹具的安装误差以及夹具在使用过程中的磨损等。这些误差影响到被加工工件的位置精度、形状精度和尺寸精度。

夹具精度与基准不重合误差以及定位元件、对刀装置、导向装置的制造精度和装配精度有关。一般来说，对于 IT5～IT7 级精度的工件，夹具精度取被加工工件精度的 1/3～1/5；对于 IT8 级及其以下精度的工件，夹具精度可为工件精度的 1/5～1/10。

6.1.3　工艺系统的受力变形

在切削加工过程中，工艺系统受到切削力、重力、夹紧力、传动力和惯性力等的作用，产生相应的变形。这种变形将破坏刀具与工件之间的位置关系，从而造成加工误差。

1. 工艺系统的刚度

根据胡克定理，作用力 F(静载)与在作用力方向上产生的变形量 y 的比值称为物体的静刚度 k(简称刚度)。

$$k = F/y \tag{6-2}$$

式中：k——静刚度(N/mm)；

F——作用力(N)；

y——沿作用力 F 方向的变形量(mm)。

切削过程中，工艺系统在各种外力作用下，其各部分将在各个方向上产生相应的变形。一般主要研究的是误差敏感方向，即通过刀尖的加工表面法向的位移。因此，工艺系统的刚度 $k_{系统}$ 定义为：工件和刀具的法向切削分力(即背向力或称切深抗力)F_p 与在总切削力的作用下，它们在该方向上的相对位移 $y_{系统}$ 的比值，即 $k_{系统}=F_p/y_{系统}$。

工艺系统的总变形量为：$y_{系统}=y_{机床}+y_{夹具}+y_{刀具}+y_{工件}$，而 $k_{机床}=F_p/y_{机床}$；$k_{夹具}=F_p/y_{夹具}$；$k_{刀具}=F_p/y_{刀具}$；$k_{工件}=F_p/y_{工件}$。则工艺系统刚度的一般式为

$$k_{系统} = \frac{1}{1/k_{机床}+1/k_{夹具}+1/k_{刀具}+1/k_{工件}} \tag{6-3}$$

由式(6-3)可知，工艺系统的总刚度总是小于系统中刚性最差的部件刚度。所以，要提高工艺系统的总刚度，必须从刚度最差的部分着手。同时，在使用该公式计算工艺系统总刚度时，可针对具体情况进行分析，忽略一些变形很小的部件。

2. 工艺系统受力变形对加工精度的影响

1）切削过程中受力点位置变化引起的工件形状误差

(1) 用两顶尖装夹车粗短轴　在此模式中，可不计工件的变形，只计算头架、尾座顶尖处和刀架的变形。其中，刀架的变形并不随切削点位置的变化而变化，因此也不影响工件的形状精度。如图 6-6(a)所示，当加工中车刀处于图示位置时，在切削分力 F_p 作用下，头架顶尖和尾座顶尖分别移动到虚线位置。根据力平衡计算，头架顶尖受力为 $F_p(1-x)/l$，尾座顶尖受力为 $F_p x/l$，刀架受力为 F_p。此时：

刀架产生的变形为

$$y_{刀架} = F_p/k_{刀架}$$

头架产生的变形为

$$y_{头架} = F_p(1-x)/lk_{头架}$$

尾座产生的变形为

$$y_{尾座} = F_p x/k_{尾座}$$

在刀具切削点处，工件轴线的位移 y_x 为

$$y_x = y_{头架} + \frac{(y_{尾座} - y_{头架})x}{l} = F_p\left[\frac{(1-x)^2}{k_{头架}l^2} + \frac{(x/l)^2}{k_{尾座}}\right] \tag{6-4}$$

将式(6-4)求极值，得 $x = lk_{尾座}/(k_{头架}+k_{尾座})$ 处的变形量最小，有

$$y_{x\min} = F_p\left[\frac{1}{k_{头架}} + \frac{1}{(k_{头架}+k_{尾座})}\right] \tag{6-5}$$

通常头架处的刚度比尾座处的刚度大一些，各点变形量如图 6-6(b)所示，车出工件的形状为与变形曲线对应的马鞍形，如图 6-6(c)所示。

工艺系统的总变形量为 y_x 与 $y_{刀架}$ 的叠加，即

$$y_{系统} = y_x + y_{刀架} = F_p\left[\frac{1}{k_{刀架}} + \frac{1}{k_{头架}}\left(\frac{l-x}{l}\right)^2 + \frac{1}{k_{尾座}}\left(\frac{x}{l}\right)^2\right] \tag{6-6}$$

(2) 用两顶尖装夹车细长轴　由于工件细长，刚度小，在车削过程中工件产生的变形量远大于工艺系统中其他部分的变形。因此，机床、夹具和刀具的变形均忽略不计，工艺系统的变形主要取决于工件的变形，加工中车刀处于图 6-7(a)所示的位置时，工件的轴线产生弯曲变形，其切削点的变形量可按简支梁计算：

$$y_{工件} = \frac{F_p}{3EI} \cdot \frac{(l-x)^2 x^2}{l} \tag{6-7}$$

式中：E——工件材料的弹性模量(N/mm²)；

I——工件截面的惯性矩(mm²)。

当刀尖处于中间位置时，工件在该点产生的变形量最大，两端的变形量为零(见图 6-7(b))，工件加工后的轮廓形状为如图 6-7(c)所示的腰鼓形。

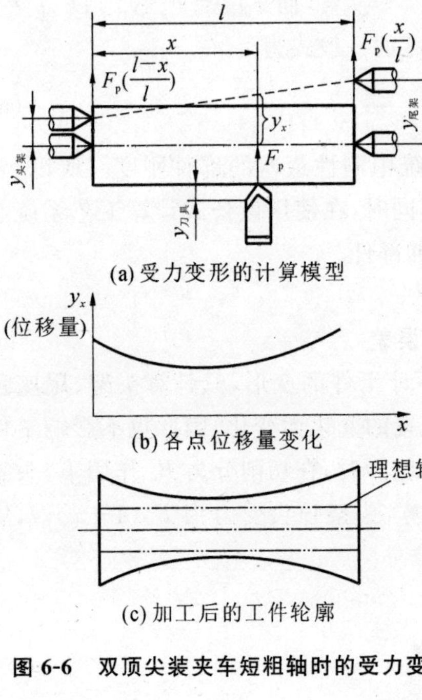

图 6-6　双顶尖装夹车短粗轴时的受力变形

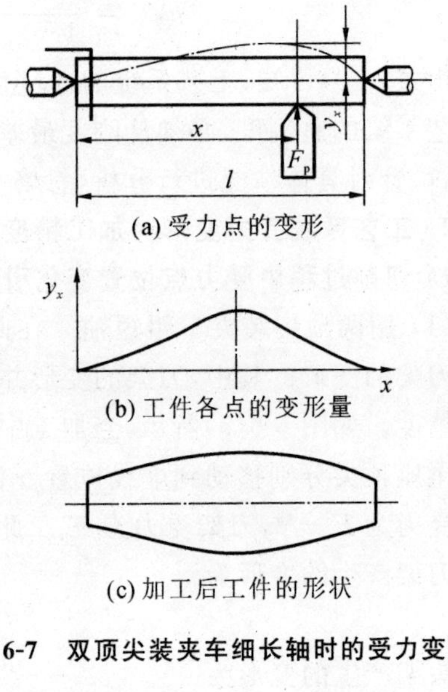

图 6-7　双顶尖装夹车细长轴时的受力变形

2）毛坯误差的复映

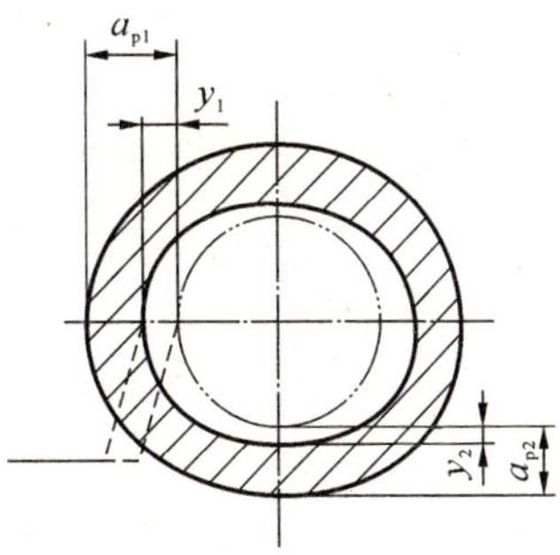

图 6-8　零件形状误差的复映

在切削加工过程中，由于被加工表面的几何形状误差及材料硬度不均，引起切削力的变化，从而使受力变形随之变化，产生加工误差。这种误差与工件表面加工前的误差形状相似，误差值减小，似原误差的残留，称为“误差复映”，引起的加工误差称为“误差复映”。

以车削为例，工件的毛坯假如为椭圆形误差（见图 6-8），刀具按调整应切在虚线位置，实际切削在实线位置。车削时，实际背吃刀量 a_p 在 a_{p1} 和 a_{p2} 之间变化（忽略加工后的误差）。因切削力变化引起的工艺系统的变形量 y 也在 y_1 和 y_2 之间变化，使工件加工后形成了圆度误差。

误差复映的大小取决于切削力的变化与工艺系统刚度之间的关系。根据切削力公式有

$$F_p = \lambda F_c = \lambda C_{F_c} f^{0.75} a_p$$

式中：λ——系数，一般取 $\lambda=0.4$；

C_{F_c}——切削力系数，与工件材料和加工条件有关。

毛坯圆度的最大误差

$$\Delta_m = a_{p1} - a_{p2}$$

车削后工件的圆度误差

$$\Delta_w = y_1 - y_2$$

因 $y_{系统} = F_p / k_{系数}$，则 Δ_w 可表达为

$$\Delta_w = \lambda C_{F_c} f^{0.75} (a_{p1} - a_{p2}) / k_{系数}$$

误差复映系数为

$$\varepsilon = \Delta_w / \Delta_m = \lambda C_{F_c} f^{0.75} / k_{系数} \tag{6-8}$$

误差复映系数 ε 反映了毛坯误差对加工误差的影响程度，它相当于经一次切削加工后，工件原有形状误差的残留比例；ε 与系统的系统刚度成反比，与切削力 F_p（除 a_p 外）的因素成正比。为减少误差复映，除了设法提高工艺系统的刚度及缩减力 F_p 外，另一有效的方法是增加走刀次数，即

第一次进给时，有

$$\Delta_{w1} = \varepsilon_1 \Delta_m$$

第二次进给时，有

$$\Delta_{w2} = \varepsilon_2 \Delta_{w1} = \varepsilon_1 \varepsilon_2 \Delta_m$$

第三次进给时，有

$$\Delta_{w3} = \varepsilon_3 \Delta_{w2} = \varepsilon_1 \varepsilon_2 \varepsilon_3 \Delta_m$$

……

由于 ε 是一个远小于 1 的数，几次的乘积就更小，所以，一般公差等级为 IT7 的工件经过 2～3 次切削后，就可使残留的误差复映减小到公差值的范围内。

3）切削过程中受力方向变化引起的加工误差

在切削过程中，如果有方向周期性变化的力（旋转力）作用于刀具和工件之间，当这个作用力正好与力 F_p 方向相同（或相反）时，工艺系统随之产生一定量的变形，使实际 a_p 增大

(或减小),因而造成工件的形状误差(一般为心形圆度误差)。这种情况多见于外圆的车削、磨削及旋风铣削等加工中,用两顶尖装夹进行车削或磨削时,拨销的传动力方向是旋转的,传动件质量不平衡时的离心力也是旋转的。

4) 其他力引起的加工误差

在工艺系统中,由于零部件的自重作用会产生变形,如龙门铣床、龙门刨床刀架横梁向下弯曲变形,镗床镗杆伸长下垂变形等,都会造成加工误差。

此外,被加工工件在装夹过程中,由于夹紧力过大、工件刚度较低或着力点不当,也会引起工件的变形,造成加工误差。

3. 减少受力变形对加工精度影响的措施

在机械加工中,工艺系统受力变形所造成的加工误差总是客观存在的,其影响关系为:受力—刚度—变形—加工误差。原则上,减小工艺系统受力和改变受力方向、提高工艺系统的刚度以及控制变形与加工误差之间的关系(避开误差敏感方向)等,都是减少工艺系统受力变形对加工精度影响的有效措施。由前面的分析可知,一般情况下,不变的变形量主要会造成调整尺寸和位置的误差,而由于受力变化或刚度变化引起变形量的变化会造成工件的形状误差。解决实际问题时,应根据具体的加工条件和要求,采取有效且可行的方法。

1) 提高工艺系统的刚度

这是减少受力变形最直接和有效的措施。

(1) 提高接触刚度　零件连接表面由于存在宏观和微观的几何误差,使实际接触面积远小于名义接触面积,在外力作用下,这些接触处将产生较大的接触应力,引起接触变形。而当载荷增加时,随变形的增加,接触面积增大,接触刚度也随之增大。

对于一般部件,其接触刚度都低于实际零件的刚度,所以提高接触刚度是提高工艺系统刚度的关键。常用的方法是:改善工艺系统主要零件接触面的配合质量,使实际接触面积增加,尽可能减少接触面的数量。此外,在接触面之间预加载荷,可以消除间隙,提高接触刚度。这种方法在各类轴承的调节及数控机床、加工中心等的滚动导轨和滚珠丝杠中广泛应用,效果显著。

(2) 提高关键零部件的刚度　在机床和夹具中,应保证支承件(如床身、立柱、横梁、夹具体等)、主轴部件和传动件有足够的刚度。

2) 控制受力大小和方向

切削加工时,切削力的大小通常是可以控制的,选择切削用量时,应根据工艺系统的刚度条件限制背吃刀量和进给量的大小;增大刀具的主偏角可减少对变形敏感的背向力;采用浮动镗刀或双刃镗刀,可使背向力自行封闭或抵消,从而消除其不良影响。对不平衡的转动件,必要时需设置平衡块,以消除离心力的作用;针对拨销的传动力造成的形状误差,可采用双拨盘或柔性连接装置,使传动力平衡。

3) 合理装夹工件,减少受力变形

当工件本身的刚度低、易变形时,应采用合理的装夹方式。如在车削细长轴时,增设中心架或跟刀架等,用增加支承的方法减少变形;尽可能降低工件的装夹高度及减小夹紧力作用点至加工表面的距离,以提高工件刚度。

6.1.4　工艺系统的受热变形

1. 工艺系统的热源

在机械加工过程中，工艺系统在各种热源的作用下，都会产生一定的热变形。由于热变形会产生加工误差。随着高效、高精度、自动化加工技术的发展，工艺系统热变形问题变得更为突出。在精加工中，由于热变形引起的加工误差已占到加工误差总量的 40%～70%。

1）内部热源

(1) 切削热　切削过程中，刀具与切削层的弹性变形、塑性变形及刀具与工件切削面摩擦产生的能量，绝大部分转化为切削热。切削热将传入工件、刀具、切屑和周围介质，它是工艺系统中工件和刀具热变形的主要热源。

(2) 摩擦热及动力源发热　机床中的各种运动副，如齿轮副、导轨副、丝杠螺母副、蜗轮蜗杆副、摩擦离合器等，在相对运动时因摩擦生热；机床的各种动力源如液压系统、电机等，工作时因能耗而发热。

(3) 派生热源　部分切削热由切屑、切削液传给机床床身，摩擦热由热传导和润滑液传至机床各处，使机床产生热变形，这部分热源称为派生热源。此外，油池也是重要的派生热源。

2）外部热源

外部热源主要是指环境温度变化和由阳光、灯光及取暖设备等直接作用于工艺系统的辐射热。

工艺系统受热源影响，温度逐渐升高，到一定温度时达到平衡，温度场处于稳定状态。因而热变形所造成的加工误差也有变值和定值两种，温度变化过程中加工的零件相互之间差异较大；热平衡后加工的零件几何精度相对较稳定。

2. 机床热变形对加工精度的影响

机床热源的不均匀性及其结构的复杂性，使机床的温度场不均匀，机床各部分的变形程度不等，破坏了机床原有的几何精度，从而降低了机床的加工精度。

各类机床的结构和工作条件不同，其变形方式也不同。

车床类机床的主要热源是主轴箱轴承和齿轮的摩擦热，并通过主轴箱油池传热，使主轴箱和床身升温，产生的变形是主轴箱抬起、床身中凸弯曲，如图 6-9(a)所示。根据车床的工作特点，在车削圆柱面时，这种热变形不是误差敏感方向，对加工精度影响不大，而对于车削端面和圆锥面会造成较大的形状误差。

磨床通常加工精度较高，因此热变形的影响也大。磨床的主要热源是高速回转砂轮主轴的摩擦热及液压系统的发热。图 6-9(b)所示的是导轨磨床的变形，这类机床的床身较长，如导轨面稍有温差，就会产生较大的弯曲变形。故床身的热变形是影响加工精度的主要因素。

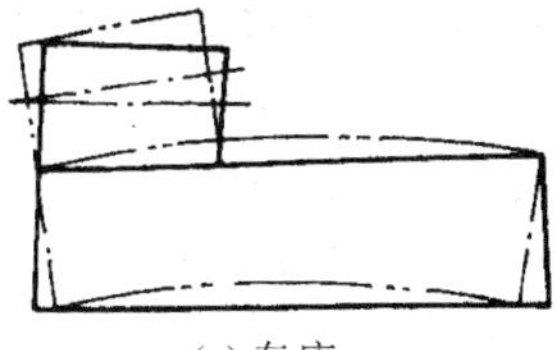

(a) 车床

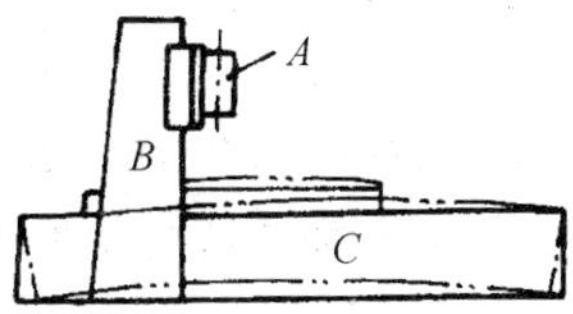

(b) 大型导轨磨床

图 6-9　机床的热变形

3. 工件热变形对加工精度的影响

切削热是工件热变形的主要热源，对于大型件或较精密件，外部热源也不可忽视。由于工件形状和受热程度的不同，工件的变形程度也不同。一些几何形状简单且对称的工件，在受热较均匀的情况下，热变形基本均匀，其变形量可按热膨胀原理直接计算：

长度热伸长量为

$$\Delta L = \alpha \Delta t L$$

直径热胀量为

$$\Delta D = \alpha \Delta t D$$

式中：α——工件材料的线膨胀系数（钢：1.17×10^{-5}/℃；铸铁：1×10^{-5}/℃；黄铜：1.7×10^{-5}/℃）；

Δt——工件温升；

L、D——室温下的工件长度和直径。

例如，加工长度为 1500 mm 的丝杠，若 Δt 为 3 ℃，则

$$\Delta L = 1500 \times 1.17 \times 10^{-5} \times 3 \text{ mm} = 0.05 \text{ mm}$$

可见，在仅 3 ℃的温升下丝杠便有 0.05 mm 的伸长量，而 6 级精度丝杠的螺距累积误差在此全长上仅允许 0.021 mm。

当工件受热不均匀，或工件结构较复杂时，其热变形会以弯曲或其他形式出现，可能造成更大的加工误差。因此，工件的加工精度越高，加工时就越要严格控制工件的热变形。最基本的方法是使用大量的切削液进行冷却。

4. 刀具热变形对加工精度的影响

刀具在切削时受切削热作用，因刀具实体一般较小，热容量小，所以温升很高。当刀具长时间切削大面积工件表面时，随刀具的温升会给工件带来较大的形状误差；而短时间间断切削时，刀具热变形对加工精度影响不大。

5. 减少工艺系统热变形的主要途径

1）直接减少热源的发热及其影响

为减少机床的热变形，应尽可能将机床中的电动机、变速箱、液压系统、切削液系统等热源从机床主体中分离出去。对于不能分离的热源，如主轴轴承、传动系统、高速运动导轨副等，可以从结构、润滑等方面采取措施，以减少摩擦热的产生。例如，采用静压轴承、静压导轨，改用低黏度的润滑油、锂基润滑脂等。也可用隔热材料将发热部件和机床基础件（床身、立柱等）隔离开来。对发热量大，又无法隔热的热源，可采用有效的冷却措施，如增加散热面积或使用强制冷却的风冷、水冷、循环润滑等。一些大型精密加工机床还采用冷冻机将润滑液、切削液强制冷却。

2）热补偿

减热降温的直接措施有时效果不理想或难以实施。而热补偿则是反其道而行之，将机床上的某些部位加热，使机床温度场均匀，从而产生均匀的热变形。对加工精度影响比较大的往往是机床形状的变化，如主轴箱上翘、床身弯曲等，如将主轴箱的左部和床身的下部用带余热的回油通过流动加热（或用热风加热），则热变形成为平行的变形，对加工精度的影响小得多。

3）热平衡

当机床达到热平衡时，热变形趋于稳定，有利于加工精度的保证。因此精加工一般都要求在热平衡下进行。为使机床尽快达到热平衡，缩短预热期，一种方法是加工前让机床高速空转；另一种方法是在机床适当部位增设附加热源，在预热期内向机床供热，加速其热平衡。

同时，精密机床应尽量避免中途停车。

4）控制环境温度

精密机床一般安装在恒温车间，其恒温精度一般控制在±1 ℃以内。恒温室平均温度一般为 20 ℃，冬季可取 17 ℃，夏季取 23 ℃。机床的布置位置应注意避免日光直射及受周围其他热源影响。

6.1.5　工件的内应力

内应力是指当外载荷去掉后仍存在于工件内部的应力。存在内应力时，工件处于一种不稳定的相对平衡状态。随着内应力的自然释放或受其他因素影响而失去平衡状态，工件将产生相应的变形，破坏其原有的精度。

1. 内应力产生的原因

1）制造毛坯时产生的内应力

在铸造、锻造、焊接及热处理等热加工过程中，由于工件各部分热胀冷缩的不均匀以及金相组织转变时的体积变化，在毛坯内部就会产生内应力。毛坯的结构越复杂，壁厚越不均匀，散热条件的差异越大，毛坯内部产生的内应力就越大。

铸件在凝固时会产生内应力，热加工产生内应力的一般规律是：先冷却的部分存在拉应力，后冷却的部分存在压应力。存在内应力的毛坯在表层被切除后，就会因内应力的重新分布而产生弯曲变形（见图 6-10，“＋”表示拉应力，“－”表示压应力）。

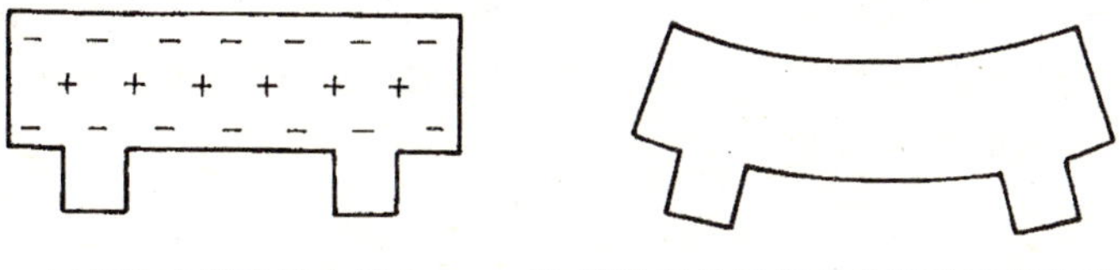

(a)铸件中原来的内应力　(b)床身导轨面表层被切除后的变形情况

图 6-10　床身内应力引起的变形

2）冷校直引起的内应力

一些刚性较差、容易变形的细长工件（如丝杠等），常采用冷校直的方法纠正其弯曲变形。如图 6-11(a)所示，在弯曲的反向加外力 F，工件轴线以上产生压应力，轴线以下产生拉应力。在轴线和双点画线之间是弹性变形区；在双点画线外是塑性变形区（见图 6-11(b)）。在外力 F 去除后，外层的塑性变形部分阻止内部弹性变形的恢复，使其内应力重新分布（见图 6-11(c)）。此时，工件的弯曲被纠正了，但其内部却有内应力存在，处于不稳定状态，工件如果再次被加工，就将产生新的变形。因此，要求精度高、稳定性好的工件不允许冷校直，而是用多次切削消除复映误差，其间穿插多次时效处理来消除内应力。

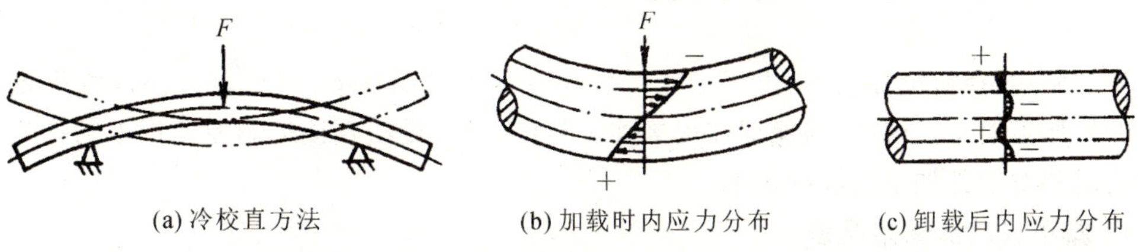

(a) 冷校直方法　(b) 加载时内应力分布　(c) 卸载后内应力分布

图 6-11　冷校直引起的内应力

2. 减小或消除内应力变形误差的途径

1) 合理设计零件结构

在设计零件结构时，应尽量做到壁厚均匀、结构对称，以减小内应力的产生。

2) 合理安排工艺过程

工件中如有内应力产生，必然会有变形发生，应使内应力重新分布引起的变形能在进行机械加工之前或在粗加工阶段尽早发生，不让内应力变形发生在精加工阶段或精加工之后。铸件、锻件、焊接件在进入机械加工之前，应安排退火、回火等热处理工序；对箱体、床身等重要零件，在粗加工之后需适当安排时效处理工序；工件上一些重要表面的粗、精加工工序易分阶段安排，使工件在粗加工之后能有更多的时间通过变形使内应力重新分布，待工件充分变形之后再进行精加工，以减小内应力对加工精度的影响。

6.1.6 原理误差、调整误差与测量误差

1. 原理误差

原理误差是指由于采用了近似的成形运动、近似的刀刃形状等原因而产生的加工误差。例如，用模数铣刀铣齿，理论上要求加工不同模数、齿数的齿轮，就应该用不同模数、齿数的铣刀。生产中为了减少模数铣刀的数量，每一种模数只设计制造有限的几把(例如 8 把、15 把、26 把)模数铣刀，用以加工同一模数各种不同齿数的齿轮。当所加工齿轮的齿数与所选模数铣刀刀刃所对应的齿数不同时，就会产生齿形误差。此种误差就是原理误差。

机械加工中，采用近似的成形运动或近似的刀刃形状进行加工，虽然会由此产生一定的原理误差，但却可以简化机床结构和减少刀具数，只要加工误差能够控制在允许的制造公差范围内，就可以采用近似的加工方法。

2. 调整误差

在机械加工过程中，有许多调整工作要做，例如，调整夹具在机床上的位置，调整刀具相对于工件的位置等。由于调整不可能绝对准确，由此产生的误差称为调整误差。引起调整误差的因素很多，例如调整时所用刻度盘、样板或样件等的制造误差，测量用的仪表、量具本身的误差等。

3. 测量误差

测量误差是指工件的测量尺寸与实际尺寸的差值。加工一般精度的零件时，测量误差可占工序尺寸公差的 1/5～1/10；加工精密零件时，测量误差可占工序尺寸公差的 1/3 左右。

产生测量误差的原因主要有：量具、量仪本身的制造误差及磨损，测量过程中环境温度的影响，测量者的测量读数误差，测量者施力不当引起量具、量仪的变形等。

6.1.7 提高加工精度的途径

如前所述，在机械加工中，由于工艺系统存在各种原始误差，这些误差不同程度地反映为工件的加工误差。因此，为保证和提高加工精度，必须设法直接控制原始误差的产生或控制原始误差对工件加工精度的影响。

1. 减小或消除原始误差

提高工件加工时所使用的机床、夹具、量具及工具的精度，以及控制工艺系统受力、受热

变形等均可以直接减少原始误差。为有效地提高加工精度，应根据不同情况对主要的原始误差采取措施加以减少或消除。对精密零件的加工，应尽可能提高所使用机床的几何精度、刚度，并控制加工过程中的热变形；对低刚度零件的加工，主要是尽量减少工件的受力变形；对型面零件的加工，主要是减少成形刀具的形状误差及刀具的安装误差。

2. 补偿或抵消原始误差

误差补偿是指人为地造成一种误差去抵消加工过程中的原始误差的方法。误差抵消是指利用原有的一种误差去抵消另一种误差，尽量使两者大小相等，方向相反的方法。这两种方法在方式上虽有区别，但在本质上却没有什么不同。所以，在生产中往往把两者统称为误差补偿。这种方法应用较多。

例如，在精密丝杠车床上采用的螺距校正装置，在螺纹磨床上采用的温度校正尺以及齿轮机床上的传动链校正装置等都采用了误差补偿法。安装到适当位置，使分度、转位误差处于零件加工面的切线方向，则可显著减少其影响。

3. 转移原始误差

对于工艺系统的原始误差，也可以在一定条件下使其转移到不影响加工精度的方向或误差的非敏感方向，这样就可在不减小原始误差的情况下，获得较高的加工精度。

例如，对于箱体零件的孔系加工，单件小批量生产时采用精密量棒和千分表实现精密坐标定位；成批生产时，采用镗模夹具进行加工。对于具有分度或转位的多工位加工，若将切削刀具安装到适当位置，使分度、转位误差处于零件加工面的切线方向，则可以显著减小影响。

6.2　加工精度的统计分析方法

6.2.1　加工误差的分类

按照在加工一批工件时的误差表现形式，加工误差可分为系统误差和随机误差两大类。

1. 系统误差

在顺序加工一批工件中，其加工误差的大小和方向都保持不变，或者按一定规律变化，这类误差统称为系统误差。前者称为常值性系统误差，后者称为变值性系统误差。

加工原理误差包括机床、刀具、夹具的制造误差，工艺系统在均值切削力下的受力变形引起的加工误差等均与加工时间无关，其大小和方向在一次调整中也基本不变，因此都属于常值性系统误差。机床、夹具、量具等磨损引起的加工误差，在一次调整的加工中无明显的差异，故也属于常值性系统误差。

机床、刀具和夹具等在热平衡前的热变形误差以及刀具的磨损等，随加工时间而有规律地变化，由此产生的加工误差属于变值性系统误差。

2. 随机误差

在顺序加工的一批工件中，其加工误差的大小和方向的变化是随机的，这类误差统称为随机误差。这是工艺系统中随机因素所引起的加工误差，它是由许多相互独立的工艺因素微小的随机变化和综合作用的结果。毛坯的余量大小不一致或硬度不均匀，将引起切削力的变化；在变化的切削力作用下，由于工艺系统的受力变形而导致的加工误差就带有随机性，属于随机误差。此外，定位误差、夹紧误差、多次调整的误差、残余应力引起的工件变形误差等都属于随机误差。

6.2.2 分布图分析法

根据一批零件的加工尺寸或误差的实测数据，可以绘制尺寸或误差的分布图。

1. 直方图

成批加工某种零件，抽取其中一定的数量进行测量，抽取的这批零件称为样本，其件数 n 称为样本容量。

所测零件的加工尺寸或偏差是在一定范围内变动的随机变量，用 x 表示。样本尺寸或偏差的最大值 $x_{\max}$ 与最小值 $x_{\min}$ 之差称为极差 R，即

$$R = x_{\max} - x_{\min} \tag{6-9}$$

将样本尺寸或偏差按大小顺序排列，并将它们分成 k 组，组距为 d，则有

$$d = R/(k-1) \tag{6-10}$$

同一尺寸或同一误差组的零件数量 m_i 称为频数。频数 m_i 与样本容量 n 之比称为频率，用 f_i 表示，即

$$f_i = m_i/n \tag{6-11}$$

选择的组数 k 和组距 d 要适当。组数过多，组距太小，分布图会被频数随机波动所歪曲；组数太少，组距太大，分布特征将被掩盖。k 值一般应根据样本容量来选择(见表 6-1)。

表 6-1 分组数的选定

n	25～40	40～60	60～100	100	100～160	160～250
k	6	7	8	10	11	12

以工件尺寸(或误差)为横坐标，以频数或频率为纵坐标，就可做出该批工件加工尺寸(或误差)的实验分布图，即直方图。

为了分析该工序的加工精度情况，可在直方图上标出该工序的加工公差带位置，并计算出该样本的统计数字特征——平均值 $\overline{x}$ 和标准差 s。

样本的平均值 $\overline{x}$ 表示该样本的尺寸分布中心，计算公式为

$$\overline{x} = \frac{1}{n}\sum_{i=1}^{n} x_i \tag{6-12}$$

式中：x_i——各样件的实测尺寸(或偏差)。

样本的标准差反映了该样本的尺寸分散程度，计算公式为

$$s = \sqrt{\frac{1}{n-1}\sum_{i=1}^{n}(x_i - \overline{x})^2} \tag{6-13}$$

下面举例说明直方图的绘图步骤。

例 6-1 在无心磨床上磨削一批直径尺寸为 $\phi 20_{-0.015}^{-0.005}$ mm 的销轴，绘制工件直径尺寸的直方图。

解 (1) 采集数据。

首先确定样本容量。若样本容量太小，不能准确地反映总体的实际分布；若样本容量太

大，则又增加了测量与计算的工作量。实际生产中，通常取样本容量 $n=50\sim200$ 个。本例取 $n=100$ 个。

对随机抽取的 100 个样本，用千分比较仪逐个进行测量（比较仪按 $\phi20$ mm 尺寸用块规调整零点），实测数据列于表 6-2 中。

表 6-2　轴颈尺寸偏差的实测值　　（单位：μm）

−10	−10	−8	−7	−14	−8	−4	−8	−9	−10	−9	−8	−9	−11	−10	−9	−9	−6	−6	−5
−10	−5	−6	−12	−9	−10	−8	−8	−13	−10	−9	−5	−11	−9	−9	−10	−8	−8	−7	−7
−13	−9	−11	−10	−10	−5	−6	−11	−9	−9	−9	−8	−12	−7	−7	−10	−9	−9	−6	−8
−10	−10	−11	−11	−7	−9	−9	−4	−7	−7	−12	−9	−7	−6	−9	−5	−8	−8	−8	−11
−5	−10	−10	−8	−5	−11	−9	−7	−7	−8	−9	−8	−12	−10	−8	−8	−8	−7	−5	−10

（2）确定分组数、组距、各组组界及组中值。

① 按表 6-1 初选分组数 $k'=10$。

② 确定组距，找出最大值 $x_{max}=-4$ μm，最小值 $x_{min}=-14$ μm，计算组距：

$$d'=\frac{R}{k'-1}=\frac{x_{max}-x_{min}}{k'-1}=\frac{(-4)-(-14)}{10-1}\ \mu m=1.1\ \mu m$$

千分比较仪的最小读数值为 1，组距应是最小读数的整数倍，故取组距 $d=1$ μm。

③ 确定分组数：

$$k=\frac{R}{d}+1=\frac{10}{1}+1=11$$

④ 确定各组组界：

$$x_{min}+(j-1)d\pm\frac{d}{2}\quad (j=1,2,\cdots,k)$$

本例中，各组组界分别为 1，2，4，8，17，21，19，12，6，8，2。

（3）计算平均值和标准差。

由式（6-12）和式（6-13）可得

$$\bar{x}=-8.55,s=2.06$$

（4）画出直方图。

如图 6-12 所示。横坐标表示偏差值，纵坐标表示频数。

2. 理论分布曲线

研究加工误差时，常常应用数理统计学中的一些理论分布曲线来近似代替实验分布曲线，这样做可使误差分析问题得到简化。

1）正态分布

概率论已经证明，相互独立的大量微小随机变量，其总和的分布符合正态分布。大量实验表明，在机械加工中，用调整法加工一批零件，当不存在明显的变值性系统误差时，则加工后零件的尺寸近似于正态分布。

正态分布曲线的形状如图 6-13 所示，其概率密度函数的表达式为

$$y=\frac{1}{\sigma\sqrt{2\pi}}e^{-\frac{1}{2}\left(\frac{x-\mu}{\sigma}\right)^2}\quad(-\infty<x<+\infty,\sigma>0)\tag{6-14}$$

式中：y——分布的概率密度；

x——随机变量；

μ——正态分布随机变量总体的算术平均值(数学期望)；

σ——正态分布随机变量的标准差。

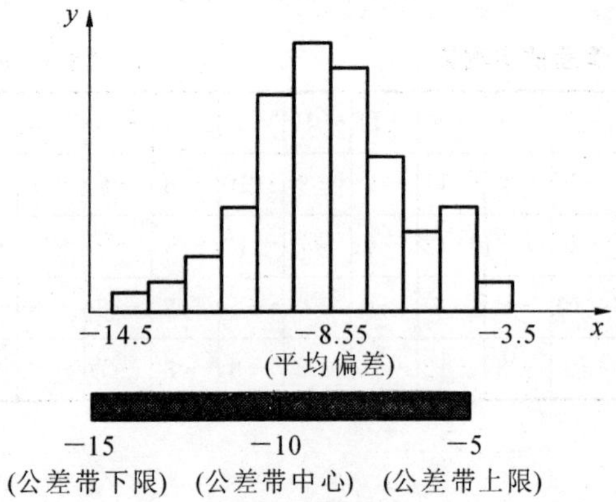

图 6-12 直方图

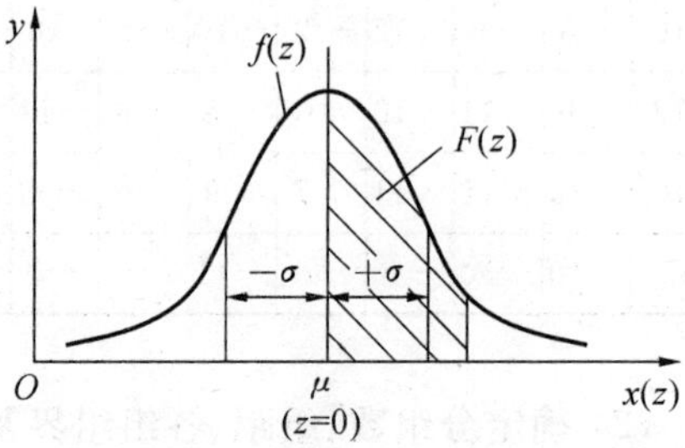

图 6-13 正态分布曲线

由式(6-14)及图 6-13 可知，正态分布曲线具有如下性质：

① 正态分布曲线是关于直线 $x=\mu$ 的对称曲线。

② 当 $x=\mu$ 时，曲线取得最大值：

$$y_{\max}=\frac{1}{\sigma\sqrt{2\pi}} \tag{6-15}$$

③ 在 $x=\mu\pm\sigma$ 处，曲线有拐点；当 $x\to\pm\infty$时，曲线接近 x 轴，即 x 轴为正态分布曲线的渐近线。

④ 如果改变 μ 值，分布曲线将沿横坐标移动而不改变其形状(见图 6-14(a))，这说明 μ 是表征分布曲线位置的参数。

⑤ 从式(6-15) 可以看出，分布曲线的最大值 $y_{\max}$ 与 σ 成反比。由于分布曲线所围成的面积总是等于 1，因此 σ 越小，分布曲线两侧越向中间收紧。反之，当 σ 增大时，$y_{\max}$ 减小，分布曲线会越平坦地沿横轴伸展(见图 6-14(b))。可见 σ 是表征分布曲线形状的参数，它刻画了随机变量 x 取值的分散程度。

平均值 $\mu=0$，标准差 $\sigma=1$ 的正态分布，称为标准正态分布，记为 $x(z)\sim N(0,1)$。

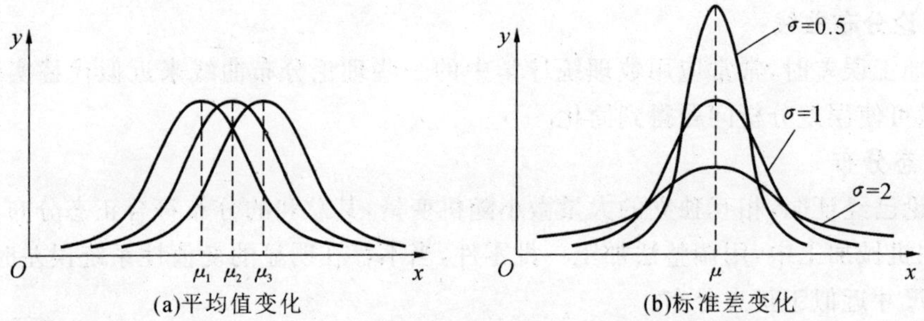

图 6-14 μ、σ 对正态分布曲线的影响

由分布函数的定义可知，正态分布函数是正态分布概率密度函数的积分：

$$F(x)=\frac{1}{\sqrt{2\pi}}\int_{-\infty}^{x}\mathrm{e}^{-\frac{1}{2}\left(\frac{x-\mu}{\sigma}\right)^{2}}\mathrm{d}x \tag{6-16}$$

由式(6-16)可知，$F(x)$为正态分布曲线上、下积分限间包含的面积，它表示了随机变量 x 落在区间$(-\infty,x)$上的概率。为了计算方便，将标准正态分布函数的值计算出来，制成表 6-3。

任何非标准正态分布都可通过坐标变换变为标准的正态分布。

令 $z=\frac{x-\mu}{\sigma}$，则有

$$F(z)=\frac{1}{\sqrt{2\pi}}\int_{0}^{z}\mathrm{e}^{-\frac{z^2}{2}}\mathrm{d}z \tag{6-17}$$

$F(z)$为图 6-13 中阴影部分的面积。对不同 z 值对应的 $F(z)$，可由表 6-3 查出。

表 6-3　不同 z 值对应的 $F(z)$

z	$F(z)$	z	$F(z)$	z	$F(z)$	z	$F(z)$	z	$F(z)$
0.00	0.0000	0.20	0.0793	0.60	0.2257	1.00	0.3413	2.00	0.4772
0.01	0.0040	0.22	0.0871	0.62	0.2324	1.05	0.3531	2.10	0.4821
0.02	0.0080	0.24	0.0948	0.64	0.2389	1.10	0.3643	2.20	0.4861
0.03	0.0120	0.26	0.1023	0.66	0.2454	1.15	0.3749	2.30	0.4893
0.04	0.0160	0.28	0.1103	0.68	0.2517	1.20	0.3849	2.40	0.4918
0.05	0.0199	0.30	0.1179	0.70	0.2580	1.25	0.3944	2.50	0.4938
0.06	0.0239	0.32	0.1255	0.72	0.2642	1.30	0.4032	2.60	0.4953
0.07	0.0279	0.34	0.1331	0.74	0.2703	1.35	0.4115	2.70	0.4965
0.08	0.0319	0.36	0.1406	0.76	0.2764	1.40	0.4192	2.80	0.4974
0.09	0.0359	0.38	0.1480	0.78	0.2823	1.45	0.4265	2.90	0.4981
0.10	0.0398	0.40	0.1554	0.80	0.2881	1.50	0.4332	3.00	0.49865
0.11	0.0438	0.42	0.1628	0.82	0.2039	1.55	0.4394	3.20	0.49931
0.12	0.0478	0.44	0.1700	0.84	0.2995	1.60	0.4452	3.40	0.49966
0.13	0.0517	0.46	0.1772	0.86	0.3051	1.65	0.4505	3.60	0.499841
0.14	0.0557	0.48	0.1814	0.88	0.3106	1.70	0.4554	3.80	0.499928
0.15	0.0596	0.50	0.1915	0.90	0.3159	1.75	0.4599	4.00	0.499968
0.16	0.0636	0.52	0.1985	0.92	0.3212	1.80	0.4641	4.50	0.499997
0.17	0.0675	0.54	0.2004	0.94	0.3264	1.85	0.4678	5.00	0.49999997
0.18	0.0714	0.56	0.2123	0.96	0.3315	1.90	0.4713		
0.19	0.0753	0.58	0.2190	0.98	0.3365	1.95	0.4744		

当 $z=\pm3$ 时，即 $x-\mu=\pm3\sigma$ 时，由表 6-3 查得 $2F(3)=2\times0.49865=99.73\%$。这说明随机变量 x 落在$\pm3\sigma$ 范围内的概率为 99.73%，落在此范围以外的概率仅为 0.27%。因此可以认为正态分布的随机变量的分散范围符合$\pm3\sigma$ 原则。

$\pm3\sigma$ 的概念在研究加工误差时应用很广，是一个重要的概念。6σ 的大小代表了某种加工方法在一定条件下所能达到的加工精度。所以在一般情况下，应使所选择的加工方法的标准差 σ 与公差带宽度 T 之间具有如下关系：

$$6\sigma\leqslant T \tag{6-18}$$

正态分布总体的 μ 和 σ 通常是不知道的，但可以通过它的样本平均值 $\bar{x}$ 和样本标准差 s 来估计。这样，成批加工一批工件，抽检其中的一部分，即可判断整批工件的加工精度。

2）非正态分布

工件的实际分布有时并不近似于正态分布。例如将两次调整下加工的工件或两台机床加工的工件混在一起，尽管每次调整时加工的工件都接近正态分布，但由于其常值性系统误差不同，即两个正态分布中心位置不同，叠加在一起就会得到双峰分布曲线（见图 6-15(a)）。

当加工中刀具或砂轮的尺寸磨损比较显著，所得的一批工件尺寸分布如图 6-15(b)所示。尽管在加工的每一瞬时，工件的尺寸呈正态分布，但是随着刀具和砂轮的磨损，不同瞬时尺寸分布的算术平均值是逐渐移动的，因此分布曲线呈现平顶分布。

当工艺系统存在显著的热变形时，由于热变形在开始阶段变化较快，以后逐渐减弱，直至达到热平衡状态，在这种情况下，分布曲线呈现不对称状态，称为偏态分布（见图 6-15(c)）。

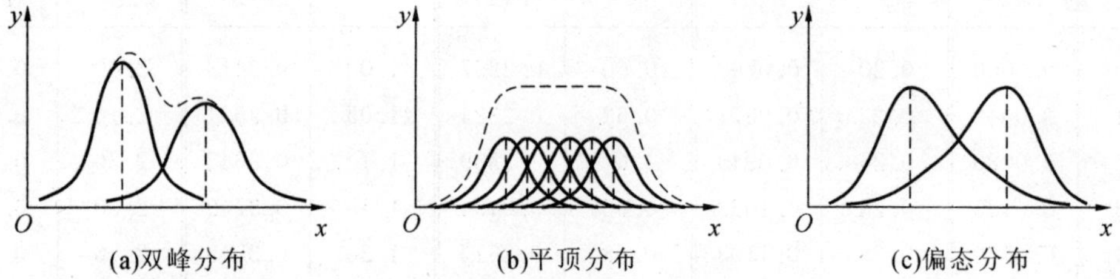

图 6-15 几种非正态分布

3. 分布图分析法的应用

1）判别加工误差性质

如前所述，假如加工过程中没有明显的变值性系统误差，其加工尺寸分布接近正态分布，这是判别加工误差性质的基本方法之一。

在生产中抽样算出 $\bar{x}$ 和 s，绘出分布图，如果 $\bar{x}$ 值偏离公差带中心，则加工过程中有常值性系统误差，其值等于尺寸分布中心与公差带中心的偏移量。如图 6-12 中，常值性系统误差 $\Delta=[-8.55-(-10)]\ \mu\text{m}=1.45\ \mu\text{m}$，这很有可能是由于调整造成的误差。

正态分布的标准差 σ 的大小表明随机变量的分散程度。若样本的标准差 s 较大，说明工艺系统的随机误差显著。

2）确定工序能力及其等级

工序能力是指工序处于稳定、正常状态时，此工序加工误差正常波动的幅值。当加工尺寸服从正态分布时，根据 $\pm 3\sigma$ 原则，其尺寸分散范围是 6σ，所以工序能力就是 6σ。当工序处于稳定状态时，工序能力系数 C_P 按下式计算：

$$C_P = \frac{T}{6\sigma} \tag{6-19}$$

式中：T——工序尺寸公差。

工序能力等级是以工序能力系数来表示的，它代表了工序能满足加工精度要求的程度。根据工序能力系数 C_P 的大小，可将工序能力分为 5 级，如表 6-4 所示，一般情况下，工序能力不应低于二级，即要求 $C_P>1$。

表 6-4 工序能力等级

工序能力系数	工序等级	说明
$C_P>1.67$	特级	工艺能力过高，可以允许有异常波动，但不经济
$1.67\geqslant C_P>1.33$	一级	工艺能力足够，可以允许有一定的异常波动
$1.33\geqslant C_P>1.00$	二级	工艺能力勉强，必须密切注意
$1.00\geqslant C_P>0.67$	三级	工艺能力不足，会出现少量不合格品
$0.67\geqslant C_P$	四级	工艺能力很差，必须加以改进

必须指出，$C_P>1$ 只说明该工序的工序能力可以满足加工精度要求，但加工中是否产生不合格品，还要看调整得是否正确，如加工中有常值性系统误差，μ 就与公差带中心位置 A_M 不重合，此时只有当 $C_P>1$，且 $T\geqslant 6\sigma+2|\mu-A_M|$ 时才不出现不合格品。如 $C_P<1$，则无论怎样调整，不合格品总是不可避免的。

3）估算合格品率或不合格品率

在前述例 6-1 中，有

$$z=\frac{x-\bar{x}}{\sigma}=\frac{-5-(-8.55)}{2.06}=1.72$$

查表 6-3 可知，$F(z)=0.4572$

由此，可确定不合格率

$$Q=0.5-F(z)=0.5-0.4572=0.0428$$

分布图分析法的缺点在于没有考虑一批工件加工的先后顺序，故不能反映误差变化的趋势，难以区别变值性系统误差与随机误差的影响，而且必须等到一批工件加工完毕后才能绘制分布图，因此不能在加工过程中及时提供控制精度的信息。采用下面介绍的点图分析法，可以弥补上述的不足。

6.2.3 点图分析法

点图分析法是指在一批工件的加工过程中，依次测量工件的加工尺寸，并以时间间隔为序，逐个（或逐组）记入相应图表中，从而对其进行分析的方法。

1. $\bar{x}$-R 点图

$\bar{x}$-R 点图（平均值-极差图）作法如下：

顺次地每隔一定的时间抽检一组（m 个，一般 $m=5\sim10$）工件，设每组的平均值为 $\bar{x}$，极差为 R，则

$$\bar{x}=\frac{1}{m}\sum_{i=1}^{m}x_i \tag{6-20}$$

$$R=x_{\max}-x_{\min} \tag{6-21}$$

以各组序号为横坐标，各组的 $\bar{x}$ 和 R 分别作为纵坐标，得到各组号对应的各点值，并作图（见图 6-16）。

$\bar{x}$ 点图反映出加工过程中分布中心的位置及其变化趋势，反映了系统性误差对加工过程的影响。

R 值代表了瞬时分散范围，所以 R 点图反映了加工过程中分散范围的变化趋势，即随机误差的影响。

一个稳定的工艺过程，它的分布中心和分散范围都应当保持不变或变化不大。因此要对工艺过程进行控制，必须用 $\overline{x}$ 和 R 两个点图。

2. $\overline{x}$-R 控制图

在 $\overline{x}$-R 点图上设置平行于横坐标的中心线及上下控制线，即可得到图 6-17 的 $\overline{x}$-R 控制图（该图中 $D_2=0$）。

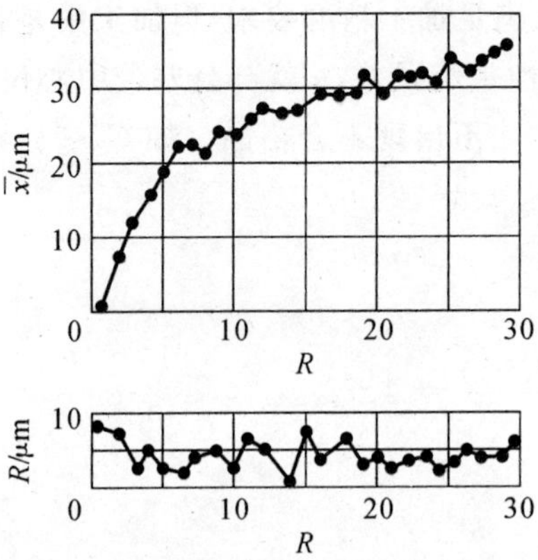

图 6-16 $\overline{x}$-R 点图

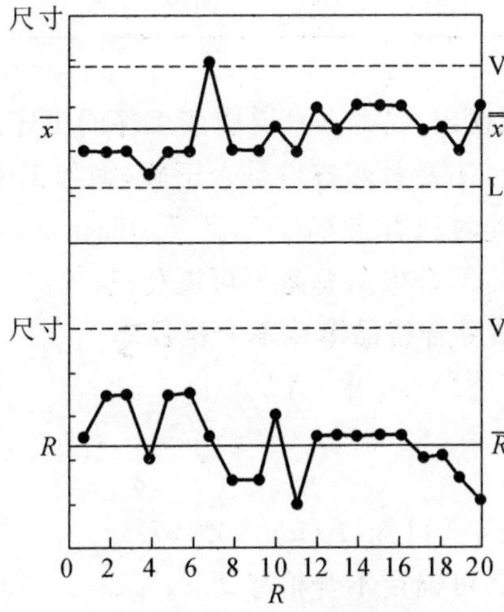

图 6-17 $\overline{x}$-R 控制图

中心线和上、下控制线的确定：

$\overline{x}$ 点图的中心线为

$$\overline{\overline{x}} = \frac{1}{k}\sum_{i=1}^{k}\overline{x}_i \tag{6-22}$$

上控制线为

$$\mathrm{VCL} = \overline{\overline{x}} + A\overline{R} \tag{6-23}$$

下控制线为

$$\mathrm{LCL} = \overline{\overline{x}} - A\overline{R} \tag{6-24}$$

R 点图的中心线为

$$\overline{R} = \frac{1}{k}\sum_{i=1}^{k}R_i \tag{6-25}$$

上控制线为

$$\mathrm{VCL} = D_1\overline{R} \tag{6-26}$$

下控制线为

$$\mathrm{LCL} = D_2\overline{R} \tag{6-27}$$

式中：A、D_1、D_2——系数，见表 6-5；

k——抽检的组数。

表 6-5　系数 A、D_1、D_2

每组件数	2	3	4	5	6	7	8	9	10
A	1.8806	1.0231	0.7285	0.5768	0.4833	0.4193	0.3726	0.3367	0.3082
D_1	3.2681	2.5742	2.2819	2.1145	2.0039	1.9242	1.8641	1.8162	1.7768
D_2	0	0	0	0	0	0.0758	0.1359	0.1838	0.2232

3. 工艺过程稳定性的判别

工艺过程的稳定性是指工件的质量(精度)比较一致,没有什么波动。点的波动有正常波动和异常波动,正常波动说明工艺过程是稳定的;异常波动说明工艺过程不稳定。一旦出现异常波动,就要及时寻找原因,消除产生不稳定的因素。正常波动与异常波动的标志如表 6-6 所示。

表 6-6　正常波动与异常波动的标志

正常波动	异常波动
1. 没有点子超出控制线 2. 大部分点子在中心线上下波动,小部分在控制线附近 3. 点子没有明显的规律性	1. 有点子超出控制线 2. 点子密集在中心线上下附近 3. 点子密集在控制线附近 4. 连续 7 个以上点子出现在中心线一侧 5. 连续 11 个点子中有 10 个以上出现在中心线一侧 6. 连续 14 个点子中有 12 个以上出现在中心线一侧 7. 连续 17 个点子中有 14 个以上出现在中心线一侧 8. 连续 20 个点子中有 16 个以上出现在中心线一侧 9. 点子有上升或下降倾向 10. 点子有周期性波动

习题与思考题

6-1　加工精度包括哪些内容?加工精度的获取方法有哪些?

6-2　什么是主轴回转误差?主轴回转误差的主要形式有哪些?

6-3　普通车床导轨在水平面内和垂直面内的直线度误差对零件加工精度的影响是否相同?为什么?

6-4　普通车床导轨间的平行度误差对零件的加工精度有何影响?

6-5　影响机床传动精度的因素有哪些?

6-6　刀具误差对加工精度有何影响?

6-7　夹具误差对加工精度有何影响?

6-8　在三台车床上分别加工三批工件的外圆表面,加工后经测量,三批工件分别产生了如图 6-18 所示的形状误差,试分析产生上述形状误差的主要原因。

6-9　为什么提高工艺系统刚度首先要从提高薄弱环节的刚度下手?

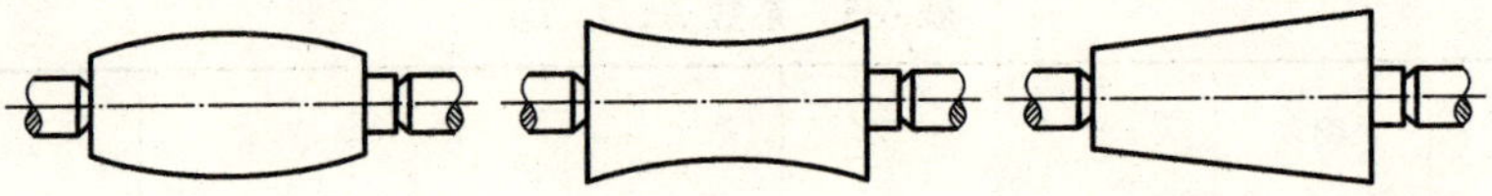

(a) (b) (c)

图 6-18 习题 6-8 图

6-10 比较用两顶尖装夹车粗短轴和细长轴时，受力点位置变化对工件形状精度的影响。

6-11 什么是误差复映？误差复映系数的大小与哪些因素有关？

6-12 减少受力变形对加工精度影响的措施有哪些？

6-13 工艺系统的热源形式有哪些？如何减小工艺系统热变形对加工精度的影响？

6-14 产生工件内应力的原因有哪些？减小或消除内应力变形误差的途径有哪些？

6-15 什么是原理误差、调整误差和测量误差？

6-16 提高加工精度的途径有哪些？

6-17 按照在加工一批工件时的误差表现形式，简述加工误差的分类。

6-18 在无心磨床上磨削一批销轴的外圆，要求外径 $d=\phi 12_{-0.043}^{-0.016}$ mm，抽样一批工件，经实测后计算得到 $\overline{x}=11.974$ mm，$\sigma=0.005$ mm，其尺寸分布符合正态分布，试求该工序的工艺能力系数和该批工件废品率，并判断产生的废品能否修复？

6-19 分布图有何功用？$\overline{x}$-R 点图有何功用？

6-20 说明工艺系统稳定性的概念。

第7章　机械加工表面质量

7.1　加工表面质量概述

加工表面质量包括两方面的内容:加工表面的几何形状误差和表面层金属的力学物理性能和化学性能。

7.1.1　加工表面的几何形状误差

1. 表面粗糙度

表面粗糙度是加工表面的微观几何形状误差,其波长与波高的比值一般小于50。

2. 波度

加工表面不平度中波长与波高的比值等于50～1000的几何形状误差称为波度。它是由机械加工中的振动引起的。

3. 纹理方向

纹理方向是指表面刀纹的方向,它取决于表面形成过程中所采用的机械加工方法。

4. 伤痕

伤痕是在加工表面上一些个别位置上出现的缺陷,例如砂眼、气孔、裂痕等。

7.1.2　表面层金属的力学物理性能和化学性能

由于机械加工中力因素和热因素的综合作用,加工表面层金属的力学物理性能和化学性能将发生一定的变化,主要反映在以下几个方面。

1. 表面层金属的冷作硬化

在机械加工过程中,工件表面层金属都会有一定程度的冷作硬化,使表面层金属的显微硬度有所提高。一般情况下,硬化层的深度可达0.05～0.30 mm,若采用滚压加工,硬化层的深度可达几个毫米。

2. 表面层金属的金相组织变化

机械加工过程中,由于切削热的作用会引起表面层金属的金相组织发生变化。在磨削淬火钢时,由于磨削热的影响,会引起淬火钢的马氏体的分解或出现回火组织等。

3. 表面层金属的残余应力

由于切削力和切削热的综合作用,表面层金属晶格会发生不同程度的塑性变形或产生金相组织的变化,使表面层金属产生残余应力。

7.2 机械加工表面质量对机器使用性能的影响

7.2.1 表面质量对耐磨性的影响

1. 表面粗糙度对耐磨性的影响

表面粗糙度值大，接触表面的实际压强增大，粗糙不平的凸峰间相互咬合、挤裂，使磨损加剧，表面粗糙度值越大越不耐磨；但表面粗糙度值也不能太小，表面太光滑，因存不住润滑油使接触面间容易发生分子黏结，也会导致磨损加剧。表面粗糙度的最佳值与机器零件的工况有关，载荷加大时，磨损曲线向上向右位移，最佳粗糙度值也随之右移，如图 7-1 所示。

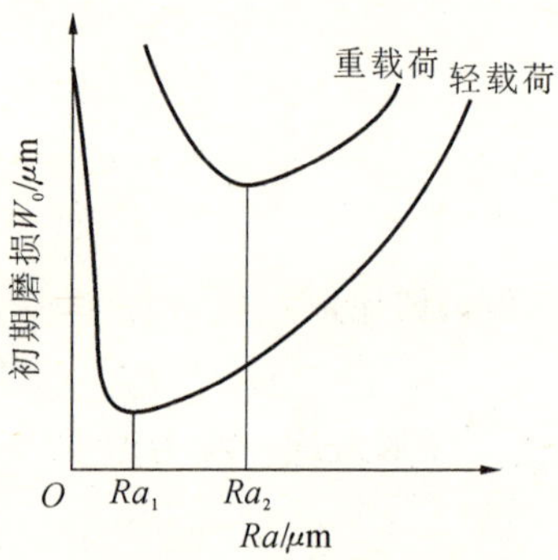

图 7-1 表面粗糙度与初期磨损量的关系

2. 表面纹理对耐磨性的影响

在轻载运动副中，两相对运动零件表面的刀纹方向均与运动方向相同时，耐磨性好；两者的刀纹方向均与运动方向垂直时，耐磨性差，这是因为两个摩擦面在相互运动中，切去了妨碍运动的加工痕迹。但在重载时，两相对运动零件表面的刀纹方向均与相对运动方向一致时容易发生咬合，磨损量反而大；两相对运动零件表面的刀纹方向相互垂直，且运动方向平行于下表面的刀纹方向，磨损量较小。

3. 表面冷作硬化对耐磨性的影响

机械加工后的表面，由于冷作硬化使表面层金属的显微硬度提高，可降低磨损。加工表面的冷作硬化，一般能提高耐磨性；但是过度的冷作硬化将使加工表面金属组织变得疏松，严重时甚至出现裂纹，使磨损加剧。

7.2.2 表面质量对配合性质的影响

加工表面如果太粗糙，必然要影响配合表面的配合质量。对于间隙配合表面，初期磨损的影响最为显著，零件配合表面的起始磨损量与表面粗糙度的平均高度成正比增加，原有间隙将因急剧的初期磨损而改变，表面粗糙度越大，变化量就越大，从而影响配合的稳定性。对于过盈配合表面，表面粗糙度越大，两表面相配合时的表面凸峰易被挤掉，这会使过盈量减少。对于过渡配合表面，则兼有上述两种配合的影响。

7.2.3 表面质量对耐疲劳性的影响

表面粗糙度对承受交变载荷零件的疲劳强度影响很大。在交变载荷作用下，表面粗糙度的凹谷部位容易引起应力集中，产生疲劳裂纹。表面粗糙度值越小，表面缺陷越少，工件耐疲劳性越好；反之，加工表面越粗糙，表面的纹痕越深，纹底半径越小，其抵抗疲劳破坏的能力越差。表面粗糙度对耐疲劳性的影响还与材料对应力集中的敏感程度及材料的强度极限有关。钢材对应力集中最为敏感，钢材的极限强度越高，对应力集中的敏感程度就越大，而铸铁和非铁金属对应力集中的敏感性较弱。

表面层金属的冷作硬化能够阻止疲劳裂纹的生长，可提高零件的耐疲劳性。在实际加工中，加工表面在发生冷作硬化的同时，必然伴随产生残余应力。残余应力有拉应力和压应力之分，拉应力将使耐疲劳性下降，而压应力将使耐疲劳性提高。

7.2.4　表面质量对耐蚀性的影响

零件的耐蚀性在很大程度上取决于表面粗糙度。大气里所含气体和液体与金属表面接触时，会凝聚在金属表面上而使金属腐蚀。表面粗糙度值越大，加工表面与气体、液体接触的面积越大，腐蚀物质越容易沉积于凹坑中，耐蚀性能就越差。

当零件表面层有残余压应力时，能够阻止表面裂纹进一步扩大，有利于提高零件表面抵抗腐蚀的能力。

7.3　影响机械加工表面质量的因素

7.3.1　影响表面粗糙度的因素

1. 切削加工后的表面粗糙度

(1) 刀具几何形状对表面粗糙度的影响。

切削加工后的表面粗糙度，是在刀具的切削刃相对于工件运动时，在已加工表面上遗留下来的切削层残留面积所形成的。如果将切削过程理想化，则表面粗糙度完全是刀具几何形状在切削加工过程中的反映。

但实际上，切削过程中材料的塑性变形，摩擦、积屑瘤以及工艺系统的振动，使得加工痕迹的形状及其规律的分布遭到歪曲，从而使粗糙度的形成过程大为复杂化，使残留面积的最大高度 H 与表面轮廓的算术平均偏差 Ra 并不相等($H>Ra$)。

几何因素所产生的表面粗糙度主要决定于残留面积的高度。减小进给量 f，增大刀尖圆弧半径 r_ε 或减小主、副偏角 κ_r、κ'_r 可以降低残留面积高度，从而减小表面粗糙度。

考虑到刀具刃口表面粗糙度在工件上的复映效果，还应提高刀具刃磨质量。

刀具前角 γ_0 和后角 α_0 虽然不直接影响残留面积，但前角增大，可以减少切削过程中材料的塑性变形，降低表面粗糙度。后角稍微增大可以减小刀刃后面与工件的摩擦，对降低表面粗糙度也是有利的。

(2) 切削用量对表面粗糙度的影响。

从物理因素方面考虑，要减小表面粗糙度主要应避免产生积屑瘤和鳞刺，减小加工中的塑性变形，通常采取的措施是选用合适的切削速度和改善被加工材料的性质。在低、中切削速度下，切削塑性材料时容易产生积削瘤和鳞刺；增大切削速度，使切削变形容易，流动通畅，可以使积削瘤和鳞刺减小甚至消失，从而减小表面粗糙度。

(3) 零件材料性能对表面粗糙度的影响。

对表面粗糙度影响最大的是材料的塑性和金相组织。材料的塑性越大，积削瘤和鳞刺越易生成和长大，表面粗糙度值越大；对于同样的材料，晶粒组织越大，加工后的表面粗糙度值也越大。因此，为了减小表面粗糙度，常在切削加工前对工件作正常化或调质处理，以提高材料的硬度、降低塑性，并得到均匀细密的晶粒组织。

此外，合理选择冷却润滑液可以减小切削过程中工件材料的变形和摩擦，并抑制积削瘤和鳞刺的生成。使用冷却润滑液还可降低切削区的温度，改善切削塑性变形状态，有利于降低表面粗糙度。

2. 磨削加工后的表面粗糙度

磨削时由分布在砂轮表面上的磨粒与被磨表面间做相对转动产生的切削划痕，构成了表面的粗糙度。若单位面积上的磨粒越多，划痕越多越细密，则粗糙度值越低。磨削过程中，砂轮上的磨粒分布不均，粗细、高低不匀，每颗磨粒相当于一个刀刃，且大多数为负前角，磨削时砂轮速度很高，磨削层又薄，此时，比较锋利和突出的磨粒起着切削作用，而较钝的磨粒只是在工件表面划擦而过，有的甚至只起摩擦抛光作用。这样在被磨削表面出现无数微细溜槽，溜槽两侧伴随有塑性隆起，同时，磨削时温度很高，更增加了塑性变形，影响了表面粗糙度。

根据磨削的这些特点，影响磨削表面粗糙度的主要因素有：

(1) 砂轮的选择。

砂轮粒度越细，砂轮单位面积上磨粒数多，参加切削的磨粒也多，因而在工件磨削表面刻痕就细密，但粒度太细砂轮易堵塞，如果得不到及时修整，会使工件温度升高，塑性变形增加，表面粗糙度值增大。

砂轮硬度太高，磨钝后的砂粒不易脱落，"自励性"差，砂轮在工件表面产生强烈的摩擦，易导致工件表面烧伤；硬度太低，砂轮磨损快，会导致粗糙度值增加。故砂轮硬度要适中，具有良好的"自励性"，参加切削的砂粒要多，分布要均匀，加工后的表面粗糙度值就低。

(2) 砂轮的修整。

砂轮修整的目的是使砂轮具有正确的几何形状和锋利的微刃。砂轮经过修整后，砂轮表面平整而切削微刃等高性好，磨出的工件表面粗糙度值就小。

(3) 磨削用量。

磨削是为了使工件表面达到细小的粗糙度，为此一般选用薄的磨削深度、小的进给量、高的磨削速度。薄的磨削深度可使磨削力和磨削热降低，塑性变形和表面的挤压也都小，因而有利于降低粗糙度值。当磨削速度大于工件材料塑性变形速度时，材料来不及变形，因而可减少溜槽两侧的塑性隆起现象，降低表面粗糙度值。

(4) 冷却润滑液的应用。

合理选择冷却润滑液的成分或润滑方式，对减少砂轮磨损、降低磨削区的温度都十分有利，可以有效地降低表面粗糙度值。

7.3.2 影响表面层力学物理性能和化学性能的因素

1. 表面层金属的冷作硬化

1) 冷作硬化及其评定参数

切削过程中产生的塑性变形，会使表面层金属的晶格发生扭曲、畸变，晶粒间产生剪切滑移，晶粒被拉长，甚至破碎，这些都会使表面层金属的硬度和强度提高，这种现象称为冷作硬化，亦称强化。冷作硬化的程度取决于塑性变形的程度。被冷作硬化的金属处于高能位的不稳定状态，一有可能，金属的不稳定状态就要向比较稳定的状态转化，这种现象称为弱化。弱化作用的大小取决于温度的高低、热作用时间的长短和表面层金属的强化程度。由于在加工过程中表面层金属同时受到变形和热的作用，加工后表面层金属的最后性质取决于强化和弱化综合作用的结果。

评定冷作硬化的指标是：表层金属的显微硬度 HV，硬化层深度 h 和硬化程度 N。其中，$N=[(HV-HV_0)/HV_0]\times 100\%$（$HV_0$ 为工件内部金属原来的硬度）。

2）影响冷作硬化的因素

（1）刀具的影响。

切削刃钝圆半径越大，已加工表面在形成过程中受挤压的程度越大，加工硬化程度也越大；当刀具后刀面的磨损量增大时，后刀面与已加工表面的摩擦随之增大，冷作硬化程度也增加；减小刀具的前角，加工表面层塑性变形增加，切削力增大，冷作硬化程度和深度都将增加。

（2）切削用量的影响。

切削速度增大时，刀具对工件的作用时间缩短，塑性变形不充分，随着切削速度的增大和切削温度的升高，冷作硬化程度将会减小。背吃刀量 a_p 和进给量 f 增大，塑性变形加剧，冷作硬化加强。

（3）加工材料的影响。

加工材料的硬度越低、塑性越大，冷作硬化现象越严重。非铁金属的再结晶温度低，容易弱化，因此切削非铁合金工件时的冷硬倾向程度要比切削钢件时的小。

2. 表面层金属的金相组织变化

机械加工过程中，在工件的加工区域，温度会急剧升高，当温度升高到超过工件材料金相组织变化的临界点时，就会发生金相组织变化。切削加工时，切削热大部分被切屑带走，因此影响较小，多数情况下，表层金属的金相组织没有质的变化。磨削加工时，切除单位体积材料所需消耗的能量远大于切削加工，磨削加工所消耗的能量绝大部分要转化为热，磨削热传给工件，使加工表面层金属金相组织发生变化。

磨削淬火钢时，会产生三种不同类型的烧伤：如果磨削区温度超过马氏体转变温度而未超过相变临界温度，这时工件表层金属的金相组织由原来的马氏体转变为硬度较低的回火组织（索氏体或托氏体），这种烧伤称为回火烧伤；如果磨削区温度超过了相变温度，在切削液急冷的作用下，使表层金属发生二次淬火，硬度高于原来的回火马氏体，里层金属则由于冷却速度慢，出现了硬度比原先的回火马氏体低的回火组织，这种烧伤称为淬火烧伤；若工件表层温度超过相变温度，而磨削区又没有冷却液进入，表层金属产生退火组织，硬度急剧下降，称之为退火烧伤。

磨削烧伤严重影响零件的使用性能，必须采取措施加以控制，可采取两个途径：一是尽可能减少磨削热的产生；二是改善冷却条件，尽量减少传入工件的热量。采用硬度稍软的砂轮，适当减小磨削深度和磨削速度，适当增加工件的回转速度和轴向进给量，采用高效冷却方式（如高压大流量冷却、喷雾冷却、内冷却）等措施，都可以降低磨削区温度，防止磨削烧伤。

3. 表面层金属的残余应力

机械加工过程中由于切削变形和切削热等因素的作用在工件表面层材料中产生的内应

力，称为残余应力。

1）冷态塑性变形引起的残余应力

在切削加工过程中，工件表面受到刀具的挤压和摩擦而发生塑性变形。这种变形大多是在工件的法向被压缩，切向伸长；基体在阻碍塑性变形时，自身也发生弹性变形；当刀具的作用过去后，基体弹性恢复，使塑性变形后的表层与基体之间产生内应力。一般，冷态塑性变形造成残余压应力。

2）热态塑性变形引起的残余应力

在切削热作用下，工件表层受热膨胀并处于热塑性状态（塑性提高、强度下降），受温度较低的基体金属牵制而产生塑性变形；表层降温时，其冷缩又受基体阻碍而产生残余拉应力。磨削时，工件表层温度越高，热塑性变形就越大，所造成的残余拉应力可能导致磨削裂纹的产生。

3）金相组织变化引起的残余应力

切削时产生的高温会引起表层金相组织的变化。不同的金相组织有不同的密度，表面层金属金相组织变化引起的体积变化，必然受到与之相连的基体金属的阻碍，因此就有残余应力产生。当表面层金属体积膨胀时，表层金属产生残余压应力，里层金属产生残余拉应力；当表面层金属体积缩小时，表层金属产生残余拉应力，里层金属产生残余压应力。例如，淬火钢磨削时发生回火烧伤，表层组织由马氏体变为索氏体，由于密度增大，使体积减小，结果在表层形成了残余拉应力。

一般情况下，用刀具进行的切削加工以冷态塑性变形为主，所形成的残余应力大小取决于塑性变形和冷作硬化程度；磨削时，上述三种形式的残余应力均有可能出现，但总以其中的一种或两种占主导地位，所形成的残余应力也是它们综合的结果。表面层存在残余压应力时，对零件的使用是有利的，而残余拉应力则有很大的害处。

4. 提高和改善表面层力学物理性能和化学性能的措施

表面层力学物理性能和化学性能对零件的使用性能及寿命有很大影响，尤其对承受高负荷和交变载荷的零件，要求表面有高的强度及残余压应力。无屑加工是有效的方法，如挤压齿轮，冷打花键，滚压内、外圆柱面，冷轧丝杠等，这些方法都通过表面塑性变形最终成形，经变形强化的零件表面同时具有残余压应力，耐磨性和疲劳强度均较高。此外，还可对零件表面进行喷丸强化，用大量快速运动的珠丸打击已加工完毕的工件表面，使表面产生冷硬层和残余压应力。

习题与思考题

7-1 加工表面质量包括哪些具体内容？

7-2 简述机械加工表面质量对零件使用性能的影响。

7-3 影响表面粗糙度的因素有哪些？

7-4 影响表面层力学物理性能和化学性能的因素有哪些？

第8章　机械加工过程中的振动

8.1　振动概述

机械加工过程中产生的振动，是一种十分有害的现象，它会干扰和破坏工艺系统的正常运动，使加工表面产生波纹，影响零件的表面质量和使用性能。由于工艺系统持续承受动态交变载荷的作用，刀具寿命降低，机床连接性受到破坏，精度会逐步丧失，严重时甚至使切削加工无法继续进行。为减少振动，有时不得不降低切削用量，造成机械加工效率降低。此外，振动引起的强烈噪声会危害周围人员的身体健康。

8.1.1　自由振动

自由振动是指当系统受到初始干扰力而破坏了其平衡状态后，系统仅靠弹性恢复力来维持的振动。由于系统中总存在着阻尼，自由振动将逐渐衰减。在切削过程中，由于材料硬度不均或工件表面有缺陷，工艺系统就会产生这类振动，但由于阻尼作用，振动将迅速衰减，因而对机械加工的影响不大。

8.1.2　强迫振动

机械加工过程中的强迫振动是指由于外界周期性干扰力(激振力)的作用而引起的振动。强迫振动是影响加工质量和生产效率的关键因素之一。

1. 强迫振动产生的原因

强迫振动的振源有来自机床内部的，称为机内振源；也有来自机床外部的，称为机外振源。

机内振源主要有机床旋转件的不平衡、机床传动机构的缺陷、往复运动部件的惯性力以及切削过程中的冲击等。

机床中各种旋转零件(如电动机转子、联轴节、带轮、离合器等)，由于形状不对称、材质不均匀或加工误差、装配误差等因素，难免会有偏心质量产生。偏心质量引起的离心惯性力与旋转零件转速的平方成正比，转速越高，产生周期性干扰力的幅值就越大。

齿轮制造不精确或有安装误差会产生周期性干扰力。带传动中的平带接头连接不良，链传动中由于链条运动的不均匀性，以及轴承滚动体大小不一等机床机构的缺陷产生的动载荷都会引起强迫振动。

油泵排出的压力油，其流量和压力是脉动的。由于液体压差及油液中混入空气而产生的空穴现象，也会使机床加工系统产生振动。

在铣削、拉削加工中，刀齿在切入工件或从中切出时，都会有很大的冲击发生。加工断续表面也会发生由于周期冲击而引起的强迫振动。

在具有往复运动部件的机床中，最强烈的振源往往是往复运动部件改变运动方向时所产生的惯性冲击。

2. 强迫振动的特征

1）频率

在机械加工中产生的强迫振动，其振动频率与干扰力的频率相同，或是干扰力频率的整数倍。这种频率的对应关系是诊断机械加工中所产生的振动是否为强迫振动的主要依据，并可利用上述频率特征去分析、查找强迫振动的振源。

2）幅值

强迫振动的幅值既与干扰力的幅值有关，又与工艺系统的动态特性及干扰力频率有关。一般来说，在干扰力源频率不变的情况下，干扰力的幅值越大，强迫振动的幅值将随之增大。工艺系统的动态特性对强迫振动的幅值影响极大。如果干扰力的频率远离工艺系统各阶模态的固有频率，则强迫振动响应将处于机床动态响应的衰减区，振动幅值很小；当干扰力频率接近工艺系统某一固有频率时，强迫振动的幅值将明显增大；若干扰力频率与工艺系统某一固有频率相同，系统将产生共振。如果工艺系统阻尼较小，则共振幅值将很大。根据强迫振动的这一幅频响应特征，可通过改变运动参数或工艺系统的结构，使干扰力源的频率发生变化或让工艺系统的某阶固有频率发生变化，已使干扰力源的频率远离工艺系统的固有频率，强迫振动的幅值就会明显减小。

3）相位角

强迫振动的位移变化总是比干扰力在相位上滞后一个 φ 角，其值与系统的动态特性及干扰力频率有关。

8.1.3 自激振动

1. 自激振动的概念和特性

切削加工时，在没有周期性外力作用的情况下，刀具与工件之间也可能发生强烈的相对振动，并在工件加工表面留下明显的、有规律的振纹。这种由振动系统本身产生的交变力激发和维持的振动称为自激振动，也称颤振。工艺系统在偶发的干扰力作用下产生了瞬间微弱的振动，此振动导致切削力的波动，当切削力的波动反馈到工艺系统起到促进振动作用时，便产生了自激振动。

自激振动具有以下特性：

（1）自激振动的频率接近或等于系统的固有频率，完全由系统本身的参数决定。

（2）自激振动是一种不衰减的振动。振动过程要消耗能量，若没有能量的补充则成为衰减的自由振动。而自激振动会从振动过程中获取能量，来补充阻尼的损失。当获得的能量大于消耗的能量时，振动加剧，表现为振幅加大，使耗能增加；反之则衰减，直至获得能量与消耗能量相等，形成稳定振幅的不衰减振动。

（3）自激振动是由内部激振力引起的。自激振动往往是由一偶然的干扰力诱发的。干扰力消失后，自激振动却持续进行，所以干扰力是外因。自激振动的内因是系统内部在振动开始后有一个能自行产生和维持振动的交变力，因此在自振系统中必定有一个调整环节，能把非振荡性能源转换为交变的内部激振力并得到控制，如图 8-1 所示。因此自激振动可以相当于由内部激振力维持的受迫振动。

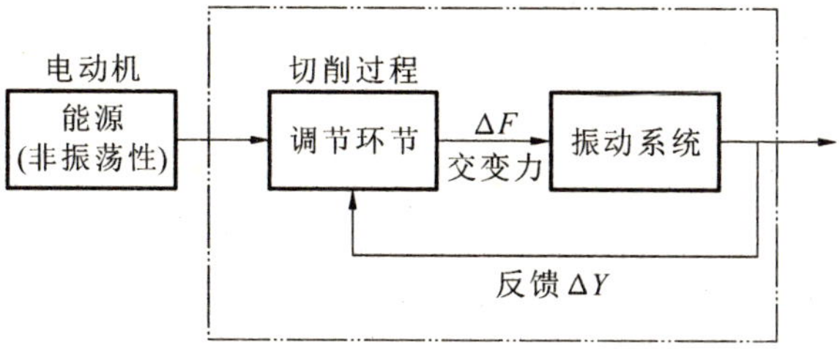

图 8-1　自激振动系统的组成

2. 切削颤振原理

1）再生颤振学说

金属切削过程中，在切削区内往往存在重叠部分，如车削和磨削圆柱面时，刀具或砂轮“踩着”前一圈切出的部分，当前一圈切削因偶然因素在表面上留有振纹时，此振纹就成了继续切削时产生颤振的初始条件。

刀具在有波纹的表面切削时，切削力会因切削厚度的变化而发生周期性的变化，使工艺系统受到交变力的作用，易引起颤振。而产生颤振，且颤振得以持续的关键问题是振动系统如何从振动循环中获得能量，图 8-2 所示的切削过程可以说明这个问题。

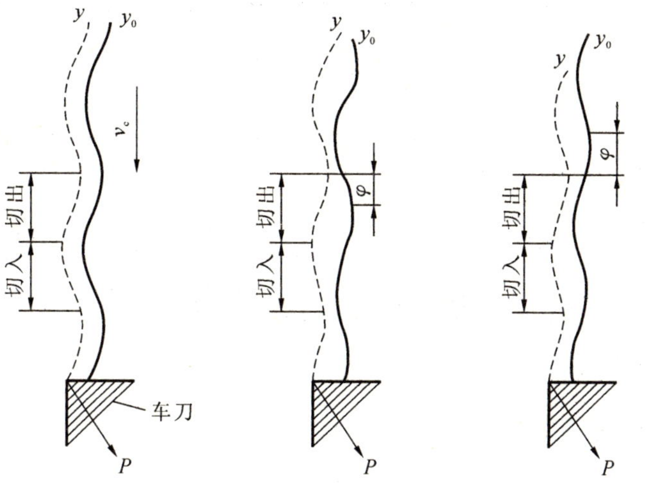

(a) 相位相同情况　(b) 相位滞后情况　(c) 相位超前情况

图 8-2　再生颤振示意图

当前一圈切削所产生的振纹 y_0 和延续到本圈切削的振纹 y 相位相同时，如图 8-2(a)所示，切削厚度没有大的变化，切削力波动很小，系统不发生振动。

当 y 比 y_0 相位滞后 φ 角，刀具向工件切入切出时，切削厚度是变化的。刀具切入过程中，切削力与刀具切入方向相反，对刀具做负功；切出时，切削力与刀具切出(后退)的方向相同，对刀具做正功。由图 8-2(b)可见，在刀具切入的半个周期内，切削平均厚度比切出的半个周期小。因此，在一个振动周期内，切削力对刀具做的正功大于负功，正、负功相抵后振动系统还获得了一部分能量，使振动得以维持。

如果 y 比 y_0 相位超前，如图 8-2(c)所示，则与上述情况相反，在振动周期内振动系统将损失能量，使振动很快衰减。

y 与 y_0 的相位关系取决于振动频率与工件转速之比，当后一圈切削波纹的相位比前一圈滞后，就构成了产生再生颤振的条件。振动系统可从振动周期中获得能量，使颤振能持续稳定地维持。

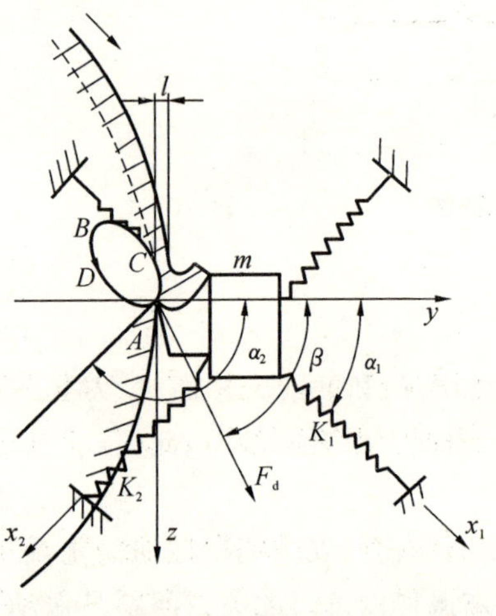

图 8-3 具有两个自由度的振动系统

2) 振型耦合学说

以车削为例，用实验手段可测得在切削过程中刀尖以椭圆形的轨迹发生位置变化。如图 8-3 所示，刀尖振动时走过 $A \rightarrow C \rightarrow B \rightarrow D \rightarrow A$ 的轨迹，此过程伴随着切削厚度的变化，使切削力产生周期性的变化，维持颤振。刀尖的这种运动轨迹还说明了此时的颤振是多自由度的振动系统，通常视为两个自由度的振动系统。设刀具和刀架的质量为 m，分别是刚度为 K_1 和 K_2 互相垂直的双向弹性支承，同时在 x_1 和 x_2 两个方向上以不同的振幅和相位振动。刀尖在前半周切入($A \rightarrow C \rightarrow B$)时，切削分力 F_d 方向与刀尖位移方向相反，切削力对刀具做负功；后半周切出时，切削力对刀具做正功。同时从图中可见，刀具切入的前半周平均切削厚度较小，切出的后半周平均切削厚度较大，因此切削分力对刀具做的正功大于负功，振动系统在振动循环中可获得能量，以维持颤振。获得能量越多，颤振的振幅就越大。

颤振是否发生，与两个弹性支承的方向和刚度大小的配置有关。根据理论分析并经实验证明，若 x_1 在 y 轴与切削分力 F_d 之间，即 $0 < \alpha_1 < \beta$，且 $K_1 > K_2$ 时，颤振不发生；而 $K_1 < K_2$ 时，则产生颤振。

8.2 机械加工振动的控制

8.2.1 强迫振动的控制

1. 强迫振动的控制依据

从强迫振动的产生原因和特征可知，强迫振动的频率与外界干扰力的频率相同(或是它的整数倍)。强迫振动与外界干扰力在频率方面的对应关系是诊断机械加工振动是否属于强迫振动的主要依据。可采用频率分析方法，对实际加工中的振动频率成分逐一进行诊断和判别。

2. 强迫振动的控制程序

1) 现场拾振

现场拾振是指在现场加工条件下，沿加工部位附近的振动敏感方向，用传感器拾取机械加工过程中的振动响应信号，经放大后由磁带机录制在磁带上。

2）频谱分析处理

将拾取的振动响应信号输入频谱分析仪做自功率谱密度函数处理，自谱图上各峰值点的频率即为机械加工的振动频率。自谱图上较为明显的峰值点有多少个，机械加工系统中的振动频率成分就有多少个。在位移谱图上，峰值最大的振动频率成分就是机械加工系统的主振频率成分。

3）进行环境试验、查找机外振源

在机床处于完全停止的状态下，拾取振动信号，进行频谱分析。此时所得到的振动频率成分均为机外干扰力源的频率成分。然后将这些频率成分与现场加工的振动频率成分进行对比，如两者完全相同，则可判定机械加工中产生的振动属于强迫振动，且干扰力源在机外环境中。如现场加工的主振频率成分与机外干扰力频率不一致，则需进行空运转试验。

4）进行空转试验、查找机内振源

机床按加工现场所用运动参数进行运转，但不对工件进行切削加工。采用相同的办法拾取振动信号，进行频谱分析，确定干扰力源的频率成分，并与现场加工的振动频率成分进行对比。除已查明的机外干扰力源的频率成分之外，如果两者完全相同，则可判定现场加工中产生的振动属于强迫振动，且干扰力源在机床内部。如果两者不完全相同，则可判断在现场加工的所有振动频率中，除去强迫振动的频率成分外，其余频率成分有可能是自激振动。

如果干扰力源在机床内部，还应查找其具体位置。可采用分别单独驱动机床各运动部件，进行空运转试验，查找振源的具体位置。但有些机床无法做到这一点，比如车床除可单独驱动电动机外，其余运动部件一般无法单独驱动。此时，则需对所有可能产生振动的运动部件，根据运动参数（如传动系统中各轴的转速、齿轮齿数等）计算频率，并与机内振源的频率相对照，确定机内振源位置。

8.2.2　再生颤振的控制

1. 控制参数

再生颤振是指由切削厚度变化效应产生的动态切削力激起的，而切削厚度的变化则主要是由切削过程中被加工表面前、后转（次）切削振纹相位上不同步引起的，相位差 φ 的存在是引起再生颤振的根本原因，它的大小决定了机床加工系统的稳定状态。因此，可用相位差 φ 作为诊断再生颤振的诊断参数。

2. 相位差 φ 的测量与计算

由于颤振信号通常是混频信号，且一般来说，遗留在工件表面上的振痕并不是刀具、工件间相对振动的简单再现，因而要想直接测量工件表面上前、后两转（次）切削振痕的相位差 φ 是不可能的。相位差 φ 可通过测量颤振频率 f(Hz)及工件转速 n(r/min)间接求得。

以车削为例，工件每旋转一转的切削振痕数 J 为

$$J=\frac{60f}{n}=J_z+J_\omega \tag{8-1}$$

式中：J_z——J 中的整数部分；

J_ω——J 中的小数部分。

相位差 φ 可通过 J_ω 间接求得

$$\varphi = 360^\circ(1 - J_\omega) \tag{8-2}$$

对式(8-2)进行全微分、增量代换及取绝对值,可得相位差 φ 的测量误差为

$$|\Delta\varphi| \leqslant \frac{21600^\circ}{n^2}(f|\Delta n| + n|\Delta f|) \tag{8-3}$$

式中:Δn——工件转速的测量误差;

Δf——颤振频率的测量误差。

如果测量误差 $\Delta\varphi$ 的要求一定,由式(8-3)可计算确定转速 n 和颤振频率 f 的测量精度。如果测量误差 Δn 和 Δf 已确定,也可通过该式来估计相位差 φ 的测量误差。

为避免错判现象发生,相位差 φ 的测量误差应不大于 10°。在通常的机床结构及常用的切削参数条件下,若满足 $|\Delta\varphi| \leqslant 10^\circ$ 的要求,应使工件转速的测量误差 $|\Delta f| \leqslant 0.02$ Hz。一般来说,较高的转速测量精度比较容易获得,但采用通常的频谱分析技术,其频率分辨率是无法达到 0.02 Hz 的。为获得较高的频率分辨率,在再生颤振的诊断中,需采用频率细化技术。

在诊断过程中,振动信号的拾取与工件转速的测量同步进行。由经频率细化处理所得颤振频率 f 和切削时实际测得的工件转速 n,通过式(8-1)、式(8-2)即可求得相位差 φ。

3. 再生颤振的控制要领

如果机械加工过程中发生了强烈振动,可设法测得被切工件前、后两转(次)振纹的相位差 φ。若相位差 φ 位于Ⅰ、Ⅱ象限内(即 $0^\circ < \varphi < 180^\circ$),则可判定机械过程中有再生颤振产生;若相位差 φ 位于Ⅲ、Ⅳ象限内(即 $180^\circ < \varphi < 360^\circ$),则可判定该振动不是再生颤振。

8.2.3 振型耦合的控制

1. 控制参数

对于多自由度振动系统,刀具的振动轨迹一般都不是直线,而是封闭的空间曲线;对于二自由度振动系统,其振动轨迹为椭圆形曲线。由振型耦合原理可知,振动系统的稳定性取决于椭圆型振动轨迹的转向和椭圆长轴的方位。在图 8-3 中,z 向振动相对于 y 向振动的相位差 φ 的大小不同,椭圆型振动轨迹的转向和椭圆长轴的方位均会发生变化。理论分析结果表明:当相位差 φ 位于Ⅰ、Ⅲ象限时,加工系统有振型耦合产生;当相位差 φ 位于Ⅱ、Ⅳ象限时,加工系统是稳定的。由此可知,z 向振动相对于 y 向振动的相位差 φ 可作为诊断振型耦合的诊断参数。

2. 振型耦合的控制要领

如果切削过程中发生了强烈颤振,可设法测得 z 向振动相对于 y 向振动在主振频率处的相位差 φ。若相位差 φ 位于Ⅰ、Ⅲ象限,则可判断机械加工过程中有振型耦合产生;若相位差 φ 位于Ⅱ、Ⅳ象限,则可判断机械加工过程中产生的振动不是振型耦合。

8.3　控制机械加工振动的途径

8.3.1　消除或减弱产生振动的条件

1. 消除或减弱产生强迫振动的条件

1）消除或减小内部振源

机床上的高速回转零件必须满足动平衡要求；提高传动元件及传动装置的制造精度和装配精度，保证传动平稳；使动力源与机床本体分离。

2）调整振源的频率

在选择转速时，使可能引起强迫振动的振源频率 f 远离机床加工系统薄弱环节的固有频率 f_n，一般应满足：

$$\left|\frac{f_n - f}{f}\right| \geqslant 0.25 \tag{8-4}$$

3）采取隔振措施

隔振有两种方式：一种为主动隔振，是为了阻止机床振源通过地基外传；另一种是被动隔振，是阻止机外干扰力通过地基传给机床。常用的隔振材料有橡皮、金属弹簧、空气弹簧、矿渣棉、木屑等。

2. 消除或减弱产生自激振动的条件

1）调整振动系统小刚度主轴的位置

图 8-4(a)所示尾座结构为小刚度主轴 x_1 刚好落在切削力 F 与 x 轴的夹角 β 范围内，容易产生振型耦合。图 8-4(b)所示尾座结构较好，小刚度主轴 x_1 落在切削力 F 与 x 轴的夹角 β 范围之外。除改进机床结构设计之外，合理安排刀具与工件的相对位置，也可调整刚度主轴的相对位置。

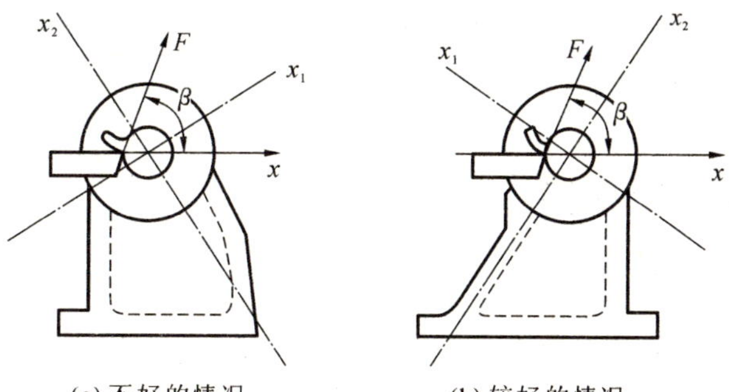

(a) 不好的情况　　(b) 较好的情况

图 8-4　两种尾座结构

2）减小重叠系数

再生颤振是由于在有波纹的表面上进行切削引起的，如果本转(次)切削不与前转(次)切削振痕相重叠，就不会有再生颤振发生。图 8-5 中的 ED 是上转(次)切削留下的带有振痕的切削宽度，AB 是本转(次)切削的切削宽度，重叠系数：

$$\mu = \frac{CD}{AB} = \frac{ED - EC}{AB} = \frac{AB - EC}{AB} = 1 - \frac{\sin\kappa_r \sin\kappa'_r}{\sin(\kappa_r + \kappa'_r)} \times \frac{f}{a_p} \tag{8-5}$$

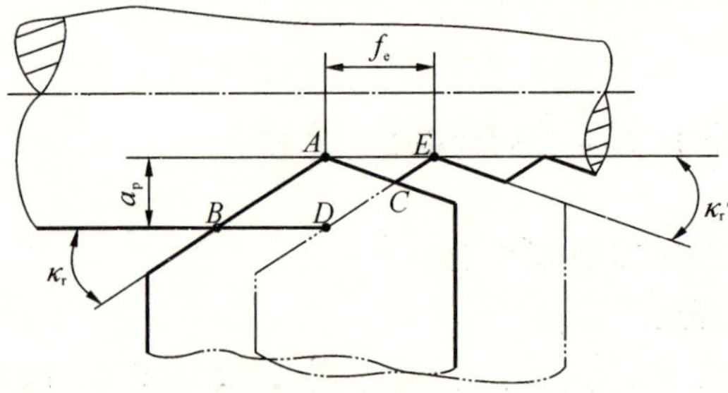

图 8-5　重叠系数

重叠系数越小，就越不容易产生再生颤振。μ 值大小取决于加工方式、刀具的几何形状及切削用量等。适当增大刀具的主偏角 κ_r 和进给量 f，均可减小重叠系数 μ。

3）减小切削刚度

减小切削刚度可以减小切削力，可以降低切削厚度变化效应（再生效应）和振型耦合效应的作用。改善工件材料的可加工性、增大前角、主偏角和适当提高进给量等，均可使切削刚度下降。

8.3.2　改善工艺系统的动态特性

1. 提高工艺系统的刚度

提高工艺系统薄弱环节的刚度，可以有效地提高机床加工系统的稳定性。提高各结合面的接触刚度，对主轴支承施加预载荷，对刚性较差的工件增加辅助支承等都可以提高工艺系统的刚度。

2. 增大工艺系统的阻尼

增大工艺系统中的阻尼，可通过多种方式实现。例如，使用高内阻材料制造零件，增加运动件的相对摩擦，在床身、立柱的封闭内腔中充填型砂，在主振方向安装阻振器等。

8.3.3　采用减振装置

1. 动力式减振器

它是用弹性元件 k_2 将一个附加质量 m_2 连接到主振系统 m_1、k_1 上（见图 8-6），利用附加质量的动力作用，使其加到主振系统上的作用力（或力矩）与激振力（或力矩）大小相等、方向相反，从而达到抑制主振系统振动的目的。

2. 摩擦式减振器

它是利用摩擦阻尼来消散振动能量。图 8-7 是一个装在车床尾架上的摩擦式减振器，它是靠填料圈的摩擦阻尼来减小振动。

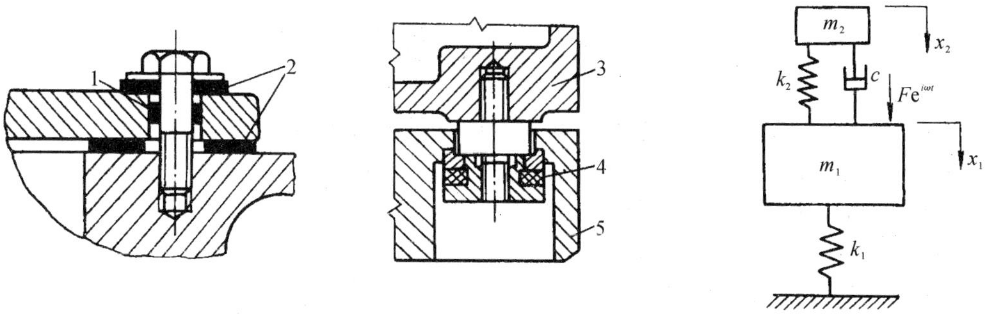

图 8-6　动力式减振器

1—橡皮圈；2—橡皮垫；3—机床；4—弹簧阻尼元件；5—附加质量 m_2

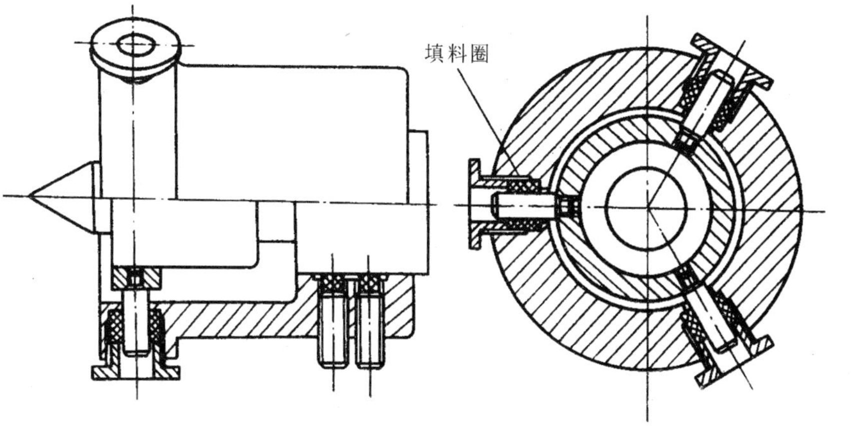

图 8-7　装在车床尾架上的摩擦式减振器

3. 冲击式减振器

图 8-8(a)、(b)分别是冲击式减振镗杆和冲击式减振镗刀的结构示意图，它们都是利用两物体相互碰撞要损失动能的原理，在振动体 M 上装上一个起冲击作用的自由质量 m。系统振动时，自由质量 m 反复冲击振动体 M，消耗振动体的能量，达到减振目的。

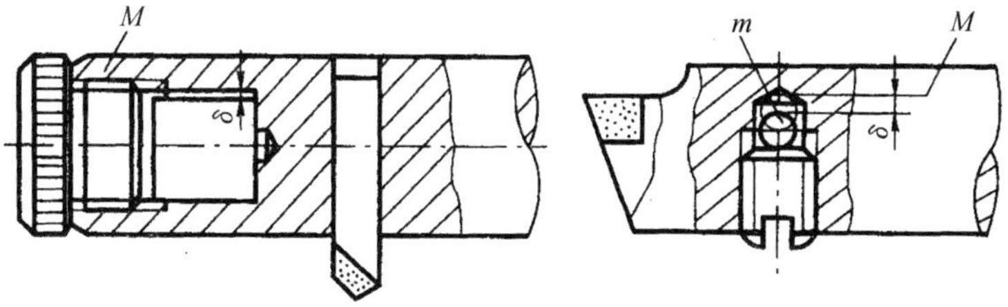

(a) 冲击式减振镗杆　　(b) 冲击式减振镗刀

图 8-8　冲击式减振器

习题与思考题

8-1 机械加工中的振动有哪些？对机械加工有何影响？

8-2 在机械加工过程中，产生强迫振动的原因有哪些？

8-3 机械加工过程中的自激振动有何特点？

8-4 简述再生颤振、振型耦合的激振机理。

8-5 简述强迫振动的诊断依据及程序。

8-6 简述再生颤振、振型耦合的控制要领。

8-7 简述控制机械加工振动的途径。

第 4 篇　工艺过程设计

第9章 机械加工工艺规程设计

9.1 工艺规程设计概述

9.1.1 生产过程与工艺过程

机械产品制造时，将原材料转变为成品的全部过程称为生产过程。对机器生产而言包括原材料的运输和保存，生产的准备，毛坯的制造，零件的加工和热处理，产品的装配及调试，油漆，包装等内容。生产过程的内容十分广泛，现代企业用系统工程学的原理和方法组织生产和指导生产，将生产过程看成是一个具有输入和输出的生产系统。

在生产过程中，直接改变原材料(或毛坯)形状、尺寸、位置和性能，使之变为成品或半成品的过程，称为工艺过程，它是生产过程的主要部分。工艺过程又可分为铸造、锻造、冲压、焊接、热处理、机械加工、装配等类别。机械制造工艺过程一般是指零件的机械加工工艺过程和机器的装配工艺过程的总和，其他过程则称为辅助过程，例如检验、清洗、包装、转运、保管、动力供应、设备维护等。用切削的方法逐步改变毛坯或半成品的形状、尺寸和表面质量，使之成为合格的零件所进行的工艺过程，称为机械加工工艺过程。在机械制造业中，机械加工工艺过程是最主要的工艺过程。

9.1.2 机械加工工艺过程组成

机械制造工艺过程是由一系列按顺序排列的工序组成的，毛坯依次按照这些工序内容要求进行生产加工而成为成品。工序可分为工艺过程工序和辅助过程工序。工艺过程工序主要包括铸造工序、锻造工序、冲压工序、焊接工序、热处理工序、机械加工工序、装配工序等。辅助过程工序主要包括清洗工序、质检工序、包装工序、涂漆工序、转运工序等。机械加工工艺过程主要由机械加工工序组成，而机械加工工序又可细分为工步、装夹和工位。本章所提到的工序未经说明专指机械加工工序。

1. 工序

工序是指一个或一组操作者，在一个工作地点或一台机床上对同一个或同时对几个零件进行加工所连续完成的那一部分工艺过程。工序是工艺过程的基本组成单元，是安排生产作业计划、制定劳动定额和资源调配的基本计算单元。只要操作者、工作地点或机床、加工对象三者之一变动或者加工不是连续完成，就不是一道工序。同一零件、同样的加工内容也可以安排在不同的工序中完成。制定机械加工工艺过程，必须确定该工件要经过几道工序以及工序进行的顺序。仅列出主要工序名称及其加工顺序的简略工艺过程，简称为工艺路线。

2. 工步

指在同一个工序中，当加工表面不变、切削工具不变、切削用量中的进给量和切削速度

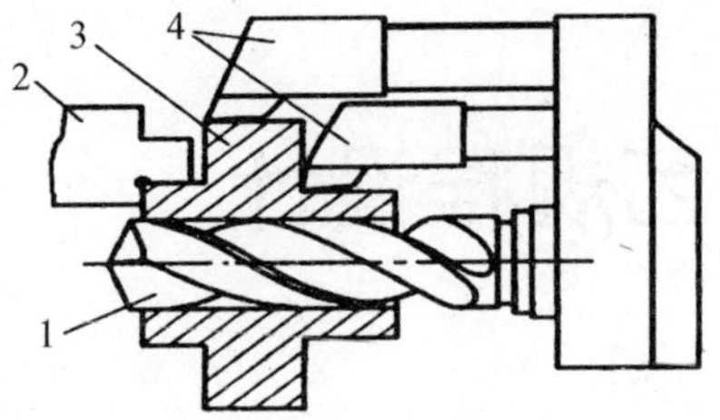

图 9-1 复合工步

1—钻头；2—夹具；3—零件；4—工具

不变的情况下所完成的那部分工艺过程。当构成工步的任一因素改变后，即成为新的工步。一个工序可以只包括一个工步，也可以包括几个工步。在机械加工中，有时会出现用几把不同的刀具同时加工一个零件的几个表面的工步，称为复合工步，如图 9-1 所示。有时，为提高生产效率，会出现在铣床用组合铣刀铣平面的情况，则可视为一个复合工步。

3. 工作行程

工作行程在生产中也称为走刀。当加工表面由于被切去的金属层较厚，需要分几次切削，在加工表面上切削一次所完成的那一部分工步称为走刀，每切去一层材料称为一次走刀。一个工步可包括一次或几次走刀。

4. 安装

安装是指零件经过一次装夹后所完成的那一部分工序。将零件在机床上或夹具中定位、夹紧的过程称为装夹。在一个工序中，零件可能装夹一次，也可能需要装夹几次，但是应尽量减少装夹次数，以免产生不必要的误差和增加装卸零件的辅助时间。如果一个工序的零件经过多次装夹才能完成，则该工序包括多个安装。

5. 工位

为了减少零件装夹次数、提高生产率，常采用转位（移位）夹具、回转工作台，使零件在一次装夹后能在机床上依次占据几个不同的位置进行多次加工。零件在机床上所占据的每一个待加工位置称为工位。如图 9-2 所示为回转工作台上一次安装完成零件的装卸、钻孔、扩孔和铰孔 4 个工位的加工实例。采用这种多工位加工方法，可以提高加工精度和生产率。

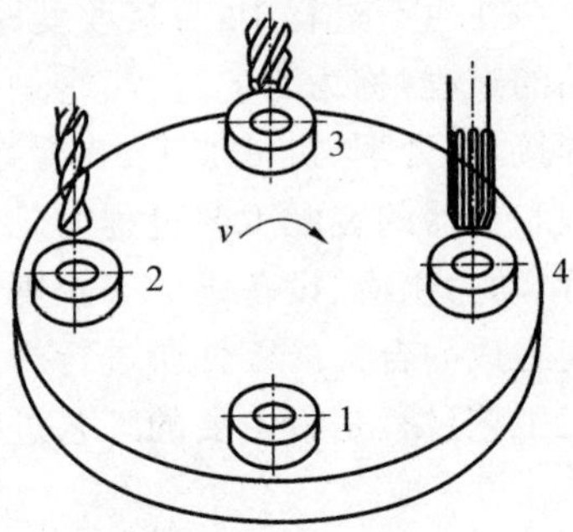

图 9-2 多工位加工

1—装卸；2—钻孔；3—扩孔；4—铰孔

9.1.3 生产类型及其工艺特点

1. 生产纲领

企业在计划期内应当生产的某种产品的产量和进度计划称为该产品的生产纲领。机器产品中某零件的年生产纲领应将备品及废品也计入在内，并按下式计算：

$$N = Qn(1 + \alpha\%) + (1 + \beta\%) \tag{9-1}$$

式中：N——零件的生产纲领（件）；

Q——产品的年产量（台）；

n——每台产品中该零件的数量（件/台）；

$\alpha\%$——备品率；

$\beta\%$——废品率。

年生产纲领是设计和修改工艺规程的重要依据，是车间或企业设计的基本文件，其确定后方可确定生产批量。生产批量是指一次投入或产出的同一产品（零件）的数量。

2. 生产类型

在机械制造业中，根据零件生产纲领或生产批量可以把生产划分成几种不同的类型：

单件生产、成批生产和大量生产。

1）单件生产

单件生产的基本特点是产品品种繁多，每种产品仅制造一个或几个，而且很少再重复生产，甚至完全不重复。重型机器制造、大型船舶制造、非标准专用设备产品及设备修理、产品试制等通常属于这种类型。

2）成批生产

成批生产的基本特点是生产某几种产品，每种产品均有一定数量，各种产品是分期分批轮番生产，工作地点的加工对象周期性重复。普通车床、工程机械等许多标准通用产品的生产属于这种类型。成批生产中，同一产品或零件每批投入生产的数量称为批量。根据产品批量的大小，成批生产又分为小批生产、中批生产、大批生产。小批生产的工艺特点接近单件生产，常将两者合称为单件小批生产。大批生产的工艺特点接近大量生产，常合称为大批大量生产。

3）大量生产

大量生产的基本特点是产品的产量大、品种少，大多数在工作地点长期重复地进行某一种零件的某一工序的加工。如汽车、拖拉机、轴承等的生产通常是以大量生产方式进行的。

生产类型的划分，可根据生产纲领和产品及零件的特征或按工作地点每月担负的工序数，参照表 9 -1 确定。

表 9-1　生产类型划分方法

生产类型	工作地点每月负担的工序数	产品年产量		
		重型（零件质量大于 2000 kg）	中型（零件质量大于 2000 kg）	轻型（零件质量大于 2000 kg）
单件生产	不作规定	＜5	＜20	＜100
小批生产	＞20～40	5～100	20～200	100～500
中批生产	＞10～20	100～300	200～500	500～5000
大批生产	＞1～10	300～1000	500～5000	5000～50000
大量生产	1	＞1000	＞5000	＞50000

对不同生产类型，为获得最佳技术经济效果，其生产组织、车间布置、毛坯制造方法、夹具使用、加工方法及对工人的技术要求等各方面均不相同，各种生产类型的工艺特点见表 9-2。从表中可看出，在制定零件的机械加工工艺规程时，应首先确定生产类型，根据不同生产类型的工艺特点，制定出合理的工艺规程。

表 9-2　各种生产类型的工艺特点

项目	工艺特点		
	单件生产	成批生产	大量生产
毛坯制造方法及加工余量	铸件用木模手工造型，锻件用自由锻造	部分铸件用金属模，部分锻件用金属模，加工余量中等	铸件广泛采用金属模机器造型，锻件广泛采用模锻及其他高生产率的毛坯制造方法，毛坯精度高，加工余量小
机床设备及布置	采用通用机床，按机群式布局	采用部分通用机床及部分高生产率专用机床，按零件类型分工段安排	广泛采用高生产率机床及自动机床，按流水线排列或采用自动线进行生产

续表

项目	工艺特点		
	单件生产	成批生产	大量生产
工件互换性	一般采用配对制造，缺乏互换性，广泛采用钳工修配	大部分具有互换性，少数用钳工修配	全部具有互换性，有些精度较高的装配件用分组选择装配法
夹具	多用通用夹具，很少用专用夹具，靠划线和试切法保证尺寸精度	用专用夹具，部分靠划线和试切法保证加工精度	广泛采用高生产率夹具，靠夹具及调整法保证加工精度
刀具及量具	用通用刀具及万能量具	较多采用通用刀具及万能量具	广泛采用高效专用刀具和量具
对工人技术要求	熟练	中等熟练	对操作工人要求一般，对调整工人技术要求高
工艺规程	只编制简单的工艺过程卡片	编制较详细的工艺卡片	编制工艺卡片或工序卡片，有详细的工艺文件
生产率	低	中	高
成本	高	中	低
发展趋势	采用柔性好的数控机床，箱体类复杂零件采用加工中心或柔性制造单元	采用由数控机床及加工中心或柔性制造系统等进行加工	在计算机控制的自动化制造系统中加工，并可能实现在线故障诊断、自动报警和加工误差自动补偿

9.1.4 机械加工工艺规程的概念

机械加工工艺规程是规定产品或零部件机械加工工艺过程和操作方法等的工艺文件，它是在具体的生产条件下，把较为合理的工艺过程和操作方法，按照规定的形式书写成工艺文件，经审批后用来指导生产。机械加工工艺规程一般包括以下内容：工艺路线、各工序的具体内容及所用的设备和工艺装备、工件的检验项目及检验方法、切削用量、时间定额等。

其中，工艺路线是指产品或零部件在生产过程中，由毛坯准备到成品包装、入库各个过程的先后顺序，是描述物料加工、零部件装配等操作顺序的技术文件，是多个工序的序列。工艺装备(简称工装)是产品制造过程中所用各种工具的总称，包括刀具、夹具、量具、模具和其他辅助工具等。

9.1.5 机械加工工艺规程的作用

(1) 工艺规程是指导生产的重要技术文件。

工艺规程是依据工艺学原理和工艺试验，在总结实际生产经验和科学分析的基础上，经过生产验证而确定的，是科学技术和生产经验的结晶。所以，它是获得合格产品的技术保证，是指导企业生产活动的重要文件。因此，在生产中必须遵守工艺规程，只有这样才能实现优质、高产、低成本和安全生产。但是，工艺规程也不是固定不变的，技术人员经过总结、革新和创造，可以根据生产实际情况，对现行工艺不断地进行改进和完善，但必须要有严格的审批手续。

(2) 工艺规程是生产准备和生产管理的重要依据。

生产计划的制定，产品投产前原材料和毛坯的供应、工艺装备的设计、制造与采购、机床负荷的调整、作业计划的编排、劳动力的组织、工时定额的制定以及成本的核算等，都是以工艺规程作为基本依据。

(3) 工艺规程是设计或改(扩)建工厂的主要依据。

在新建和扩建工厂(车间)时，生产所需要的机床和其他设备的种类、数量和规格，车间的面积、机床的布置、生产工人的工种、技术等级及数量、辅助部门的安排等都是以工艺规程为基础，根据生产类型来确定。

(4) 工艺规程是工艺技术交流的主要文件形式。

工艺规程还起着交流和推广先进制造技术经验的作用。典型工艺规程可以缩短工厂摸索和试制的过程。

经济合理的工艺规程是在一定的技术水平及具体的生产条件下制定的，是相对的，是有时间、地点和条件的。因此，虽然在生产中必须遵守工艺规程，但工艺规程也要随着生产的发展和技术的进步不断改进，生产中出现了新问题，就要以新的工艺规程为依据组织生产。但是，在修改工艺规程时，必须采取慎重和稳妥的步骤，即在一定的时间内要保证既定的工艺规程具有一定的稳定性，要力求避免贸然行事，决不能轻率地修改工艺规程，以免影响正常的生产秩序。

9.1.6　机械加工工艺规程的内容和格式

机械加工工艺规程的主要内容包括工艺路线、设备和工艺装备、切削用量、时间定额等。这些内容规定了零部件生产过程中各个环节所必须遵循的方法、步骤和技术要求，包括产品特征和质量标准、原材料及辅助原料的特征和质量标准、生产工艺流程、主要工艺技术条件、半成品质量标准、生产工艺主要工作要点、主要技术经济指标和成品质量指标的检查项目及次数、工艺技术指标的检查项目及次数、专用器材特征及质量标准等。

各企业所用工艺规程根据企业具体情况而定，格式虽不统一，但内容大同小异。一般来说，工艺规程的形式按其内容详细程度，可分为以下几种：

1. 工艺过程卡片

它是以工序为单位简要说明产品或零部件的加工过程的一种工艺文件，是一种最简单和最基本的工艺规程形式，它对零件制造全过程作出粗略的描述。卡片按零件编写，标明零件加工路线、各工序采用的设备和主要工装以及工时定额。只有在单件小批量生产中才用它来直接指导工人的加工操作。如表 9-3 所示的为工艺过程卡片格式示例。

2. 工艺卡片

它是按产品或零部件的某一工艺阶段编制的一种工艺文件。它以工序为单元，对毛坯性质、加工顺序、各工序所需设备、工艺装备的要求、切削用量、检验工具及方法、工时定额都作出具体规定，它一般是按零件的工艺阶段分车间、分零件编写，包括工艺过程卡的全部内容，只是更详细地说明了零件的加工步骤，卡片上有时还需附有零件草图。工艺卡片广泛应用于成批生产或重要零件的单件小批生产。如表 9-4 所示为工艺卡片格式示例。

3. 工序卡片

它是在工艺过程卡片或工艺卡片的基础上，按每道工序所编制的一种工艺文件，一般具有工序简图，并详细说明该工序的每个工步的加工内容、工艺参数、操作要求以及所用工艺装备等。多用于大批大量生产及重要零件的成批生产。如表 9-5 所示为工序卡片格式示例。

表 9-3　机械加工工艺过程卡片

	机械加工工艺过程卡片		产品型号		零件图号					
			产品名称		零件名称		共　页		第　页	
材料牌号		毛坯种类		毛坯外形尺寸		各毛坯件数		每台件数		备注
工序号	工序名称	工序内容	车间	工段	设备	工艺装备			工时	
						夹具	刀具	量具	准终	单件

										设计（日期）	校对（日期）	审核（日期）	标准化（日期）	会签（日期）
标记	处数	更改文件号	签字	日期	标记	处数	更改文件号	签字	日期					
										产品型号		零件图号		

表 9-4 机械加工工艺卡片

	机械加工工艺卡片				产品型号				零件图号				共 页		
					产品名称				零件名称				第 页		
材料牌号		毛坯种类		毛坯外形尺寸		各毛坯件数		每台件数			备注				
工序	装夹	工步	工序内容	同时加工零件数	切削用量				设备名称及编号	工艺装备名称及编号			技术等级	工时定额	
					切削深度/mm	切削速度/(m/min)	每分钟转数或往返次数	进给量/mm		夹具	刀具	量具		单件	准终
											编制（日期）	审核（日期）	标准化（日期）	会签（日期）	
标记	处数	更改文件号	签字	日期	标记	处数	更改文件号	签字	日期						

表 9-5 机械加工工序卡片

（单位）	机械加工工序卡片	产品型号		零件图号		共 页
		产品名称		零件名称		第 页

材料牌号		毛坯种类		毛坯外形尺寸		各毛坯件数		每台件数		备注	

车间	工序号	工序名称	材料牌号
毛坯种类	毛坯外形尺寸	各毛坯件数	每台件数
设备名称	设备型号	设备编号	同时加工件数
夹具名称	夹具编号	切削液	
		工序工时	

工步号	工步内容	工艺装备	主轴转速	切削速度	进给量	背吃刀量	走刀次数	工时定额

标记	处记	更改文件号	签字	日期	标记	处记	更改文件号	签字	日期				

实际生产中应用什么样的工艺规程要视产品的生产类型和所加工的零部件具体情况而定。另外，在成组加工技术中，还有应用典型工艺过程卡片、典型工艺卡片和典型工序卡片；对自动、半自动机床或某些齿轮加工机床的调整，应用调整卡片；而对检验工序则有检验工序卡片等其他类型的工艺规程格式。

9.1.7　工艺规程的设计原则

工艺规程的设计原则是优质、高产和低成本，即在保证产品质量的前提下，争取最好的经济效益。在具体制定工艺规程时，还应注意下列问题：

1. 技术上的先进性

在制定工艺规程时，要了解国内外本行业工艺技术的发展，通过必要的工艺试验，尽可能采用先进适用的工艺和工艺装备。

2. 经济上的合理性

在一定的生产条件下，可能会出现几种能够保证零件技术要求的工艺方案。此时应通过成本核算或相互对比，选择经济上最合理的方案，使产品生产成本最低。

3. 良好的劳动条件及避免环境污染

在制定工艺规程时，要注意保证工人操作时有良好、安全的劳动条件。因此，在工艺方案上要尽量采取机械化或自动化措施，以减轻工人繁重的体力劳动。同时，要符合国家环境保护法的有关规定，避免环境污染。

产品质量、生产率和经济性这三个方面有时相互矛盾，因此，合理的工艺规程应该处理好这些矛盾，体现这三者的统一。

9.1.8　制定工艺规程的原始资料和步骤

1. 制定工艺规程的原始资料

在制定工艺规程时，通常应具备下列原始资料：

(1) 产品的全套装配图和零件工作图。

(2) 产品验收的质量标准。

(3) 产品的生产纲领(年产量)和生产类型。

(4) 毛坯资料。

毛坯资料包括各种毛坯制造方法的技术经济特征、各种材料的品种和规格、毛坯图等。在无毛坯图的情况下，需实际了解毛坯的形状、尺寸及力学性能等。

(5) 现场的生产能力和生产条件。

为了使制定的工艺规程切实可行，一定要考虑现场的生产条件。因此要深入生产实际，了解毛坯的生产能力及技术水平、加工设备和工艺装备的规格及性能、工人的技术水平以及专用设备及工艺装备的制造能力等。

(6) 国内外工艺技术的发展情况。

工艺规程的制定，既应符合生产实际，又不能墨守成规，要随着生产的发展，不断地革新和完善现行工艺，以便在生产中取得最大的经济效益。

(7) 有关的工艺手册及图册。

2. 制定工艺规程的步骤

(1) 计算年生产纲领,确定生产类型。

(2) 分析零件图及产品装配图,对零件进行工艺分析。零件的工艺分析包括下面几个内容。

① 分析和审查零件图纸。

通过分析产品零件图及有关的装配图,了解零件在机器中的功用,在此基础上进一步审查图纸的完整性和正确性。例如,图纸是否符合有关标准,是否有足够的视图,尺寸、公差要求的标注是否齐全等。若有遗漏或错误,应及时提出修改意见,并与有关设计人员协商,按一定手续进行修改或补充。

② 审查零件材料的选择是否恰当。

零件材料的选择应立足于国内,尽量采用我国资源丰富的材料,不能随便采用贵重金属。此外,如果材料选得不合理,可能会使整个工艺过程的安排发生问题。例如图 9-3 所示的方销,方头部分要求淬硬到 55～60HRC,零件上有一个 ϕ2H7 的孔,装配时和另一个零件配作,不能预先加工好。若选用的材料为 T8A(优质碳素工具钢),因零件很短,总长只有 15 mm,方头淬火时,势必全部被淬硬,以致 ϕ2H7 不能加工。若改用 20Cr,局部渗碳,在 ϕ2H7 处镀铜保护,淬火后不影响孔的配作加工,这样就比较合理了。

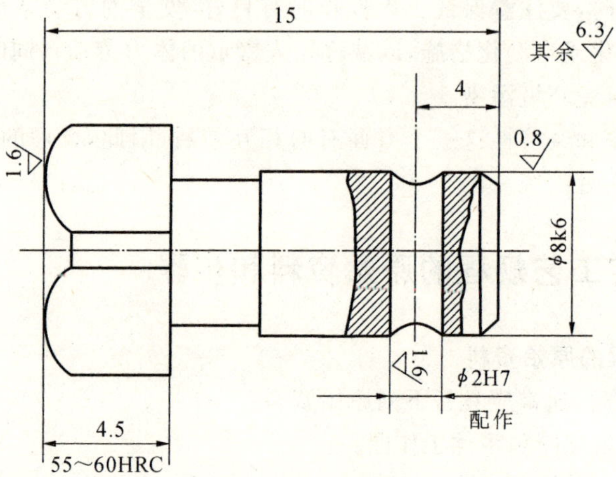

图 9-3　方销

③ 分析零件的技术要求是否合理。

零件的技术要求包括下列几个方面:

a. 加工表面的尺寸精度;

b. 加工表面的几何形状精度;

c. 各加工表面之间的相互位置精度;

d. 加工表面粗糙度以及表面质量方面的其他要求;

e. 热处理要求及其他要求。

通过分析,了解这些技术要求的作用,并进一步分析这些技术要求是否合理,在现有生产条件下能否达到,以便采取相应的措施。

④ 审查零件的结构工艺性。

零件的结构工艺性是指零件的结构在保证使用要求的前提下,是否能以较高的生产率和最低的成本方便地制造出来的特性。使用性能完全相同而结构不同的两个零件，它们的制造方法和制造成本可能有很大的差别。根据零件加工要求审查结构工艺性，如果不合理请及时向设计人员提出修改意见。

（3）选择毛坯。

毛坯是根据零件（或产品）所要求的形状、工艺尺寸等而制成的供进一步加工用的生产对象。毛坯种类、形状、尺寸及精度对机械加工工艺过程、产品质量、材料消耗和生产成本有着直接影响。

（4）拟定工艺路线。

拟定工艺路线即制定出由粗到精的全部加工过程，包括选择定位基准及各表面的加工方法、安排加工顺序等，还包括确定工序分散与工序集中的程度、安排热处理以及检验等辅助工序。这是关键性的一步，要多提出几个方案进行分析比较。

（5）确定各工序的加工余量，计算工序尺寸及公差。

（6）确定各工序所用的设备及刀具、夹具、量具和辅助工具。

① 设备的选择　选择机床时主要是决定机床的种类和型号。

选择机床的一般原则是：单件小批生产选用通用机床；大批大量生产可广泛采用专用机床、组合机床和自动机床。选择机床时，一方面要考虑经济性，另一方面需考虑下列问题：

a. 机床规格要与零件的外形尺寸相适应；

b. 机床的精度要与工序要求的精度相适应；

c. 机床的生产率要与生产类型相适应；

d. 机床主轴转速范围、走刀量及动力等应符合切削用量的要求；

e. 机床的选用要与现有设备相适应。

如果需要改装或设计专用机床，则应提出任务说明书，阐明与加工工序内容有关的参数、生产率要求，保证产品质量的技术条件以及机床的总体布局形式等。

② 夹具的选择　在设计工艺规程时，设计者要对采用的夹具有初步的考虑和选择。在工序图上应表示出定位、夹紧方式以及同时加工的件数等，要反映出所选用的夹具是通用夹具还是专用夹具。

③ 刀具的选择　在选择刀具时，应考虑工序的种类、生产率、工件材料、加工精度以及采用机床的性能等。应尽可能采用标准的刀具。特殊刀具（如成形车刀、非标准钻头等）应专门设计和制造。

④ 量具的选择　在选用量具时，要考虑生产类型。在单件小批量生产中应尽量选用标准的通用量具；在大批大量生产中，一般根据所检验的尺寸，设计专用量具。如卡规、塞规以及自制专用检验夹具。

⑤ 辅具的选择　辅具也分为标准和非标准两种。选择原则是首先考虑标准的，其次是非标准的。

（7）确定切削用量及工时定额。

（8）确定各主要工序的技术要求及检验方法。

（9）填写工艺文件。

将工艺规程的内容，填入一定格式的卡片，即成为生产准备和施工依据的工艺文件。

在制定工艺规程的过程中，往往要对前面已初步确定的内容进行调整，以提高经济效益。在执行工艺规程过程中，可能会出现出人意料的情况，如生产条件的变化，新技术、新工艺的引进，新材料、先进设备的应用等，都要求及时对工艺规程进行修订和完善。

9.2 机械加工工艺规程设计

工艺规程的制定必须严谨、科学，必须符合生产实际条件。工艺规程的制定一般是在所拟定的几种可行的工艺路线方案中，综合考虑各种因素，在总结实际生产经验和科学分析的基础上，选出一种最优方案，经过生产验证不断完善后而最终确定下来的方案。工艺路线的拟定不但影响加工的质量和效率，而且影响到工人的劳动强度、设备投资、车间面积、生产成本等问题，必须周密考虑。关于工艺路线的拟定，目前还没有一套具体的、精确的计算方法，而是采用经过生产实践总结出的一些带有经验性和综合性的原则。在应用这些原则时要结合具体生产实际灵活运用。

9.2.1 零件的结构工艺性与毛坯的选择

1. 零件结构工艺性

零件的结构工艺性是评价零件结构设计好坏的一个重要指标。结构工艺性良好的零件，能够在一定的生产条件下，高效低耗地制造生产。因此机械零件的结构的工艺性包括零件本身结构的合理性与制造工艺的可能性两个方面的内容。机械产品设计在满足产品使用要求的同时，还必须满足制造工艺的要求，否则就有可能影响产品的生产效率和产品成本，严重时甚至无法生产。结构工艺性涉及的方面较多，包括毛坯制造工艺性(如铸造工艺性、锻造工艺性和焊接工艺性等)、机械加工工艺性、热处理工艺性、装配工艺性和维修工艺性等。

由于加工、装配过程自动化程度不断提高，机械人、机械手的推广应用，以及新材料、新工艺的出现，出现了不少适合于新条件的新结构，与传统的机械加工有较大的差别，这些在设计中应该充分地予以注意与研究。因此，评价机械产品或零件工艺性的优劣是相对的，它随着科学技术的发展和具体生产条件(如生产类型、设计条件、经济性等)的不同而变化。

就常规机械加工条件而言，对零件结构工艺性主要有以下要求：

(1) 所设计零件结构要能够加工。如果有足够的加工空间，刀具能够接近加工部位，对于有些结构，应留必要的退刀槽和越程槽。

(2) 尽量减少加工面积。尽量使用形状简单的表面，对大的安装表面或长孔应加空刀，通过合并或分拆零件减少加工面积等。

(3) 便于保证加工质量。如孔口表面最好与钻头的钻入钻出方向垂直，精加工孔表面大圆周方向要连续无间断，加工部位刚性要好。

(4) 要能提高生产效率。如结构中的几个加工面尽量安排在同一平面上或位于同一轴线上，轴上作用相同的结构要素尺寸要尽量一致，要便于多刀、多件加工或使用高生产率加工方法或刀具。

(5) 零件结构要便于安装夹紧。

表 9-6 中列举了机械零件结构加工工艺性的典型实例，供设计时参考。

表 9-6　机械零件结构加工工艺性

序号	结构工艺性差	结构工艺性好	说明
1	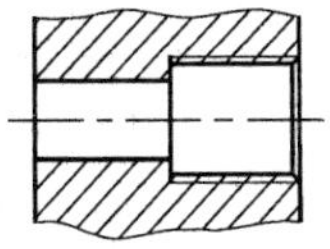	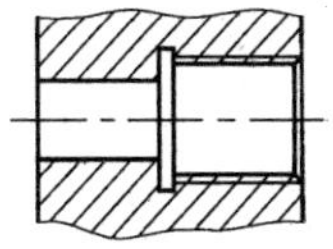	螺纹根部应留退刀槽
2	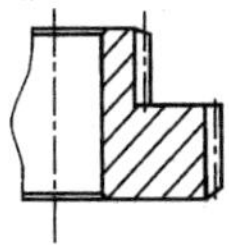	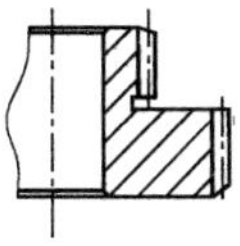	双联齿轮中间必须设计有越程槽，保证小齿轮可以插削
3	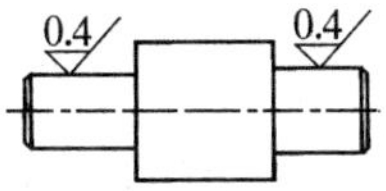	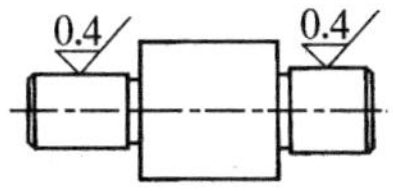	两端轴颈需磨削加工，应留砂轮越程槽，磨削时可以清根
4	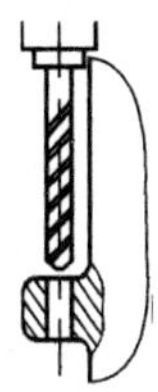	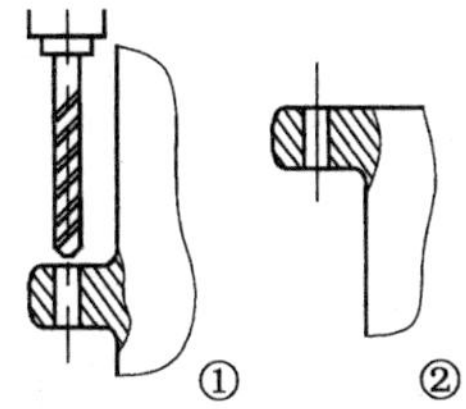	孔距箱壁太近，需要加长钻头才能加工。① 加长箱耳，不需加长钻头即可加工。② 如结构上允许，可将箱耳设计在某一端，便不需加长箱耳
5	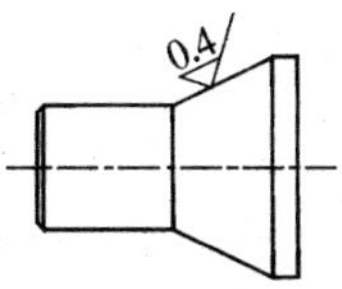	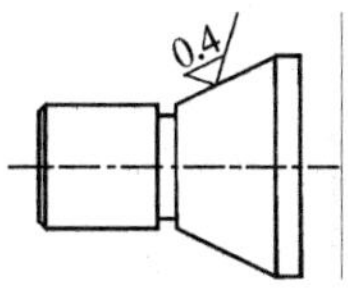	锥面磨削时，留出砂轮越程空间，可方便地对锥面进行磨削加工
6	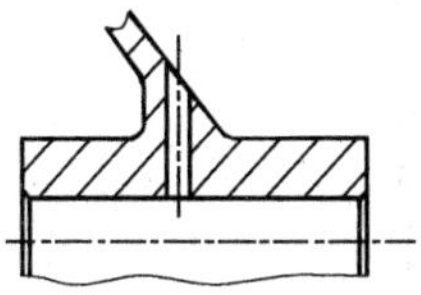	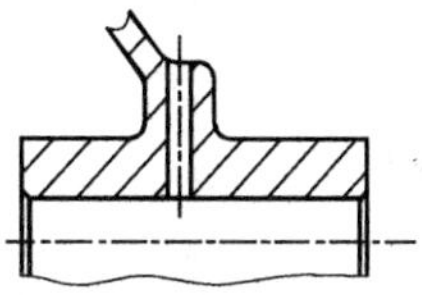	斜面钻孔，钻头易引偏，结构允许时留出平台，方便加工
7	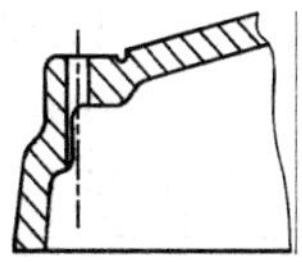	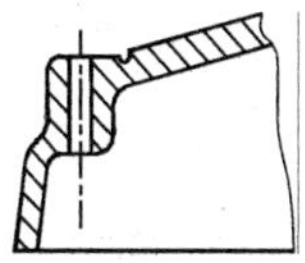	孔壁出口处有台阶面，钻孔时钻头易引偏，易折断。只要结构允许，内壁出口处作成平面，钻孔位置容易保证
8	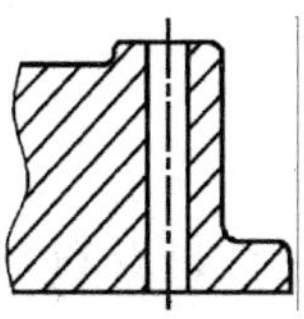	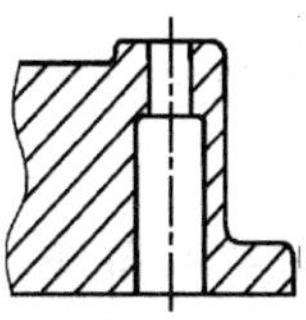	钻孔过深，加工量大，钻头损耗大，且钻头易偏斜，一端留空刀，减小钻孔工作量

续表

序号	结构工艺性差	结构工艺性好	说明
9	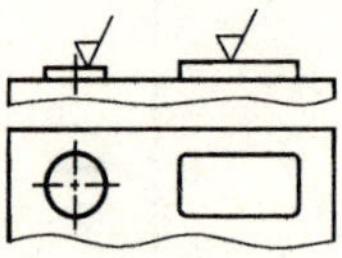	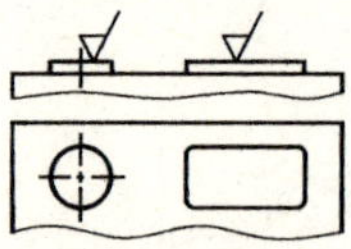	加工面高度不同，需两次调整加工，影响加工效率，改为加工面在同一高度，一次调整可完成两个平面加工
10	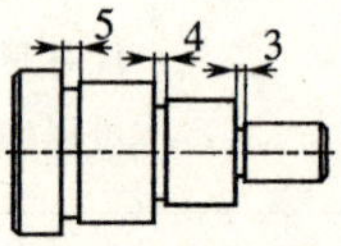	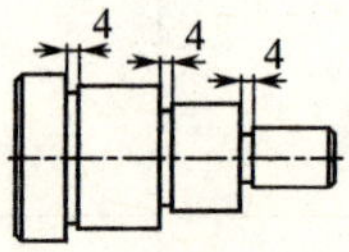	三个空刀槽宽度不一致，需使用三把不同尺寸的刀具进行加工，改为空刀槽宽度尺寸相同，使用一把刀具即可加工
11	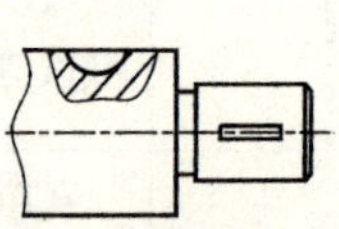	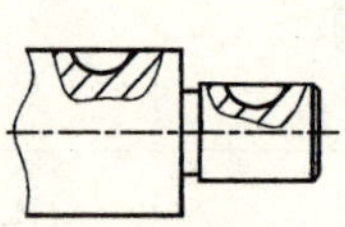	键槽方向不一致，需两次装夹才能完成加工，改为方向一致，一次装夹即可完成加工
12	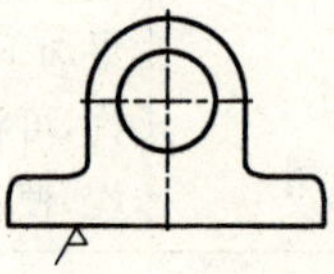	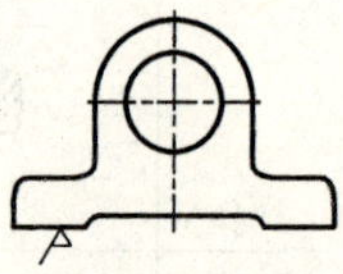	加工面大，加工时间长，平面度要求不易保证，减小加工面，加工时间短，平面度要求容易保证
13		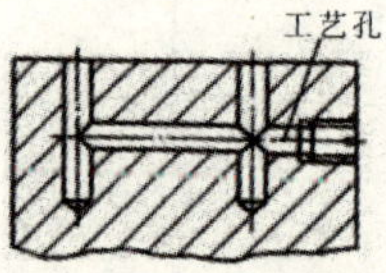	当从功能需要出发设计如图所示的水平孔时，必须增加工艺孔才能加工，打通后再堵上
14	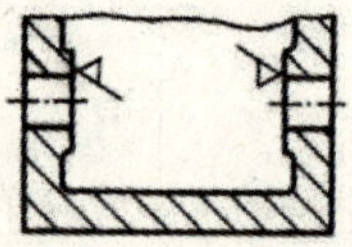	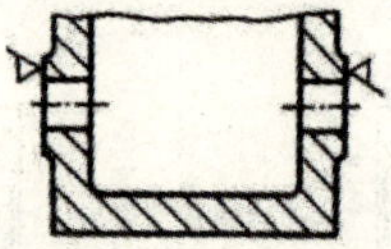	加工表面设计在箱体里面，不易加工
15	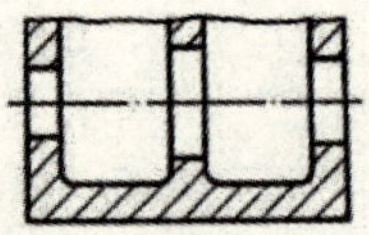	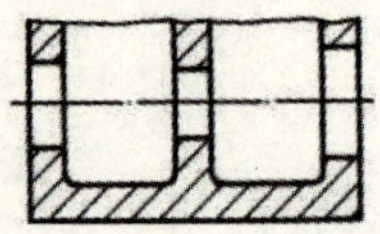	在同一轴线上的孔，孔径要两边大、中间小或依次递减，不能出现两边小、中间大的情况

2. 毛坯的选择

在已知零件工作图及生产纲领之后，需要进行如下工作：

(1) 确定毛坯种类。

机械产品及零件常用毛坯种类有铸件、锻件、焊接件、冲压件以及粉末冶金件和工程塑料件等。根据零件材料要求、组织和性能要求、结构及外形尺寸要求、生产纲领及现有生产条件要求，确定毛坯的种类。

（2）确定毛坯的形状。

从减少机械加工工作量和节约金属材料的目的出发，毛坯应尽可能接近零件形状。最终确定的毛坯形状除取决于零件形状、各加工表面总余量和毛坯种类外，还要考虑：

① 是否需要制造工艺凸台以利于工件的装夹（见图 9-4(a)）；

② 是一个零件制成一个毛坯还是多个零件合制成一个毛坯（见图 9-4(b)、(c)）；

③ 哪些表面不要求制出（如孔、槽、凹坑等）；

④ 铸件分型面、拔模斜度及铸造圆角，锻件敷料、分模面、模锻斜度及圆角半径等。

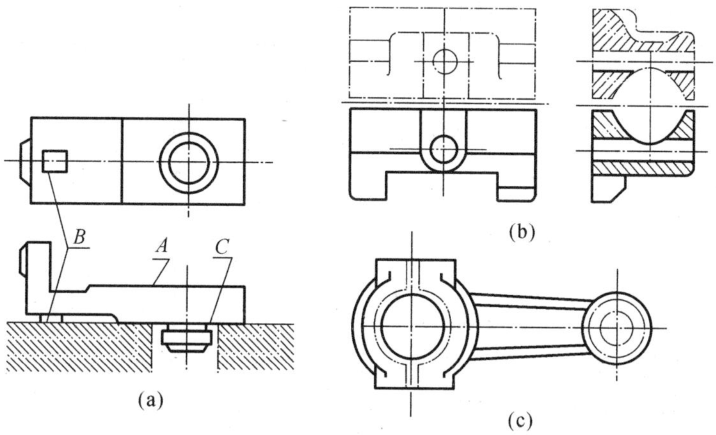

图 9-4　毛坯的形状

（3）绘制毛坯-零件综合图。

绘制此综合图以反映出确定的毛坯的结构特征及各项技术条件。

9.2.2　定位基准的选择

在机械加工中，合理地选择定位基准是制定工艺规程的一个重要问题，它直接影响到工件的加工精度、各表面的加工顺序及夹具设计的复杂程度。

在零件加工起始工序中，只能用毛坯上未经加工的表面来定位，这种定位基准称为粗基准。在零件加工中间工序或最终工序中，应选择已加工表面定位，这种定位表面称为精基准。由于粗基准和精基准作用不同，两者选择原则也不同。

1. 粗基准的选择原则

选择粗基准时一般应注意以下几点：

（1）如果必须首先保证工件间加工表面和不加工表面之间的位置要求，则应以不加工表面作为粗基准。如果在工件上有很多不需加工的表面，则应以其中与加工表面位置精度要求较高的表面作为粗基准。例如图 9-5(a)所示零件，可以选外圆柱面 D 和左端面定位。这样可以保证内外圆同轴（壁厚均匀）和尺寸 L。

（2）若工件必须保证某个重要表面加工余量均匀，则应选择该表面作为粗基准。例如，车床床身的加工中，导轨面是重要表面，它不仅精度要求高，而且要求导轨表面有均匀的金相组织和较高的耐磨性，因此希望加工导轨面时去除的余量较小而且均匀（因为铸件表面不同深度处的耐磨性差异较大），故应先以导轨面作粗基准加工床腿底平面，然后以底平面作精基准加工导轨面，如图 9-5 (b)所示。这样就可以保证导轨面加工余量均匀。

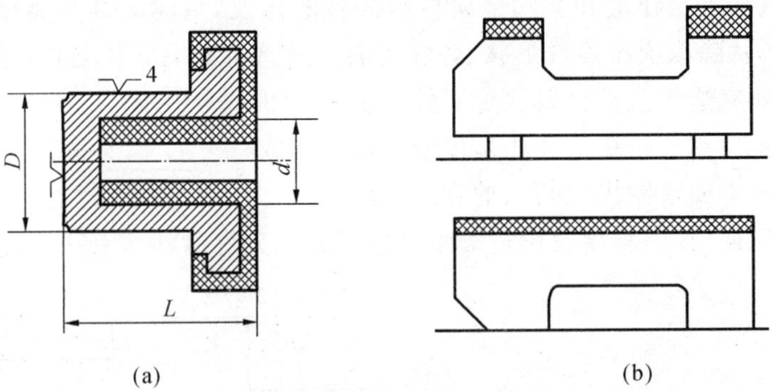

图 9-5 粗基准的选择

(3) 选择粗基准时，应考虑能使定位准确、夹紧可靠，以使夹具结构简单、操作方便。故应尽量选用平整、光洁，尺寸较大的表面作为粗基准，作为粗基准的表面应无浇冒口、飞边、毛刺等缺陷。

(4) 一个工序尺寸方向上的粗基准原则上只能用一次。因粗基准本身都是未经加工的表面，精度低，粗糙度数值大，在不同工序中重复使用同一方向的粗基准，则会引起较大的位置误差，从而不能保证被加工表面之间的位置精度。

上述粗基准选择原则，每一条只说明一个方面的问题，实际应用时经常会相矛盾。所以要全面考虑，灵活运用，保证主要要求。

2. 精基准的选择原则

由于粗基准和精基准的要求和用途不同，所以在选择时考虑问题的侧重点也不同。对于精基准考虑的重点是如何减少误差，提高定位精度，保证加工精度和零件装夹方便、可靠。选择精基准时应遵循以下原则：

1）基准重合原则

即尽量选择零件上的设计基准作为精基准，这样可以避免因基准不重合引起的定位误差。如图 9-6 所示零件，设计尺寸 l_1、l_2。若以 B 面定位(同时还要以底面定位)铣 C 面，这时定位基准与设计基准重合，可直接保证设计尺寸 l_1。若以 A 面定位(同样还要以底面定位)铣 C 面，则定位基准与设计基准不重合，这时只能直接保证尺寸 l，而设计尺寸 l_1 是通过 l_2 和 l 来间接保证的。l_1 的精度取决于 l_2 和 l 的精度。尺寸 l_2 的误差即为定位基准 A 与设计基准 B 不重合而产生的误差，称为基准不重合误差，它将影响尺寸 l_1 的加工精度。

2）基准统一原则

即在尽可能多的工序中选用相同的精基准定位。这样便于保证不同工序中所加工的各表面之间的相互位置精度，并能简化夹具的设计与制造工作。如轴类零件常用两个顶尖孔作为统一精基准，箱体类零件常用一面两孔作为统一精基准。

3）互为基准原则

当两个加工表面加工精度及相互位置精度要求较高时，可以用 A 面作为精基准加工 B 面，再用 B 面做精基准加工 A 面。这样反复加工，逐步提高定位基准的精度，进而达到高的加工要求。即所谓互为基准，反复加工。例如，车床主轴的主轴轴颈与前段锥孔的同轴度以及它们自身的圆度要求很高，常以主轴轴颈和锥孔表面互为基准反复加工来达到要求。再如精密齿轮高频淬火后，齿面的淬硬层较薄，可先以齿面为精基准磨内孔，再以内孔为精基准磨齿面，这样可以保证齿面切去小而均匀的余量。

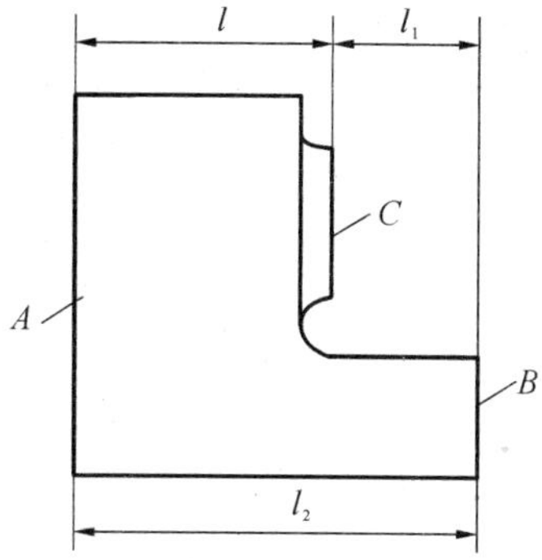

图 9-6　基准重合举例

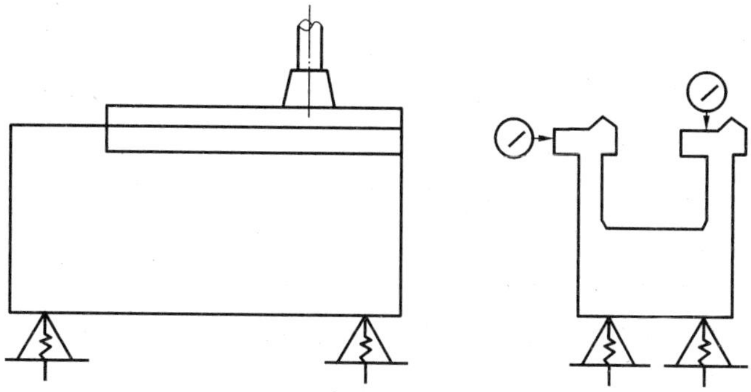

图 9-7　自为基准举例

4）自为基准原则

某些精加工或光整加工工序中要求余量小而均匀，如以其他表面为精基准，会因定位误差过大而难以保证要求，加工时可尽量选择加工表面自身作为精基准。而该表面与其他表面之间的位置精度则由上道工序保证。例如，磨削床身导轨面时可先用百分表找正导轨面，然后进行磨削，可以获得小而均匀的余量，如图 9-7 所示，这时导轨面自身就是定位基准面。又如，采用浮动铰刀铰孔、用圆拉刀拉孔及用无心磨床磨削外圆表面等，都是以加工表面本身作为精基准的例子。

此外，选择精基准还要保证工件定位准确可靠，装夹方便，夹具结构简单。上述定位基准的选择原则常常不能全都满足，甚至会互相矛盾，如基准统一，有时就不能基准重合，故不应生搬硬套，必须结合具体情况，灵活应用。

9.2.3　表面加工方法的选择

常用的机械加工方法很多，各种加工方法的加工精度和表面粗糙度有很大差异。同一加工方法在不同工作条件下能达到的精度也有所不同。例如，精细地操作，选择较低的切削用量，就能得到较高的精度。但这样会降低生产效率，从而增加成本。反之，如果增加切削用量可以提高生产效率，虽然成本降低，但会增加加工误差，降低精度。

统计资料表明，任何一种加工方法，加工误差与加工成本之间的关系大体符合图 9-8 所示的曲线形状。图中横坐标 Δ 表示加工误差，纵坐标 C 表示加工成本。由图可见，对于一种加工方法而言，加工误差小到一定程度后（曲线 A 点左侧），若再减小，则加工成本急剧增加；加工误差大到一定程度后（曲线 B 点右侧），即使加工误差再增大许多，加工成本也不会有明显的降低。说明一种加工方法在曲线 A 点左侧或 B 点右侧都是不经济的。曲线的 AB 段，表示选用的加工方法与要求的加工精度相适应，这一段曲线所对应

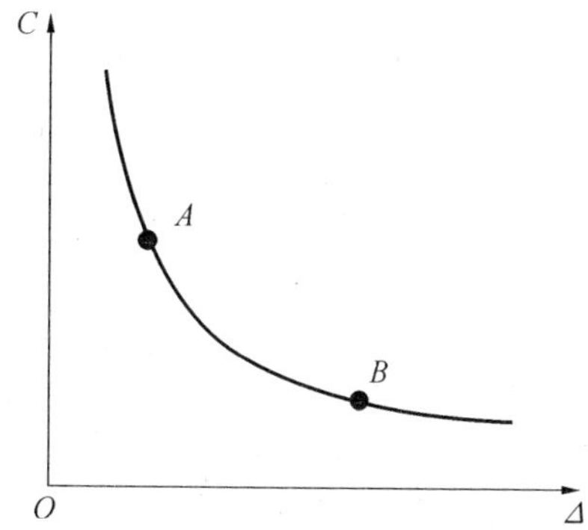

图 9-8　加工误差与加工成本的关系

的精度范围称为加工经济精度。

实际上，加工经济精度指在正常条件下（采用符合质量标准的设备、工艺装备和标准技术等级的工人，不会延长加工时间）所能保证的加工精度。同样经济粗糙度的概念类同于经济精度的概念。常用加工方法的经济精度和经济粗糙度等级可查阅机械加工手册。必须指出，经济精度的数值不是一成不变的，随着科学技术的发展，工艺的改进和工艺装备更新，加工经济精度会逐步提高。

选择表面加工方法时，一般先根据零件表面的精度和粗糙度要求选定最终加工方法，然后再确定精加工前准备工序的加工方法，进而确定加工方案。表 9-7、表 9-8、表 9-9 分别列出了外圆、内孔和平面的加工方案和各种方案的加工经济精度、经济粗糙度，所给的加工经济精度，是 20 世纪 90 年代对我国较先进的机械制造企业进行统计的结果，可供选择时参考。

表 9-7 外圆表面加工方案

序号	加工方案	经济精度等级	经济粗糙度 Ra 值/μm	适用范围
1	粗车	IT11 以下	50～12.5	适于淬火钢以外的各种金属
2	粗车—半精车	IT8～10	6.3～3.2	
3	粗车—半精车—精车	IT7～8	1.6～0.8	
4	粗车—半精车—精车—抛光(或滚压)	IT6～7	0.2～0.025	
5	粗车—半精车—磨削	IT6～8	0.8～0.4	主要用于淬火钢，也可用于未淬火钢，但不宜加工非铁金属
6	粗车—半精车—磨削—精磨	IT5～6	0.4～0.1	
7	粗车—半精车—磨削—精磨—超精磨	IT5	0.1～0.012	
8	粗车—半精车—精车—金刚石车	IT5～6	0.4～0.025	主要用于要求较高的非铁金属的加工
9	粗车—半精车—粗磨—精磨—超精磨	IT5 以上	<0.025	极高精度的外圆加工
10	粗车—半精车—粗磨—精磨—研磨	IT5 以上	<0.1	

表 9-8 内孔表面加工方案

序号	加工方案	经济精度等级	经济粗糙度 Ra 值/μm	适用范围
1	钻	IT11～12	25～12.5	加工未淬火钢及铸铁的实心毛坯，也可用于加工非铁金属(但表面粗糙度稍大，孔径小于 15～20 mm)
2	钻—铰	IT8～9	3.2～1.6	
3	钻—粗铰—精铰	IT7～8	1.6～0.8	
4	钻—扩	IT10～11	12.5～6.3	同上，但孔径大于 15～20 mm
5	钻—扩—铰	IT8～9	3.2～1.6	
6	钻—扩—粗铰—精铰	IT7	1.6～0.8	
7	钻—扩—拉	IT7～9	1.6～0.1	大批大量生产(精度由拉刀精度而定)

续表

序号	加工方案	经济精度等级	经济粗糙度 Ra 值/μm	适用范围
8	粗镗(或扩)	IT11～12	12.5～6.3	除淬火钢以外各种材料,毛坯有铸造孔或锻造孔
9	粗镗(粗扩)—半精镗(精扩)	IT9～10	3.2～1.6	
10	粗镗(粗扩)—半精镗(精扩)—精镗(铰)	IT7～8	1.6～0.8	
11	粗镗—半精镗—磨孔	IT7～8	0.8～0.4	主要用于淬火钢,也可用于未淬火钢,但不适于非铁金属
12	粗镗—半精镗—粗磨—精磨	IT6～7	0.2～0.1	
13	钻—(扩)—粗铰—精铰—珩磨 钻—(扩)—拉—珩磨 粗镗—半精镗—精镗—珩磨	IT6～7	0.2～0.025	精度要求很高的孔
14	以研磨代替 13 中的珩磨	IT6 以上	<0.1	

表 9-9　平面加工方案

序号	加工方案	经济精度等级	经济粗糙度 Ra 值/μm	适用范围
1	粗车—半精车	IT8～9	6.3～3.2	端面
2	粗车—半精车—精车	IT6～7	1.6～0.8	
3	粗车—半精车—磨削	IT8～9	0.8～0.2	
4	粗铣(粗刨)—精铣(精刨)	IT7～9	6.3～1.6	一般不淬硬平面(端铣表面粗糙度较小)
5	粗铣(粗刨)—精铣(精刨)—刮研	IT5～6	0.8～0.1	精度要求较高的不淬硬平面
6	粗铣(粗刨)—精铣(精刨)—磨	IT6～7	0.8～0.2	精度要求高的淬硬或不淬硬平面
7	粗铣(粗刨)—精铣(精刨)—磨—精磨	IT5～6	0.4～0.025	
8	粗铣—拉	IT6～8	0.8～0.2	较小平面的大量生产
9	粗铣(粗刨)—精铣(精刨)—磨—研磨	IT6 级以上	<0.1	高精度平面

由于获得同一精度和表面粗糙度的加工方法往往有多种,选择表面加工方法还应考虑以下因素:

(1) 工件材料性质。例如淬火钢的精加工要磨削,非铁金属的精加工为避免磨削时堵塞砂轮,则要有高速精细车或精细镗(金刚镗)。

(2) 工件形状和尺寸。例如对于精度为 IT7 的孔采用镗、铰、拉、磨等都可以,但箱体上的孔一般不采用拉或磨,而常常采用镗孔(大孔时)或铰孔(小孔时)。

(3) 生产类型。选择加工方法时必须考虑生产率和经济性问题。所选的加工方法要与生产类型相适应。大批大量生产应选用高生产率和质量稳定的加工方法,单件小批生产采用常规的加工方法。例如平面和孔加工,大批大量生产时可采用拉削加工,单件小批生产时则可分别采用刨削、铣削平面和钻、扩、铰孔等方法加工。

(4) 具体生产条件。应充分利用现有设备和工艺手段,挖掘企业潜力。还要重视新工艺和新技术的应用,以便更好地提高工艺水平。

9.2.4 工序的集中与分散

工序集中与工序分散是拟定工艺路线时确定工序数目(或工序内容多少)的两个不同原则,它和设备类型的选择有密切的关系。

1. 工序集中与工序分散的概念

工序集中就是零件的加工集中在少数几道工序(甚至一道工序)内完成,而每一工序的加工内容比较多。工序集中可采用技术上的措施集中,称为机械集中,如多刀机床、自动机床的加工等。也可采用人为组织措施集中,称为组织集中,如普通车床的顺序加工。

工序分散则相反,就是将工件的加工分散在较多的工序内进行,每道工序的加工内容很少,最少时每道工序仅一个简单工步。

2. 工序集中与工序分散的特点

工序集中的特点(就机械集中而言):采用高效专用设备及工艺装备,生产率高;工件的装夹次数少,易于保证表面间的位置精度,还能减少工序间的运输量,缩短生产周期;工序数目少,可减少机床数量、操作工人数和生产面积,还可简化生产计划和生产组织工作;但因采用结构复杂的专用设备及工艺装备,使投资大,调整和维修复杂,生产准备工作量大,转换新产品比较费时。

工序分散的特点:整个工艺过程工序数目多,工艺路线长,而每道工序所包含的加工内容很少;工序分散时,机床与工装比较简单,便于调整,工人容易掌握,生产准备工作量少,容易适应产品的变换;可以采用最合理的切削用量,减少机动时间;还有利于加工阶段的划分;但设备数量相对较多,操作工人多,占用生产面积也大。

3. 工序集中与工序分散的选用原则

工序集中与工序分散各有利弊,应根据生产类型、现有生产条件、工件结构特点和技术要求等进行综合分析后选用。

大批大量生产中,可采用较复杂的机械集中,如采用高效组合机床和自动机床。目前机械加工的发展方向趋向于工序集中,广泛采用各种多刀机床、多轴机床、数控机床、加工中心等进行加工。但对于某些表面不便于集中加工的零件,如连杆、活塞,各个工序广泛采用效率高而结构简单的专用机床和夹具,易于保证加工质量,同时也便于按节拍组织流水线生产,故可按工序分散的原则制定其工艺过程。在单件小批生产时,常采用单刀顺序切削,使工序集中。这样不仅可以减少安装次数,缩短辅助时间,还便于保证各加工表面之间的相互位置精度。对于重型零件,为了减少工件装卸和运输劳动量,工序应适当集中。对于刚性差且精度高的精密零件,则工序应适当分散。

9.2.5 加工阶段的划分

零件的加工,总是先粗加工后精加工,要求较高时还需光整加工。所谓划分加工阶段,就是把整个工艺过程划分成几个阶段,做到粗、精加工分开进行。粗加工的目的主要是切去大部分加工余量,精加工的目的主要是保证被加工零件达到规定的质量要求。加工质量要求较高的零件,应尽量将粗、精加工分开进行。

划分加工阶段有下列好处:首先,有利于保证加工质量。因为粗加工时,切去的余量较大，工件的变形也较大。粗精加工分开进行，还可避免粗加工对已精加工表面的影响。其次，可以合理地使用设备。粗加工可安排在功率大、精度不高的机床上进行，精加工则可安排在精加工机床上进行，由于切削力小，有利于保持机床精度。此外，粗、精加工分开后，还便于安排热处理、检验等工序。在粗加工时及早发现毛坯缺陷，及时修补或报废，避免继续加工而增加损失。

在拟定工艺路线时，一般应把工艺过程划分成几个阶段进行，尤其是精度要求高、刚性差的零件。但对于批量较小，精度要求不高，刚性较好的零件，可不必划分加工阶段。对刚性好的重型零件，因装夹、吊运比较费时，往往也不划分加工阶段，而在一次安装下完成各表面的粗、精加工。

9.2.6　工序顺序的安排

1. 机械加工工序的安排

总的原则是前面工序为后续工序创造条件，具体原则如下所述。

1）先基准后其他

用作精基准的表面，要首先加工出来。所以，第一道工序一般是进行定位面的粗加工和半精加工（有时包括精加工），然后再以精基准表面定位加工其他表面。如轴类零件先加工中心孔，齿轮零件先加工基准孔和基准端面等。如果精基准不止一个，则应按基准的转换顺序和精度逐步提高的原则安排各精基准的加工。对于某些精度较高的零件，在后续的加工阶段中还应对精基准进行再加工和修研，以保证其他表面的精度。

2）先主后次

先安排主要表面的加工，再把次要表面的加工工序插入其中。因为主要表面加工容易出废品，应放在前阶段进行，以减少工时浪费。次要表面主要指键槽、螺孔、螺纹连接等表面。次要表面一般都与主要表面有一定的位置要求，需要以主要表面为基准进行加工，一般安排在主要表面的半精加工之后，精加工之前进行。

3）先粗后精

零件的加工应划分加工阶段，先进行粗加工，然后半精加工，最后是精加工和光整加工，应将粗、精加工分开进行。

4）先面后孔

考虑零件的结构特点和装配精度要求，如箱体类零件的主要特点是平面所占轮廓尺寸较大，轮廓平整，用平面定位比较稳定、可靠，因而可先加工平面，后加工内孔，以便于加工孔时定位安装，利于保证孔与平面的位置精度，同时，也给孔加工带来方便。

2. 热处理工序的安排

热处理通过改变金属材料的组织结构而改善材料的力学性能、机械加工性能以及消除材料内部的残余应力。制定工艺规程时，工艺人员要根据设计要求和工艺要求，全面考虑，在工艺路线的适当工序安排适当热处理。热处理工序的安排主要应考虑以下原则：

1）预备热处理

预备热处理的目的是改善材料的加工性能，消除应力，为最终热处理做好准备，如正火、退火和实效处理。它们一般安排在粗加工前、后和需要消除应力的地方。放在粗加工前，可改善粗加工时材料的加工性能，并可减少车间之间的运输工作量。放在粗加工后，有利于粗加工后残余应力的消除。调质是对零件淬火后再高温回火的热处理方法，能消除内应力、得到组织均匀细致的回火索氏体，改善切削性能并能获得较好的综合机械性能，有时作为预备热处理，常安排在粗加工后。对一些性能要求不高的零件，调质也常作为最终热处理安排在精加工之前进行。

2）最终热处理

最终热处理的目的主要是提高力学性能，提高零件的硬度和耐磨性，常用的有淬火、渗碳淬火、渗氮、氰化等。它们常安排在精加工（磨削）之前进行，其中渗氮由于热处理温度较低，零件变形很小，也可以安排在精加工之后。

3. 辅助工序的安排

辅助工序的种类较多，包括检验、去毛刺、倒棱、清洗、防锈、去磁、探伤和平衡等。辅助工序也是必要的工序，如果安排不当或遗漏，将会给后续工序和装配带来困难，影响产品质量，甚至使机器不能正常使用。例如，未去净的毛刺将影响装夹精度、测量精度、装配精度甚至人身安全。零件中未清洗干净的切屑、研磨剂及残存的磨料等，会加剧零件在使用过程中的配合表面的磨损。因此，要重视辅助工序的安排。检验工序是主要的辅助工序，除每道工序由操作者自行检验外，需要在下列场合单独安排检验工序：在粗加工之后，精加工之前；重要工序前后；零件转换加工车间前后；全部加工工序完成后。探伤工序用来检查工件的内部质量，一般安排在精加工阶段。密封性检验、工件平衡和重量检验一般都安排在工艺过程的最后进行。

9.2.7 确定各工序加工余量

1. 基本概念

在切削加工过程中，为了使零件得到图纸所要求的形状、尺寸和表面质量，必须从毛坯表面上切除的金属层厚度称为机械加工余量。其中分为总加工余量（即毛坯尺寸与零件图设计尺寸之差）和工序余量（即相邻工序尺寸之差）两种。

(1) 总加工余量 Z　从毛坯表面切去全部多余的金属层厚度，此金属层厚度即为加工总余量，如图 9-9 所示。

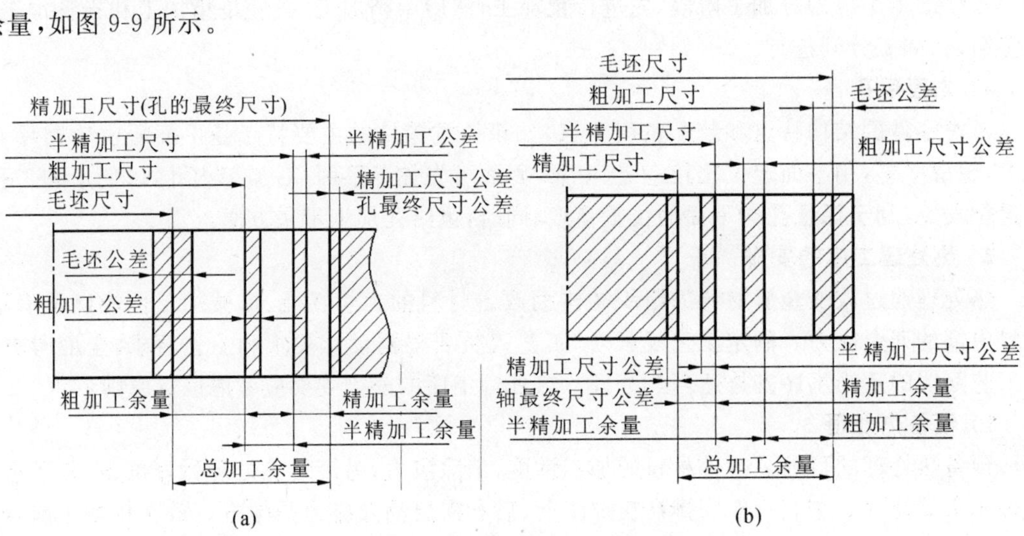

图 9-9　加工余量和加工尺寸分布图

(2) 工序余量　完成某一工序所切除的金属层厚度，即工件在某一工序前后尺寸之差。

对外表面：　$Z_b=a-b$（见图 9-9(a)）

对内表面：　$Z_b=b-a$（见图 9-9(b)）

式中：Z_b——工序余量；

a——上道工序所得到的工序尺寸；

b——本道工序所得到的工序尺寸。

图 9-10(a)、(b)的加工余量为非对称的单边余量，图 9-10(c)、(d)回转体表面（外圆和孔）上的加工余量为对称的双边余量。

对于轴：　$Z_b=a-b$（见图 9-10(c)）

对于孔：　$Z_b=b-a$（见图 9-10(d)）

式中：Z_b——直径上的加工余量；

a——上道工序的加工表面直径；

b——本道工序的加工表面直径。

无论是总加工余量还是工序余量，都必须规定一定的公差。总余量公差通常是对称分布的。工序尺寸公差除了孔与孔（或平面）之间的距离尺寸应按对称偏差标注以外，一般规定按"入体原则"标注。对外表面，工序基本尺寸就是最大极限尺寸。对内表面，工序基本尺寸就是最小极限尺寸。在加工中由于工序尺寸有公差，故实际切去的余量是变化的，因此加工余量又有基本（或公称）加工余量、最大加工余量和最小加工余量之分。以轴为例，如图 9-11所示：基本加工余量等于上道工序基本尺寸与本道工序基本尺寸之差；最小加工余量等于上道工序最小尺寸与本道工序最大尺寸之差；最大加工余量等于上道工序最大尺寸与本道工序最小尺寸之差；加工余量的变化公差等于最大加工余量与最小加工余量之差，即上道工序尺寸公差与本道工序尺寸公差之和。

由于毛坯公差是对称分布的，计算总余量只计算毛坯入体部分余量。但在第一道工序计算背吃刀量 a_{sp} 时，必须考虑毛坯出体部分公差，否则影响粗加工的走刀次数的安排，此时就用最大加工余量。通常情况下，余量是指基本加工余量（公称加工余量）而言。

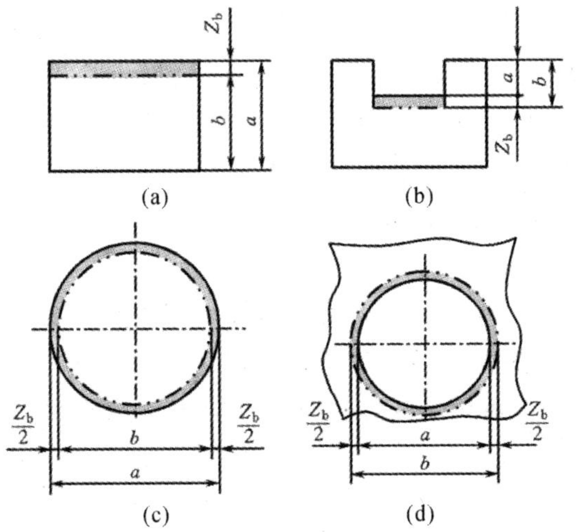

图 9-10　加工余量

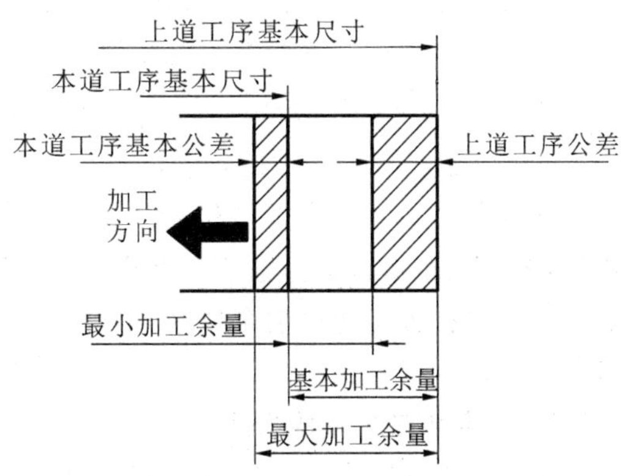

图 9-11　加工余量及其公差

2. 加工余量的确定

加工余量大小应按加工要求来定。余量的大小对零件的加工质量和生产率以及经济型均有较大的影响，余量过大会浪费原材料和加工工时，增大材料、动力、刀具和人工的消耗；余量过小则不能修正前一工序的误差和去掉前一道工序留下来的表面缺陷，从而影响加工质量，甚至造成废品。

确定加工余量的基本原则是在保证加工质量的前提下，尽量减少加工余量。为了合理确定加工余量，必须清楚了解影响最小余量的各项因素。影响加工余量的主要因素有：

(1) 上道工序加工后的表面上有微观的表面粗糙度 Ra 和表面缺陷层深度 D_a。如图9-12所示，在本道工序加工时要去除这部分厚度。

表面粗糙度和表面缺陷层指的是铸件的冷硬层、气孔夹渣层、锻件和热处理的氧化皮、脱碳层、表面裂纹或其他破坏层、切削加工后的残余应力层等。它的大小与所采用的加工方法有关，详见机械加工工艺手册。

(2) 上道工序的尺寸公差 T_a，应计入本道工序加工余量。

由于上道工序加工后，表面存在尺寸误差和形状误差，如图 9-13 所示，这些误差的总和一般不超过上道工序的尺寸公差 T_a。所以当考虑加工一批零件时，为了纠正这些误差，本道工序的加工余量在不考虑其他误差的存在时，不应小于 T_a。T_a 的数值可从机械加工工艺手册中按加工方法的经济加工精度查得。

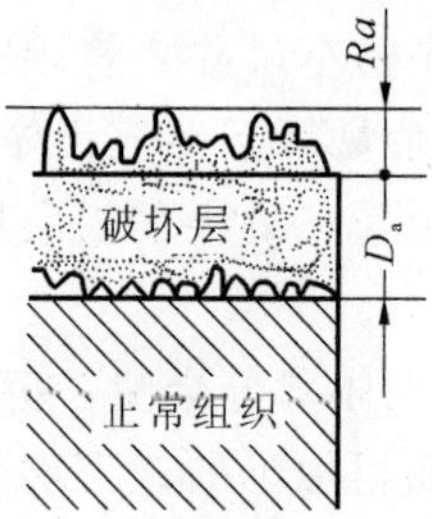

图 9-12 表面粗糙度和缺陷层

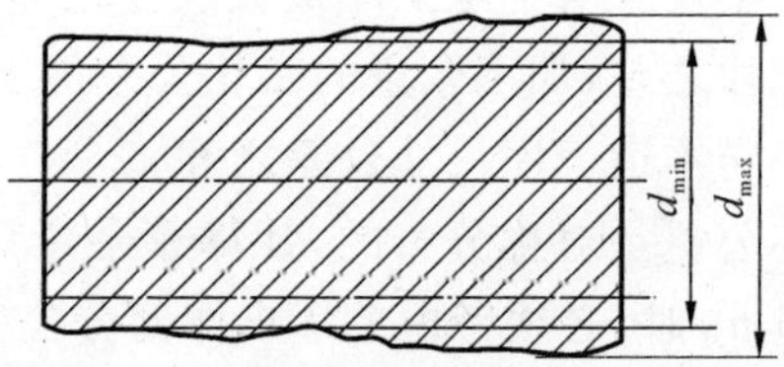

图 9-13 上道工序留下的形状误差的影响

(3) 上道工序各表面间相互位置的空间误差 $\vec{\rho}_a$，如直线度、同轴度、垂直度误差等。

上道工序加工后，还留下表面位置尺寸误差和表面间的相互位置误差，如图 9-14 所示的轴。由于上道工序轴线有直线度偏差 δ，本道工序加工余量需增加 2δ 才能保证该轴在加工后无弯曲。$\vec{\rho}_a$ 的数值需结合实际情况通过计算或试验统计求得。

(4) 本道工序加工时的安装误差 $\vec{\varepsilon}_b$。

安装误差包括定位误差和夹紧误差。如图 9-15 所示用三爪卡盘夹紧工件外圆来磨内孔时，由于三爪卡盘本身定位不准确，使工件中心和机床主轴回转中心偏移了一个 e 值，为了加工出内孔就需使磨削余量增大 $2e$ 值。定位误差可按定位方法进行计算，夹紧误差可根据有关资料查得。

3. 确定加工余量的方法

如果上面各因素的数值较大，则应留有较大余量，以便消除这些误差的影响而获得一个完整的新的表面。否则，余量则可以选小一些。一般地，合理的加工余量的确定方法有以下几种：

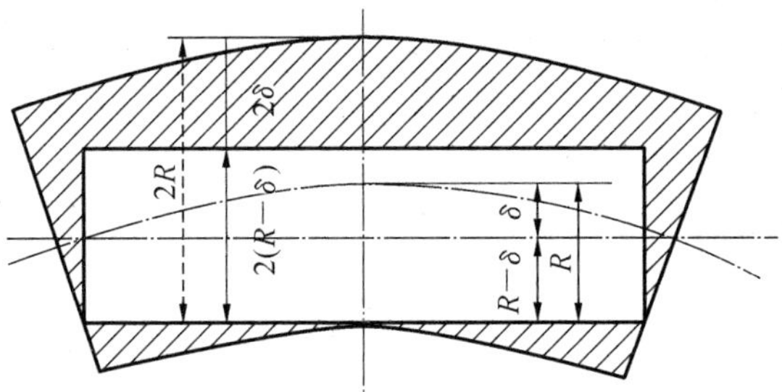

图 9-14　轴的弯曲对加工余量的影响

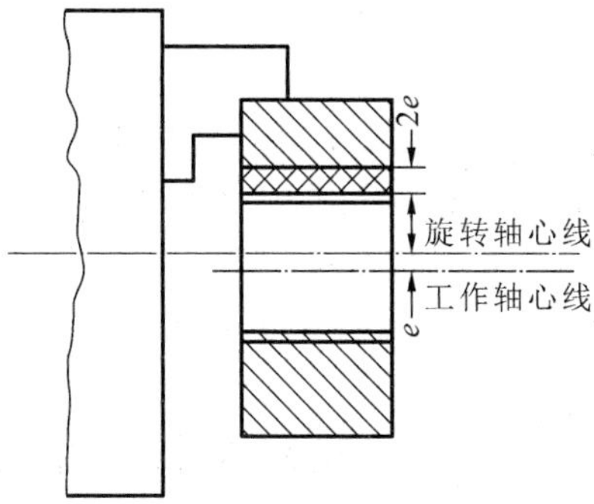

图 9-15　三爪卡盘的安装误差

(1) 经验估计法。

此法是根据工艺人员的经验就具体情况确定加工余量的方法，这一方法要求工艺人员有多年的经验积累，该方法简便，但所确定的余量不够准确。为确保余量足够，一般估计值总是偏大，该方法适合于单件小批量生产。使用该方法时对毛坯总余量，必须保证切除毛坯制造时的缺陷。如铸造毛坯时有氧化层、脱碳层、高低不平、气泡和裂纹的深度等。铸铁毛坯顶面缺陷为 1～6 mm，底面和侧面为 1～2 mm；铸钢件缺陷比铸铁件深 1～2 mm；碳钢锻件缺陷为 0．5～1 mm。其次是机械加工和热处理时所造成的误差。在估算余量时，必须考虑上述因素。

(2) 查表修正法。

此法是以生产实际情况和试验研究积累的有关加工余量的资料数据为基础，并结合实际情况进行适当的修正来确定加工余量的方法。这些余量标准可以从《机械工程师手册》中查找。在查表时应注意表中数据是基本(公称)值，对称表面(如轴或孔)余量是双面的，非对称表面余量是单面的。此法在实际生产中比较实用，各工厂应用最广。

(3) 分析计算法。

此法是根据一定的实验资料，对影响加工的前述各项因素进行分析并确定其数值，经计算来确定加工余量的方法。其中由于$\vec{\rho_a}$和$\vec{\varepsilon_b}$在空间可有不同的方向，因此它们的合成应为向量和。加工余量 Z_b 的计算公式如下。

对于单边余量：

$$Z_b \geqslant T_a + (Ra + D_a) + |\vec{\rho_a} + \vec{\varepsilon_b}| \tag{9-2}$$

对于双边余量：

$$2Z_b \geqslant T_a + 2(Ra + D_a) + 2|\vec{\rho_a} + \vec{\varepsilon_b}| \tag{9-3}$$

具体计算时，因式中的$\vec{\rho_a}$和$\vec{\varepsilon_b}$的方向很难预先确定，故一般取

$$|\vec{\rho_a} + \vec{\varepsilon_b}| = \sqrt{{\rho_a}^2 + {\varepsilon_b}^2}$$

以上是两个基本计算式，在应用时需根据具体情况进行修正。例如：在无心磨床上加工时，安装误差可忽略不计。故有

$$2Z_b \geqslant T_a + 2(Ra + D_a) + 2\vec{\rho_a} \tag{9-4}$$

用浮动铰刀、浮动镗刀及拉刀加工孔时，由于是自为基准，既不受相对位置尺寸公差的影响，又无安装误差。故有

$$2Z_b \geqslant T_a + 2(Ra + D_a) \tag{9-5}$$

在超精加工和抛光时，主要是为了去除上道工序留下的表面痕迹。故有

$$2Z_b \geqslant 2Ra \tag{9-6}$$

应用上述公式进行相应的余量计算，能确定最合理的加工余量，节省金属，但必须有可靠的实验数据资料，否则较难进行，目前应用较少，有时在大批量生产中应用。

加工总余量可在确定各工序余量后计算得出，也可先确定毛坯精度等级后查表确定总余量，而第一道加工余量由总余量和已确定的其他余量推算得出。

9.2.8 机床与工艺装备的选择

(1) 机床的选择。

确定了工序集中和工序分散的原则后，就基本上确定了机床的类型。选择机床时还应考虑：

① 机床的加工尺寸范围应与零件外廓尺寸相适应；

② 机床的精度应与工序要求的精度相适应；

③ 机床的生产率应与零件的生产类型相适应。

(2) 刀具的选择。

刀具的选择主要取决于工序采用的加工方法、加工表面尺寸、工件材料、精度及粗糙度、生产率及经济性等，在选择时一般优先采用标准刀具。若采用机械集中时，应采用各种高效的专业刀具、复合刀具和多刃刀具等。刀具的类型、规格和精度等级应符合加工要求。

(3) 夹具的选择。

单件小批量生产应首先采用各种通用夹具和机床附件，如卡盘、虎钳、分度头等。有组合夹具站的，可采用组合夹具。大批大量生产为提高劳动生产率应根据工序加工要求设计制造专业夹具，采用高效专用夹具。多品种中、小批量生产可采用可调夹具或组合夹具。

(4) 量具的选择。

量具的选择主要根据生产类型和要求检验的精度来确定。在单件小批量生产中，应广泛采用通用量具如游标卡尺、千分尺、百分表和千分表等。而在大批大量生产中，量具的精度必须与加工精度相适应，应采用各种量规和高生产率的检验仪器和检验夹具等。

9.2.9 切削用量的确定

(1) 切削用量的选择原则。

切削用量是表示机床主运动和进给运动大小的重要参数。切削用量的大小对切削力、切削功率、加工效率、加工质量、刀具磨损和加工成本均有显著影响。数控加工中选择切削用量时，就是在保证加工质量和刀具耐用度的前提下，充分发挥机床性能和刀具切削性能，使切削效率最高，加工成本最低。切削用量的选择原则如下。

① 粗加工时切削用量的选择原则。首先选取尽可能大的背吃刀量；其次要根据机床动力和刚性的限制条件等，选取尽可能大的进给量；最后根据刀具耐用度确定最佳的切削速度。

② 半精加工和精加工时切削用量的选择原则。首先根据粗加工后的余量确定背吃刀量；其次根据已加工表面的粗糙度要求，选取较小的进给量；最后在保证刀具耐用度的前提

下，尽可能选取较高的切削速度。

（2）切削用量的选择方法。

① 背吃刀量 a_p（mm）的选择。根据加工余量和工艺系统的刚度确定。在机床允许的情况下，尽可能大，这是提高生产率的一个有效措施。在工艺系统刚性不足或毛坯余量很大，或余量不均匀时，粗加工要分几次进给，并且应当把第一、二次进给的背吃刀量尽量取得大一些，使刀口在里层切削，避免工件表面不平及有硬皮的铸锻件。当冲击载荷较大（如断续表面）或工艺系统刚度较差（如细长轴、镗刀杆、机床陈旧）时，可适当降低 a_p，使切削力减小。精加工时，a_p 应根据粗加工留下的余量确定，采用逐渐降低 a_p 的方法，逐步提高加工精度和表面质量。一般精加工时，取 $a_p=0.05\sim0.8$ mm；半精加工时，取 $a_p=1.0\sim3.0$ mm。

② 进给量（进给速度）f（mm/min 或 mm/r）的选择。进给量（进给速度）是机床切削用量中的重要参数，根据零件的表面粗糙度、加工精度要求、刀具及工件材料等因素，参考切削用量（刀具）手册选取。

粗加工时，由于对工件表面质量没有太高的要求，f 主要受刀杆、刀片、机床、工件等的强度和刚度所承受的切削力限制，一般根据刚度来选择。工艺系统刚度好时，可用大些的 f；反之，适当降低 f。

精加工、半精加工时，f 应根据工件的表面粗糙度 Ra 要求选择。Ra 要求小的，取较小的 f，但又不能过小，因为 f 过小，切削厚度 h_D 过薄，Ra 反而增大，且刀具磨损加剧。刀具的副偏角愈大，刀尖圆弧半径愈大，则 f 可选较大值。一般，精铣时可取 20～25 mm/mi，精车时可取 0.10～0.20 mm/r。

③ 切削速度 v_c（m/min）的选择。根据已经选定的背吃刀量、进给量及刀具耐用度选择切削速度。可用经验公式计算，也可根据生产实践经验在机床说明书允许的切削速度范围内查表选取或者参考有关切削用量手册选用。在选择切削速度时，还应考虑：应尽量避开积屑瘤产生的区域；断续切削时，为减小冲击和热应力，要适当降低切削速度；在易发生振动的情况下，切削速度应避开自激振动的临界速度；加工大件、细长件和薄壁工件时，应选用较低的切削速度；加工带外皮的工件时，应适当降低切削速度；工艺系统刚性差的，应减小切削速度。切削速度 v_c 确定后，按式(9-7)计算出机床主轴转速 n：

$$n = 1000v_c/\pi D \quad (\text{r/min}) \tag{9-7}$$

9.2.10　时间定额的确定

时间定额是指在一定的生产条件下，规定生产一件产品或完成一道工序所消耗的时间，它是衡量工艺过程劳动生产率的重要指标。根据时间定额可以安排生产作业计划，进行成本核算，确定设备数量和人员编制，规划生产面积。因此时间定额是工艺规程中的重要组成部分。合理的时间定额能调动工人的积极性，促进工人技术水平的提高，从而提高劳动生产率，获得良好的经济效益。时间定额不能定得过高和过低，应具有平均先进水平。一般企业平均定额完成率不得高于 130%。

完成零件加工一个工序的时间定额称为单件时间定额。它由基本时间（T_j）、辅助时间（T_f）、布置工作地时间（T_b）、休息和生理需要时间（T_x）、准备和终结时间（T_z）组成。

（1）基本时间 T_j　直接改变生产对象的尺寸、形状、相对位置以及表面状态或材料性质等工艺过程所消耗的时间，称为基本时间。对机械加工而言，基本时间就是切去金属所消耗的时间。

(2) 辅助时间 T_f　为实现工艺过程所必须进行的各种辅助动作所消耗的时间，称为辅助时间。主要指装卸工件、开停机床、改变切削用量、测量工件尺寸、进退刀等辅助动作所消耗的时间。

(3) 操作时间　操作时间等于基本时间 T_j 与辅助时间 T_f 之和。

(4) 布置工作地时间 T_b(服务时间)　为使加工正常进行，操作者整理工作地所消耗的时间。主要指：换刀、修整刀具、润滑机床、清理切屑、收拾工具等所消耗的时间。计算方法一般按操作时间的 2%～7%进行计算。

(5) 休息时间 T_x　操作者在工作班内为恢复体力和满足生理卫生需要所消耗的时间，为休息时间。计算方法：一般按操作时间的 2%进行计算。

(6) 准备与终结时间 T_z　为生产一批零件，进行准备和结束工作所消耗的时间，称为准备与终结时间。主要指熟悉工艺文件、领取毛坯、安装夹具、调整机床、拆卸夹具等所消耗的时间。

综上所述，核算单件时间定额 T_h 为

$$T_h = T_d + \frac{T_z}{n} \tag{9-8}$$

式中：n——生产批量；

T_d——单件时间定额。

$$T_d = T_z + T_b + T_x = (T_j + T_f)(1 + \alpha + \beta) \tag{9-9}$$

式中：α——布置工作地时间占作业时间的百分数；

β——休息与生理需要时间占作业时间的百分数。

在大量生产中，因 n 极大，$\frac{T_z}{n}$就可以忽略不计，故式(9-8)可变为

$$T_h = T_d \tag{9-10}$$

时间定额的确定方法有经验估计法、统计分析法、类推比较法和技术定额法几种。需要指出的是，根据工艺工作管理办法的规定，工艺部门只负责新产品投入前的一次性时间定额的确定。产品正式投产后，即由企业劳动部门负责接管。

9.3　工序尺寸及其公差的确定

在机械加工过程中，每道工序所应保证的尺寸叫工序尺寸，其公差即工序尺寸公差。正确地确定工序尺寸及其公差，是制定工艺规程的重要工作之一。

工序尺寸及其公差的确定与工序余量的大小，工序尺寸的标注方法以及定位基准的选择与变换有密切的关系。在加工过程中，当工艺基准与设计基准重合时，某一表面需要进行多次加工所形成的工序尺寸，可称为简单的工序尺寸。在制定表面形状复杂的零件的工艺过程中，有时零件在加工过程中需要多次转换工艺基准，而且此工艺基准与设计基准不重合，或者此工艺基准为尚需继续加工的表面，这时工序尺寸及其公差的计算就比较复杂了，就需要利用尺寸链原理来分析和计算。

9.3.1　简单的工序尺寸

对于简单的工序尺寸，只需根据工序的加工余量就可以算出各工序的基本尺寸，其计算

顺序是由最后一道工序开始向前推算。各工序尺寸的公差按加工方法的经济精度确定,并按"入体原则"标注。举例如下:

例 9-1 某零件孔的设计要求为 $\phi170J6(^{+0.013}_{-0.007})$,$Ra\leqslant0.8\ \mu m$,毛坯为铸铁件,在成批生产的条件下,其加工工艺路线为:粗镗—半精镗—精镗—浮动镗,求各工序尺寸。

解 从机械加工手册中查得各工序的加工余量和所能达到的经济精度,见表 9-10 中的第二、三列。其计算结果列于第四、五两列。其中关于毛坯公差(毛坯公差值按双向布置)可根据毛坯的生产类型、结构特点,制造方法和生产厂的具体条件,参照有关毛坯手册选取。

表 9-10 工序尺寸及公差计算

工序名称	工序双边余量	工序经济精度		最小极限尺寸/mm	工序尺寸及极限偏差
		公差等级	公差值/mm		
浮动镗孔	0.2	IT6	0.025	169.993	$170^{+0.013}_{-0.007}$
精镗孔	0.6	IT7	0.04	169.8	$169.8^{+0.04}_{0}$
半精镗孔	3.2	IT9	0.1	169.2	$169.2^{+0.1}_{0}$
粗镗孔	6	IT11	0.25	166	$166^{+0.25}_{0}$
毛坯			3	158	160^{+1}_{-2}

9.3.2 尺寸链的基本概念

尺寸链原理是分析和计算工序尺寸很有效的工具,在制定机械加工工艺规程和保证装配精度中都有很重要的作用。它的原理和计算方法并不复杂,但尺寸链的基本概念却十分重要,具体计算又比较烦琐,因此在学习过程中必须多加分析和比较,以便熟练地掌握这个方法。

1. 尺寸链的定义和特征

(1) 定义。

在零件的加工或测量过程中,以及在机器的设计或装配过程中,经常能遇到一些互相联系的尺寸组合。这种互相联系的,按一定顺序排列成封闭形式的尺寸组合,称为尺寸链。其中,由单个零件在工艺过程中的有关尺寸所组成的尺寸链称为工艺尺寸链,在机器的设计和装配的过程中,由有关的零(部)件上的有关尺寸所组成的尺寸链,称为装配尺寸链。如图9-16所示,在机床上加工套筒工件时,面 3 以面 1 为测量基准,工序尺寸为 A_1;面 2 以面 3 为测量基准,工序尺寸为 A_2。在面 2、面 3 加工后,设计尺寸 A_0 间接得到保证,这时 A_0 的精度就取决于 A_1 和 A_2 的精度,三者构成一封闭组合,即工艺尺寸链。

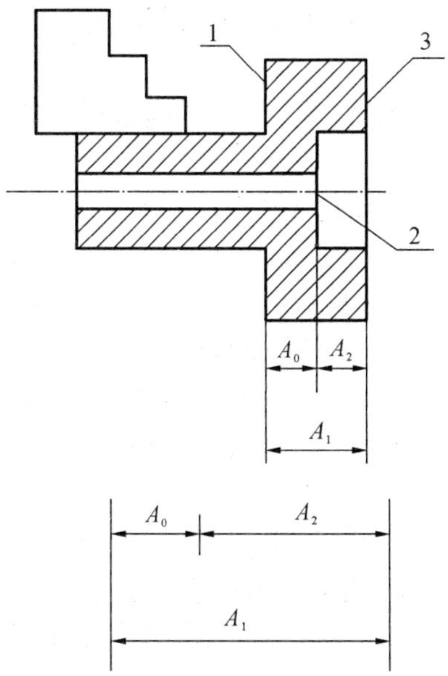

图 9-16 工艺尺寸链

(2) 特征。

根据以上尺寸链定义,经过分析可知尺寸链有以下两个特征：

① 封闭性 尺寸链必须是一组有关尺寸首尾相接，构成封闭形式的尺寸。其中，应包含一个间接保证的尺寸和若干个对此有影响的直接保证的尺寸。

② 关联性 尺寸链中间接保证的尺寸的大小和变化(精度)，是受这些直接保证尺寸的精度所支配的，彼此间具有特定的函数关系，并且间接保证的尺寸的精度必然低于直接获得的尺寸精度。

2. 尺寸链的组成

尺寸链中各尺寸称为环。图 9-16 中的 A_1、A_2、A_0都是尺寸链中的环。这些环又可分为两种。

(1) 封闭环　尺寸链中间接保证的尺寸称为封闭环。图 9-16 中的 A_0尺寸即为封闭环。

(2) 组成环　尺寸链中除封闭环外其他的尺寸均为组成环。图 9-16 中的 A_1和 A_2是组成环。组成环又可按它对封闭环的影响性质分为增环和减环。

① 增环　当其余组成环不变，而这个环增大使封闭环也增大者，例如图 9-16 中的 A_1。为明确起见，可加标一个箭头来表示，如$\overrightarrow{A_1}$。

② 减环　当其余组成环不变，而这个环增大使封闭环反而减小者，例如图 9-16 中 A_2。为明确起见，可加标一个反向的箭头来表示，如$\overleftarrow{A_2}$。

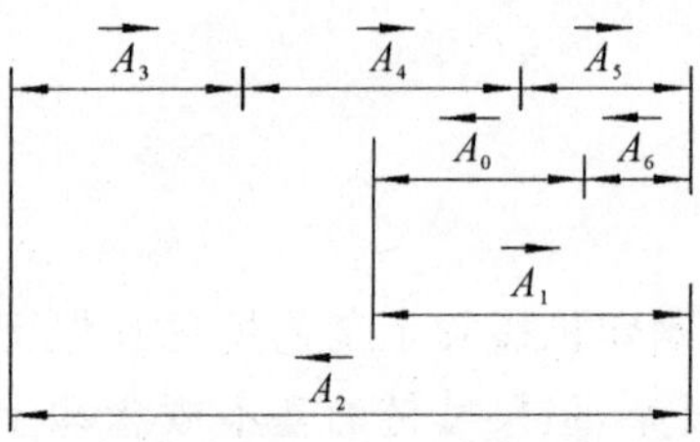

图 9-17　尺寸链增减环判别

对于环数较少的尺寸链，可以用增、减环的定义来判别组成环的增减性质，但对环数较多的尺寸链(见图 9-17)可用定义来判别增、减环既费时又易出错。为了能迅速准确地判别增、减环，可在绘制尺寸链时，用首尾相接的单向箭头顺序表示各环。方法为从封闭环开始任意规定一个方向，然后沿此方向绕尺寸链，依次给各组成环画出箭头。凡是与封闭环箭头方向相反者为增环，相同者为减环。如图 9-17 中：$\overleftarrow{A_0}$为封闭环，方向向左；$\overrightarrow{A_1}$、$\overrightarrow{A_3}$、$\overrightarrow{A_4}$、$\overrightarrow{A_5}$与封闭环方向相反，为增环；$\overleftarrow{A_2}$、$\overleftarrow{A_6}$与封闭环方向相同，为减环。

9.3.3 尺寸链的基本计算公式

计算尺寸链可以用极值法(极大极小值法)或概率法(统计法)，目前生产中一般采用极值法，概率法主要用于生产批量大的自动化及半自动化生产，以及环数较多的装配过程。

1. 极值法

1) 封闭环的基本尺寸

根据尺寸链的封闭性，封闭环的基本尺寸等于组成环基本尺寸的代数和，即

$$A_0=\sum_{i=1}^{m}\overrightarrow{A_i}-\sum_{i=m+1}^{n-1}\overleftarrow{A_i} \tag{9-11}$$

即封闭环的基本尺寸等于所有增环基本尺寸之和减去所有减环基本尺寸之和。

2) 封闭环的极限尺寸

若组成环中的增环都是最大极限尺寸，减环都是最小极限尺寸，则封闭环的尺寸必然是最大极限尺寸(故称极值法)，即

$$A_{0\max} = \sum_{i=1}^{m} \overrightarrow{A}_{i\max} - \sum_{i=m+1}^{n-1} \overleftarrow{A}_{i\min} \tag{9-12}$$

$$A_{0\min} = \sum_{i=1}^{m} \overrightarrow{A}_{i\min} - \sum_{i=m+1}^{n-1} \overleftarrow{A}_{i\max} \tag{9-13}$$

式中：$A_{0\max}$——封闭环的最大极限尺寸；

$A_{0\min}$——封闭环的最小极限尺寸；

$\overrightarrow{A}_{i\max}$——增环的最大极限尺寸；

$\overleftarrow{A}_{i\max}$——减环的最大极限尺寸；

$\overrightarrow{A}_{i\min}$——增环的最小极限尺寸；

$\overleftarrow{A}_{i\min}$——减环的最小极限尺寸。

即封闭环的最大极限尺寸等于增环最大极限尺寸之和减去减环最小极限尺寸之和；封闭环最小极限尺寸等于增环最小极限尺寸之和减去减环最大极限尺寸之和。

3）封闭环的上偏差 $\mathrm{ES}(A_0)$ 与下偏差 $\mathrm{EI}(A_0)$

计算出封闭环基本尺寸和极限尺寸后，最大极限尺寸减去基本尺寸就是上偏差，最小极限尺寸减去基本尺寸就是下偏差。用式(9-12)、式(9-13)分别减去式(9-11)，并用 $\mathrm{ES}(\overrightarrow{A}_i)$ 代替 $\overrightarrow{A}_{i\max}-\overrightarrow{A}_i$，$\mathrm{ES}(\overleftarrow{A}_i)$ 代替 $\overleftarrow{A}_{i\min}-\overleftarrow{A}_i$ 得到

$$\mathrm{ES}(A_0) = \sum_{i=1}^{m} \mathrm{ES}(\overrightarrow{A}_i) - \sum_{i=m+1}^{n-1} \mathrm{EI}(\overleftarrow{A}_i) \tag{9-14}$$

式中：$\mathrm{ES}(A_0)$——封闭环的上偏差；

$\mathrm{ES}(\overrightarrow{A}_i)$——增环的上偏差；

$\mathrm{EI}(\overleftarrow{A}_i)$——减环的下偏差。

即封闭环的上偏差等于增环上偏差之和减去减环下偏差之和。

$$\mathrm{EI}(A_0) = \sum_{i=1}^{m} \mathrm{EI}(\overrightarrow{A}_i) - \sum_{i=m+1}^{n-1} \mathrm{ES}(\overleftarrow{A}_i) \tag{9-15}$$

式中：$\mathrm{EI}(A_0)$ ——封闭环的下偏差；

$\mathrm{EI}(\overrightarrow{A}_i)$——增环的下偏差；

$\mathrm{ES}(\overleftarrow{A}_i)$——减环的上偏差。

即封闭环的下偏差等于增环的下偏差之和减去减环上偏差之和。

4）封闭环的公差 $T(A_0)$

从式(9-12)减去式(9-13)（或从式(9-14)减去式(9-15)）中可得

$$\begin{aligned} T(A_0) &= A_{0\max} - A_{0\min} \\ &= \left(\sum_{i=1}^{m} \overrightarrow{A}_{i\max} - \sum_{i=m+1}^{n-1} \overleftarrow{A}_{i\min}\right) - \left(\sum_{i=1}^{m} \overrightarrow{A}_{i\min} - \sum_{i=m+1}^{n-1} \overleftarrow{A}_{i\max}\right) \\ &= \left(\sum_{i=1}^{m} \overrightarrow{A}_{i\max} - \sum_{i=1}^{m} \overrightarrow{A}_{i\min}\right) + \left(\sum_{i=m+1}^{n-1} \overleftarrow{A}_{i\max} - \sum_{i=m+1}^{n-1} \overleftarrow{A}_{i\min}\right) \\ &= \sum_{i=1}^{m} T(\overrightarrow{A}_i) + \sum_{i=m+1}^{n-1} T(\overleftarrow{A}_i) \\ &= \sum_{i=1}^{n-1} T(A_i) \end{aligned} \tag{9-16}$$

式中：$T(\overrightarrow{A}_i)$——增环公差；

$T(\overleftarrow{A_i})$——减环公差；

$T(A_i)$——组成环公差。

即封闭环公差等于各组成环公差之和。上面的式(9-11)～式(9-16)就是按极值法解算尺寸链时所用的基本公式，其中式(9-12)、式(9-13)和式(9-14)、式(9-15)是重复的。在这里必须指出式(9-16)的重要性，它进一步说明了尺寸链的第二个特征，即封闭环公差等于各组成环公差之和。可见，当封闭环公差 $T(A_0)$一定时，组成环的环数少，其公差就比环数多时的大。

2. 概率法

在大批大量生产中，采用调整法加工时，一个尺寸链中的各尺寸都可看成独立的随机变量；而在装配过程中，构成装配尺寸链中的各零件的有关尺寸也都可看成独立的随机变量。而且实践证明各尺寸大多处于公差值中间，即符合正态分布。由概率论原理可得封闭环公差与各组成环公差之间的关系为

$$T(A_0)=\sqrt{\sum_{i=1}^{n-1}T\,(A_i)^2} \tag{9-17}$$

显然，在组成环公差不变时，由概率法计算出的封闭环公差要小于极值法计算的结果。因此，在保证封闭环精度不变的前提下，应用概率法可以使组成环公差放大，从而降低加工和装配时对组成环尺寸的精度要求，降低加工难度。

3. 尺寸链的计算形式

在尺寸链计算时，有以下三种情况：

(1) 正计算　已知组成环尺寸及其公差，求封闭环的尺寸及其公差，其计算结果是唯一的。这种情况主要用于验证设计的正确性以及审核图纸。

(2) 反计算　已知封闭环的尺寸及其公差和各组成环尺寸，求各组成环公差。这种情况实际上是将封闭环的公差值合理地分配给各组成环，主要用于产品设计、装配和加工过程中尺寸公差的确定等方面。反计算时，封闭环公差的分配方法有以下几种。

① 按等公差法分配，将封闭环公差平均分配给各组成环。即

$$T(\vec{A_i})=T(\overleftarrow{A_i})=\frac{T(A_0)}{n-1}\text{(极值法)} \tag{9-18}$$

或

$$T(\overrightarrow{A_i})=T(\overleftarrow{A_i})=\frac{T(A_0)}{\sqrt{n-1}}\text{(概率法)} \tag{9-19}$$

这种方法在计算上比较方便，但从工艺上讲不尽合理，故要有选择地使用。

② 按等公差级(等精度)的原则分配封闭环公差，即各组成环的公差根据其基本尺寸的大小按比例分配，或是按照公差表中的尺寸及某一公差等级分段，规定组成环公差，使各组成环的公差符合下列条件：

$$\sum_{i=1}^{n-1}T(A_i)\leqslant T(A_0) \tag{9-20}$$

最后加以适当的调整。这种方法从工艺上讲是比较合理的。

(3) 中间计算　已知封闭环的尺寸及公差和部分组成环的尺寸及公差，求某一组成环的公差。此种方法广泛应用于各种尺寸链计算，反计算最后也要通过中间计算得出结果。

9.3.4　尺寸链分析与计算实例

尺寸链计算的步骤可归结为：

(1) 分析各尺寸的相互关系，确定需要间接保证的尺寸，将其作为封闭环。

(2) 从封闭环起，按照零件各表面尺寸联系，依次画出有关的直接获得尺寸(大致按比例)作为组成环，直到尺寸的终止端回到封闭环的起始端，形成一个封闭图形。必须注意：要使组成环环数达到最少。

(3) 按照各尺寸首尾相连的原则，可顺着一个方向在各尺寸线上画箭头。凡是箭头方向与封闭环箭头相反的尺寸就是尺寸链的增环，相同的就是减环。

(4) 按照式(9-16)至式(9-21)进行计算。

另外需要注意以下几点：

(1) 工艺尺寸链的构成，取决于工艺方案和具体加工方法。

(2) 确定哪一个尺寸是封闭环，是计算尺寸链的关键一步，封闭环如果出错，整个计算即会出错，甚至得出完全不合理的结果(如尺寸的上偏差小于下偏差)。

(3) 一个尺寸链只能解一个封闭环。

下面举三个不同情况下使用极值法解工艺尺寸链的应用实例。

1. 由于测量基准与设计基准不重合引起的尺寸换算

例 9-2　某零件如图 9-18(a)所示，加工时，因$10^{0}_{-0.36}$不好测量，而改为测量 A_2 进行加工，试确定工序尺寸 A_2。

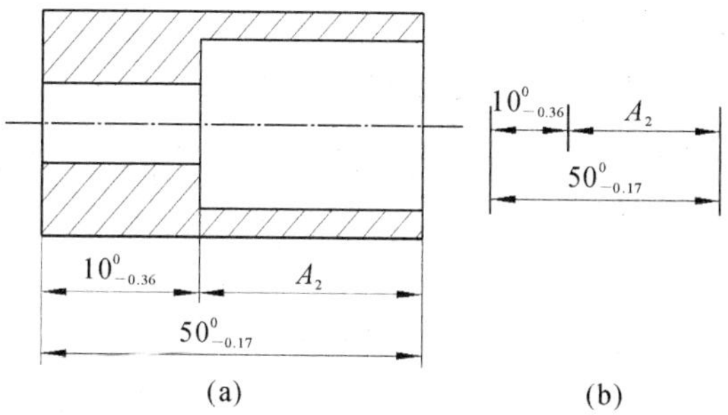

图 9-18　零件图及其尺寸链

分析：

零件的设计和加工过程中，常遇到同本题类似的问题。本题中的轴类零件，往往先车外圆和左端面，再钻左端小孔，然后掉头装夹，以外圆和左端面定位，车削加工右端，保证全长尺寸$50^{0}_{-0.17}$，但尺寸$10^{0}_{-0.36}$因用通用量具测量不方便，而直接测量大孔深度尺寸较方便，所以需要进行换算，改为测量尺寸 A_2，通过控制总长尺寸$50^{0}_{-0.17}$和 A_2，使设计尺寸$10^{0}_{-0.36}$间接得到保证。所以本题是一尺寸链计算问题，需间接保证的尺寸$10^{0}_{-0.36}$就是封闭环。

解　绘出尺寸链如图 9-18(b)所示。尺寸$10^{0}_{-0.36}$为封闭环，尺寸$50^{0}_{-0.17}$为增环，A_2 为减环，列出相关计算式：

$$10 = 50 - A_2$$

$$0 = 0 - \mathrm{EI}$$

$$-0.36 = -0.17 - \mathrm{ES}$$

所以，$A_2=40_{0}^{+0.19}$。这实际上是由于测量基准与设计基准不重合引起的尺寸换算。

2. 以需继续加工表面为基准标注的工序尺寸及其公差的计算

在工件的加工过程中，有些加工表面的测量基准或定位基准是尚待加工的表面。当加工这些基面时，同时要保证两个设计尺寸的精度要求，为此要进行工序尺寸计算。

例 9-3 如图 9-19(a)所示为一零件带键槽内孔的局部简图，内孔及键槽的加工顺序为：

工序Ⅰ 镗内孔至 $\phi 39.6_{0}^{+0.1}$；

工序Ⅱ 插键槽至尺寸 A；

工序Ⅲ 淬火热处理；

工序Ⅳ 磨内孔，保证内孔直径 $\phi 40_{0}^{+0.05}$ mm 和键槽深度 $43.6_{0}^{+0.34}$ mm 尺寸要求。试确定插槽的工序尺寸 A 及其偏差(设热处理后内孔胀缩忽略不计)。

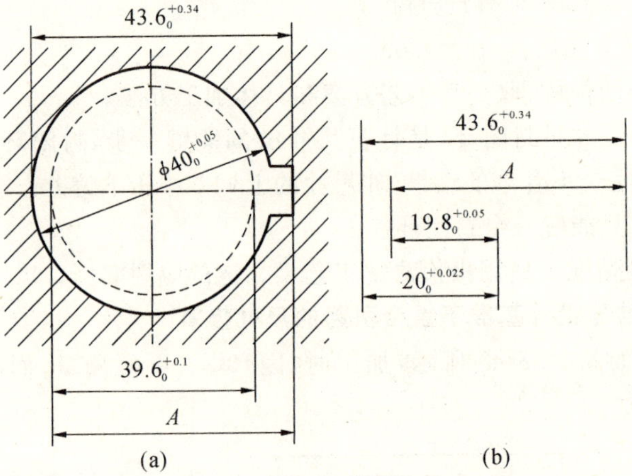

图 9-19 内孔及键槽的工序尺寸的计算

分析：此题属于典型的工艺尺寸链解算问题，属于中间计算类型，具体分析如下。

(1) 键槽尺寸 A 是以镗孔尺寸 $\phi 39.6_{0}^{+0.1}$ 的左侧母线为基准，显然此基准为待加工尺寸，热处理后磨孔至尺寸 $\phi 40_{0}^{+0.05}$ 后，键槽尺寸必须由尺寸 A 变为最终尺寸 $43.6_{0}^{+0.34}$，故尺寸 $43.6_{0}^{+0.34}$ 为间接保证的最终尺寸，是工艺尺寸链中的封闭环。

(2) 其余尺寸 $\phi 39.6_{0}^{+0.1}$、A、$\phi 40_{0}^{+0.05}$ 的变化都会对封闭环 $43.6_{0}^{+0.34}$ 产生影响，故为组成环。

(3) 可依据各尺寸相互关系绘出尺寸链，要注意的是，当有直径尺寸时，一般应考虑用半径尺寸来列尺寸链，再按相关公式进行解算。

解 绘出尺寸链如图 9-19(b)所示。尺寸 $43.6_{0}^{+0.34}$ 为封闭环，尺寸 $\phi 39.6_{0}^{+0.1}$ 和 $\phi 40_{0}^{+0.05}$ 用半径列出分别为 $\phi 19.8_{0}^{+0.05}$ 和 $\phi 20_{0}^{+0.025}$。尺寸 A 和 $\phi 20_{0}^{+0.025}$ 为增环，$\phi 19.8_{0}^{+0.05}$ 为减环。

列出相关计算式：

$$A=(43.6-20+19.8)\ \text{mm}=43.4\ \text{mm}$$

$$\text{ES}(A)=(0.34-0.025+0)\ \text{mm}=0.315\ \text{mm}$$

$$\text{EI}(A)=(0-0+0.05)\ \text{mm}=0.05\ \text{mm}$$

所以 $A=43.4_{+0.05}^{+0.315}$ mm，再按入体原则标注，并对第三位小数进行四舍五入，可得工序尺寸 $A=43.45_{0}^{+0.27}$ mm。

3. 保证渗氮、渗碳层深度的工序尺寸计算

有些零件的表面需进行渗氮或渗碳处理，并且要求精加工后要保证一定的渗氮或渗碳层深度。为此，必须确定热处理前加工的工序尺寸和热处理时的渗层深度。

例 9-4　如图 9-20(a)所示某零件内孔，孔径为 $\phi 45_{0}^{+0.04}$ mm 的内孔表面需要渗碳，渗碳层深度为 0.3～0.5 mm。其加工过程如下：

工序Ⅰ　粗磨内孔至 $\phi 44.8_{0}^{+0.04}$ mm；

工序Ⅱ　渗碳，单边深度 t_1；

工序Ⅲ　磨内孔至 $\phi 45_{0}^{+0.04}$ mm，并保留渗碳层深度 t_0＝0.3～0.5 mm。

试求渗碳时的深度 t_1。

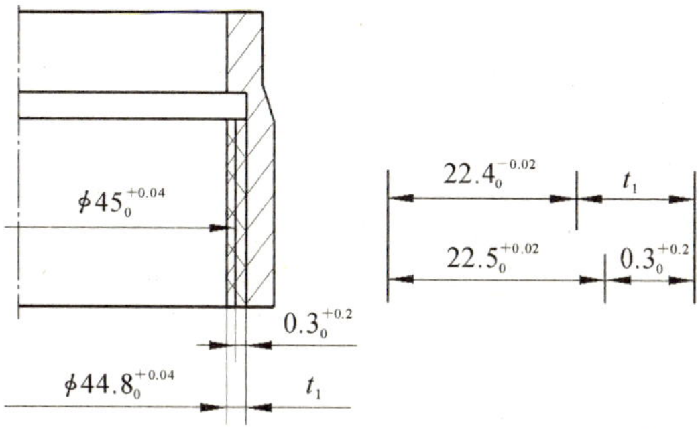

图 9-20　渗碳深度的工序尺寸换算

分析：

(1) 图纸需要保证的尺寸是孔径尺寸 $\phi 45_{0}^{+0.04}$ mm 和渗碳层深度 $0.3_{0}^{+0.2}$ mm，其中孔径尺寸由磨内孔工序直接加工保证。

(2) 渗碳处理是在粗磨内孔尺寸至 $\phi 44.8_{0}^{+0.04}$ mm 后，完成深度为 t_1 的渗碳层的。当内孔由 $\phi 44.8_{0}^{+0.04}$ mm 磨至 $\phi 45_{0}^{+0.04}$ mm 时，一部分渗碳层被磨掉，此时，必须间接保证保留下来的渗碳层深度尺寸 $0.3_{0}^{+0.2}$ mm，故尺寸 $0.3_{0}^{+0.2}$ mm 即为尺寸链的封闭环。其余三个尺寸为组成环。

解　在孔的半径方向上画尺寸链如图 9-20(b)所示，尺寸 $0.3_{0}^{+0.2}$ mm 为封闭环，半径尺寸 $22.4_{0}^{+0.02}$ mm 和渗碳深度 t_1 为增环，半径尺寸 $22.5_{0}^{+0.02}$ mm 为减环，据此列出相关关系式：

$$0.3 = 22.4 + t_1 - 22.5$$

$$0.2 = 0.02 + \mathrm{ES} - 0$$

$$0 = 0 + \mathrm{EI} - 0.02$$

所以 $t_1 = 0.4_{-0.02}^{+0.18}$。

9.4　工艺规程的技术经济分析

在制定机械加工工艺过程中，在同样满足被加工零件的加工精度和表面质量的要求下，通常可以有几种不同的加工方案来实现，其中有些方案可具有很高的生产率，但设备和工装、夹具方面投资较大；另一些方案则可能投资较节省，但生产效率较低，因此，不同的方案就有不同的经济效果。为了选取在给定的生产条件下最经济合理的方案，对不同的工艺方案进行技术经济分析和评比就具有重要意义。

9.4.1 工艺方案的技术经济分析

1. 工艺成本组成

生产一件产品或一个零件所需一切费用的总和称为生产成本。通常，在生产成本中有60%～75%的费用与工艺过程直接有关，这部分费用称为工艺成本。工艺成本可分为以下两部分。

① 可变费用，是与年产量有关且与之成比例的费用，记为 C_V。它包括：材料费 C_{VM}；机床、工人工资及工资附加费 C_{VP}；机床使用费 C_{VE}；普通机床折旧费 C_{VD}；刀具费 C_{VC}；通用夹具折旧费 C_{VF} 等。即

$$C_V = C_{VM} + C_{VP} + C_{VE} + C_{VD} + C_{VC} + C_{VF} \tag{9-21}$$

② 不变费用，是与年产量的变化没有直接关系的费用，记为 C_N。它包括：调整工人的工资及工资附加费 C_{SP}；专用机床折旧费 C_{SD}；专用夹具折旧费 C_{SF} 等。即

$$C_N = C_{SP} + C_{SD} + C_{SF} \tag{9-22}$$

若零件的年产量为 N，零件全年工艺成本 C_Y 可表示为

$$C_Y = C_V \cdot N + C_N \tag{9-23}$$

零件单件工艺成本为

$$C_P = C_V + \frac{C_N}{N} \tag{9-24}$$

2. 工艺方案比较

对不同的工艺方案进行经济评价时，一般有两种情况。

① 当需评价的工艺方案均采用现有设备，或其基本投资相近时，可直接比较其工艺成本。各方案的取舍与加工零件的年产量有密切关系，见图 9-21(a)。临界年产量 N_C 计算如下：

$$C_Y = C_{V1} \cdot N_C + C_{N1} = C_{V2} \cdot N_C + C_{N2}$$

$$N_C = \frac{C_{N2} - C_{N1}}{C_{V1} - C_{V2}} \tag{9-25}$$

显然，当 $N < N_C$ 时，宜采用工艺方案 1；而当 $N > N_C$ 时，则宜采用工艺方案 2。

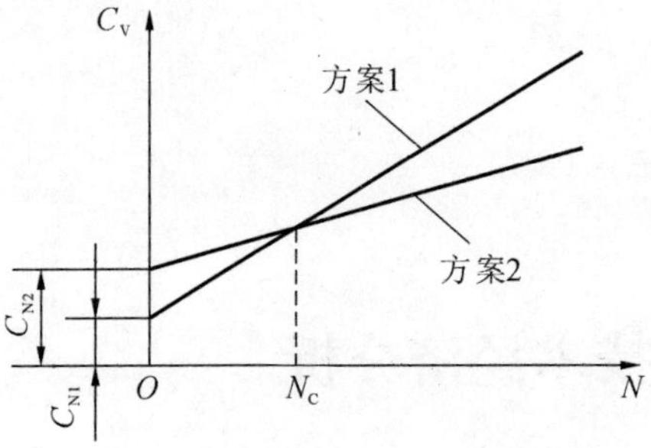

(a)全年工艺成本比较与临界年产量

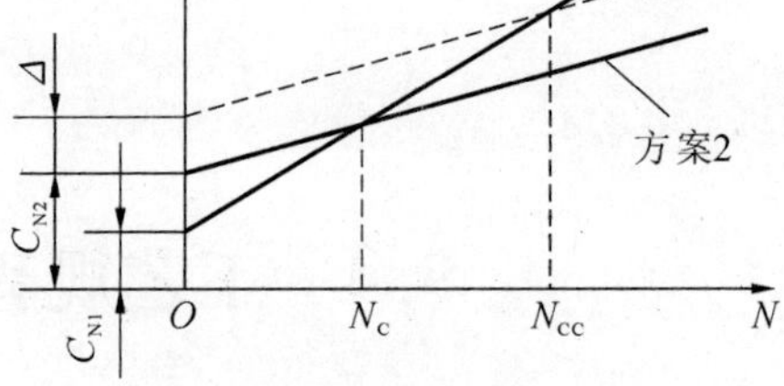

(b)考虑追加投资的临界年产量

图 9-21 不同工艺方案比较

② 当对比的工艺方案基本投资额相差较大时，单纯地比较工艺成本就不够了，此时还应考虑不同方案基本投资额的回收期。回收期是指第 2 方案多花费的投资，需多长时间才能从工艺成本的降低中收回来。投资回收期的计算公式如下：

$$\tau = \frac{F_2 - F_1}{S_{Y1} - S_{Y2}} = \frac{\Delta F}{\Delta S} \tag{9-26}$$

式中：τ——投资回收期；

ΔF——基本投资差额（又称追加投资）；

ΔS——全年生产费用节约额。

投资回收期必须满足以下条件：

① 投资回收期应小于所采用设备和工艺装备的使用年限；

② 投资回收期应小于产品的生命周期；

③ 投资回收期应小于企业预定的回收期目标。此目标可参考国家或行业标准。如采用新机床的标准回收期常定为 4～6 年，采用新夹具的标准回收期常定为 2～3 年。

考虑投资回收期后的临界年产量 N_{CC} 计算如下（参考图 9-21(b)）：

$$C_Y = C_{V1} \cdot N_{CC} + C_{N1} = C_{V2} \cdot N_{CC} + C_{N2} + \Delta S$$

有

$$N_{CC} = \frac{C_{N2} - C_{N1} + \Delta S}{C_{V1} - C_{V2}} \tag{9-27}$$

工艺方案的技术经济分析也常按某些相对指标进行。这些技术指标有：每台机床的年产量（吨/台或件/台）、每一工人的年产量（吨/人或件/人）、每平方米生产面积的年产量（吨/m^2 或件/m^2）、材料利用系数、设备负荷率、工艺装备系数、设备构成比（专用机床和通用机床之比）、原材料消耗和电力消耗等。

9.4.2　提高劳动生产率的途径

在制定机械加工工艺规程时，必须在保证零件质量要求的前提下，提高劳动生产率和降低成本。也就是说，必须做到优质、高产、低消耗。

劳动生产率是指在单位时间内生产合格的产品数量，也可以说是劳动生产者在生产中的效率。时间定额是衡量劳动生产率高低的依据。缩减时间定额就可以提高劳动生产率，特别应该缩减占时间定额比较大的那部分时间。在大批大量生产中，基本时间比重较大，例如工件在多轴自动机床上加工时，基本时间占 69.5%，而辅助时间仅占 21%，这时就应该在设法缩减基本时间上采取措施。而在单件小批量生产中，辅助时间和准终时间占的比重较大，例如在普通车床上进行某一零件的小批量生产时，基本时间仅占 26%，而辅助时间占 50%，这时就应该着重在缩减辅助时间上采取措施。

1. 缩短基本时间

缩短基本时间可按有关公式计算，例如车削：

$$T_j = \frac{(L + L_a + L_b) \cdot i}{n \cdot s} \quad \text{min} \tag{9-28}$$

式中：L——加工表面长度；

L_a、L_b——刀具切入和切出长度(mm)；

i——走刀次数；

n——工件每分钟转数(r/min)；

s——进给量(mm/r)。

由式(9-28)可以看出，欲缩短基本时间、提高劳动生产率，可增大切削用量(v、f、a_{sp})；采用多刀、多件加工；减少切削长度 L 和加工余量 Z。

2. 缩短辅助时间

随着基本时间的减少，辅助时间在单件时间中所占比重就更高。若辅助时间比重在55%～75%以上，则提高切削用量，对提高生产率就不产生显著的效果。因此须从缩短辅助时间着手。

① 直接缩短辅助时间　采用先进的高效夹具可缩短工件的装卸时间。在大批大量生产中采用先进夹具，气动、液压驱动，不仅减轻了工人的劳动强度，而且可缩短装卸工件时间。在单件小批生产中采用成组夹具，能节省工件的装卸、找正时间。采用主动测量法可减少加工中的测量时间。主动测量装置能在加工过程中，测量工件加工表面的实际尺寸，并可根据测量结果，对加工过程进行主动控制，目前在内、外圆磨床上应用较为普遍。在各类机床上配置数字显示装置，都是以光栅、感应同步器为测量元件，来显示出工件在加工过程中的尺寸变化，采用该装置后能很直观地显示出刀具位移量，节省停机测量的辅助时间。

② 使辅助时间与基本时间重合　采用两工位或多工位的加工方法，使辅助时间与基本时间重合。当一工位上的工件在进行加工时，在另一工位的夹具中装卸工件，如图 9-22 所示为立式回转工作台铣床加工实例。机床有两个主轴顺次进行粗、精铣削。又如采用转位夹具或转位工作台以及几根心轴(夹具)等，可在加工时间内对另一工件进行装卸。这样可使辅助时间中的装卸工件时间与基本时间重合。前面提到的主动测量或数显装置也能起同样作用。

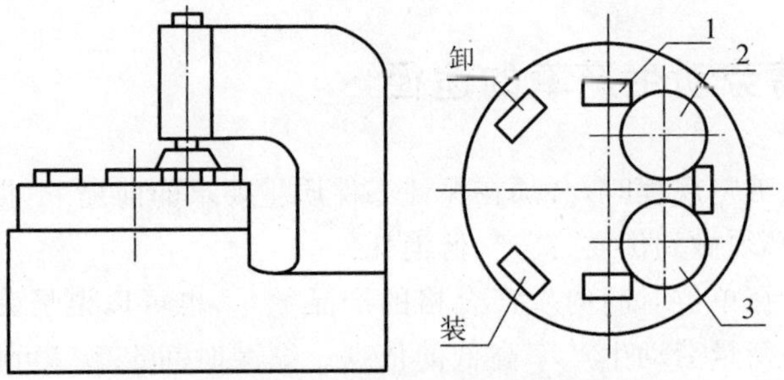

图 9-22　立式回转工作台铣床

1—工件；2—精铣刀；3—粗铣刀

③ 同时缩短基本时间和辅助时间　采用多件加工，机床在一次装夹下同时加工几个工件，从而使分摊到每个工件上的基本时间与辅助时间都能够缩短。多件加工的效果在龙门刨床、龙门铣床上最为显著。它又可按情况不同分为顺序加工、平行加工、平行顺序加工(见图 9-23)。采用多刀多刃加工及成形切削是一种行之有效的提高劳动生产率的方法。六角车床、多刀车床、多轴钻床、龙门铣床等都是为充分发挥多刀多刃加工的效果而设计制造出来的高效率机床。成形切削也是提高生产率的一种方法，它又可分为成形刀具切削和用仿形切削两种。前者适用于尺寸较小的成形表面加工，后者适用于较大的成形表面加工。用单线或多线砂轮磨细纹，用蜗杆砂轮按展成法磨小模数齿轮都属于采用成形刀具切削的例子。用液压仿形刀架或液压仿形车床加工车床主轴是成形法切削的例子。

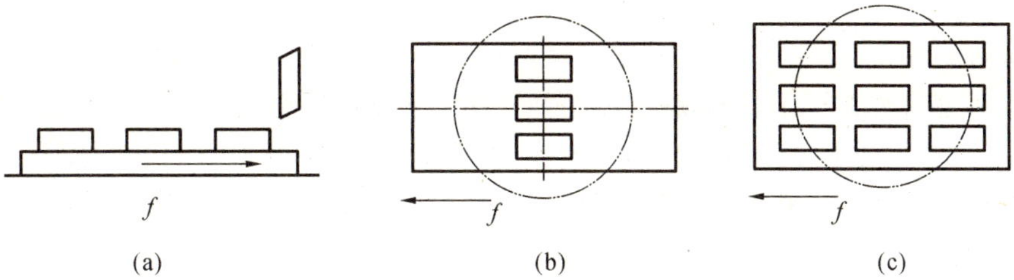

图 9-23　多件加工示意图

3. 缩短准备终结时间

应用高生产率的机床，如多刀车床、六角车床、半自动车床和自动车床等，调整和安装刀具经常耗费较长时间。在加工一批零件后，如更换零件的类型和尺寸，也必须更换夹具。缩减刀具、夹具或其他工具在机床上的安装和调整时间，是成批生产中提高劳动生产率的关键性工艺问题之一。常用的方法有以下几种：第一，采用可换刀架和刀夹，例如六角车床的转塔刀架能快速更换，每一台机床配备几个备用刀架，按照加工对象预先调整等待使用。第二，采用刀具的微调机构和对刀的辅助工具。在多刀加工时，往往要耗费大量工时在刀具调整上。如果每把刀具尾部装上微调螺丝，就可使调整时间大为减少。第三，采用准备终结时间少的先进加工设备，如液压仿形刀架插销板式程控机床和数控机床等。这类机床的特点是所需的准备终结时间很短，可以灵活改变加工对象。在成批生产中，除设法减少安装刀具、调整机床等时间外，应尽量扩大制造零件的批量，减少分摊到每一个零件上的准备终结时间。因此设法使零件通用化和标准化，采用成组工艺是缩减准备终结时间的理想途径。

4. 采用先进的工艺方法

采用先进的工艺方法是提高劳动生产率极为有效的手段。主要有下面几种：

① 采用先进的毛坯制造方法　例如，粉末冶金、熔模铸造、压力铸造、精密锻造等新工艺，可以提高毛坯精度，减少切削加工的劳动量，提高生产率。

② 采用少、无切屑新工艺　例如，用挤齿代替剃齿，生产率可提高 6～7 倍。还有滚压、冷轧等工艺，都能有效地提高生产率。

③ 采用特种加工　对于某些特硬、特脆、特韧的材料及复杂型面等，采用特种加工能极大地提高生产率。如用电解或电火花加工锻模型腔，用线切割加工冲模等，可减少大量的钳工劳动量。

④ 改进加工方法　例如用拉孔代替镗孔、铰孔；用精刨、精磨代替刮研等，都可大大提高生产率。

9.5　成组加工工艺规程设计

9.5.1　成组技术的基本原理

随着科学技术飞跃发展及市场竞争日益激烈，机械产品的更新速度越来越快，产品品种日益增多，每种产品的生产批量越来越少。据统计，多品种中小批生产企业约占机械工业企业总数的75%～80%。由于那些按传统生产方式组织生产的中小批生产企业劳动生产率低，生产周期长，产品成本高，因此在市场竞争中常处于不利的地位。事实上，不同的机械产品，虽然其用途和功能各不相同，但是每种产品中所包含的零件类型存在一定的规律性。德国阿亨工业大学在机床、发动机、矿山机械、轧钢设备、仪器仪表、纺织机械、水利机械和军械等26个不同性质的企业中选取45000种零件进行分析，结果表明，任何机械产品中的组成零件都可以分为以下三类：

(1) A类　复杂件或特殊件，这类零件在产品中数量少，占零件总数的5%～10%，但结构复杂，产值高。不同产品的A类零件之间差别很大，因而再用性低。如机床床身、主轴箱、床鞍以及各种发动机中的一些大件等均属此类。

(2) B类　相似件，这类零件在产品中的种类多，数量大，约占零件总数的70%，其特点是相似程度高，多为中等复杂程度，如各种轴、套、法兰盘、支座、盖板和齿轮等。

(3) C类　简单件或标准件，这类零件结构简单，再用性高，多为低值件。如螺钉、螺母、垫圈等，一般均已组织大量生产。

20世纪50年代初前苏联米特洛弗诺夫工程师最早提出成组技术的思想，当时称作成组加工，主要用在机械加工中。20世纪50年代末逐渐推广到铸、锻、焊、冲压、注塑、热处理等领域，此时称作成组工艺。20世纪60年代初，捷克的卡洛兹和德国的奥匹兹提出了产品零件的分类编码系统，使成组工艺从工艺领域扩展到产品设计领域；在这之后，又进一步扩及生产管理领域，发展成为一种将生产技术与组织管理融合成一体的成组技术(GT，group technology)。如今，成组技术的应用遍及产品设计、产品制造和生产管理等诸多领域。

成组技术是利用事物之间的相似性，将企业生产的多种产品、部件和零件，按照一定的准则分类编组，并以这些组为基础，用系统工程的方法组织生产的各个环节，从而实现产品设计、制造工艺和生产管理的合理化和科学化。70%左右的相似件在功能结构和加工工艺等方面存在着大量的相似特征，充分利用这种客观存在的相似性特征，将本来各不相同、杂乱无章的多种生产对象组织起来，按相似性分类成族(组)，并按族制定加工工艺进行生产制造，这就是成组工艺。由于成组工艺扩大了生产批量，因而便于采用高效率的生产方式组织生产，从而显著提高了劳动生产率。

9.5.2　零件的分类编码

对所加工零件实施分类编码是推行成组技术的基础。所谓零件编码就是用数字表示零件的特征，代表零件特征的每一个数字码称为特征码。迄今为止，世界上已有几十种分类编码系统，应用最广的是奥匹兹(Opitz)分类编码系统，该系统是1964年德国阿亨工业大学奥匹兹教授领导编制的，是成组技术早期较为完善的编码系统，很多国家以它为基础建立了各国的分类编码系统。我国机械行业于1984年制定了“机械零件编码系统(简称JLBM-1系统)”，该系统是在分析德国奥匹兹系统和日本KK系统的基础上，根据我国机械产品设计的具体情况制定的。该系统由名称类别矩阵、形状及加工码、辅助码三部分共15个码位组成(见图9-24)。其中第1、第2位码位为名称类别矩阵(见表9-11)；第3～第9码位为形状及加工码(见表9-12、表9-13)；第10到第14码位分别为材料、毛坯原始形状、热处理、主要尺寸、精度(见表9-14)。

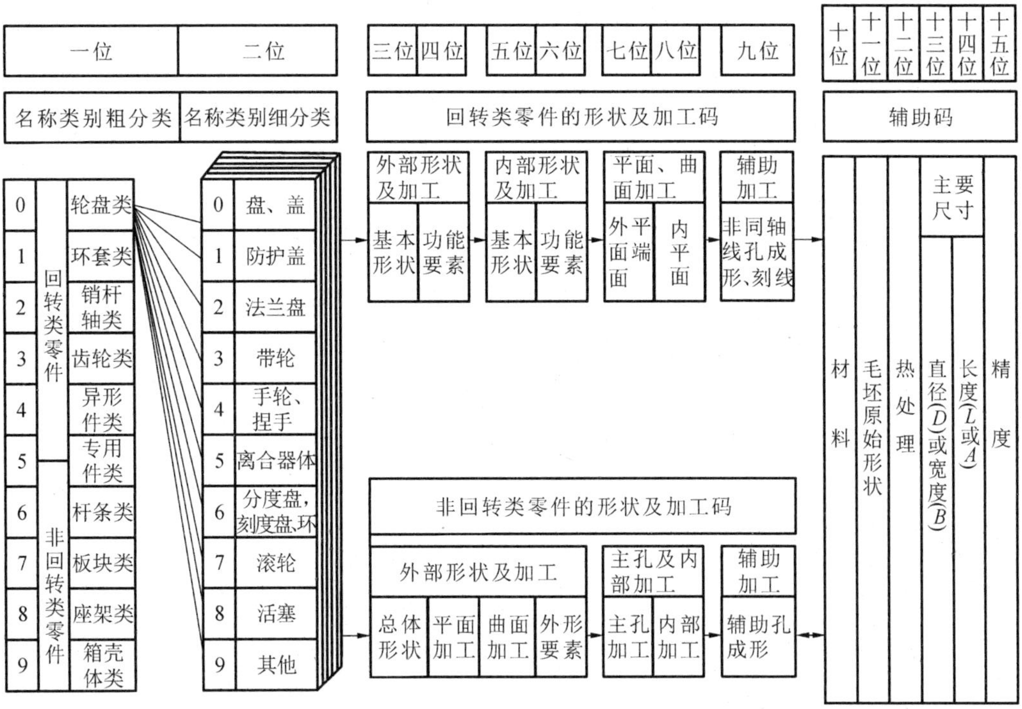

图 9-24　JLBM-1 分类编码系统

表 9-11　名称类别矩阵

第 2 位 第 1 位			0	1	2	3	4	5	6	7	8	9
0	回转类零件	轮盘类	盘、盖	防护盖	法兰盘	带轮	手轮、捏手	离合器体	分度盘、刻度盘	滚轮	活塞	其他
1		环套类	垫圈片	环、套	螺母	衬套、轴套	外螺纹套、直管接头	法兰套	半联轴器	液压缸、气缸		其他
2		销、杆轴类	销、短圆柱	圆杆、圆管	螺杆、螺栓、螺钉	阀杆、阀芯、活塞杆	短轴	长轴	蜗杆、丝杠	手把、手柄、操纵杆		其他
3		齿轮类	圆柱外齿轮	圆柱内齿轮	锥齿轮	蜗轮	链轮、棘轮	螺旋锥齿轮	复合齿轮	圆柱齿条		其他
4		异形件	异形盘套	弯管接头、弯头	偏心件	扇形件、弓形件	叉形接头、叉轴	凸轮、凸轮轴	阀体			其他
5		专用件										其他
6	非回转类零件	杆条类	杆、条	杠杆、摆杆	连杆	撑杆、拉杆	扳手	键、镶(压)条	梁	齿条	拨叉	其他
7		板块类	板、块	防护板、盖板、门板	支承板、垫板	压板、连接板	定位块、棘爪	导向块、滑块、板	阀块、分油器	凸轮板		其他
8		座架类	轴承座	支座	弯板	底座、机架	支架				其他	
9		箱壳体	罩、盖	容器	壳体	箱体	立柱	机身	工作台			其他

表 9-12　回转类零件分类表(第 3～9 位)

码位	3		4	5		6	7	8	9	
特征项号	外部形状及加工			内部形状及加工			平面、曲面加工		辅助加工(非同轴孔、成形、刻线)	
	基本形状		功能要素	基本形状		功能要素	外面、端面	内面		
0	单一轴线	光滑	无	无轴线孔		无	无	无	无	
1		单向台阶	环槽	非加工孔		环槽	单一平面 不等分平面	单一平面 不等分平面	均布孔	轴向
2		双向台阶	螺纹	通孔	光滑， 单向台阶	螺纹	平行平面 等分平面	平行平面 等分平面		径向
3		球、曲面	1＋2		双向台阶	1＋2	槽、键槽	槽、键槽	非均布孔	轴向
4		正多边形	锥面	盲孔	单侧盲孔	锥面	花键	花键		径向
5		非圆对称截面	1＋4		双侧盲孔	1＋4	齿形	齿形	倾斜孔	
6		扇形或弓形 4、5 除外	2＋4	球、曲面		2＋4	2＋5	3＋5	各种孔组合	
7	多轴线	平行轴线	1＋2＋4	深孔		1＋2＋4	3＋5 或 4＋5	4＋5	成形	
8		弯曲相交轴线	传动螺纹	相交孔平行孔		传动螺纹	曲面	曲面	机械刻线	
9	其他		其他	其他		其他	其他	其他	其他	

表 9-13　非回转类零件分类表(第 3～9 位)

码位	3			4		5		6	7			8		9	
特征项号	外部形状及加工								主孔、内部形状及加工					辅助加工(辅助孔、成形)	
	总体形状			平面加工		曲面加工		外形要素加工	主孔及要素加工			内部平面加工			
0	板条	无弯曲	轮廓边缘由直线组成	无		无		无	无			无		无	
1			轮廓边缘由直线或曲线组成	一个平面及台阶平面		回转面加工	回转面加工	外部一般直线沟槽	无螺纹	单一轴线	光滑、单向台阶或单向盲孔	主孔内	单一轴向沟槽	均布孔	单方向圆周排列的孔
2			板或条与圆柱体组合	双向平面	两侧平行平面及台阶平面		回转定位槽	直线定位导向槽			双向台阶双向盲孔		多个轴向沟槽		单方向直线排列的孔
3		有弯曲	轮廓边缘由直线或直线＋曲面线组成		直交面	一般曲线沟槽		直线定位导向凸起		多轴线	平行轴线		内花键		两个方向排列的孔
4			板或条与圆柱体组合		斜交面	简单曲面		1＋2			垂直或相交轴线		内等分平面		多方向排列的孔
5	块状			多向平面	两个两侧平行平面	复合曲面		2＋3	有螺纹	单一轴线			1＋3	非均布孔	单方向排列的孔
6	箱壳座架	有分离面			2＋3 或 3＋5	1＋4		1＋3 或 2＋4		多轴线			2＋3		多方向排列的孔
7		无分离面	矩形体组合		六个平面需加工	2＋4		齿形齿纹	有其他功能要素(功能锥、功能槽、球面、曲面等)		单一轴线	异形孔		成形	无辅助孔
8			矩形体与圆柱体组合		斜交面	3＋4		刻线			多轴线	内腔平面或窗口平面加工			有辅助孔
9	其他			其他		其他		其他	其他			其他		其他	

表 9-14　材料、毛坯、热处理、主要尺寸、精度分类表(第 10～15 位)

<table>
<tr><td>代码</td><td>10</td><td>11</td><td>12</td><td colspan="3">13</td><td colspan="3">14</td><td colspan="2">15</td></tr>
<tr><td rowspan="3">项目</td><td rowspan="3">材料</td><td rowspan="3">毛坯原
始形状</td><td rowspan="3">热处理</td><td colspan="6">主要尺寸</td><td rowspan="3" colspan="2">精度</td></tr>
<tr><td colspan="3">直径或宽度/mm</td><td colspan="3">长度/mm</td></tr>
<tr><td>大型</td><td>中型</td><td>小型</td><td>大型</td><td>中型</td><td>小型</td></tr>
<tr><td>0</td><td>灰铸铁</td><td>棒料</td><td>无</td><td>⩽14</td><td>⩽8</td><td>⩽3</td><td>⩽50</td><td>⩽18</td><td>⩽10</td><td colspan="2">低精度</td></tr>
<tr><td>1</td><td>特殊铸钢</td><td>冷拉材</td><td>发蓝</td><td>＞14～
20</td><td>＞8～
14</td><td>＞3～
6</td><td>＞50～
120</td><td>＞18～
30</td><td>＞10～
16</td><td rowspan="3">中等精度</td><td>内外回转
面加工</td></tr>
<tr><td>2</td><td>普通碳钢</td><td>管材
(异形管)</td><td>退火、正
火及时效</td><td>＞20～
58</td><td>＞14～
20</td><td>＞6～
10</td><td>＞120～
250</td><td>＞30～
50</td><td>＞16～
25</td><td>平面
加工</td></tr>
<tr><td>3</td><td>优质碳钢</td><td>型材</td><td>调质</td><td>＞58～
90</td><td>＞20～
30</td><td>＞10～
18</td><td>＞250～
500</td><td>＞50～
120</td><td>＞25～
40</td><td>1＋2</td></tr>
<tr><td>4</td><td>合金钢</td><td>板材</td><td>淬火</td><td>＞90～
160</td><td>＞30～
58</td><td>＞18～
30</td><td>＞500～
800</td><td>＞120～
250</td><td>＞40～
60</td><td rowspan="5">高精度</td><td>内外回转
面加工</td></tr>
<tr><td>5</td><td>铜和铜合金</td><td>铸件</td><td>高、中、
工频淬火</td><td>＞160～
400</td><td>＞58～
90</td><td>＞30～
45</td><td>＞800～
1250</td><td>＞250～
500</td><td>＞60～
85</td><td>平面
加工</td></tr>
<tr><td>6</td><td>铝和铝合金</td><td>锻件</td><td>渗碳＋4
或 5</td><td>＞400～
630</td><td>＞90～
160</td><td>＞45～
65</td><td>＞1250
～2000</td><td>＞500～
800</td><td>＞85～
120</td><td>4＋5</td></tr>
<tr><td>7</td><td>其他非铁
金属及其合金</td><td>铆焊件</td><td>渗氮处理</td><td>＞630～
1000</td><td>＞160～
440</td><td>＞65～
90</td><td>＞2000
～3150</td><td>＞800～
1250</td><td>＞120～
160</td><td>平面加工</td></tr>
<tr><td>8</td><td>非金属</td><td>铸塑成形件</td><td>电镀</td><td>＞1000
～1600</td><td>＞440～
630</td><td>＞90～
120</td><td>＞3150
～5000</td><td>＞1250
～2000</td><td>＞160～
200</td><td>4 或 5
或 6＋7</td></tr>
<tr><td>9</td><td>其他</td><td>其他</td><td>其他</td><td>＞1600</td><td>＞630</td><td>＞120</td><td>＞5000</td><td>＞2000</td><td>＞200</td><td colspan="2">超高精度</td></tr>
</table>

有了编码系统，就可以对工厂生产的所有零件进行编码，图 9-25 给出了两个零件的编码示例。

1. 为产品零件划分零件组

划分零件组可按零件编码进行，有三种不同方法：

(1) 特征码位法　以加工相似性为出发点，选择几位与加工特征直接有关的特征码位作为形成零件组的依据。例如，可以规定第 1、2、6、7 等四个码位相同的零件为一组，根据这个规定，编码为 043063072、041103070、047023072 的这三个零件可划为同一组。

(2) 码域法　对分类编码系统中各码位的特征码规定一定的码域作为零件分组的依据。例如，可以规定某一组零件的第 1 码位的特征码只允许取 0 和 1，第 2 码位的特征码只允许取 0、1、2、3 等，凡各码位上的特征落在规定码域内的零件划为同一组。

(3) 特征位码域法　这是一种将特征码位法与码域法相结合的零件分组方法。根据具体生产条件与分组需要，选取特征性较强的特征码位并规定允许的特征码变化范围(码域)，并以此作为零件分组的依据。

2. 为零件组编制成组加工工艺规程

编制成组加工工艺规程常用的方法有综合零件法和综合工艺路线法，分述如下：

(1) 综合零件法　按综合零件法编制成组加工工艺规程时，首先需要设计一个能集中反映该组零件全部结构特征和工艺特征的综合零件，它可以是组内的一个真实零件，也可以

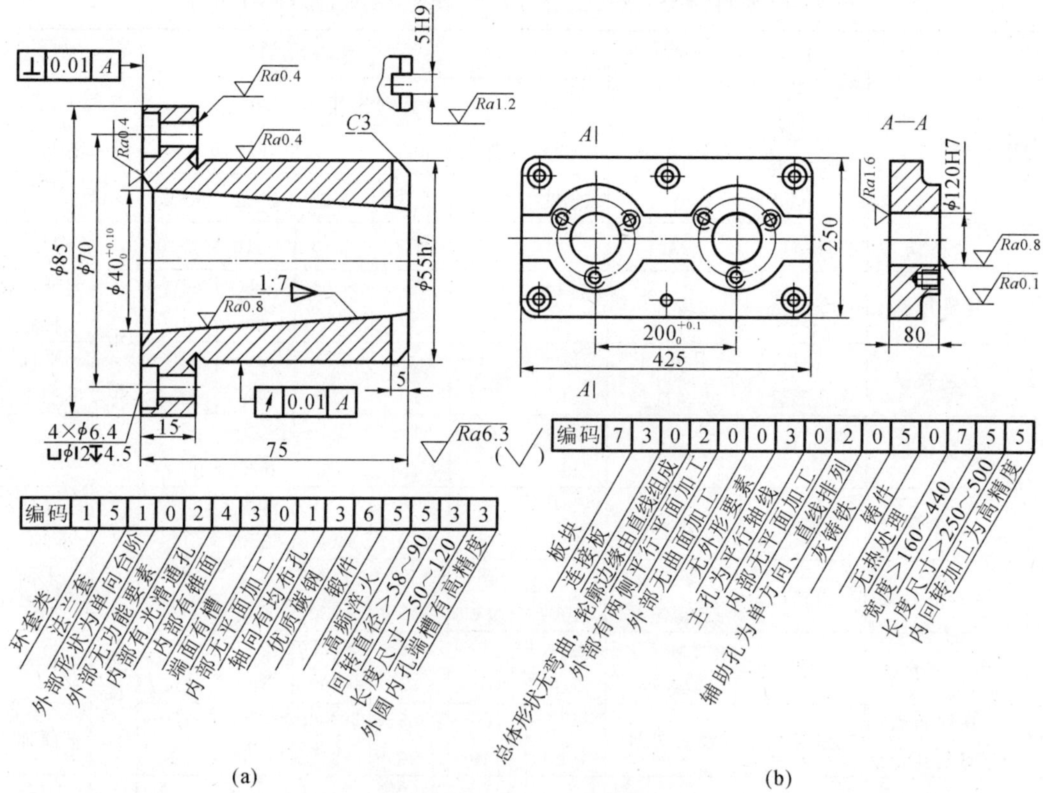

图 9-25　JLBM 分类编码系统编码示例

是人为综合的“假想”零件。编制零件组成组加工工艺规程实际上就是为该零件组综合零件编制工艺规程，该工艺规程对零件组内的每一个零件都适用，有的零件可能没有其中的一个工序（工步）或几个工序（工步）。综合零件法常用于编制形体比较简单的回转体类零件的成组加工工艺规程，图 9-26 是用综合零件法编制的成组工艺过程示例。

零件简图	1	2	3	4	综合零件
	车外圆及端面	铁键槽		钻孔	
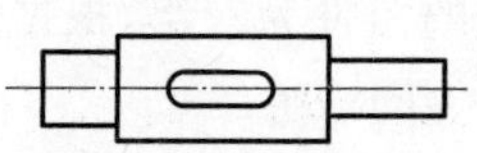	√	√			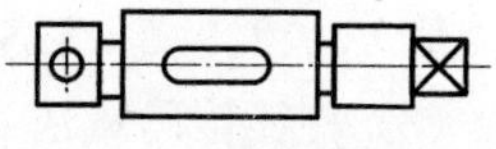
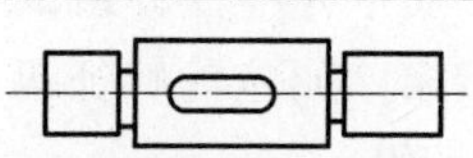	√	√			
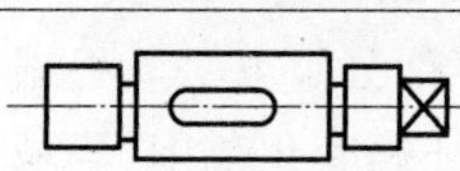	√	√	√		
	√			√	

图 9-26　轴类零件的成组工艺过程示例

（2）综合工艺路线法　在零件分类成组的基础上，以组内零件最长工艺路线为基础，适当补充组内其他零件工艺过程的某些特有工序，最终形成能满足加工全组零件需求的成组加工工艺规程。综合工艺路线法常用于编制形体比较复杂的回转体类零件和非回转体类零件的成组加工工艺规程，图 9-27 是用综合工艺路线法编制的成组工艺过程示例。

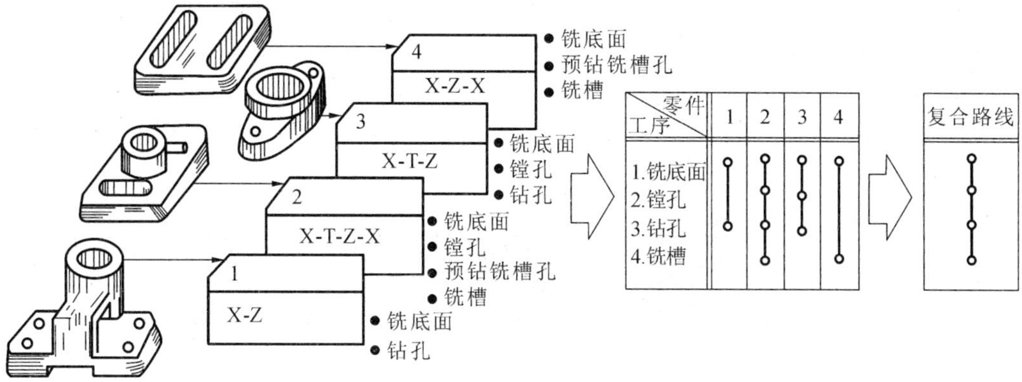

图 9-27　非回转体类零件的成组工艺过程示例

9.6　机械加工典型零件工艺

9.6.1　轴类零件加工工艺

轴类零件是机器中常见的典型回转体零件之一，其主要功用是支承传动零部件(带轮、齿轮、联轴器等)、传递扭矩以及承受载荷。对于机床主轴，要求有较高的回转精度。按形状结构特点可分为光轴、空心轴、阶梯轴、异形轴(如曲轴、齿轮轴、凸轮轴、十字轴等)四大类。

轴类零件的结构特点是长度(L)大于直径(d)的回转体零件，若长径比 $L/d \leqslant 12$ 通称为刚性轴，而长径比 $L/d > 12$ 时称为细长轴或挠性轴，其被加工表面常有同轴线的内外圆柱面、内外圆锥面、螺纹、花键、键槽及沟槽等。

1. 轴类零件的材料及毛坯

轴类零件选用的材料、毛坯生产方式以及采用的热处理，对选取加工过程有极大影响。一般轴类零件常用的材料是 45 钢，并根据其工作条件选取不同的热处理规范，可得到较好的切削性能及综合力学性能。40Cr 等合金结构钢适用于中等精度而转速较高的轴类零件，这类钢经调质和表面淬火处理后，具有较高的综合力学性能。轴承钢 GCr15 和弹簧钢 65Mn 经调质和表面高频淬火后再回火，表面硬度可达 50～58HRC，具有较高的耐疲劳性能和较好的耐磨性能，可制造较高精度的轴。

20CrMnTi、18CrMnTi、20Mn2B、20Cr 等含铬、锰、钛和硼等元素，经正火和渗碳淬火处理可获得较高的表面硬度，较软的芯部。因此，耐冲击、韧性好，可用来制造在高转速、重载荷等条件下工作的轴类零件，其主要缺点是热处理变形较大。中碳合金氮化钢 38CrMoAlA，由于氮化温度比一般淬火温度低，经调质和表面氮化后，变形很小，且硬度也很高，具有很高的心部强度、良好的耐磨性和耐疲劳性能。

轴类零件可选用棒料、铸件或锻件等毛坯形式。一般的光轴和外圆直径相差不大的阶梯轴，以棒料为主；而对于外圆直径相差大的阶梯轴或重要的轴，常选用锻件；对于某些大型的、结构复杂的轴(如曲轴)才采用铸件。

2. 轴类零件的加工工艺特点

轴类零件最常用的精定位基准是两中心孔，采用这种方法符合基准重合与基准统一的原则，因为轴类零件的各外圆表面、圆锥面、螺纹表面的同轴度及端面的垂直度等设计基准都是轴的中心线。粗加工时为了提高零件的刚度，一般用外圆表面或外圆表面与中心孔共同作为定位基准。内孔加工时，也以外圆作为定位基准。对于空心轴，为了使以后各工序有统一的定位基准，在加工出内孔后，采用带中心孔的锥堵或锥堵心轴，保证用中心孔定位，如图 9-28 所示。

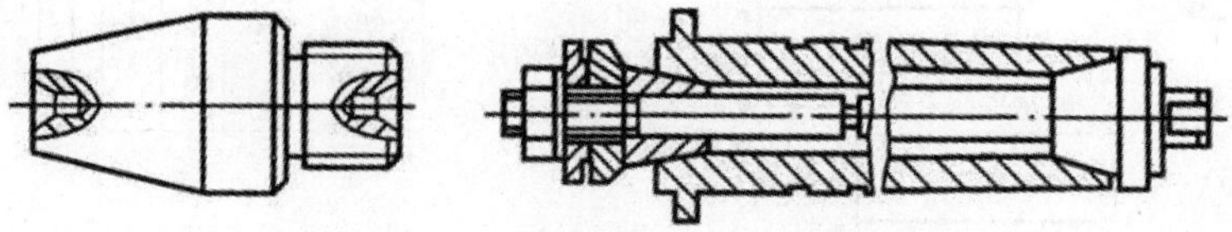

图 9-28 带中心孔的锥堵或锥堵心轴

3. 轴类零件的加工工艺过程

轴类零件的加工工艺过程需根据轴的结构类型、生产批量、精度及表面粗糙度要求、毛坯种类、热处理要求等的不同而变化。在设备维修和备件制造等单件小批量生产中，一般遵循工序集中原则。在批量加工轴类零件时，要将粗、精加工分开，先粗后精，对于精密的轴类零件，精磨是最终的加工工序，有些精度要求较高的机床主轴，还要安排光整加工。车削和磨削是加工轴类零件的主要加工方法，其一般的加工工序安排为：准备毛坯—正火—切端面打中心孔—粗车—调质—半精车—精车—表面淬火—粗、精磨外圆—终检。轴上的花键、键槽、螺纹、齿轮等表面的加工，一般都放在外圆半精加工以后，精磨之前进行。

轴类零件毛坯是锻件，大多需要进行正火处理，以消除锻造内应力、改善材料内部金相组织和降低硬度，改善材料的可加工性。对于机床主轴等重要轴类零件，在粗加工后应安排调质处理以获得均匀细致的回火索氏体组织，提高零件材料的综合力学性能，并为表面淬火时得到均匀细密的组织，也可获得由表面向中心逐步降低的硬化层奠定基础，同时，索氏体金相组织经机械加工后，表面粗糙度值较小。此外，对有相对运动的轴颈表面和经常装卸工具的内锥孔等摩擦部位一般应进行表面淬火，以提高其耐磨性。

4. CA6140 型车床主轴机械加工工艺过程及工序分析

(1) 主轴加工工艺过程。

图 9-29 所示是 CA6140 型车床主轴零件图。主轴材料为 45 钢，在大批量生产的条件下，拟定的加工工艺过程见表 9-15。

表 9-15 CA6140 车床主轴机械加工工艺过程

工序	工序名称	工序内容	设备及主要工艺装备
1	模锻	锻造毛坯	
2	热处理	正火	
3	铣端面，钻中心孔	铣端面，钻中心孔，控制总长 872	专用机床
4	粗车	粗车外圆，各部分留余量 2.5～3	仿形车床
5	热处理	调制	

续表

工序	工序名称	工序内容	设备及主要工艺装备
6	半精车	车大头各台阶面	卧式车床
7	半精车	车小头各部分外圆，留余量 1.2～1.5	仿形车床
8	钻	钻 ϕ48 通孔	深孔钻床
9	车	车小头 1∶20 锥孔及端面(配锥堵)	卧式车床
10	车	车大头莫氏 6 号锥孔、外短锥及端面(配锥堵)	卧式车床
11	钻	钻大端端面各孔	钻床
12	热处理	短锥及莫氏 6 号锥孔、ϕ75h5、ϕ90g6、ϕ100h6 进行高频淬火	高频感应炉
13	精车	仿形精车各外圆，留余量 0.4～0.5	数控车床
14	粗磨	粗磨 ϕ75h5、ϕ90g6、ϕ100h6 外圆	万能外圆磨床
15	粗磨	粗磨小头工艺内锥孔(重配锥堵)	内圆磨床
16	粗磨	粗磨大头莫氏 6 号锥孔(重配锥堵)	内圆磨床
17	铣	粗精铣花键	花键铣床
18	铣	铣 12f9 键槽	铣床
19	车	车三处螺纹 M115×1.5、M100×1.5、M74×1.5	卧式车床
20	精磨	精磨外圆至尺寸	万能外圆磨床
21	精磨	精磨圆锥面及端面 *D*	专用组合磨床
22	精磨	精磨莫氏 6 号内锥孔	主轴锥孔磨床
23	检验	按图样要求检验	

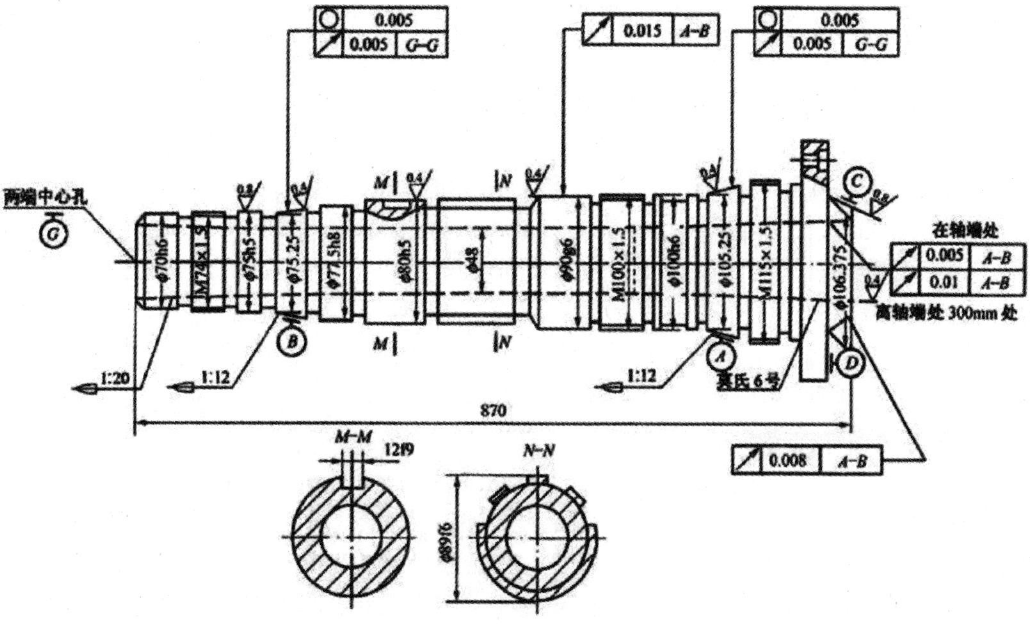

图 9-29　CA6140 型车床主轴零件

(2) 主轴加工工序分析。

① 加工阶段的划分。

主轴加工大体可分三个阶段,即粗加工阶段、半精加工阶段、精加工阶段。之所以划分成三个阶段,是因为在粗加工时要去除大部分余量和钻中心通孔。由于粗加工切削力和切削热大,会引起工件变形,从而容易破坏已加工表面的精度。另外在运输过程中难免碰伤已加工表面。所以安排工序时,要先完成各表面的粗加工,然后完成各表面的半精加工(包括次要表面的最终加工),而主要表面的精加工放在工艺过程的最后进行。

② 定位基准的选择。

为例保证主轴各表面相互位置精度要求,选择定位基准时应尽量使各工序的基准统一,并在一次装夹中完成尽可能多的表面的加工。主轴各外圆表面的加工,一般都是以两顶尖孔为定位基准来达到基准的统一。在钻完中心通孔后,原来的顶尖孔已不存在,这时在通孔两端加工出工艺锥孔,插进两个带顶尖孔的锥堵来达到基准的统一。另外为保证前端安装卡盘的外锥面和安装顶尖的内锥孔与支撑轴颈有很高的同轴度要求,应以精加工好的支承轴颈为基准终磨主轴前端的内外锥面。由此可见,主轴零件加工时的定位基准或是顶尖孔,或是支承轴颈,达到基准统一和基准重合,或者两者交替使用、互为基准。

③ 加工顺序的安排。

主轴零件各表面加工顺序很大程度上取决于定位基准的选择和定位基准的转换。因为各阶段的开始总是先加工定位基准面,即先行工序必须为后续工序准备好定位基准。主轴工艺过程的开始就是铣面打中心孔,为粗车外圆表面准备定位基准,粗车外圆表面又为中心通孔和前后锥孔的加工准备定位基准,两端锥孔装上带顶尖孔的锥堵作为半精加工和精加工外圆表面的定位基准,精加工好的支承轴颈又可作为终磨前锥孔的定位基准。由此可见,零件加工用的粗精基准选定后,加工顺序就大致确定了。主轴上螺纹、键槽等次要表面的加工,一般都放在外圆表面半精加工之后,磨削加工之前进行。热处理工序要根据其目的及其对工艺过程的影响加以确定。正火(或退火)、调质和淬火分别安排在粗加工、半精加工和磨削加工之前进行。

9.6.2 箱体类零件机械加工工艺

箱体零件是将箱体内部的轴、齿轮等有关零件和机构连接为一个有机整体的基础零件,如机床的床头箱、进给箱,汽车、拖拉机的发动机机体、变速箱,农机具的传动箱等。它们的尺寸大小、结构形式、外观和用途虽然各有不同,但是有共同的结构特点:结构复杂,一般是中空、多孔的薄壁铸件,刚性较差,在结构上常设有加强肋、内腔凸边、凸台等;箱体壁上既有尺寸精度和形位公差要求较高的轴承支承孔和平面,又有许多小的光孔、螺纹孔以及用于安装定位的销孔。因此,箱体类零件加工部位多且加工难度较大。

1. 箱体类零件的技术要求与材料

图 9-30 所示为 CA6140 型车床主轴箱体,以它为例来说明箱体零件的主要技术要求。

(1) 支承孔本身的精度。轴承支承孔要求有较高的尺寸精度、形状精度和较小的表面粗糙度值。在 CA6140 型车床主轴箱体上主轴孔的尺寸公差等级为 IT6,其余孔为 IT7～IT6;主轴孔的圆度为 0.006 mm～0.008 mm,其余孔的几何形状精度未作规定,一般控制在尺寸公差范围内即可;一般主轴孔的表面粗糙度值 Ra=0.4 μm,其他轴承孔 Ra=1.6 μm,

孔的内端面 $Ra=3.2\ \mu m$。

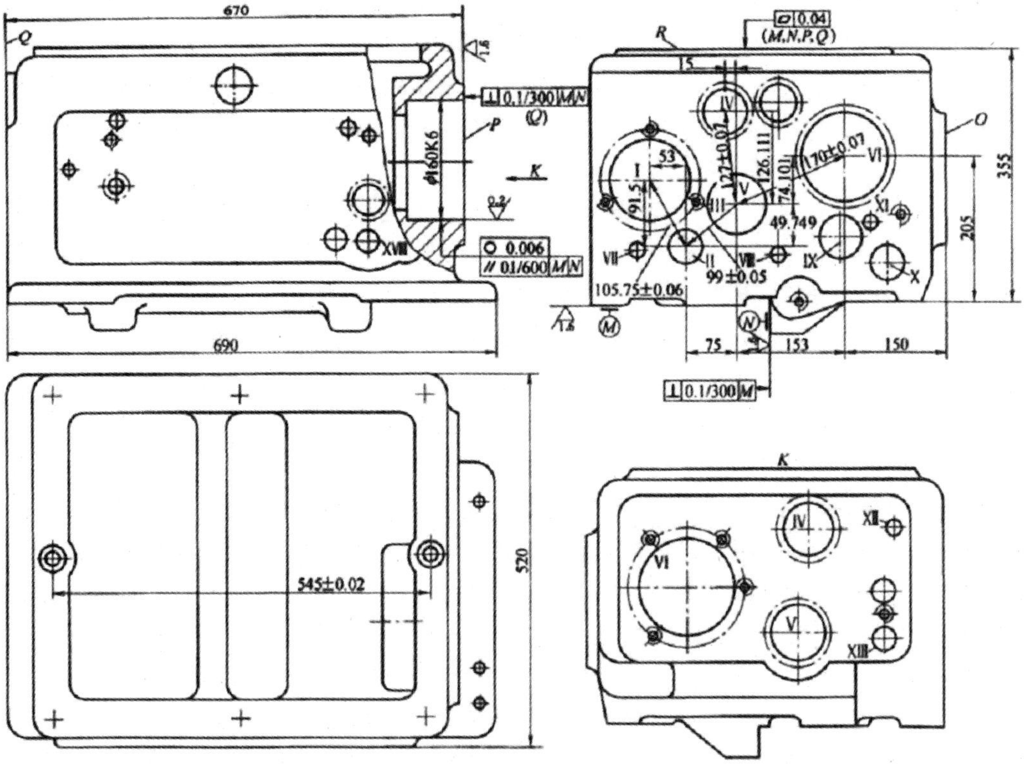

图 9-30　CA6140 型车床主轴箱简图

(2) 孔与孔的相互位置精度。在箱体类零件中，同一轴线上各孔的同轴度要求较高，若同轴度超差，会使轴和轴承装配到箱体内出现歪斜，造成主轴径向跳动和轴的跳动，加剧轴承磨损。所以主轴轴承孔的同轴度为 0.012 mm，其他支承孔的同轴度为 0.02 mm。箱体类零件中有齿轮啮合关系的相邻孔系之间的平行度误差，会影响齿轮的啮合精度，工作时会产生噪声和振动，降低齿轮的使用寿命，因此，要求较高的平行度，在 CA6140 型车床主轴箱体各支承孔轴心线平行度为(0.04 mm～0.06 mm)/400 mm。中心距之差为±(0.05～0.07)mm。

(3) 主要平面的精度。箱体类零件的主要平面 M 是装配基准或加工中的定位基面，它的平面度和表面粗糙度将影响主轴箱与床身连接时的接触刚度，加工过程中作为定位基面则会影响主要孔的加工精度。因此有较高的平面度和较小的表面粗糙度值要求。在 CA6140 型车床主轴箱体中平面度要求为 0.04 mm，表面粗糙度值 $Ra=0.63\ \mu m$～$2.5\ \mu m$，而其他平面的 $Ra=2.5\ \mu m$～$10\ \mu m$。主要平面间的垂直度为 0.1/300 mm。

(4) 支承孔与主要平面间的相互位置精度。一般都规定主轴孔和主轴箱安装基面的平行度要求，它们决定了主轴与床身导轨的相互位置关系，同时各支承也对端面要有一定的垂直度要求。因此在 CA6140 型车床主轴箱体中主轴孔对装配基准的平行度为 0.1/600 mm。箱体类零件最常用的材料是 HT200～400 灰铸铁，在航天航空、电动工具中也有采用铝和轻合金，当负荷较大时，可用 ZG200～400、ZG230～450 铸钢，在单件小批量生产时，为缩短生产周期，也可采用焊接件。

2. 箱体类零件的加工工艺分析

如前所述，箱体零件结构复杂，加工精度要求较高，尤其是主要孔的尺寸精度和位置精度。要确保箱体零件的加工质量，首先要正确选择加工基准。

(1) 在选择粗基准时，要求定位平面与各主要轴承孔有一定位置精度，以保证各轴承孔都有足够的加工余量，并要求与不加工的箱体内壁有一定位置精度以保证箱体的壁厚均匀、避免内部装配零件与箱体内壁互相干扰。

(2) 箱体类零件加工工艺过程的特点。箱体类零件的结构、功用、精度和生产批量不同，加工方案也不同。大批量生产时，箱体零件的一般工艺路线为：粗、精加工定位平面→钻、铰定位销孔→粗加工各主要平面→精加工各主要平面→粗加工轴承孔系→半精加工轴承孔系→各次要小平面的加工→各次要小孔的加工→重要表面的精加工(本道工序视具体箱体零件而定)→轴承孔系的精加工→攻螺纹。

(3) 在加工箱体类零件时，一般按照先面后孔、先主后次的顺序加工。因为先加工平面，不仅为加工精度较高的支承孔提供了稳定可靠的精基准，而且还符合基准重合原则，有利于提高加工精度。加工平面或孔系时，也应遵循先主后次的原则，以先加工好的主要平面或主要孔作精基准，可以保证装夹可靠，各表面的加工余量调整较方便，有利于提高各表面的加工精度。当有与轴承孔相交的油孔时，应在轴承孔精加工之后钻出油孔以免先钻油孔造成断续切削，影响轴承孔的加工精度。

箱体类零件的结构一般较为复杂，壁厚不均匀，铸造残留内应力大。为消除内应力，减少箱体在使用过程中的变形以保持精度稳定，铸造后一般均需进行时效处理，对于精密机床的箱体或形状特别复杂的箱体，在粗加工后还要再安排一次人工时效，以促进铸造和粗加工造成的内应力的释放。

箱体零件上各轴承孔之间，轴承孔与平面之间，具有一定的位置要求，工艺上将这些具有一定位置要求的一组孔称为“孔系”。孔系有平行孔系、同轴孔系、交叉孔系。孔系加工是箱体零件加工中最关键的工序。主轴箱装配基面和孔系的加工是其加工的核心和关键，根据生产规模，生产条件以及加工要求的不同，工艺过程也会有所不同。

3. CA6140 主轴箱机械加工工艺过程

CA6140 型车床主轴箱小批生产的加工工艺见表 9-16，大批生产的加工工艺见表 9-17。

表 9-16 CA6140 主轴箱小批生产机械加工工艺过程

工序	工序名称	工序内容	设备及主要工艺装备
1	铸造	铸造毛坯	
2	热处理	人工时效	
3	涂装	上底漆	
4	划线	兼顾各部分划全线	钳工台
5	铣	(1) 按线找正，粗铣顶面 R，留余量 2～2.5 mm (2) 以顶面 R 为基准，粗铣底面 M 及导向面 N，各部分留余量 2～2.5 mm (3) 以底面 M 和导向面 N 为基准，粗铣侧面 O 及两端面 P、Q，留余量 2～2.5 mm	龙门铣床
6	划	划各纵向孔位置线	钳工台

续表

工序	工序名称	工序内容	设备及主要工艺装备
7	镗	以底面 M 和导向面 N 为基准，粗镗各纵向孔，各部分留余量 2～2.5 mm	卧式镗床
8	时效		
9	铣	(1) 以底面 M 和导向面 N 为基准精铣顶面 R 至尺寸 (2) 以顶面 R 为基准精铣底面 M 及导向面 N，留刮研余量 0.1 mm	龙门铣床
10	钳	刮研底面 M 及导向面 N 至尺寸	
11	铣	以底面 M 和导向面 N 为精基准精铣侧面 O 及两端面 P、Q 至尺寸	龙门铣床
12	镗	以底面 M 和导向面 N 为基准 (1) 半精镗和精镗各纵向孔，主轴孔留精细镗余量为 0.05～0.1 mm (2) 用浮动镗刀块精细镗主轴孔至尺寸	卧式镗床
13	划	各螺纹孔、紧固孔及油孔孔位线	钳工台
14	钻	钻螺纹底孔、紧固孔及油孔	摇臂钻床
15	钳	攻螺纹、去毛刺	钳工台
16	清洗	将零件彻底清洗干净	
17	检验	按全部技术要求检验	

表 9-17　CA6140 主轴箱大批生产机械加工工艺过程

工序	工序名称	工序内容	设备及主要工艺装备
1	铸造	铸造毛坯	
2	热处理	人工时效	
3	涂装	上底漆	
4	铣	铣顶面 R	专用夹具
5	钻	以顶面 R，VI 轴孔导向，钻、扩、铰两工艺孔及 6-M8 螺纹孔	专用夹具
6	铣	以顶面 R 及两工艺孔定位，铣 M、N、O、P、Q 五个平面	专用多刀铣床
7	磨	以 M 面和 Q 面定位，磨顶面 R	专用磨床
8	镗	以顶面 R 及两工艺孔定位，粗镗各纵向孔	组合卧式镗床
9	镗	以顶面 R 及两工艺孔定位，精镗各纵向孔	组合卧式镗床
10	镗	以顶面 R 及两工艺孔定位，精镗主轴三孔	精密镗床
11	镗	以顶面 R 及两工艺孔定位，加工各横向孔	组合卧式镗床
12	磨	以顶面 R 及两工艺孔定位，磨 M、N、O、P、Q 平面	专用磨床
13	钳	去毛刺	钳工台
14	清洗	将零件彻底清洗干净	
15	检验	按全部技术要求检验	

4. CA6140 主轴箱机械加工工艺过程分析

1）加工阶段的划分

主轴箱主要表面的加工分粗、精两个阶段。粗、精加工分开进行，可以消除由粗加工所造成的内应力、切削力、夹紧力和切削热对加工精度的影响，有利于保证主轴箱的加工精度；同时还能根据粗、精加工的不同要求来合理地选择设备，有利于提高生产效率。

2）加工顺序的确定

CA6140 主轴箱毛坯采用 HT200 灰铸铁，铸造精度 II 级，铸造后进行退火处理。拟定机械加工工序，要依照“先粗后精”“先主后次”“先面后孔”的加工原则。必要的热处理、检验等辅助工序应安排在各加工阶段之间。

在加工各平面的工序中，以 M、N 面作定位基准加工其他表面及孔为最好。这不仅符合“基准重合”的原则，而且有利于基准统一的实现。但是用 M、N 面作定位基准时，在夹具上的辅助支撑安放不方便，不如以箱体的顶面 R 定位有利，特别对大批量生产类型更为突出。因此对精基准的选择，小批生产时，用 M、N 面比较合理，大批量生产时用顶面 R 和其上两工艺孔定位比较合理。两种工艺路线均先进行定位基准的加工，然后进行其他内容的加工。

3）平面加工

小批量生产时，顶面 R 是以 M、N 面为基准，精铣达到要求的。M、N 面是以顶面 R 定位，精铣后通过刮研达到要求的。其余平面均以 M、N 面为基准通过精铣达到要求。大批量生产时，平面均通过铣、磨两道工序进行加工的。先以粗基准定位铣出顶面 R，然后以顶面为基准，铣出其他五个平面，再以 M、Q 面定位，磨顶面 R，最后以顶面 R 定位，磨其他五个平面。

4）孔和孔系的加工

小批量生产时，以底面 M 和导向面 N 为基准，半精镗和精镗各纵向孔达到要求，采用浮动镗刀块精细镗主轴孔达到要求。孔的位置精度依靠镗床精度保证。这样既可以保证加工精度，又不必设计专用工装夹具，缩短了加工周期，降低了成本。大批量生产时，先以顶面 R 定位，*VI* 轴孔导向，钻、扩、铰两工艺孔及 6-M8 螺纹孔。再以顶面 R 及两工艺孔定位，精镗各纵向孔和主轴三孔，多个孔利用多刀组合镗床和镗模加工完成，孔的位置靠镗模保证。这样，既保证了加工精度，又大大提高加工效率。

习题与思考题

9-1 什么是机械加工工艺过程、工艺规程？工艺规程在生产中起什么作用？

9-2 什么是工序、工位、安装、工步和走刀？

9-3 试分析图 9-31 所示零件的结构工艺性，并提出改进意见。

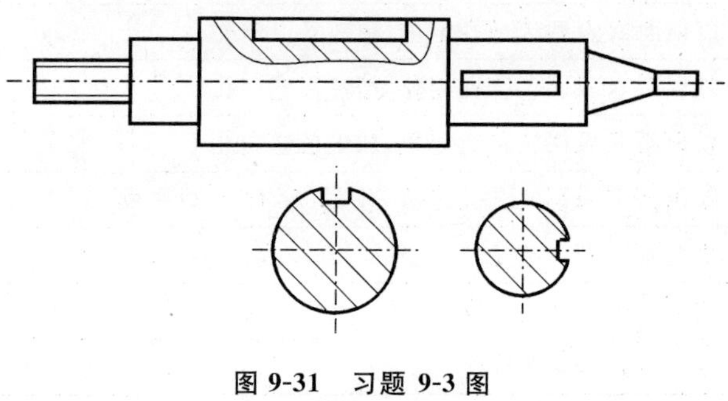

图 9-31 习题 9-3 图

9-4　什么是粗基准？什么是精基准？选择粗、精基准应遵循什么原则？

9-5　试选择图 9-32 所示三个零件的粗、精基准。其中图(a)为齿轮，$m=2$，$z=37$，毛坯为热轧棒料；图(b)为液压油缸，毛坯为铸铁件，孔已铸出；图(c)为飞轮，毛坯为铸件。均为批量生产。图中除了有不加工符号的表面外，均为加工表面。

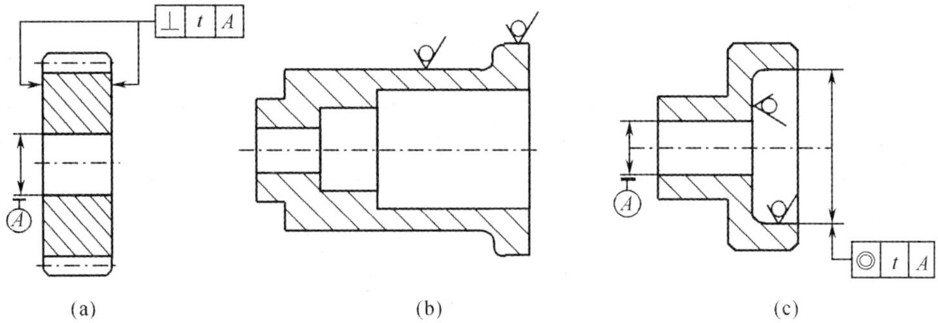

图 9-32　习题 9-5 图

9-6　什么是加工经济精度？选择表面加工方法应考虑哪些问题？

9-7　什么是加工余量、工序余量和总余量？

9-8　何谓工艺尺寸链？如何确定封闭环、增环和减环？

9-9　工序的集中和分散各有什么优缺点？各应用于什么场合？目前的发展趋势是哪一种？

9-10　机械加工工艺过程为什么通常划分加工阶段？各加工阶段的主要作用是什么？

9-11　举例说明在机械加工工艺过程中，如何合理安排热处理工序？

9-12　试拟定出图 9-33 中所示零件的加工工艺规程。各零件均采用 45 钢，成批生产。图(a)零件采用锻件，图(b)零件采用无缝钢管。

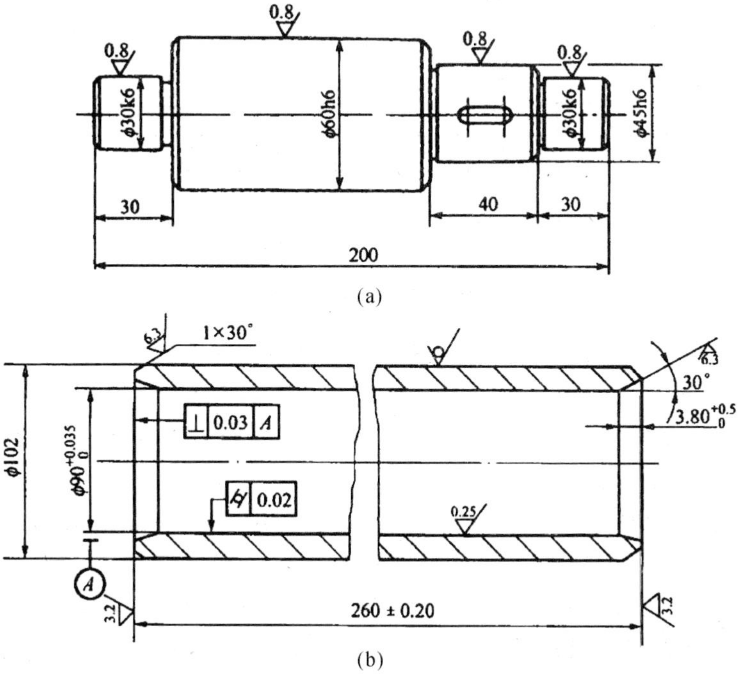

图 9-33　习题 9-12 图

9-13 加工直径为 $\phi 30^{0}_{-0.03}$ mm，长度为 100 mm，表面粗糙度 $Ra=0.8$ μm 的光轴，材料为 45 钢，毛坯为直径 $\phi 35$ mm 的热轧棒料。试确定其批量生产中的工艺路线以及各工序的工序尺寸、工序公差及其偏差。

9-14 欲在某零件上加工 $\phi 72.5^{+0.03}_{0}$ mm 孔，其材料为 45 钢，加工工序为：扩孔；粗镗孔；半精镗、精镗孔；精磨孔。已知各工序尺寸及公差如表 9-18 所示，试计算各工序加工余量及余量公差。

表 9-18

工序名称	工序尺寸及公差	工序名称	工序尺寸及公差
精磨	$\phi 72.5^{+0.03}_{0}$	粗镗	$\phi 68^{+0.30}_{0}$
精镗	$\phi 71.8^{+0.046}_{0}$	扩孔	$\phi 64^{+0.46}_{0}$
半精镗	$\phi 70.5^{+0.19}_{0}$	模锻孔	$\phi 59^{+1}_{-2}$

9-15 图 9-34 所示为一轴套零件，尺寸 $38^{0}_{-0.1}$ mm 和 $8^{0}_{-0.05}$ mm 已加工好，图(b)、(c)、(d)为钻孔加工时三种定位方案的简图。试计算三种定位方案的工序尺寸 A_1、A_2 和 A_3。

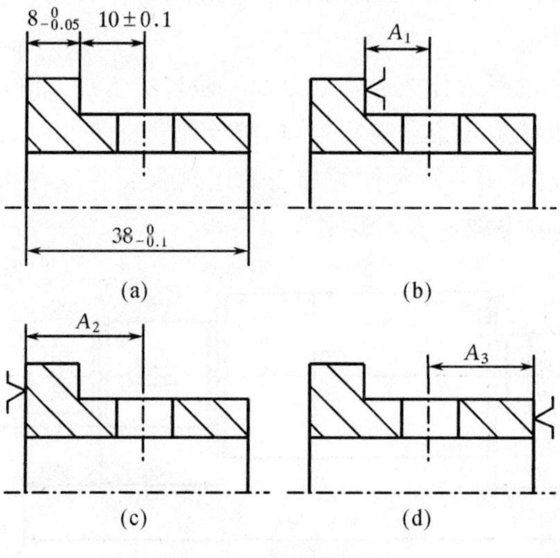

图 9-34 习题 9-15 图

9-16 加工图 9-35 所示的零件，有关的加工过程如下。

① 以 A 面及 $\phi 60$ 外圆定位，车 $\phi 40$ 外圆及端面 D、B，保证尺寸 $30^{0}_{-0.2}$ mm.

② 调头，以 D 面及 $\phi 40$ 外圆定位，车 A 面，保证零件总长为 L。钻 $\phi 20$ 通孔，镗 $\phi 25$ 孔，用测量方法保证孔深为 $25.1^{+0.15}_{0}$ mm 。

③ 以 D 面定位磨削 A 面，用测量方法保证 $\phi 25$ 孔深尺寸为 $25^{+0.1}_{0}$ mm，加工完毕。试确定工序尺寸 L。

9-17 图 9-36 为某零件的一个视图，图中槽深为 $5^{+0.3}_{0}$ mm，该尺寸不便直接测量，为检验槽深是否合格，可直接测量哪些尺寸？试标出它们的尺寸及公差。

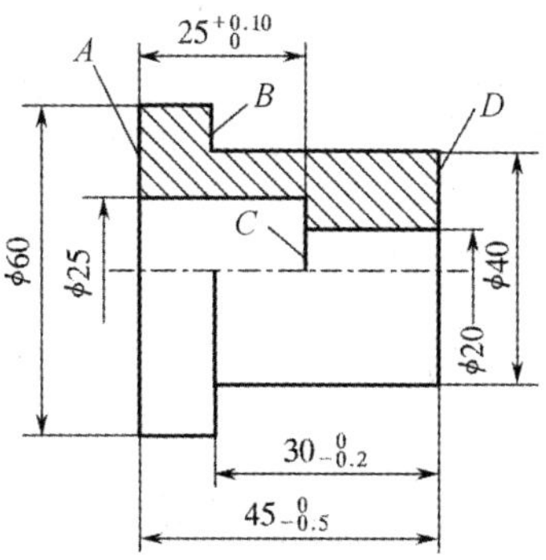

图 9-35　习题 9-16 图

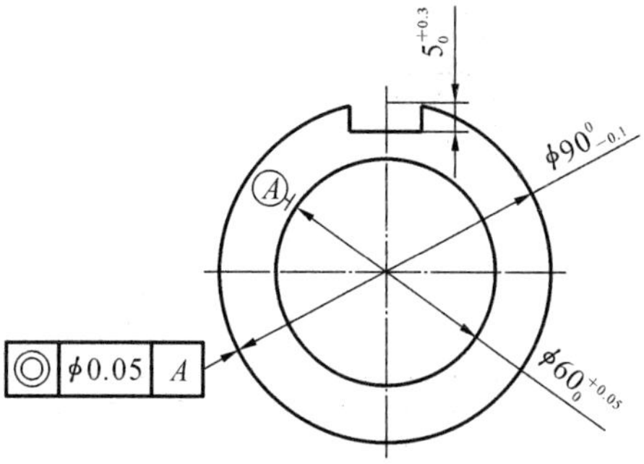

图 9-36　习题 9-17 图

9-18　图 9-37 所示小轴的部分工艺过程为：车外圆至 $\phi 30.5^{0}_{-0.1}$ mm，铣键槽深度为 $H_0^{+T_H}$，热处理，磨外圆 $\phi 30^{+0.036}_{+0.015}$。设磨后外圆与车后外圆的同轴度误差为 $\phi0.05$ mm，求保证键槽深度为 $4_0^{+0.2}$ 的铣槽深度 $H_0^{+T_H}$。

9-19　图 9-38 所示偏心零件，表面 A 要求渗碳处理，渗碳层深度规定为 0.5～0.8 mm。与此有关的加工过程如下：

① 精车 A 面，保证直径尺寸 $D_1=\phi 38.4^{0}_{-0.1}$ mm；

② 渗碳处理，控制渗碳层深度 H_1；

③ 精磨 A 面，保证直径尺寸 $D_2=\phi 38^{0}_{-0.16}$ mm。

试确定 H_1 的数值。

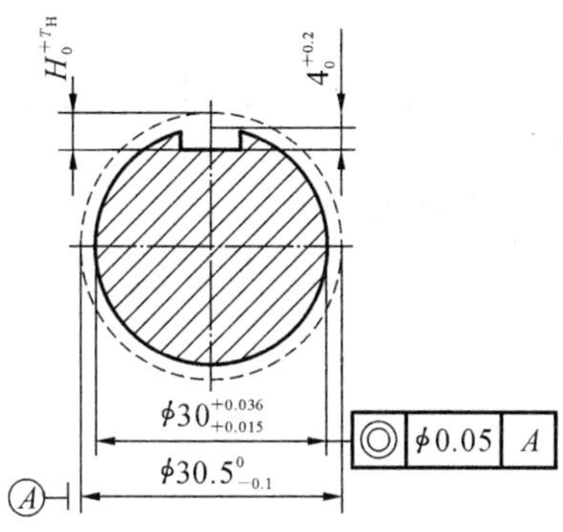

图 9-37　习题 9-18 图

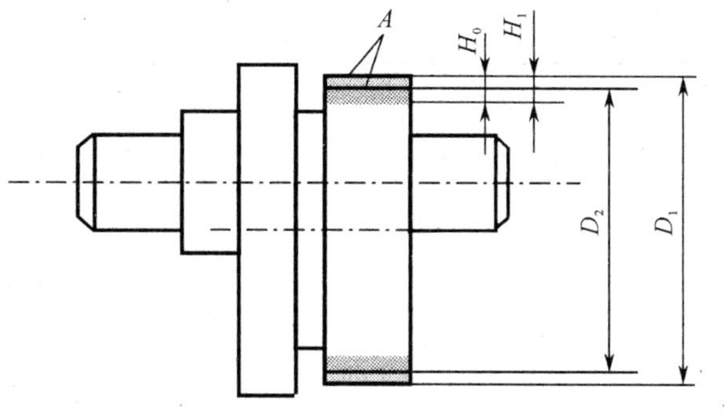

图 9-38　习题 9-19 图

9-20　何谓劳动生产率？提高机械加工劳动生产率的措施有哪些？

9-21　何谓时间定额？何谓单件时间？如何计算单件时间？

9-22　何谓生产成本与工艺成本？两者有何区别？比较不同工艺方案的经济性时，需要考虑哪些因素？

9-23　试编制图 9-39 所示螺母座零件的机械加工工艺规程，将有关内容填入表 9-19 中。毛坯为铸件，批量生产 50 件。

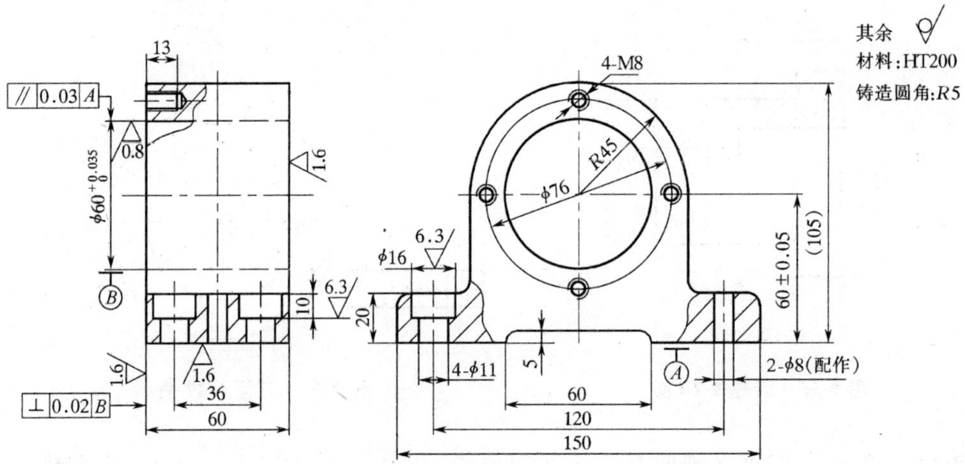

图 9-39　习题 9-23 图

表 9-19

工序号	工序名称及内容	定位基准	机床	夹具

9-24　成组技术最适合哪些工厂采用？它能提高生产率的原因何在？

第 10 章　机械装配工艺规程设计

装配是整个机器制造过程中的最后一个阶段，也是最重要的一个阶段。机器的质量最终是通过装配保证的，装配质量在很大程度上决定了机器最终质量的好与差。装配除了将零件、套件、组件和部件按一定规范进行连接外，还包括调整、检验和试验等工作。如何将零部件装配成机器，零件精度和整台产品精度的关系，以及最终达到装配精度的方法，都是需要装配工艺来解决的。

10.1　机械装配概述

1. 基本概念

任何机械产品都是由许多零件、套件、组件和部件组成。为了保证装配工作的有效进行，通常将机器划分成若干能进行独立装配的部分，称为装配单元。

零件是指机械中不可分拆的单个制件，是机器的基本组成要素，也是机械制造过程中的基本单元，其制造过程一般不需要装配工序。一般情况下，直接装入机器的零件并不太多，而是预先装成套件、组件和部件后才安装到机器上。常见的零件如轴套、轴瓦、螺母、曲轴、叶片、齿轮、凸轮、连杆体、连杆头等。

套件是在一个基准零件上，装上一个或若干个零件构成的，是最小的装配单元。如图 10-1 所示的装配式齿轮，由于机械加工工艺的原因，分成了两个零件，在基准零件 1 上套装齿轮 2。为此而进行的装配工作称为套装。

组件是在一个基准零件上，装上若干个套件及零件，就构成一个组件。如图 10-2 所示为机床主轴箱中的传动轴，在基准零件轴上装上齿轮、轴承、轴套、垫片、锁紧螺母和键的组合件称为组件。为此而进行的装配工作称为组装。

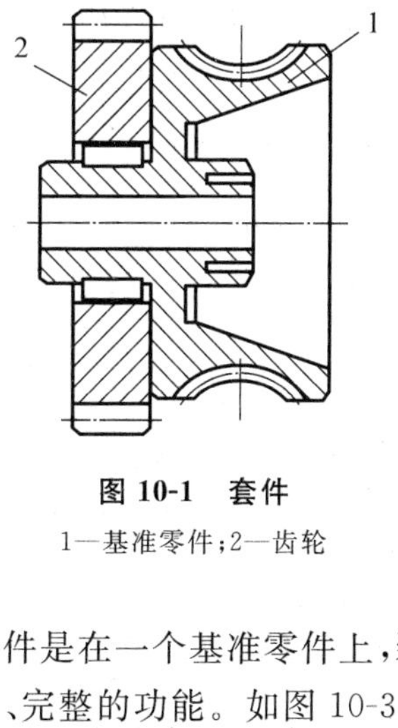

图 10-1　套件

1—基准零件；2—齿轮

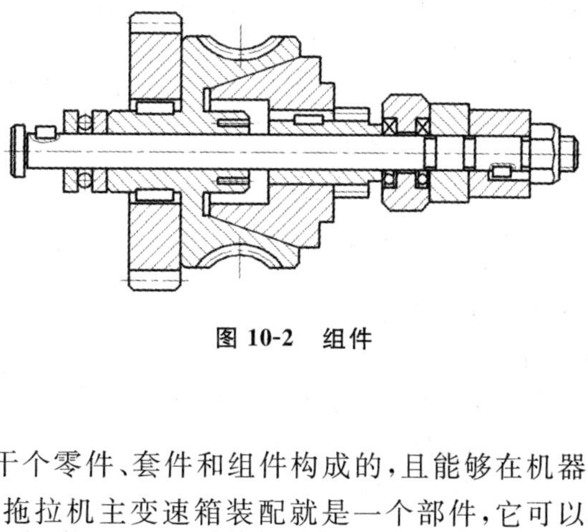

图 10-2　组件

部件是在一个基准零件上，装上若干个零件、套件和组件构成的，且能够在机器中完成一定的、完整的功能。如图 10-3 所示的拖拉机主变速箱装配就是一个部件，它可以实现变速功能，变速箱箱体为部装的基准零件。为形成部件而进行的装配工作称为部装。

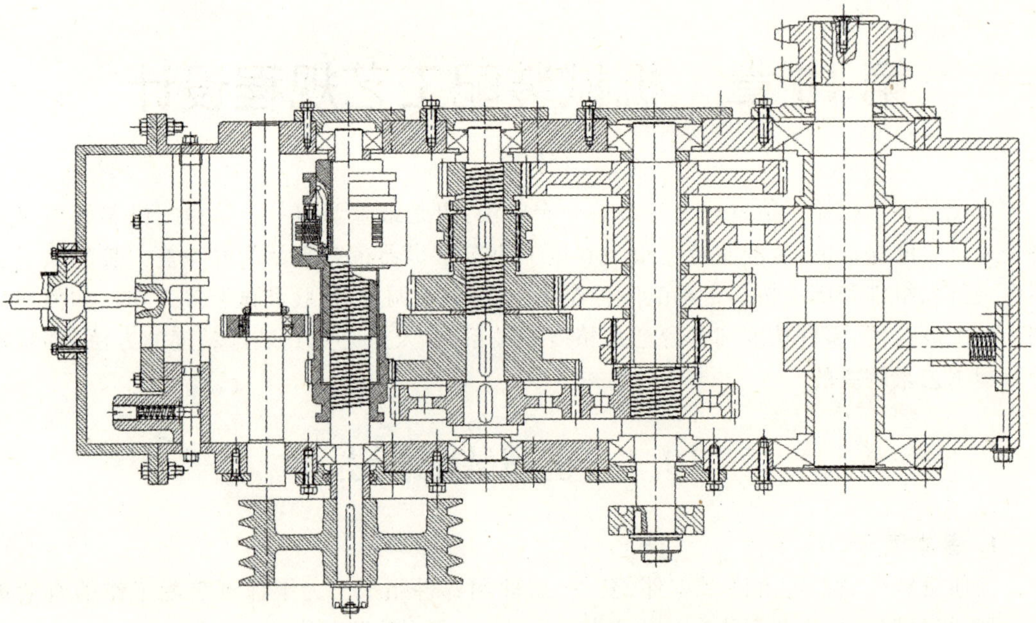

图 10-3 某拖拉机变速箱

机器最后还需要总装，总装是指在一个基准零件上装上若干个零件、套件、组件及部件，并最终装配成机器。例如，卧式车床就是以床身为基准零件，将主轴箱、溜板箱、进给箱、尾座等部件及其他组件、套件和零件组成的。

2. 装配组织形式和生产类型

装配工作的组织形式一般可分为固定式装配和移动式装配。固定式装配是将产品或部件的全部装配工作安排在一个固定的工作场地进行，装配过程中产品的位置不变，大多需要零部件汇集到工作场地附近；移动式装配是将产品或部件置于装配线上，通过连续的或间歇的移动使其顺次经过各装配工作地以完成全部工作。采用移动式装配时，装配过程划分较细，每个工作场地重复地完成固定的工序，广泛采用专用的设备和工具，生产效率高。

机器装配的生产类型按装配工作的生产批量的不同可以分为单件小批生产、成批生产和大批大量生产三种类型。生产类型不同，装配工作的组织形式、装配工艺方法、工艺装备、工艺要求等方面均有较大区别。各生产类型的装配工作的特点详见表 10-1。

表 10-1 各种生产类型装配工作的特点

装配工艺类型	大批量生产	成批生产	单件小批生产
装配基本特征	产品固定，生产活动长期重复，有严格的生产节拍	产品分批交替生产，生产活动在一定时期内重复	产品经常变换，生产活动的重复性难以预计
应用实例	汽车、滚动轴承等	普通机床、机床等	重型机床、专用机械等
生产组织方式	多按产品专用的自动装配线及流水线装配，还可以采用自动装配机装配	批量较少时多用固定流水装配，批量较大时用流水装配线，多品种平行投产时用变节奏流水装配	多用固定装配或固定式流水装配

续表

装配工艺类型	大批量生产	成批生产	单件小批生产
装配工艺方法	优先选择完全互换法，组成环较多时可以用不完全互换法，封闭环精度很高、组成环数少时可以用分组选配法	主要采用互换法，但可以灵活运用调整法、修配法、合并加工法等其他方法	以修配法和调整法为主，互换法比例较小
工艺过程、文件	仔细划分工艺过程，严格规定工时定额和生产节拍，编制详尽的装配工艺卡片、工序卡片、调整卡片	尽量使生产均衡，工艺过程的划分与具体的生产批量有关，编制详尽的装配工艺过程卡片、关键工序的工序卡片、调整卡片	工艺可以灵活掌握，工序可以适当调度，一般不制定详细的工艺文件
工艺装备	多用专用、高效的装配设备及工具，现代装配工作中已大量使用机器手	通用设备较多，也采用一定数量的专业用工、夹、量具	一般用设备通用工、夹、量具
人工操作要求	修配、调整等，工作量比重很小，对装配操作工人的技术要求不高	手工操作比重较大，对装配操作工人的技术水平要求较高	手工操作比重大，要求操作工人技术水平高，很多方面的工艺知识和能力
发展趋势	用自动化流水线、机器人装配	采用成组，用柔性自动装配线、机器人装配	采用成组工艺，用机械化、自动化的修磨、测试工具及固定流水装配

从表 10-1 可以看出，对于不同的装配生产类型，它的装配工作的特点都有其内在的联系，而装配工艺方法也各有侧重。对于大批大量生产模式，为了达到高度的均衡性和严格的节奏性，装配工作主要采取互换法装配，这种方法只允许有少量简单的调整，工艺过程必须划分得很细，即采用工序分散的原则。大批大量生产多采用移动式装配，效率比较高，对于批量很大的定型产品还可以采用自动装配线进行装配。

单件小批生产的装配工艺方法多以修配法和调整法为主，互换件比例较小，工艺上的灵活性较大，即采取工序集中的原则，设备通用，组织形式多采用固定式装配，效率一般比较低。要提高单件小批生产的装配工作效率，必须注意装配工作的各个特点，保留和发扬合理的部分，改进和废除不合理的做法，以大批大量生产类型所采用方法的精神实质，通过具体措施予以改进和提高。例如，采用固定式流水装配就是一种组织形式上的改进；也可以尽可能采用机械加工或机械化工具来代替繁重的手工修配操作；提高零件的制造精度，以减少装配过程中的修配量。

3. 装配工艺系统图

在装配时都需要选定某一个零件或比它低一级的组件作为装配基准件。装配基准件通常应为机器的基体或主干零部件，应有较大的体积和重量，有足够的支承面，以满足陆续装入零件或部件时的稳定性要求。

装配过程是有一定先后顺序的，装配顺序是由产品结构和装配组织形式决定的。产品的装配总是从基准件开始，从零件到部件，从内到外，从下到上，以不影响下道工序为原则，并以装配系统图的形式表示出来。

所谓的装配系统工艺图是指在装配工艺规程制定的过程中，为表明产品零部件间的相互装配关系及装配流程的示意图。每一个零件用一个方格来表示，在表格上表明零件名称、编号及数量，如图 10-4 所示。

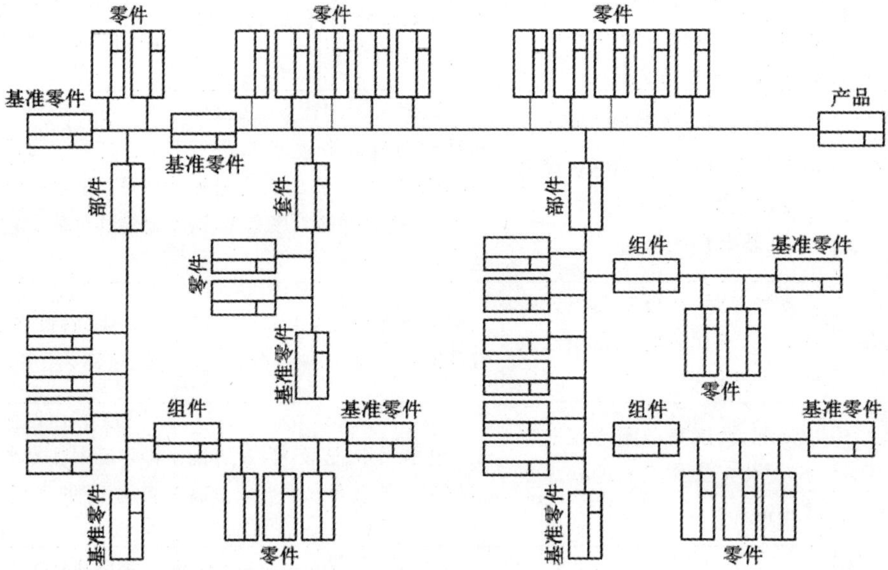

图 10-4 装配单元系统合成图

4. 装配精度

装配精度是指机器装配后，各工作面间的相对位置和相对运动等参数与规定指标的复合程度。装配精度不仅影响机器或部件的工作性能，而且影响它们的使用寿命。对于机床而言，装配精度将直接影响在机床上加工零件的精度。

正确的装配精度要求是产品设计的重要环节之一，它不仅关系到产品的质量，也关系到产品制造的难易程度和经济性。

(1) 装配精度的内容。

产品装配精度所包括的内容可根据机器的工作性能来确定，一般包括如下内容。

① 尺寸精度。

尺寸精度是指相关零部件的距离精度和配合精度。例如：一装配体中有关零件间的间隙；齿轮啮合中非工作齿面间的侧隙；相互配合零件间的过盈量等。

② 相互位置精度。

相互位置精度是指产品中相关零部件间的同轴度、平行度、垂直度及各种跳动等。例如：车床主轴前后轴承的同轴度，立式铣床刀杆中心线和工作台面的垂直度等。

③ 相对运动精度。

相对运动精度是产品中有相对运动的零部件之间在运动方向和相对运动位置上的精度。例如：车床溜板箱移动相对主轴轴线的平行度；滚齿机滚刀垂直进给运动和工作台旋转轴线的平行度等。

④ 相互配合精度。

相互配合精度包括配合表面间的配合质量和接触质量。配合质量是指零件配合表面之间达到规定的配合间隙或过盈的程度，它影响配合的性质。接触质量是指两配合或连接表面间达到规定的接触面积的大小和接触点分布的情况，它影响接触刚度，也影响配合质量。

不难看出，各装配精度之间存在密切关系，相互位置精度是相对运动精度的基础，尺寸精度和接触精度对相互位置精度和相对运动精度的实现又有较大的影响。

(2) 装配精度与零件精度的关系。

机器和部件是由许多零件装配而成的，所以，零件的精度特别是关键零件的精度会直接影响相应的装配精度，从而影响它们的使用寿命。一般来说，零件的精度越高，装配精度则越容易得到保证。

但是，零件的加工精度受工艺条件、经济性的限制，特别是当装配精度要求较高时，不能简单按装配精度要求来加工。在适当控制零件加工精度的前提下，常常通过装配过程中的选配、调整或修配等手段来达到较高的装配精度要求。当然，装配过程中能否进行有关零件选配、调整或修配工作，还要看装配体结构设计的是否合理。

为了合理地确定零件的加工精度，必须对零件精度和装配精度的关系进行综合分析。而进行综合分析的有效手段就是建立和分析产品的装配尺寸链。

10.2　装配尺寸链

机器的装配精度主要是由相关零件的加工精度和合理的装配方法共同保证的。如何查找哪些零件对某装配精度有影响，进而选择合理的装配方法和确定这些零件的加工精度就显得非常重要。建立装配尺寸链与解算装配尺寸链是解决此类问题的最好办法。装配尺寸链是全部组成环为不同零件设计尺寸所形成的尺寸链，查找哪些相关零件的设计尺寸对某装配精度有影响，就是建立装配尺寸链。选择合理的装配方法和确定这些相关零件设计尺寸的加工精度，就是解算装配尺寸链。

1. 基本概念

装配尺寸链是产品或部件在装配过程中，由相关零件的有关尺寸(表面或轴线间距离)或相互位置关系(平行度、垂直度或同轴度)所组成的尺寸链。

和工艺尺寸链一样，装配尺寸链也是由封闭环和组成环组成的，组成环也分为增环和减环。由于装配精度是零部件装配后才形成的尺寸或位置关系，因此装配尺寸链的封闭环就是装配所要保证的装配精度和技术要求，也就是说封闭环不是某一零部件的尺寸，而是不同零部件之间的相对位置精度和尺寸精度要求。而对装配精度有直接影响的零部件的尺寸和位置关系，都是装配尺寸链的组成环。装配尺寸链也具有封闭性和关联性的特征。装配尺寸链是制定装配工艺、保证装配精度的重要工具。

如图 10-5 所示的最简单的孔、轴配合的装配关系，装配后要求孔、轴有一定的间隙。孔轴间的间隙 A_0 就是该装配尺寸链的封闭环，它是由孔尺寸 A_1 和轴尺寸 A_2 装配后形成的尺寸。根据组成环对封闭环的影响不同，A_1 为增环，A_2 为减环。

2. 尺寸链的分类

装配尺寸链根据各组成环的几何特征和所处空间位置不同而分为四类。

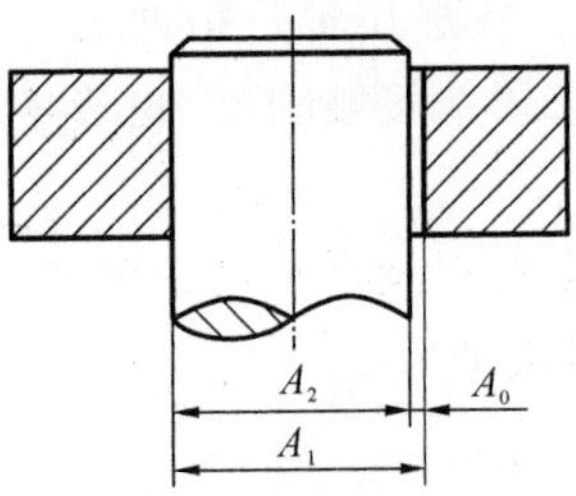

图 10-5 孔轴配合的装配尺寸链

(1) 直线尺寸链　由长度尺寸组成，各环尺寸相互平行，如图 10-5 所示。

(2) 角度尺寸链　指各尺寸环全部是由角度尺寸、平行度、垂直度等角度尺寸参数组成的尺寸链。如图 10-6 所示，工件 A 面对 B 面的平行度 a_1 已经确定。加工 C 面时，不仅得到垂直度 a_2，同时也得到了 C 面对 A 面的垂直度 a_0。a_1、a_0 以及 C 面对 B 面的垂直度 a_2 构成了一个角度尺寸链。

(3) 平面尺寸链　由成角度关系布置的长度尺寸构成，且各环处于同一或彼此平行的平面内。如图 10-7 所示，车床溜板箱装配在床鞍下面时，溜板箱齿轮 O_2 与床鞍横进给齿轮 O_2 应保持适当的啮合间隙，这个装配关系就构成了平面尺寸链。其中 X_1、Y_1 为床鞍上齿轮 O_1 的坐标尺寸，X_2、Y_2 为溜板箱上齿轮 O_2 的坐标尺寸，r_1、r_2 分别为两齿轮的分度圆半径，P_0 为两齿轮的啮合侧隙，是装配后形成的，为封闭环。

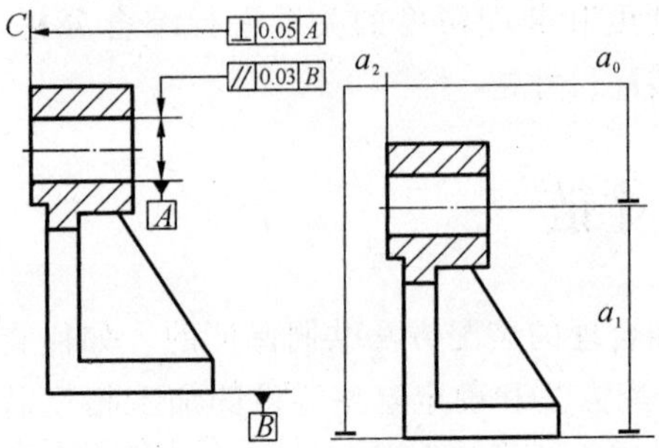

图 10-6 平行度与垂直度构成的角度尺寸链

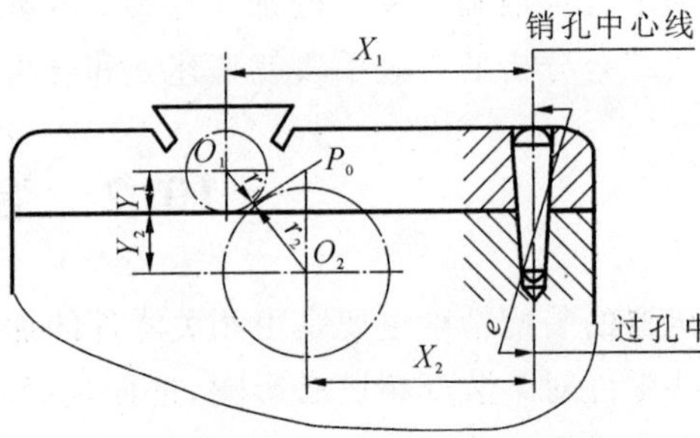

图 10-7 平面装配尺寸链

(4) 空间尺寸链：是由位于三维空间的尺寸构成的尺寸链，一般在机器装配中比较少见，这里不做介绍。

3. 尺寸链的建立

在装配尺寸链的研究中，建立装配尺寸链是十分关键的内容。建立尺寸链是在装配图的基础上，根据装配精度的要求，找出与该精度有关的零件及其相应的尺寸，画出尺寸链图。只有建立的装配尺寸链是正确的，求解装配尺寸链才有意义。

很明显，在装配尺寸链中，最后保证的装配精度就是封闭环，而相关零件的设计尺寸是组成环。建立装配尺寸链就是根据封闭环即装配精度，查找组成环即相关零件的设计尺寸，画出装配尺寸链图，判别组成环的增减性。以下通过实例介绍装配尺寸链的建立方法。

例 10-1　如图 10-8(a)所示为某变速箱的齿轮轴组件装配示意图。在阶梯轴中间安装齿轮 1，左边利用弹簧卡圈 2 进行轴向限位，左轴套 3 和齿轮 1 的左侧接触，安装在齿轮 1 右侧的右轴套 4 用于调整齿轮的轴向间隙，轴向间隙为 0.1～0.6 mm，试建立以轴向间隙为装配精度的尺寸链。

解　一般按下列步骤建立尺寸链。

(1) 明确装配关系。

看懂产品或部件的装配图，了解各个零件的装配关系，弄懂各个零件或部件中是如何确定其空间位置的，从而找出各个零件的装配基准。

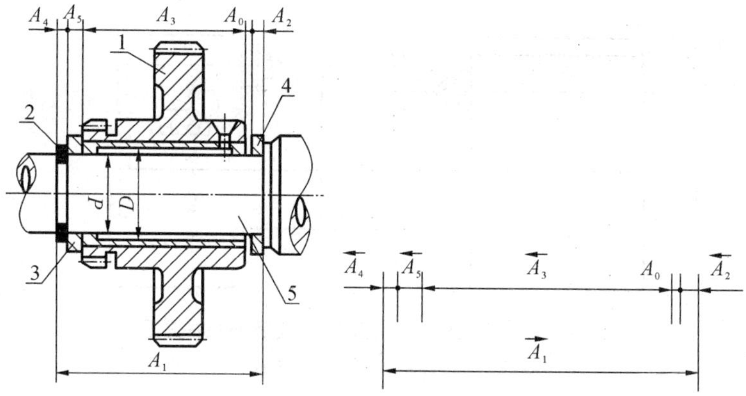

(a)　　　　　　(b)

图 10-8　齿轮组件装配图

1—齿轮；2—弹簧卡圈；3，4—轴套；5—齿轮轴

（2）确定封闭环。

根据装配精度要求，装配尺寸链的封闭环是装配精度 $A_0=0.1\sim0.6$ mm。

（3）查找组成环。

装配尺寸链的组成环是相关零件的相关尺寸，即相关零件上的设计尺寸，它的变化会引起封闭环的变化。以封闭环两端的那两个零件为起点，沿着装配精度要求的方向，以相邻零件装配基准面间的联系为线索，分别找出影响该装配精度要求的相关零件，直至找到同一基准零件，甚至是同一基准表面为止。本例中封闭环 A_0 两端所依据的零件分别是齿轮 1 和右轴套 4，该两个零件就是相关零件。

右端和右端轴套 4 的装配基准相联系的是轴的右侧台阶面，故轴右台阶面也是相关零件。左端和左端弹簧卡圈的装配基准相联系的是轴的左侧卡槽面。因此轴向间隙为封闭环的装配尺寸链的相关零件是齿轮 1、齿轮轴 5、弹簧卡圈 2、左轴套 3、右轴套 4。

确定相关尺寸还应遵守"尺寸链最短原则"，遵守这条原则，能使尺寸链环数最少，从而有利于保证装配精度。遵循这条原则的最理想的方案是每个相关零件上仅有一个尺寸作为相关尺寸。A_1、A_2、A_3、A_4 和 A_5 都是相关尺寸，它们都是以 A_0 为封闭环的装配尺寸链中的组成环。

（4）画尺寸链图。

和工艺尺寸链一样，将封闭环和所找到的组成环画出尺寸链图，如图 10-8(b)所示。按顺时针或逆时针画圈，其中组成环中与封闭环箭头方向相同的环是减环，图中 A_2、A_3、A_4 和 A_5 是减环，组成环中与封闭环箭头方向相反的环是增环，图中是 A_1 增环。

4. 查找装配尺寸链应注意的问题

（1）简化性原则。

机械产品的结构通常都比较复杂，对装配精度有影响的因素很多，查找尺寸链时，在保证装配精度的前提下，可以不考虑那些影响较小的因素，可使装配尺寸链适当简化。

例如如图 10-9 所示车床主轴与尾座中心线等高性关联图，车床主轴与尾座中心线等高装配尺寸链应如图 10-10(a)所示，其中：

A_0——尾座顶尖套锥孔轴线至主轴锥孔轴线的距离；

A_1——主轴锥孔轴线至主轴箱底板的距离；

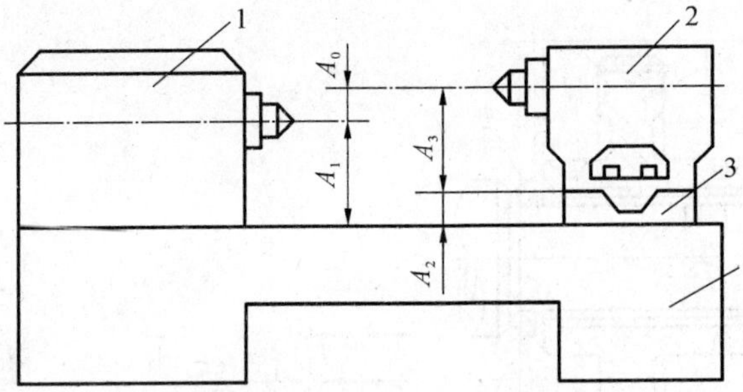

图 10-9 车床主轴与尾座中心线等高性关联图

1—主轴箱；2—尾座体；3—尾座垫板；4—床身

A_2——尾座底板厚度；

A_3——尾座顶尖套锥孔轴线至尾座底板的距离；

e_1——主轴滚动轴承外圆与内孔的同轴度误差；

e_2——尾座顶尖套锥孔与外圆的同轴度误差；

e_3——尾座顶尖套与尾座孔配合间隙引起的向下偏移量；

e_4——床身上安装主轴箱与尾座的平导轨间的高度差。

在这里，由于 e_1、e_2、e_3、e_4 的数值相对于 A_1、A_2、A_3 的误差而言要小很多，对装配精度影响也很小，所以装配尺寸链可以简化成图 10-10(b)所示的结果。需要指出的是，在精密装配过程中，应计入所有对装配精度有影响的因素，不可随意简化。

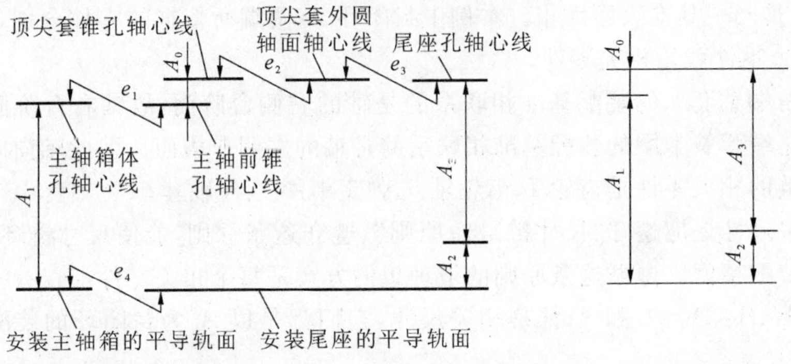

图 10-10 主轴箱主轴与尾座套中心线等高装配尺寸链

(2) 尺寸链最短原则。

装配尺寸链应该是“一件一环”，也就是说在装配精度既定的条件下，组成环环数越少，则各组成环所分配到的公差值就越大，零件加工越容易、越经济。这样，在产品结构设计时，在满足产品工作性能的条件下，应尽可能简化产品结构，使影响产品装配精度的零件数尽量减少。

在查找装配尺寸链时，每个相关的零部件只应有一个尺寸作为组成环列入装配尺寸链。组成环的数目就等于相关零部件的数目，即“一件一环”，这就是装配尺寸链最短原则。

(3) 方向性原则。

在同一装配结构中，在不同位置方向都有装配精度的要求时，应按不同方向分别建立装配尺寸链，不同方向上的无关尺寸不可随意混淆。例如，蜗杆副传动机构，为保证正常啮合，要同时保证蜗杆副两轴线间的距离精度、垂直精度、蜗杆轴线与涡轮中间平面的重合精度，这是三个不同位置方向的装配精度，因而需要在三个不同方向上分别建立尺寸链。

(4) 装配尺寸链的计算方法。

装配尺寸链的计算方法和装配方法密切相关。同一项装配精度，采用不同的装配方法时，其装配尺寸链的解算方法也不相同。

装配尺寸链的计算可分为正计算和反计算。当已知与装配精度有关的各零部件的基本尺寸及偏差，求解封闭环的基本尺寸及偏差的计算过程，称为正计算，主要用于对已设计的图样进行精度校核验算；当已知封闭环的基本尺寸及偏差，求解与该项装配精度有关的各零部件的基本尺寸及偏差的计算过程，称为反计算，它主要用于产品设计过程之中，以确定各零部件的尺寸和加工精度。

装配尺寸链的计算方法有极值法和概率法两种。极值法是根据装配精度要求，在极大极小的极端情况下，推导出封闭环与组成环之间的相互关系方法。它的优点是简单可靠，但在已知封闭环的情况下，计算得到的组成环公差过于严格。特别是当封闭环精度要求较高且组成环数目较多时，组成环公差可能无法采用机械加工来保证。

概率法面向一批零件中其加工尺寸处于公差带的中间部分的零件。对于一批零件而言，处于中间的零件占大多数，处于两侧极限尺寸的只是极少数。而且一批零件装配时，尤其是多环尺寸链装配时，同一部件的各组成环恰好都处于极限尺寸的情况就更少见了。因此，在成批或大量生产中，当装配精度要求高且组成环数目又较多时，可采用概率法解尺寸链，可以有效扩大零件的制造公差，降低制造成本。

10.3　保证装配精度的方法

凡是装配完成的机器必须满足规定的装配精度。装配精度是机器质量指标中的重要项目之一，它是保证机器具有正常工作性能的必要条件。

机器装配是将加工合格的零件组合成部件和机器。一般零件都有规定的加工公差，即有一定的加工误差。在装配时这种误差的累积就会影响装配精度。当然希望这种累积误差不要超出装配精度指标所规定的允许范围，从而使装配工作只是简单的连接过程。不必进行任何修配或调整。但事实并非都能如此理想。这是因为零件的加工精度不但在工艺技术上受到现实可能性的限制，而且又受到经济性的制约。例如，在组成部件或者机器有关零件较多而装配最终精度的要求较高时，即使把经济性置之度外，尽可能提高零件加工精度以降低累积误差，但是结果往往还是无济于事。因此要达到装配精度，不能只依赖提高零件的加工精度，在一定程度上必须依赖于装配技术。在机器精度要求较高、批量较小时，尤其是这样。

根据生产纲领、生产技术条件及机器性能、结构和技术要求的不同，常用的装配方法有互换装配法、选配装配法、修配装配法和调整装配法。

1. 互换装配法

按互换程度的不同，互换装配法又分为完全互换装配法和大数互换装配法两种。

(1) 完全互换装配法。

在全部产品中，装配时各组成环不需要挑选或改变其大小或位置，装配后即能达到装配精度要求，这种装配方法称为完全互换装配法。

选择完全互换装配法时，采用极值公差公式计算。各有关零件公差之和应小于或等于装配公差(封闭环公差)，即

$$T_0 \geqslant \sum_{i=1}^{m} |\xi_i| T_i \tag{10-1}$$

对于直线装配尺寸链，$|\xi_i|=1$，则

$$T_0 \geqslant \sum_{i=1}^{m} T_i = T_1 + T_2 + \cdots + T_m \tag{10-2}$$

式中：T_0——装配公差要求值；

T_i——各有关零件的制造公差；

$|\xi_i|$——第 i 个组成环传递系数；

m——组成环的环数。

当遇到装配尺寸链反计算时，可先按"等公差"原则先求出各组成环的平均极值公差 T_{avL}。

$$T_{\mathrm{avL}} = \frac{T_0}{\sum_{i=1}^{m} |\xi_i|} \tag{10-3}$$

对于直线装配尺寸链，$|\xi_i|=1$，则

$$T_{\mathrm{avL}} = \frac{T_0}{m} \tag{10-4}$$

再根据生产经验，考虑到各组成环尺寸的大小和加工难易程度进行适当调整，调整可参考以下原则：

① 尺寸大、加工困难的组成环应给予较大公差；反之，尺寸小、加工容易的组成环应给予较小公差。

② 组成环为标准件上尺寸(如轴承或弹性挡圈厚度尺寸等)，则仍按标准规定，应为确定值。

③ 尺寸大小相近，加工方法相同的组成环，其公差值相等。

④ 难加工或难测量的组成环，其公差可取较大数值；易加工或易测量的组成环，其公差可取较小数值。

确定各组成环的公差后，按"入体原则"确定极限偏差，即组成环为包容面时，取下极限偏差为零；组成环为被包容面时，取上极限偏差为零。若组成环是中心距，则极限偏差按对称分布。按上述原则确定极限偏差后，有利于组成环的加工。

例 10-2 如图 10-11 所示的某变速箱轴系部件图，其中 $A_0=1\sim1.6$ mm，$A_1=A_3=6$ mm，$A_2=203$ mm，$A_4=40$ mm，$A_5=150$ mm，试用完全互换法确定各组成环的极限偏差。

解 由尺寸链基本计算公式可知封闭环 A_0 的工程尺寸为

$$A_0 = A_2 - (A_1 + A_3 + A_4 + A_5) = [203 - (6+6+40+150)]\ \mathrm{mm} = 1\ \mathrm{mm}$$

则 A_0 可表示为 $1_0^{+0.6}$ mm。

组成环的公差可根据封闭环的公差确定，即将封闭环的公差分配到各组成环上。分配时，首先算出组成环的平均公差，即

$$T_{\mathrm{avL}} = \frac{T_{A0}}{n-1} = \frac{0.6}{5}\ \mathrm{mm} = 0.12\ \mathrm{mm}$$

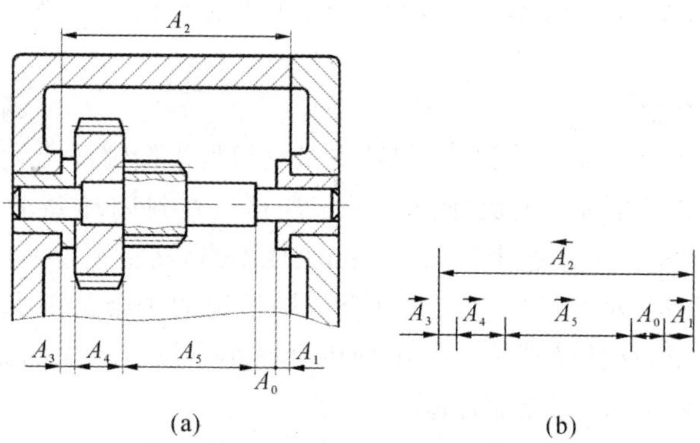

图 10-11　变速箱轴系部件图

然后再根据各组成环的尺寸大小、结构的工艺特点及加工的难易程度，按照“等公差”或“等公差级”的方法进行各环公差值的调整。

由于左、右轴承的 A_3、A_1 尺寸小且容易加工，可以取 $T_{A3}=T_{A1}=0.1$ mm，把其减小的公差分配给 A_2 和 A_5 图，即 $T_{A2}=0.15$ mm，$T_{A5}=0.13$ mm，A_4 的公差保持不变，即 $T_{A4}=0.12$ mm。

在组成环的公差确定后，需在组成环中选一个作为尺寸链计算的“协调环”。协调环应满足结构简单、非标准件、不能是几个尺寸链的公共组成环等条件。本例选齿轮轴台阶尺寸 A_5 为协调环。

除协调环外其余各组成环的上、下极限偏差按“入体原则”标注，即

$$A_1 = 6^{0}_{-0.1}\ \text{mm},\quad A_2 = 203^{+0.15}_{0}\ \text{mm}$$

$$A_3 = 6^{0}_{-0.1}\ \text{mm},\quad A_4 = 40^{0}_{-0.12}\ \text{mm}$$

协调环的极限偏差可根据尺寸链的计算公式来确定，用竖式法解算，如表 10-2 所示，即

表 10-2　竖式法计算

		ES	EI
A_2	203	+0.15	0
A_1	−6	0.1	0
A_3	−6	0.1	0
A_4	−40	0.12	0
A_5	−150	0.13	0
A_0	1	0.6	0

故 $A_5=150^{0}_{-0.13}$ mm。

可见，采用完全互换法装配时，装配尺寸链采用极值解法，即满足封闭环的公差等于或大于各组成环的公差之和。

采用完全互换装配法有以下几个特点：

① 装配质量稳定可靠，操作过程简单，生产率高；

② 容易确定装配时间，便于组织流水装配线；

③ 零件磨损后便于更换；

④ 对零件加工精度要求高，制造费用高，适合于组成环较少、装配精度要求不高的大批大量生产模式。

(2) 大数互换装配法。

完全互换装配法的优点是简单可靠，但缺点是它根据极端情况出发，推导出封闭环与组成环的关系式，因此计算得到的组成环公差过于严格。在封闭环要求高，组成环数目很多时，这种情况就更加严重。公差过小就意味着加工成本高，甚至在现实的加工条件下无法达到。其实，根据概率理论，每个组成环尺寸处在极限情况的机会是很少的。在组成环较多，而且大批量生产条件下，这种极端情况的出现机会已小到没有考虑的必要。故在这种情况下，应该应用大数互换装配法才更加合适。

所谓的大数互换装配法是指在绝大多数产品中，装配时各组成环不需要挑选或改变其大小或位置，装配后即能达到装配精度的要求，但少数产品有出现废品的可能性。采用大数互换装配法装配时，装配尺寸链采用统计公差公式计算。为了保证绝大多数产品的装配精度要求，尺寸链中封闭环的统计公差应小于或等于封闭环的公差要求值。

$$T_{OS} \leqslant T_0$$

因为

$$T_{OS} = \frac{1}{k_0}\sqrt{\sum_{i=1}^{m}\xi_i^2 k_i^2 T_i^2}$$

所以

$$\frac{1}{k_0}\sqrt{\sum_{i=1}^{m}\xi_i^2 k_i^2 T_i^2} \leqslant T_0 \tag{10-5}$$

式中：T_{OS}——封闭环的统计公差；

k_i——第 i 个封闭环的相对分布系数；

T_i——第 i 个组成环的相对分布系数。

当遇到反计算问题时，可按“等公差”原则先求出各组成环的平均统计公差 T_{avS}。

$$T_{avS} = \frac{k_0 T_0}{\sqrt{\sum_{i=1}^{m}\xi_i^2 k_i^2}} \tag{10-6}$$

对于直线装配尺寸链，$|\xi_i|=1$，则

$$T_{avS} = \frac{k_0 T_0}{\sqrt{\sum_{i=1}^{m} k_i^2}} \tag{10-7}$$

比较式(10-3)和式(10-6)可知：当封闭环公差 T_0 相同时，组成环的平均统计公差 T_{avS} 大于平均极值公差 T_{avL}。可见，大数互换装配法的实质是使各组成环的公差比完全互换装配法所规定的公差大，从而使组成环的加工比较容易，降低了加工成本。但是，这样做的后果会使极少数产品装配后超出规定的装配精度。用统计公式可计算超差的数量。

计算的方法是以一定置信水平 P 为依据。置信水平 P 是代表装配后合格产品所占的百分数，$1-P$ 代表超差产品的百分数。通常，封闭环趋近正态分布，取置信水平 $P=99.73\%$，这时相对分布系数 $k_0=1$，产品中有 $1-P=0.27\%$ 的超差产品(可以近似认为无超差品)。在某些生产条件下，要求适当放大组成环公差时，可取较低的 P 值，产品中有大于 0.27% 的超差产品。P 与 k_0 的关系见表 10-3。

表 10-3　P 与 k 的对应关系

置信水平 P	99.73%	99.5%	99%	98%	95%	90%
相对分布系数 k_0	1	1.06	1.16	1.29	1.52	1.82

采用大数互换装配法时，应有适当的工艺措施，防止个别产品超出公差范围或极限偏差。

组成环的相对分布系数 k_i 的数值，取决于组成环的分布形式。常见的几种分布曲线及其相对分布系数 k 与相对不对称系数 e 的数值如表 10-4 所示。

表 10-4　常见的几种分布曲线及其相对分布系数 k 与相对不对称系数 e 的数值

分布特征	正态分布	三角分布	均匀分布	瑞利分布	偏态分布	
					外尺寸	内尺寸
分布曲线	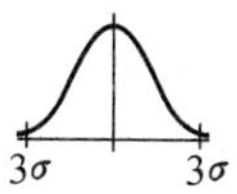	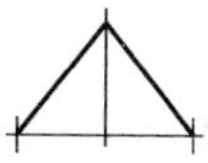	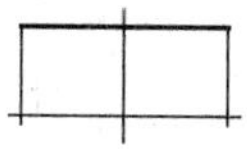	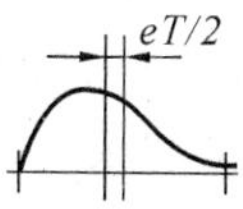	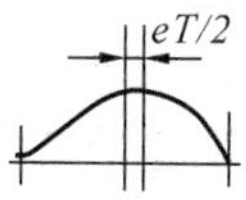	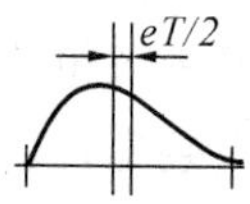
k	1	1.22	1.73	1.14	1.17	1.17
e	0	0	0	−0.28	0.26	−0.26

对于不同的生产条件，k_i 和 e 的取值也不同，选取规则如下：

① 大批大量生产条件下，在稳定工艺过程中，工件尺寸趋近正态分布，可取 $k=1, e=0$；

② 在不稳定工艺过程中，当尺寸随时间近似线性变动时，形成均匀分布。计算时没有任何参考的统计数据，尺寸与位置误差一般可当作均匀分布，取 $k=1.73, e=0$；

③ 两个分布范围相等的均匀分布相结合，形成三角分布。计算时没有参考的统计数据，尺寸与位置误差也可当作三角分布，取 $k=1.22, e=0$；

④ 偏心或径向圆跳动趋近瑞利分布，取 $k=1.14, e=-0.28$。对于偏心在某一方向的分布，取 $k=1.73, e=0$。

⑤ 平行、垂直误差趋近某些偏态分布，单件小批量生产条件下，工件尺寸也可能形成偏态分布，偏向最大实体尺寸这一边，取 $k=1.17, e=\pm 0.26$。

当尺寸链中各组成环在其公差带内按正态分布时，封闭环也必按正态分布。此时，$k_i=k, k_0=1, e_0=0$。各组成环的平均统计公差 T_{avS} 成为平均平方公差 T_{avQ}。

$$T_{avQ}=\frac{T_0}{\sqrt{\sum_{i=1}^{m}\xi_i^2}} \tag{10-8}$$

当尺寸链中各组成环具有各种不同分布时，只要组成环环数不太少（$m \geqslant 5$），各组成环分布范围相差又不是太大时，封闭环也趋于正态分布。若取 $k_i=k_0=1, e_0=0$ 代入式(10-7)后，各组成环的平均统计公差 T_{avS} 成为平均当量公差 T_{avE}

$$T_{avE}=\frac{T_0}{k\sqrt{\sum_{i=1}^{m}\xi_i^2}} \tag{10-9}$$

式中：T_{avE} 是平均统计公差 T_{avS} 的近似值。

比较式(10-7)和式(10-8)可知：组成环的平均平方公差 T_{avQ} 最大。所以，用大数互换法最理想的情况是组成环呈正态分布。此时，平均平方公差 T_{avQ} 最大。

当组成环的环数较少时($m<5$)，各组成环又不按正态分布，此时封闭环也不是正态分布。计算时没有参考的统计数据，可取 $k_0=1.1\sim1.3$，$e_0=0$。

大数互换装配法的特点是：零件规定的公差比完全互换装配法所规定的公差大，有利于零件的经济加工，装配过程与完全互换装配法一样简单、方便。但在装配时，应采取适当的工艺措施，以便排除个别产品因超出公差而产生配品的可能性。这种装配方法适用于大批大量生产，组成环较多、装配精度要求又较高的场合。

2. 选配装配法

在大批大量生产模式下，若组成环较少而装配精度很高时，采用完全互换法或不完全互换法，都将使零件的公差过严，甚至超过了加工工艺的现实可能性。例如：内燃机的活塞与缸套的配合、滚动轴承内外环与滚珠的配合等。在这种情况下，可以用选配法。选配法是将装配中各组成环的公差放大到经济可行的程度(即制造公差放大了)，然后选择合适的零件进行装配，以保证规定的装配精度要求。选配法有以下三种形式：

(1) 直接选配法。

直接选配法是由装配工人在许多待装配的零件中，凭经验挑选合适的互配件装配在一起。这种方法在事先不将零件进行测量和分组，而是在装配时直接由工人试凑装配，挑选合适的零件，故称为直接选配法。其特点是简单，但工人挑选零件可能要用去较长时间，而且装配质量在很大程度上取决于工人的技术水平。因此这种选配法不适用于节拍要求严格的大批大量流水线装配中。

(2) 分组装配法。

分组装配法是先将装配的零件进行逐一测量，再按公差间隔预先分成若干组，装配时按对应组进行装配的方法。显然，分组数越多，所获得的装配质量越高。但过多的分组会因零件测量、分类和存储工作量的增大而使生产组织工作变得复杂化。

这种选配法的主要优点是在零件的加工精度不高的情况下，也能获得很高的装配精度；同组内的零件仍可以互换，具有互换法的优点，故又称为“分组互换法”。缺点是增加了零件存贮量；增加了零件的测量、分组工作，并使零件的贮存、运输工作复杂化。

采用分组装配法应注意的事项如下：

① 配合件的公差应相等，公差的增加要同一方向，增大的倍数就是分组数。这样才能在分组后按对应组装配而得到预定的配合性质(间隙或过盈)及精度。

如图 10-12 所示，以轴与孔间隙配合为例，设轴与孔的公差按完全互换法的要求分别为 $T_{轴}$、$T_{孔}$，并令 $T_{轴}=T_{孔}=T_0$。装配后得到的最大间隙为 $S_{1\max}$，最小间隙为 $S_{1\min}$。

由于公差 T 太小，加工困难，故用分组装配法。将轴、孔公差在同一方向放大到经济可行的程度。设放大了 n 倍，即 $T=nT$，则零件加工完毕后，将轴与孔分为 n 组，故每组公差仍为 $T=\dfrac{T'}{n}$。装配时按对应组装配。现以第 k 组为例，轴孔相配合后得到的最大与最小间隙为

$$S_{k\max}=[S_{1\max}+(k-1)T_{孔}-(k-1)T_{轴}]=S_{1\max}$$
$$S_{k\min}=[S_{1\min}+(k-1)T_{孔}-(k-1)T_{轴}]=S_{1\min}$$

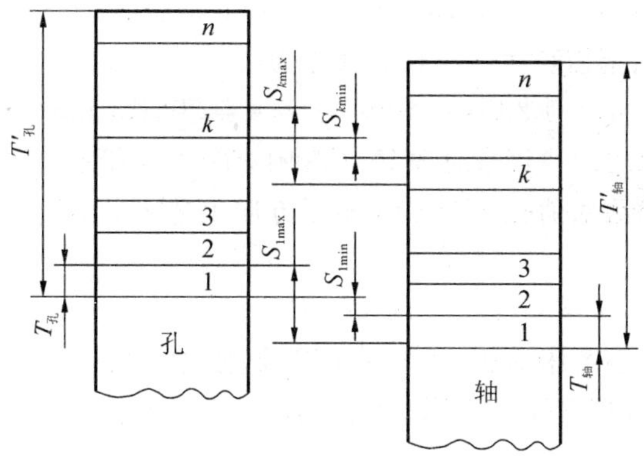

图 10-12　轴孔分组装配图

可见无论哪一个对应组，装配后得到的配合精度与性质不变，都满足原设计要求。如果轴与孔的公差不相等，就不能使各组获得相同的配合性质。

② 配合件的表面粗糙度、形位公差必须保持原设计要求，不能随着公差的放大而降低粗糙度要求和放大形位公差。

③ 要采取措施，保证零件分组装配中都能配套，不产生某一组零件由于过多或过少，无法配套而造成积压和浪费。

④ 分组数不宜过多，一般情况下，零件的分组数以 3～5 组为宜。

(3) 复合选配法。

复合选配法是上述两种方法的复合，即零件预先测量分组，装配时再在各对应组中凭工人的经验直接选配。这一方法的特点是配合件的公差可以不等，装配精度高，装配速度快，能满足一定生产节拍的要求。在汽车发动机装配中，气缸与活塞的装配大都采用这种方法。

例 10-3　如图 10-13 所示为某活塞和活塞销的装配关系图，按技术要求活塞销孔 D 和活塞销 d 在冷态装配时，要求有 0.0025～0.0075 mm 的过盈量。

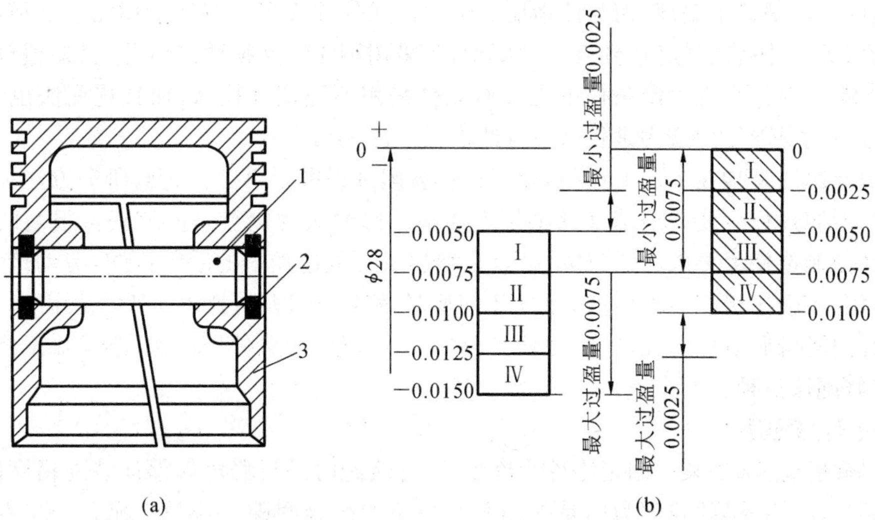

图 10-13　某活塞和活塞销的装配关系图

1—活塞销；2—挡圈；3—活塞

解 若采用完全互换法装配，并设活塞销活塞销孔的公差按"等公差"分配，则它们的公差都仅为 0.0025 mm，活塞销和活塞销孔的尺寸为

$$d=\phi 28^{0}_{-0.0025}\ \text{mm},\quad D=\phi 28^{-0.0050}_{-0.0075}\ \text{mm}$$

显然，加工这样精度的活塞销和活塞销孔既困难又不经济。在实际生产中可以采用分组选配法，先将活塞销和活塞销孔的公差在相同方向上放大 4 倍(采取上极限偏差不动，变动下极限偏差)，即

$$d=\phi 28^{0}_{-0.010}\ \text{mm},\quad D=\phi 28^{-0.005}_{-0.015}\ \text{mm}$$

这样，活塞销可用无心磨床加工，活塞销孔用金刚镗床加工，然后用精密量具测量其尺寸，并按尺寸大小分成 4 组，可涂上不同颜色或分装在不同容器内，便于进行分组装配，具体分组情况见表 10-5。

表 10-5 活塞销和活塞销孔分组装配 (单位：mm)

组别	标志颜色	活塞销直径 $d=\phi 28^{0}_{-0.010}$	活塞孔直径 $D=\phi 28^{-0.005}_{-0.015}$	配合情况	
				最大过盈	最小过盈
Ⅰ	红	$\phi 28^{0}_{-0.0025}$	$\phi 28^{-0.0050}_{-0.0075}$	0.0075	0.0025
Ⅱ	黄	$\phi 28^{-0.0025}_{-0.0050}$	$\phi 28^{-0.0075}_{-0.0100}$		
Ⅲ	白	$\phi 28^{-0.0050}_{-0.0075}$	$\phi 28^{-0.0100}_{-0.0125}$		
Ⅳ	绿	$\phi 28^{-0.0075}_{-0.0100}$	$\phi 28^{-0.0125}_{-0.0150}$		

3. 修配装配法

在单件小批生产中，装配精度要求高而且组成件较多时，完全互换或不完全互换法均不能采用。例如，车床主轴顶尖与尾架顶尖的等高性(见图 10-9)、六角车床转塔的刀具孔与车头主轴的同轴度都要求很高，而与此精度有关的组成件都较多。假使采用完全互换法，则有关零件的有关尺寸精度势必达到极高的要求；若采用不完全互换法，则由于公差值放大不多也无济于事，且单件小批生产条件下也没有条件采用不完全互换法，而且选配法也不适用。因此，在这些情况下修配法将是较好的方法而被广泛采用。

通常，修配法是指在零件上预留修配量，在装配过程中用手工锉、刮、研等方法去除该零件上的多余部分材料，使装配精度满足技术要求。修配法的优点是能够获得很高的装配精度，而零件的制造精度要求可以放宽；缺点是增加了装配过程中的手工修配，劳动量大，工时又不易预定，不便于组织流水作业，而且装配质量依赖于工人的技术水平。还需指出，零件的配合面经精细刮、研可以提高接触刚度。常用的修配法有单件修配法、合并加工修配法和自身加工修配法三种。

(1) 单件修配法。

单件修配法是选定某一固定零件为修配件，在装配时进行修配以保证装配精度的方法。例如，应用广泛的平键的修配为的是保证其与键槽的配合间隙。这种修配方法在生产中应用较为广泛。

(2) 合并加工修配法。

将两个或多个零件预先装配在一起进行加工修配，这种方法称为合并加工修配法。这

些零件组成的尺寸作为一个组成环，就减少了组成环的数目，相应减少累积误差，从而也减少了修配工作量。例如，在图 10-9 中进行尾座装配时，可以采用合并加工修配法，即先将车床尾座体 2 和尾座底板 3 进行安装，再以尾座底板的底平面为定位基准，精镗尾架上的顶尖套锥孔。这样组成环 A_2 和 A_3 就合并为 $A_{2\text{-}3}$，次环公差可放大，并且可以给尾座底板的底平面预留较小的刮研量，使整个装配工作变得更加简单。

（3）自身加工修配法。

对于某些装配精度要求很高的产品或部件，若单纯靠限制各个零件的加工误差来保证，必然要求各个零件具有很高的加工精度，有时甚至无法加工，而且不易选择一个适当的修配件。此时，可采用自己加工自己的方法来保证装配精度，这就是自身加工修配法。这种方法的典型例子是：转塔车床对转塔的刀具孔进行“自镗自”，这样就直接保证了同轴度的要求。因为装配累积误差完全在零件装配结合后，以“自镗自”的方法予以消除，因而得名。这种方法广泛应用于机床制造中，如龙门刨床的“自刨自”，平面磨床 的“自磨自”，立式车床的“自车自”等。

例 10-4　如图 10-9 所示的车床主轴箱主轴与尾座套筒中心线等高结构示意图及车床尾架与主轴等高尺寸链。已知：

A_0—尾顶尖对前顶尖的高出量（冷态），$A_0=0^{+0.06}_{+0.03}$ mm；

A_1—床头箱装配基准面至前顶尖的高度，$A_1=160$ mm；

A_2—尾架垫块的厚度，$A_2=30$ mm；

A_3—尾架体装配基准面至后顶尖的高度，$A_3=130$ mm。

试用修配装配法确定修配环尺寸及公差。

解　一般地说，不论何种生产类型，首先应考虑采用完全互换法。在生产批量较大、组成环数又较多时（两个以上）可酌情考虑采用不完全互换法。在封闭环精度较高，组成环环数较少（2～3 个），采用选配法多在上述方法均不能采用时，才考虑采用修配法或调整法。对本例来说，该车床属于小批生产多在封闭环精度（$T_{平均}=0.03/3=0.01$）很高的情况，而且还有接触刚度要求，故决定采用刮研修配法。为此，首先要合理选择修配对象，显然，在本例的情况下，以修配垫块（环 A_2，故称为修配环或补偿环）的上平面最为合适。于是可将各组成环按经济精度确定加工公差如下：

$$A_1=160\pm0.1\text{ mm},A_2=30^{+0.2}_{0}\text{ mm},A_3=130\pm0.1\text{ mm}$$

应用竖式验算封闭环 A_0 的上下偏差，由表 10-6 得到：

$$A'_0=0^{+0.4}_{-0.2}\text{ mm}$$

表 10-6

		ES	EI
A_1	−160	+0.1	−0.1
A_2	30	+0.2	0
A_3	130	+0.1	−0.1
A'_0	0	+0.4	−0.2

表 10-7

		ES	EI
A_1	−160	+0.1	−0.1
A_2	30	+0.43	+0.23
A_3	130	+0.1	−0.1
A'_0	0	+0.63	+0.03

把这一数值与装配要求 $A_0=0^{+0.06}_{+0.03}$ mm 比较一下就知道：当 A'_0 出现 −0.2 时，垫块上已无修配量，因此应该在 A_2 尺寸上加上修配补偿量 0.23 mm。把尺寸 A_2 修改为

$$A_2 = 30.23_{0}^{+0.2}\ \text{mm} = 30_{+0.23}^{+0.43}\ \text{mm}$$

再利用竖式验算，由表10-7得到：

$$A'_0 = 0_{+0.03}^{+0.63}\ \text{mm}$$

从而可知，当A_0出现最小值+0.03时，刚好满足装配精度要求，所以最小修刮量等于零，A_0出现最大值+0.63时，超差量为0.57 mm(0.63 mm−0.06 mm=0.57 mm)，所以最大修刮量应是0.57 mm。

此外为了提高接触刚度，垫块上平面必须经过刮研，因此它必须具有最小修刮量，比如，按生产经验，最小修刮量为0.1 mm，那么就应将此值加到A_2尺寸上去，于是得到：

$$A_2 = 30.1_{+0.23}^{+0.43}\ \text{mm} = 30_{+0.33}^{+0.53}\ \text{mm}$$

然后再用竖式计算，可得$A''_0 = 0_{+0.13}^{+0.73}$，因此最小修刮量为0.1 mm，最大修刮量为0.67 mm，这样的修刮量是比较大的，故在机床制造中常采用“合件加工”法来降低修配劳动量。

4. 调整装配法

对于精度要求高且组成环数又较多的产品和部件，在不能用互换法进行装配时，除了用分组互换法和修配法外，还可以用调整装配法来保证装配精度。在装配时，用改变产品中可调整零件的相互位置或选用合适的可调整零件，以达到装配精度的方法称为调整装配法。

调整装配法与修配装配法的实质相同，即各零件公差仍按经济加工精度的原则来确定，选择一个零件为调整环(也可称为补偿环，此环的零件称为调整件)，来补偿其他组成环的累积误差。但两者在改变补偿环尺寸的方法上有所不同：修配法是采用机械加工的方法来去除补偿环零件上的金属层；而调整法是采用改变补偿环零件的相应位置或更换新的补偿环零件，以保证装配精度的要求。常用的调整法有固定调整法、可动调整法和误差抵消调整法。

(1) 固定调整法。

图10-14表示了固定调整法保证装配间隙(以保证齿轮轴向游动的限度)的三种方法：① 互换法——以尺寸A_1、A_2的制造精度保证装配间隙；② 加入一个固定的垫圈来保证装配间隙A_0；③ 加入一个可动的套筒来达到装配间隙A_0。

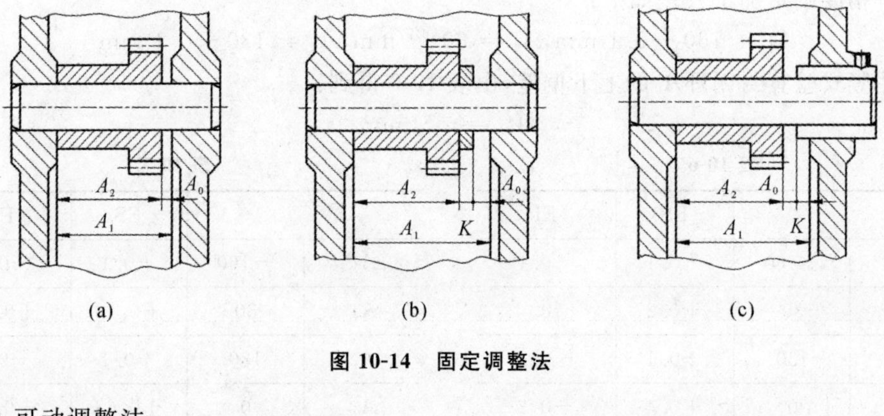

图10-14 固定调整法

(2) 可动调整法。

可动调整法是通过改变调整件的相对位置来保证装配精度的方法。图10-15(a)所示为用调节螺钉来调整轴承的间隙。图10-15(b)所示为丝杠螺母副调整间隙的机构。当发现丝杠螺母副间隙不合适时，可转动中间螺钉，通过斜楔块的上下移动来改变间隙的大小。

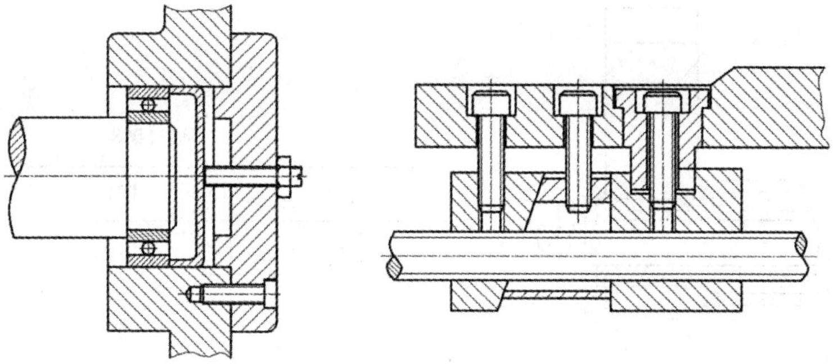

(a)　　　　　　　　(b)

图 10-15　可动调整法

采用可动调整法可获得很高的装配精度，并且可以在机器使用过程中随时补偿由于磨损、热变形等原因引起的误差，比修配法操作简单，易于实现，在成批生产中应用较为广泛。

(3) 误差抵消调整法。

在装配过程中通过调整相关零件之间的相互位置，利用误差的矢量特征，使其互相抵消一部分，以提高装配精度的方法称为误差抵消调整法。这种装配方法在机床装配时应用广泛，如在机床主轴部件装配中，通过调整前后轴承的径向跳动方向来控制主轴的径向跳动；在滚齿机工作台分度涡轮装配中，可以采用调整二者的偏心量和偏心方向，提高其装配精度。

例 10-5　在图 10-16 所示的齿轮中，装配后要求保证间隙$A_0=0.2^{+0.31}$ mm。其中 $A_1=21.2$ mm，$A_2=10$ mm，$A_3=10$ mm，$A_4=1$ mm。

解　若用完全互换法装配，则四个组成环能够分配到的平均公差仅为$T_{平均}=\dfrac{0.1}{4}$ mm$=0.025$ mm，这一要求较高，制造厂认为不经济，同时又考虑到小齿轮端面与固定轴台肩中加一垫片。有利于补偿磨损故决定采用固定补偿件调整法。又因为该机械的装配属于大批量生产流水作业，要求装配迅速，有一定节奏，故垫片尺寸应事先进行计算，然后按计算尺寸制造成不同尺寸的垫片，在装配时可根据实际间隙，选取相应的垫片，故称为分组垫片调整法。计算方法如下：

(1) 决定垫片厚度的基本尺寸及公差。

$$N=2\ \text{mm},T_N=0.02\ \text{mm}$$

(2) 修改结构尺寸。

现将A_1加长，改为 $A'_1=A_1+N=(21.2+2)\ \text{mm}=23.2\ \text{mm}$

(3) 决定组成环性质，验算基本尺寸。

可以看出A_1是增环，N、A_2、A_3、A_4都是减环。

$$A_0=A'_1-(N+A_2+A_3+A_4)=0.2\ \text{mm}$$

(4) 确定组成环的经济公差，它们的尺寸及极限偏差如下：

$$A'_1=23.2_{0}^{+0.12}\ \text{mm},\quad A_2=10_{-0.1}^{0}\ \text{mm}$$

$$A_3=10_{0}^{+0.1}\ \text{mm},\quad A_4=1_{-0.08}^{0}\ \text{mm}$$

(5) 计算超差量。

用竖式计算，见表 10-8。

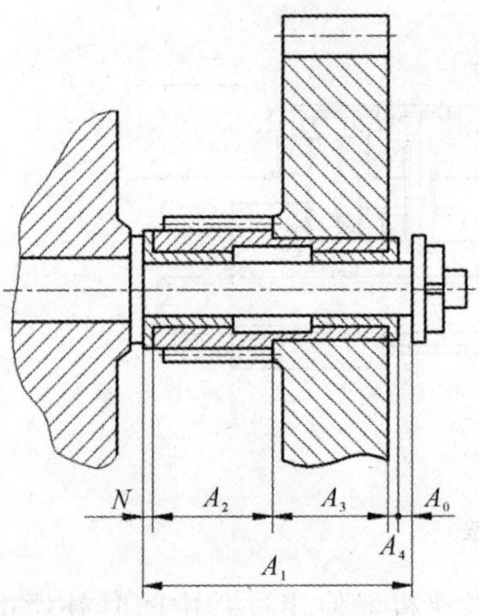

图 10-16 分组垫片调整法

表 10-8

	ES	EI
$\underline{A'_1}$	$\underline{+0.12}$	$\underline{0}$
A_2	+0.10	0
A_3	0	−0.1
A_4	+0.08	0
A_0	+0.3	−0.1

得到 $A'_0=0.2^{+0.3}_{-0.1}$ mm

即间隙变动范围是 0.1～0.5 mm，$T(A'_0)=0.4$ mm。所以超差量是

$$\delta_k = T(A'_0) - T(A_0) = (0.4-0.1)\text{mm} = 0.3\text{ mm}$$

此超差量应予以补偿，故 δ_k 即称为补偿量。

(6) 确定垫片的分挡数 n。假如垫片做得绝对精准，没有公差，则分挡数 n 可按下式计算：

$$n = \frac{\delta_k}{T(A_0)} + 1$$

但事实上垫片不可能做得绝对精准，故必须把垫片的加工公差 T_N 考虑进去，得到

$$n = \frac{\delta_k + T_N}{T(A_0) - T_N} + 1$$

由于 $T_N=0.02$ mm，因此得到

$$n = \frac{0.3+0.02}{0.1-0.02} + 1 = 5$$

(7) 确定补偿范围的尺寸分挡及各挡垫片尺寸，因为间隙误差 $T(A'_0)=0.4$ mm，共分 5 挡(见表 10-9)，故各挡公差为

$$\frac{T(A'_0)}{n} = \frac{0.4}{5} = 0.08\text{ mm}$$

表 10-9 补偿环各挡垫片尺寸

组号	间隙尺寸分挡	垫片尺寸及其偏差	装配后得到的间隙范围
1	2.10～2.18	$1.88_0^{+0.02}$	0.2～0.3
2	2.18～2.26	$1.96_0^{+0.02}$	0.2～0.3
3	2.26～2.34	$2.04_0^{+0.02}$	0.2～0.3
4	2.34～2.42	$2.12_0^{+0.02}$	0.2～0.3
5	2.42～2.50	$2.20_0^{+0.02}$	0.2～0.3

10.4　装配工艺规程的制定

装配工艺规程是用文件形式规定下来的装配工艺过程，是指导装配生产的主要技术文件，制定装配工艺规程是生产技术准备工作中的一项重要工作。装配工艺规程对保证装配质量、提高装配生产率、缩短装配周期、减轻工人的劳动强度、缩小装配占地面积和降低成本都有重要的作用。它取决于装配工艺规程制定的合理性，也就是制定工艺规程的目的。

1. 制定装配工艺规程的基本原则和主要依据

(1) 制定装配工艺规程的基本原则。

在保证产品装配质量的前提下，尽量提高劳动生产率和降低成本。具体原则如下：

① 保证产品装配质量，从机械加工和装配的全过程达到最佳效果的前提下，选择合适和可靠的装配方式，力求提高质量，延长产品的使用寿命。

② 合理安排装配顺序和工序，尽量减少钳工工作量，缩短装配周期，提高装配效率。

③ 尽量减少装配占地面积，提高单位面积的装配生产率。

④ 减少装配工作成本，通过减少工人的数量和降低对工人技术等级要求，减少装配投资等降低装配成本。

(2) 主要依据。

① 产品的装配图及验收技术标准。

产品的装配图应包括总装图和部件装配图，并能清楚地表示出所有零件相互连接的结构视图和必要的剖视图；零件的明细；装配时应保证的尺寸；配合件的配合性质及公差等级；装配技术要求等。为了在装配时对某些零件进行补充机械加工和核算装配尺寸链，有时还需要某些零件图。

验收技术条件、检验内容和方法也是制定装配工艺规程的重要依据。

② 产品的生产纲领。

产品的生产纲领就是其年生产量，它决定了产品的生产类型。生产类型不同，致使装配的生产组织形式、工艺方法、工艺过程的划分、工艺装备的数量、手工劳动的比例、对工人技术水平的要求均有很大不同。

③ 现有的生产条件。

如果是在现有条件下来制定装配工艺规程时，应了解现有工厂的装配工艺设备、工人技术水平、装配车间面积等。如果是新建厂，则应适当选择先进的装备和工艺方法。

2. 制定装配工艺规程的步骤

根据上述原则和依据，可以按下列步骤制定装配工艺规程。

(1) 研究产品的装配图及验收技术条件。

要审核产品图样的完整性、正确性；分析产品的结构工艺性；审核产品装配的技术要求和验收标准；分析与计算产品的装配尺寸链。

(2) 确定装配方法与组织形式。

装配方法与组织形式主要取决于产品的结构特点和生产纲领，并考虑现有的生产技术条件和设备。装配方法与组织形式主要分为固定式和移动式两种。

(3) 划分装配单元，确定装配顺序。

将产品划分为可进行独立装配的单元是制定装配工艺规程中最重要的一个步骤，这对大批大量生产结构复杂的产品时尤为重要。无论是哪一级装配单元，都要选定某一零件或比它低一级的装配单元作为装配基准件。装配基准件通常应是产品的基体或主干零、部件。

基准件应有较大的体积和重量，有足够的支承面，以满足陆续装入零、部件时的作业要求和稳定性要求。

例如：床身零件是床身组件的装配基准零件，床身组件是床身部件的装配基准组件，床身部件是机床产品的装配基准部件。

在划分装配单元，确定装配基准零件以后，即可按装配顺序，并以装配系统的形式表示出来。具体原则是先难后易、先内后外、先下后上，预处理工序在前。

图 10-17 所示为卧式车床床身装配简图，图 10-18 所示为床身部件装配工艺系统图。

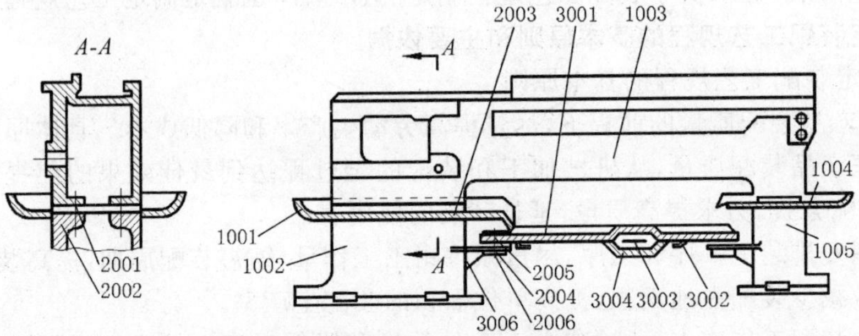

图 10-17　卧式车床床身装配简图

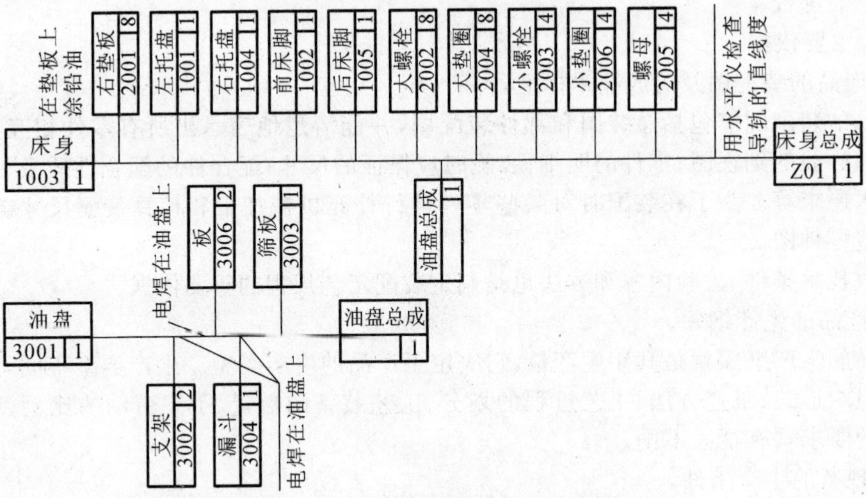

图 10-18　床身部件装配工艺系统图

(4) 装配工序的划分与设计。

装配顺序确定后，就可将装配工艺过程划分为若干工序，并进行具体装配工序的设计。

① 确定工序集中与分散的程度。

② 划分装配工序，确定工序内容。

③ 确定各工序所需的设备和工具，如需专用夹具与设备，则应拟定设计任务书。

④ 制定各工序装配操作规范，如过盈配合的压入力、变温装配的装配温度以及紧固件的力矩等。

⑤ 制定各工序装配质量的要求与检测方法。

⑥ 确定装配工序时间定额，平衡各工序节拍。

(5) 填写装配工艺文件。

单件小批量生产仅要求填写装配工艺过程卡。中批生产时，通常也只需要填写装配工艺过程卡，对复杂产品则还需要填写装配工序卡。大批大量生产时，不仅要求填写装配工艺过程卡，而且还要填写装配工序卡，以便指导工人进行装配。

装配工艺过程卡片和装配工序卡片的格式见表 10-10 和表 10-11。

表 10-10　装配工艺过程卡片

装配工艺过程卡片	产品型号		零件图号			
	产品名称		零件名称		共　页	第　页

工序号	工序名称	工　序　内　容	装配部门	设备及工艺装备	辅助材料	工时定额/min

描　图	
描　校	
底图号	
装订号	

										设计（日期）	审核（日期）	标准化（日期）	会签（日期）	
标记	处数	更改文件号	签字	日期	标记	处数	更改文件号	签字	日期					

表 10-11　装配工序卡片

	装配工序卡片	产品型号		零件图号			
		产品名称		零件名称		共　页	第　页

工序号	(1)	工序名称	(2)	车间	(3)	工段	(4)	设备	(5)	工序工时	(6)

简图

工步号	工 步 内 容	工艺装备	辅助材料	工时定额/min

描　图
描　校
底图号
装订号

										设计（日期）	审核（日期）	标准化（日期）	会签（日期）	
标记	处数	更改文件号	签字	日期	标记	处数	更改文件号	签字	日期					

此外，还应根据产品的装配要求，制定检验卡、试验卡等工艺文件。有些产品还要有测试报告、修正（校正）曲线等。

3. 机器结构的装配工艺性

机器结构的装配工艺性和零件结构的机械加工工艺性一样，对机器的整个生产过程有较大的影响，也是评价机器设计的指标之一。机器结构的装配工艺性在一定程度上决定了装配过程周期的长短、耗费劳动量的大小、成本的高低，以及机器使用质量的优劣等。

机器结构的装配工艺性要求机器结构在装配过程中，使相互连接的零部件不用或少用修配和机械加工，就能按要求顺利地、花比较少的劳动量装配起来并达到规定的装配精度。

表 10-12 列举了在常规装配工艺条件下机器结构的装配工艺性分析的例子，供对机器结构的装配工艺性进行分析时参考。

表 10-12　机器结构装配工艺性举例

序号	机器结构			
	装配工艺性不好		装配工艺性好	
1	划分装配单元，同一零件同时装入两个部件，装配不方便	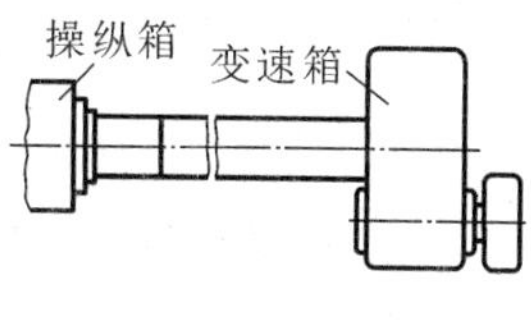	可将该零件分为两段，中间用联轴器连接，两边各自成为单独的装配单元	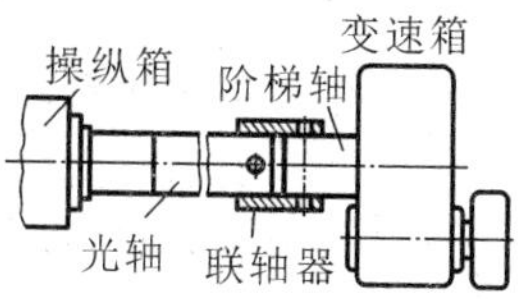
2	作为轴的装配，当轴上齿轮直径大于箱体轴承孔时，轴上零件需依次在箱体内装配，装配效率低	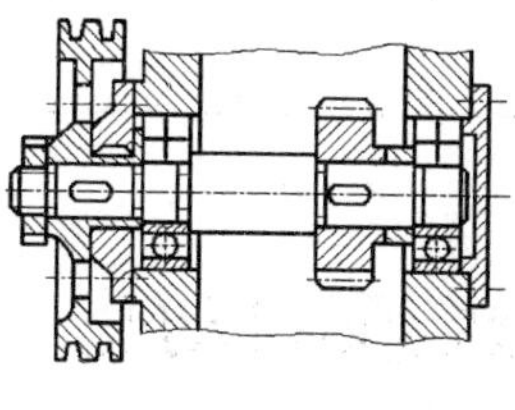	当齿轮直径小于轴孔时，轴上零件可在组装成组件时，一次装入箱体内，从而简化装配过程，缩短装配周期	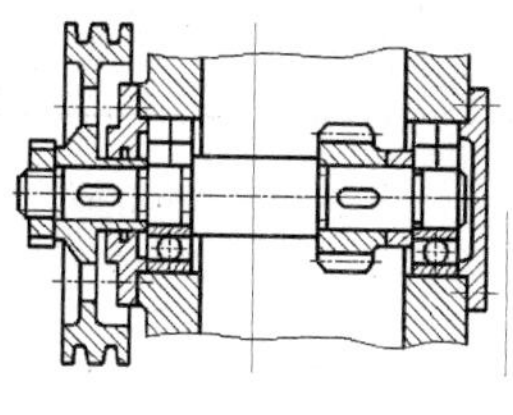
3	轴润滑结构，需要在轴套装配后，在箱体上配钻油孔，使装配产生机械加工工作量	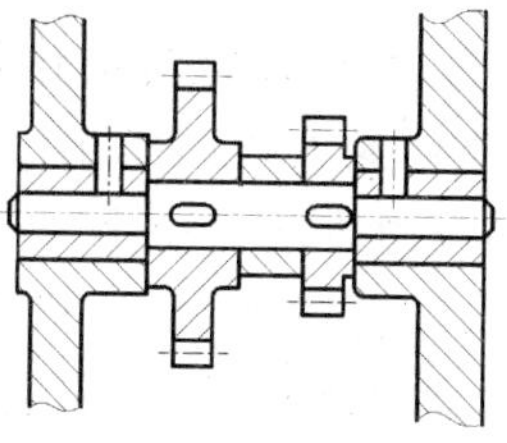	将图示的轴润滑结构，改为在轴上预先加工好油孔，便可消除装配时的机械加工工作量	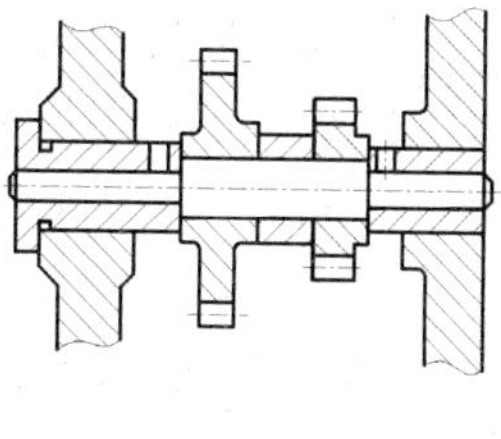
4	在机器结构设计上，采用调整装配法代替修配法，减少修配工作量。图示为车床溜板和床身导轨后压板改进前的结构，其间隙靠修配法保证	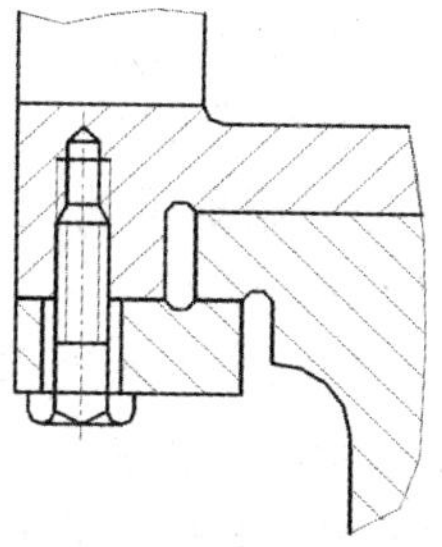	图示结构是以调整法来代替修配法，以保证溜板压板与床身导轨间具有合理的间隙，减少了机械加工工量	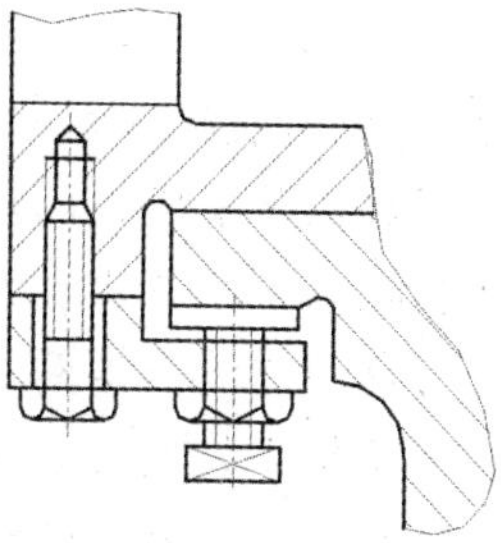

续表

序号	机器结构			
	装配工艺性不好		装配工艺性好	
5	图示为车床主轴箱与床身采用山形导轨定位，装配时基准面修刮工作量很大	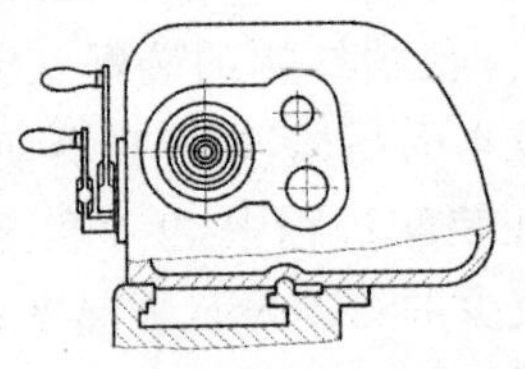	图示为车床主轴箱与床身采用平导轨定位，装配工艺得到明显的改善	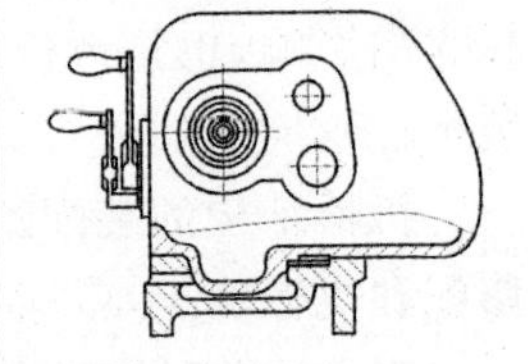
6	机器的结构设计应使装配工作简单、方便。轴上的两个轴承同时装入箱体的配合孔中，既不好观察，导向性又不好，装配困难	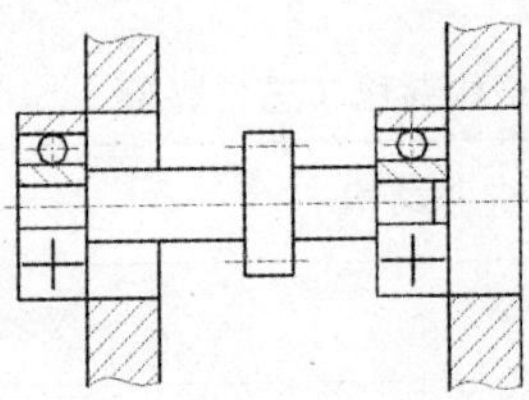	改装成图示的结构形式，轴上右轴承先行装入，当轴承装入孔中 3～5mm 后，左轴承才开始装入孔中，保证组件顺利装配	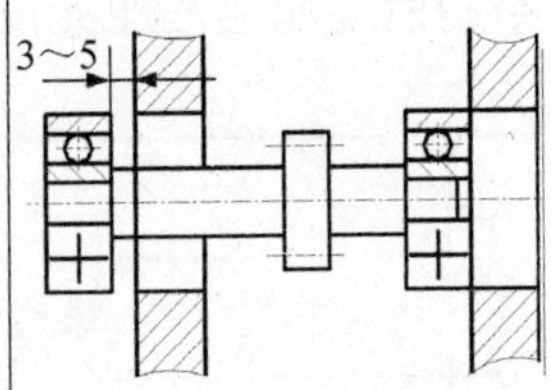
7	作为车床床身、油盘和床腿的装配，设计者为了外观好看，将固定螺栓放置在床腿空腔内，这就使装配工作十分困难	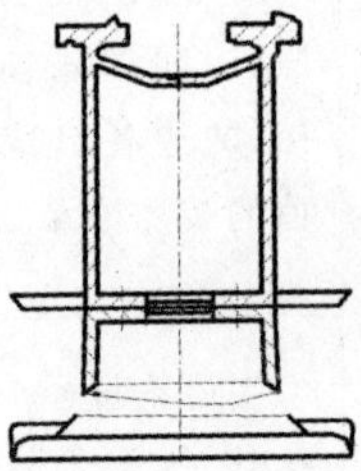	经图示改进设计后，将螺栓放置于床腿空腔外侧，使装配变得非常方便	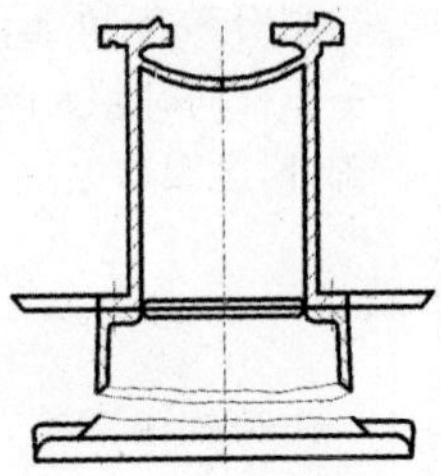

10.5　机械装配自动化

1. 概述

机械制造自动化的最后阶段通常是装配自动化，装配自动化是制造工业中需要解决的关键技术。在大批量生产中，加工过程的自动化大大提高了生产率，保证了加工质量的稳定。为了与加工过程相适应，迫切要求实现装配过程的自动化。

装配自动化的主要目的在于提高生产率、降低成本、保证机械产品的装配质量和稳定性，并力求避免或降低装配过程中受到人为因素的影响而造成质量缺陷，减轻或取代特殊条件下的人工装配劳动，降低劳动强度，保证操作安全。

20 世纪 50 年代，装配自动化就在工业发达国家诞生，经过了若干年的发展，已将一些产品、部件的装配过程中的人工操作逐渐摈弃，转向装配自动化系统研究。20 世纪 60 年代出现了数控装配机、自动装配线，70 年代机器热已经应用到了装配过程中，近年来又实现了柔性装配系统(flexible assembling system，简称 FAS)。

自动化的典型例子是装配自动线，它包括零件供给、装配作业和装配对象的传送等环节的自动化。装配自动线主要用于批量大和产品结构的自动装配工艺性好的工厂中，如电机、变压器、汽车、拖拉机和武器弹药等工厂中，以及劳动条件比较恶劣或危险的场合。装配作业的自动化程度需要根据技术经济分析结果确定。

2. 装配自动化工艺要求

(1) 基本要求。

① 生产纲领稳定，年产量大、批量大，零部件标准化、通用化程度高。

② 产品具有较好的装配工艺性。

③ 实现装配自动化后，经济上合理，生产成本低。

(2) 结构工艺性要求。

自动装配工艺性好的产品结构能使自动装配过程简化，易于实现自动定向和自我检测，简化自动装配设备，保证装配质量，降低生产成本。零件的结构工艺性在自动装配条件下应符合以下原则：

① 便于自动送料。

② 便于零件自动传送。

③ 便于自动装配作业。

(3) 自动装配工艺设计的一般要求。

① 平衡各个装配工位的工作时间，保证自动装配工艺的节拍。

② 应避免或减少装配中基础件的位置变动。

③ 合理选择装配基准面，保证装配定位精度。

④ 对装配零件进行合理分类，提高装配自动化程度。

⑤ 处理好关键零部件和复杂零部件的自动定向问题。

⑥ 对易于缠绕的零件要进行定量隔离。

⑦ 根据配合要求，对精密配合副要进行分组选配。

⑧ 根据工艺成熟度和实际经济效益，合理确定装配自动化程度。

3. 装配自动化的构成

(1) 自动装配机。

产品的装配过程所包括的大量装配动作，人工操作时看起来容易实现，但如果用机械化、自动化代替手工操作，则要求装配机具备高度准确和可靠的性能。因此，一般可以从生产批量大、装配工艺过程简单、动作频繁或耗费体力大的零部件装配开始，在经济、合理的情况下，逐渐实现机械化、半自动化和自动化装配。

根据装配产品的复杂程度和生产率的要求，自动装配机可以分为单工位装配机、多工位装配机和非同步装配机。单工位装配机是指所有装配操作都是在一个位置上完成，适用于两到三个零件的装配，也容易适应零件量的变化。多工位装配机是指对三个以上零部件进行的装配，由于零件多，设备上的许多装配操作必须由各个工位分别承担，这就需要设置工件传输系统，按照传输系统形式要求可选用回转型和直进型。回转型自动装配机常用于装配零件数量少、外形尺寸小、装配节拍短或装配作业要求高的装配场合。至于基准零件尺寸较大，装配工位较多，尤其是装配过程中检测工序多或手工装配和自动装配混合操作的多工序装配，则以选择直进型自动装配机为宜。非同步装配机也称为非同步装配线，是由连续运转的传送链来传送浮动连接的随行夹具，以实现装配工位之间的柔性连接。

(2) 装配机器人。

自动装配机是配合部分手工操作和机械辅助的设备，可以完成某些部件装配工作的要求。但是，在装配仪器仪表、汽车、手表、电子元件、电动机等生产批量大、装配精度要求较高的产品时，不仅要求装配机更加准确和精密，而且还应具有视觉和某些触觉传感机构，反应要更灵敏，对物体的位置和形状具有一定的识别能力。自动装配机一般很难具备这些功能，而在 20 世纪 70 年代发展起来的工业机器人则完全具备这些功能。

装配机器人就是工业生产中，用于装配生产线上对零件或部件进行装配的工业机器人，它属于高、精、尖的机电一体化产品，它是集光学、机械、微电子、自动控制和通信技术于一体的高科技产品，具有很高的功能和附加值。

装配机器人由主体、驱动系统和控制系统三个基本部分组成。主体即机座和执行机构，包括臂部、腕部和手部。大多数装配机器人有 3～6 个运动自由度，其中腕部通常有 1～3 个运动自由度；驱动系统包括动力装置和传动机构，用于使执行机构产生相应的动作；控制系统是按照输入的程序对驱动系统和执行机构发出指令信号，并进行控制。

目前，国外研制的精密装配机器人的定位精度较高，可以达到 0.02～0.05 mm，这是人工装配很难达到的。装配间隙为 10 μm 以下，深度达 30 mm 的轴、孔配合，采用具有触觉反馈和柔性手腕的装配机器人，即使轴心位置有较大的偏离（可达 5 mm），也能自动补偿，并准确装入零件，作业时间也很短，仅在 4s 以内。

例如，采用如图 10-19 所示的装配机器人进行小型电动机端盖与滚动轴承的精密装配，电动机端盖 3 与滚动轴承 2 的配合间隙为 10 μm，直径为 ϕ32 mm，要求装配在 3 s 内完成。图示为采用装配机器人在定子、转子组合好以后，把端盖 3 与转子上部轴承 2 装配起来。如图 10-20 所示为 FANUC 推出的装配机器人。

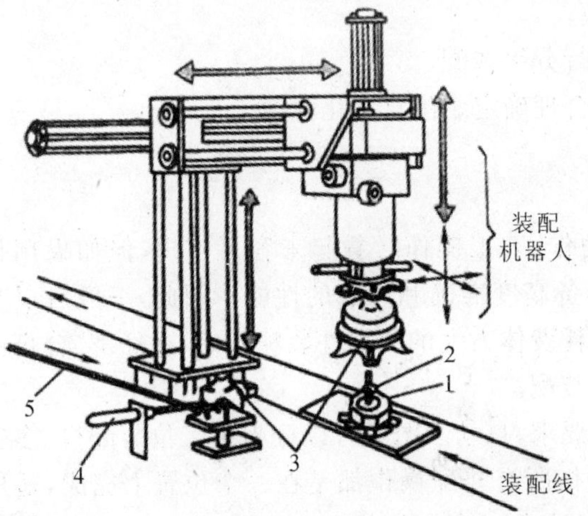

图 10-19　用装配机器人进行电动机端盖与轴承装配

1—定子；2—滚动轴承；3—端盖；4—定位液压缸；5—滑槽

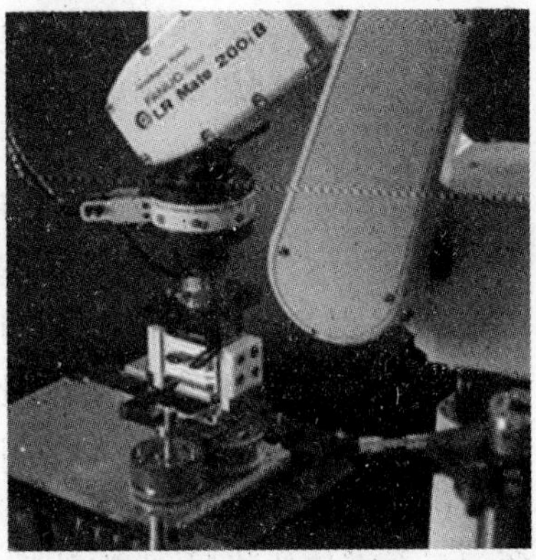

图 10-20　FANUC 装配机器人

（3）自动装配线。

如果产品或部件复杂，无法在一台装配机上完成装配工作，或由于装配节拍和装配件分类等生产原因，需要在几台装配机上完成装配，就需要将若干台装配机组合形成自动装配线。自动装配线的基本特征是在装配工位上，将各种装配件装配到装配基础件上去，完成一个部件或产品的装配。

按照装配线的形式和装配基础件的移动情况，自动装配线可分为装配基础件移动式自动装配线和装配基础件固定式自动装配线两种。其中移动式应用较为广泛，如轨道装配线、带式装配线、板式装配线、车式装配线和气垫式装配线。

装配基础件在工位间的传送方式有连续传送和间歇传送两类。在连续传送中，工位上的装配工作头也随之同步移动；在间歇传送中，装配基础件由传送装置按生产节拍进行传送，等装配对象停留在工位上时进行装配，作业一完成即传送至下一工位。目前，除了小型简单工件装配中会采用连续传送外，一般都采用间歇传送的方式。

4. 计算机辅助装配工艺设计

1）总述

在一个产品的寿命循环中，装配是个很重要的环节。装配的工作效率和工作质量对产品的制造周期和产品的最终质量都有着极大的影响。根据相关文献，装配工作成本占总制造成本的 40%～50%。随着新技术、新工艺、新材料的发展，高速加工和强力切削技术广泛应用于加工过程中，使得加工时间（包括辅助时间）不断缩短，装配时间就成了影响制造周期的主要因素。随着数控机床的广泛应用，零件的加工精度已不再依赖于工人的技术水平，但装配工作却仍以人为主，主要依赖于工作人员的技艺水平。因此，装配质量又成了提高产品精度的瓶颈环节。直到目前，研究人员都把精力放在加工工艺规程编制方面，有关 CAPP 的文献资料很多，反映了研究人员对加工工艺规程编制的重视。但是，人们对装配工艺的研究却很不够，利用计算机进行装配工艺设计成了现代制造系统计算机应用的难点。

为了提高装配的工作效率和工作质量，降低装配成本，提高装配的自动化程度，利用计算机辅助装配工艺设计（CAAPP，computer aided aassembly process planing）进行装配过程仿真来研究产品的可装配性都具有十分重要的意义。

从本质上而言，CAAPP 就是利用计算机模拟手工编制装配工艺的方式，自动生成装配工艺文件。一方面，CAAPP 可以充分缩短编制装配工艺的时间，减少人的烦琐劳动，提高装配工艺的规范化程度，降低对工艺人员的依赖。另一方面，随着对 CIMS 领域研究的不断深入，CAAPP 不仅能够提供指导装配操作的技术文件，也可为管理信息系统提供对装配生产线进行科学管理的信息数据，同时还可扩大 CAD/CAPP/CAM 的集成范围。另外，CAAPP 还能及时向产品设计的 CAD 系统反馈可装配性的信息，满足并行工程（CE）的需要。

2）CAAPP 的功能和系统组成

（1）计算机辅助装配工艺设计的功能。

① 提取产品装配图中的信息到产品信息数据库中；

② 根据装配工艺知识库进行装配工艺的推导；

③ 对系统生成的装配顺序在虚拟装配环境下进行虚拟装配的设置与演示，分析装配的几何可行性，调整装配顺序；

④ 对装配工艺知识库进行动态维护，包括知识的添加、删除和修改，知识库的添加、导出和导入；

⑤ 通过网络实现装配工艺知识库、装配工艺文件以及虚拟装配过程的传输与发布。

（2）计算机辅助装配工艺设计的组成。

计算机辅助装配工艺设计系统以产品信息为输入，以装配工艺知识、装配工艺管理方法和装配资源为约束，在人员和计算机系统的支持下，产生装配工艺文件和管理信息，如图 10-21所示。尽管 CAAPP 系统的种类很多，但基本结构都离不开基础层、数据层、工具层、功能层和界面层五大组成部分，如图 10-22 所示为一典型的 CAAPP 的结构图。

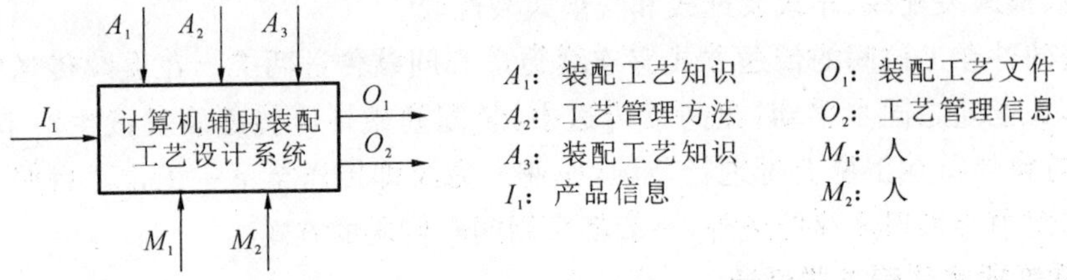

图 10-21 计算机辅助装配工艺设计模型

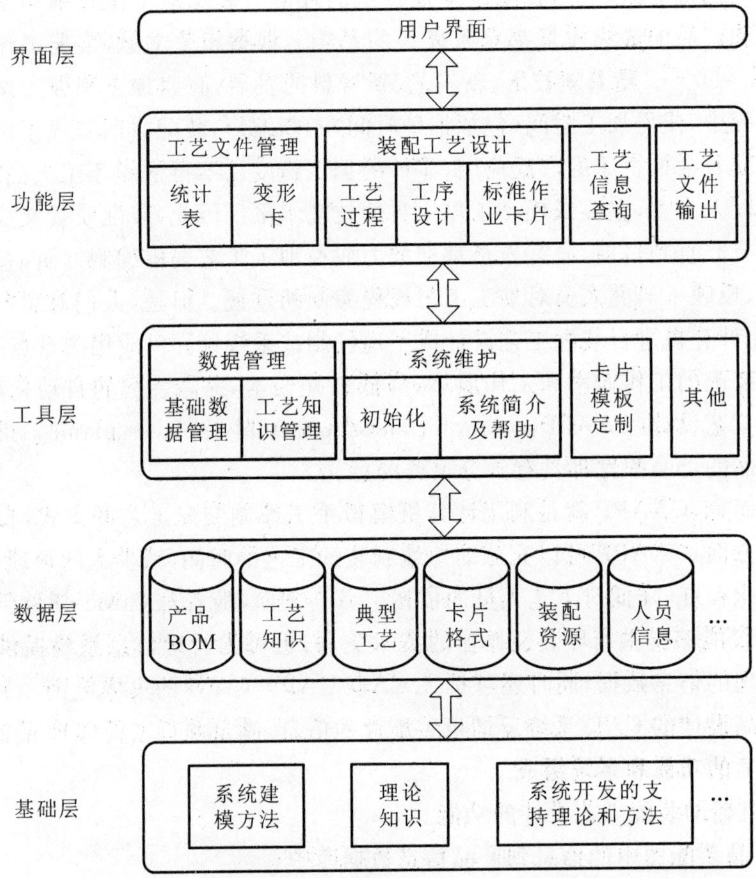

图 10-22 典型 CAAPP 机构图

① 基础层。

系统开发建立的基础理论和方法包括系统建模方法和实现功能层各种应用功能的支持理论与方法。系统模型从过程上分为功能模型、信息模型和数据模型。

② 数据层。

数据层是用来存储、管理系统工作过程中所需要和产生的各种数据和信息，包括产品结构信息、装配资源、工艺信息、典型工艺、用户信息等数据以及支持系统各功能或模块之间进行数据交换的动态数据库。

③ 工具层。

工具层包括数据管理、典型工艺维护管理装配工艺管理等。数据管理包括基础数据管理和工艺知识管理，装配工艺管理主要包括工艺卡片、工序卡片以及各种统计卡片的维护等。

④ 功能层。

功能层具体由产品信息获取模块、装配工艺设计模块、工艺文件管理模块、工艺信息查询模块以及工艺文件输出模块组成。该系统以数据信息为主线，各模块之间的数据传递和交换以工程数据库为基础，便于实现数据共享、减小数据冗余。

⑤ 界面层。

即系统与用户之间的交互界面，实现信息的输入与输出，人机交互等功能。提示信息简单易懂，友好的交互方式，良好的出错处理等。

3) CAAPP 的基本原理与方法

① 装配信息描述。

装配信息是系统进行装配工艺设计的对象和依据，如何输入和描述装配信息是装配最关键的问题之一。装配信息获取模块用于从产品装配图中获取装配工艺设计所需的各种信息，包括零部件的基本信息和零件间的相互装配关系信息，并将信息提交到动态数据库中。

产品装配模型不仅描述了零、部件本身的信息，而且还描述了产品零、部件之间的层次关系、装配关系以及不同层次的装配体中的装配设计参数的约束和传递关系。

建立产品装配模型的目的在于建立完整的产品装配信息表达，一方面使系统对产品设计能进行全面支持；另一方面它可以为 CAD 系统中的装配自动化和装配工艺规划提供信息源，并对设计进行分析和评价。装配(CAAPP)系统中，装配信息是直接从 CAD 系统的图形数据库中提取的，以保证在分布式的设计制造环境中数据的快速、共享、可靠和一致性，减少中间数据转换可能出现的错误，实现 CAD、CAPP 的集成。

② 装配顺序决策。

装配顺序决策实质上就是在各种几何约束条件及工艺约束条件的制约下，求解出满足各种约束条件、性能优良的装配顺序。装配序列是装配规划最基本的信息，产品中零件之间的几何关系、物理结构及功能决定了产品的装配顺序。

装配顺序的决策通常分为两类：基于配合关系的推理和基于知识的推理。

基于配合关系的推理应用较多，一般采用逆向推理法(拆卸法)，即从图的所有零件集中选择几何上可拆的零件，拆卸完一个零件后对剩余的零件继续进行拆卸，利用回溯算法生成所有的拆卸顺序与拆卸方案。

基于知识的推理可以充分利用装配任务的特点，搜集人工编制装配工艺的知识规则，有选择地选取装配基准件，形成装配顺序。

不论哪一种决策方法，装配顺序的设计都应该分阶段、有层次地进行，即从建立框架入手，由粗到细，不断充实和调整，最终生成合理的装配顺序。

③ 装配工序输出。

工厂工艺设计的最终结果都是以工艺卡片的形式出现的，并利用它们来指导具体的生产加工。由于企业的制造环境千差万别，因而不可避免地造成不同企业工艺卡片在形式和内容上有很大的区别，而目前绝大多数 CAPP 和 CAAPP 系统只提供了有限的工艺卡片样式，它们存储在工艺卡片模板库中，用户只能选择其中存在的卡片格式，而不能根据自身的需要对它们进行修改或者完全从无到有地创建。由于这一工作只有系统的设计者才能完成，它已成为影响当前 CAPP 和 CAAPP 系统通用性和实用性的主要原因之一。

在实际生产中,各个工厂根据自己的实际情况,所使用的工艺卡片的具体格式不完全一样,但其基本内容大体上是相同的。采用计算机辅助工艺过程设计,首先需要解决的一个问题就是要采用计算机可以接受的方式制定出各种工艺卡片格式。工艺卡片制定过程如图10-23 所示。

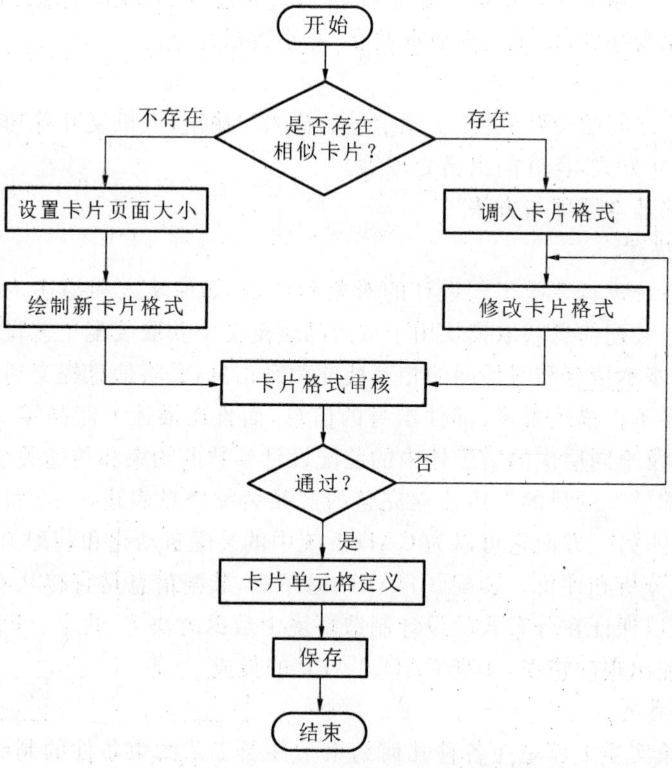

图 10-23　工艺卡片制定流程图

输出打印是 CAAPP 系统必备的功能模块,用户通过查询工艺信息然后输出。装配工艺检索功能主要是向用户提供装配工艺文件的浏览功能,还有信息的查询等,用户只能查看但是没有修改和删除的权限。

习题与思考题

10-1　何谓零件、套件、组件和部件?何谓机器的总装?

10-2　机器装配的生产类型有哪些?其分别具有哪些特点?

10-3　什么是装配系统工艺图?

10-4　何谓装配尺寸链?装配尺寸链封闭环是如何确定的?建立装配尺寸链应遵守哪些原则?

10-5　装配尺寸链有哪些类型?

10-6　装配精度包括哪些内容?装配精度与零件的加工精度有何区别和联系?

10-7　保证装配精度的方法有哪几种?各适用于什么装配场合?

10-8　说明装配尺寸链中组成环、封闭环、协调环、补偿环的含义,各有何特点?

10-9　现有一轴、孔配合，配合间隙要求为 0.04～0.26 mm，已知轴的尺寸为 $\phi60^{0}_{-0.10}$ mm，孔的尺寸为 $\phi60^{+0.20}_{0}$ mm。若用完全互换装配法进行装配，能否保证装配精度要求？用大数互换装配法装配能否保证装配精度要求？

10-10　如图 10-24 所示的某机床主轴部件，装配后要求轴向间隙 $A_0=0^{+0.42}_{+0.05}$ mm。已知 $A_1=32.5$ mm，$A_2=35$ mm，$A_3=2.5$ mm，试计算各组成零件的上、下极限偏差。当 $A_0=0^{+0.15}_{+0.05}$ mm 时，在不同生产类型下，采用何种装配方法比较合理？试分别确定各组成环的上、下极限偏差。

10-11　如图 10-25 所示为镗孔夹具简图，要求定位面到孔轴线的距离为 $A_0=(155\pm0.015)$mm，单件小批量生产用修配法保证该装配精度，并选取定位板（$A_1=20$ mm）作为修配件。根据生产条件，在定位板上的最大修配量以不超过 0.3 mm 为宜，试确定各组成环尺寸及极限偏差。

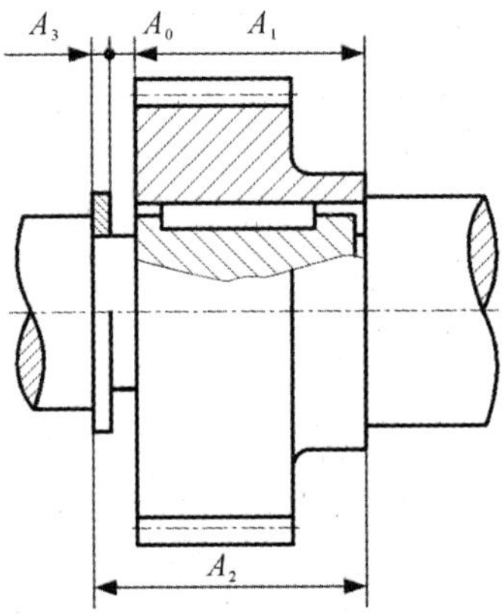

图 10-24　题 10-10 图

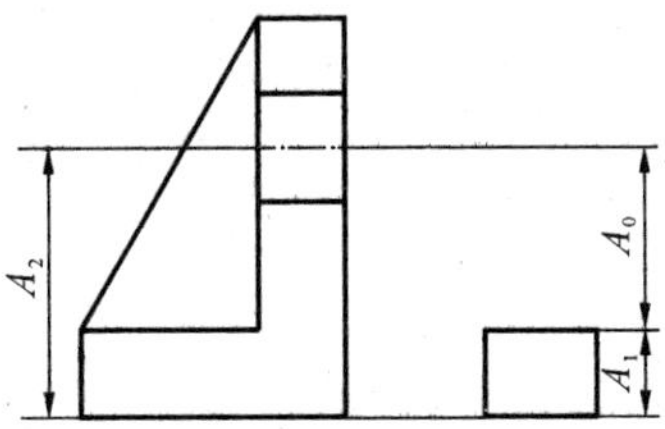

图 10-25　题 10-11 图

10-12　如图 10-26 所示为传动轴装配图。现采用调整法装配，以右端垫圈为调整环 A_k，装配精度要求 $A_0=0.05$～0.20 mm（双联齿轮的轴向圆跳动量）。试采用固定调整法确定各组成环的尺寸及公差，并计算加入调整垫片的组数及各组垫片的尺寸和公差。

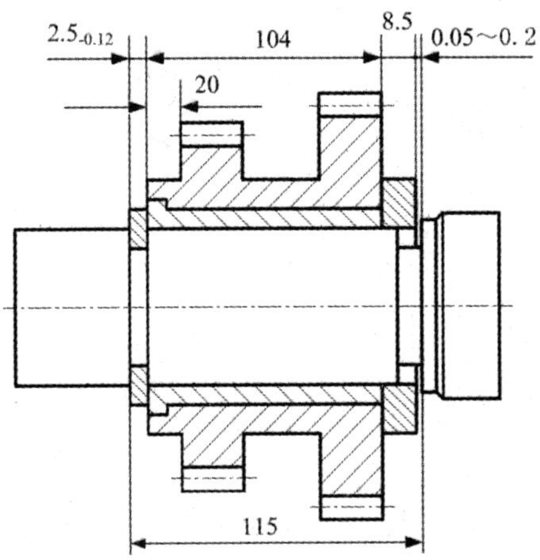

图 10-26　题 10-12 图

10-13 制定装配工艺规程的基本原则和内容包括哪些？

10-14 机器装配的组织形式有哪些？

10-15 制定装配工艺规程的步骤有哪些？

10-16 何谓装配自动化？如何实现装配自动化？

10-17 何谓 CAAPP？它具有哪些功能？

10-18 CAAPP 系统由哪些部分组成？其基本原理和方法有哪些？

第 5 篇　机械制造技术的发展

第11章　现代制造技术

11.1　现代制造技术概述

11.1.1　现代制造技术的内涵

目前，制造业面临着严峻的挑战和机遇，传统的制造技术和和制造模式难以适应，从而引发了制造技术、制造模式和管理技术的剧烈变革，具体内容如下。

（1）新技术革命使得制造业的资源配置必须由劳动密集型转向技术密集型和知识密集型，制造技术向自动化、智能化的方向发展。社会市场需求的多样化促使制造模式向着柔性制造发展，生产规模必须由大批量转为多品种、变批量，企业才能应对市场的需求。

（2）网络时代和信息技术的进步使得信息和信息技术成了制造业的主导因素，产品制造模式、企业经营观念日益更新。

（3）有限资源与日益增长的环境保护压力，要求从生产的始端就注重污染的防范，以节能、降耗、减污为目标，实现环境与发展的良性循环，最终达到可持续发展。

（4）制造全球化和贸易自由化的挑战使制造业市场出现了前所未有的国际化，跨国集团直接威胁到本土制造企业的生存。

现代制造技术是传统制造技术不断吸收机械、电子、信息、材料、能源及现代管理等方面最新的技术成果，并将其优化、集成，综合应用于产品设计、制造、检测、管理及售后服务等的制造全过程，实现优质、高效、低耗、清洁、灵活生产，取得理想技术经济效果和社会效益的前沿制造技术的总称。

从本质上可以说，现代制造技术是传统制造技术、信息技术、自动化技术、人工智能技术、大数据、移动互联和现代管理技术等的有机融合。现代制造技术是制造技术的最新发展阶段，具有以下特点。

（1）现代制造技术贯穿了从市场预测、产品设计、采购和生产经营管理、制造装配、质量保证、市场销售、售后服务、报废处理及回收再利用等整个制造过程。

（2）现代制造技术注重技术、管理、人员三者的集成，是多学科交叉融合的产物，核心是信息技术、现代管理技术和制造技术的有机结合。

（3）现代制造技术的主要目标是提高制造业对市场的适应能力和竞争力。

（4）现代制造技术重视环境保护和资源的合理利用。

11.1.2　现代制造技术体系结构

现代制造技术是由传统制造技术与以信息技术为核心的现代科学技术相结合的一个完整的高新技术群，所涉及的学科较多，包含的技术内容较为广泛，已形成了体系结构。现代制造技术的体系结构一般分为五大技术群。

(1) 系统总体技术群　包括与制造系统集成相关的总体技术，其功能覆盖企业的预测、产品设计、加工制造、信息与资源管理直至产品销售和售后服务等各项活动，如柔性制造、计算机集成制造、敏捷制造、智能制造、绿色制造以及精良生产等。

(2) 管理技术群　包括与制造企业的生产经营和组织管理相关的各种技术，其功能使制造资源(材料、设备、能源、技术、信息以及人力)得到总体配置优化和充分利用，使企业的综合效益(质量、成本、交货期)得到提高，如计算机辅助生产管理、制造资源计划、企业资源计划、供应链管理、动态联盟企业管理、全面质量管理、企业过程重组等。

(3) 设计制造一体化技术群　包括与产品设计、制造、检测等制造过程相关的各种技术，如并行工程、CAD/CAPP/CAM/CAE、虚拟制造、可靠性设计、智能优化设计、绿色设计、快速原型技术、质量功能配置、数控技术、检测监控、质量控制等。

(4) 制造工艺与装备技术群　包括与制造工艺及装备相关的各种技术，如精密超精密加工工艺及装备、高速超高速加工工艺及装备、特种加工工艺及装备、特殊材料加工工艺、少无切削加工工艺、热加工与成型工艺及装备、表面工程、微机械系统等。

(5) 支撑技术群　包括上述制造技术的各种支撑技术，如计算机技术、数据库技术、网络通信技术、软件工程、传感器和控制技术、机床和工具技术、人工智能、虚拟现实、标准化技术、材料科学、人机工程学、环境科学等。

11.2　先进制造技术

随着科学技术的发展和市场竞争的日趋激烈，为追求高效地生产出高质量的产品，人们采用最先进的技术手段，不断地深入研究与探讨切削、磨削加工方法及其理论。超高速加工、超精密加工、高能束和复合加工以及智能制造构成了当今主体先进加工技术。

11.2.1　超高速加工技术

1. 超高速加工的概念

超高速加工技术是指采用超硬材料的刀具、磨具和能可靠地实现高速运动的高精度、高自动化、高柔性的制造设备，以极高的切削速度来达到提高材料切除率、加工精度和加工质量的现代制造加工技术。它是提高切削和磨削效果以及提高加工质量、加工精度和降低加工成本的重要手段。其显著标志是当被加工塑性金属材料在切除过程中的剪切滑移速度达到或超过某一区域阻值后，开始趋向最佳切除条件，使得被加工材料切除所消耗的能量、切削力、工件表面温度、刀具磨具磨损、加工表面质量等明显优于传统切削速度下的指标，而加工效率则大大高于传统切削速度下的加工效率。

超高速加工是一个相对的概念，不同的工件材料、不同的加工方式有着不同的切削速度范围。一般认为，超高速加工各种材料的切削速度范围：铝合金为 2000～7500 m/min；铸铁为 900～5000 m/min；钢为 600～3000 m/min；超耐热镍合金为 80～500 m/min；钛合金为 150～1000 m/min；纤维增强塑料为 2000～9000 m/min。各种加工方式的切削速度范围：车削为 700～7000 m/min；铣削为 300～6000 m/min；钻削为 200～1100 m/min；磨削为 150 m/s以上。

超高速切削和磨削机理的研究主要是对超高速加工条件下切削、磨削过程以及产生的各种切削、磨削现象的理论进行研究。它是超高速加工技术中最基本的技术支撑，其涉及的关键技术有：超高速切削磨削的加工过程研究，超高速切削加工现象及切削工艺参数优化的研究，各种材料的超高速切削机理研究，超高速磨削技术中各种磨削现象及各种材料磨削的机理研究，超高速磨削（切削）虚拟实际的磨削技术开发研究，以及超高速主轴单元制造技术，超高速进给单元制造技术，超高速加工用刀具、磨具，超高速机床支承及辅助单元制造技术，超高速加工测试技术等。

超高速切削理论是由德国切削物理学家萨洛蒙在 1931 年提出的，即“萨洛蒙曲线”，如图 11-1 所示。萨洛蒙指出：在常规的切削速度范围内（见图 11-1 的 A 区），切削温度随切削速度的增大而提高，但是，当切削速度增大到某一数值 V_{ε} 之后，切削速度再增加，切削温度反而降低；V_{ε} 之值与工件材料的种类有关。对每种工件材料，存在一个速度范围，在这个速度范围内（见图 11-1 的 B 区），由于切削温度太高，任何刀具都无法承受，切削加工不可能进行，这个范围被称为“死谷”，如果能越过这个“死谷”而在超高速区（见图 11-1 的 C 区）进行工作，则有可能用现有的刀具进行超高速切削，成功地提高机床的生产率。然而后继的许多研究者和超高速切削实验结果都对这种“死谷”假设提出了质疑。现在大多数研究者认为：在超高速切削铸铁、钢及难加工材料时，即使在很高的切削速度范围内也不存在这样的“死谷”，刀具耐用度总是随切削速度的增加而降低的；而在硬质合金刀具高速铣削钢材时，随着切削速度 v 的提高，切削温度随之升高，刀具磨损逐渐加剧，刀具耐用度 T 继续下降，但在较高的切削速度段，刀具耐用度 T 随切削速度 v 的提高而下降的速率趋缓，这一结论对于超高速切削技术的实际应用是十分有意义的。

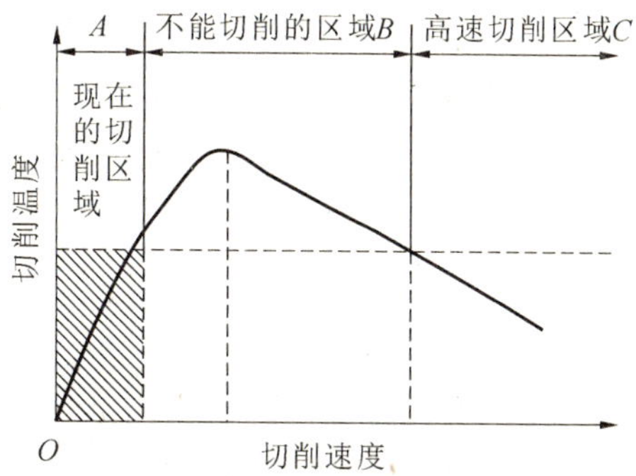

图 11-1　超高速切削概念示意图

2. 超高速加工的特点

1）大幅度提高切削、磨削效率

随着切削速度的大幅度提高，进给速度也相应提高 5～10 倍，单位时间材料切除率可提高 3～6 倍，零件加工时间可缩减到原来的 1/3，提高了加工效率和设备利用率，缩短了生产周期。采用 CBN 砂轮进行超高速磨削，砂轮线速度由 80 m/s 提高至 300 m/s 时，切除率由 50 $mm^3/mm \cdot s$ 提高至 1000 $mm^3/mm \cdot s$，大大提高了磨削效率。

2）切削力、磨削力小，加工精度高

在相同的切削层参数下，加工速度高，高速切削的单位切削力明显减小，使剪切变形区变窄，剪切角增大，变形系数减小，切削流出速度加快，可使切削变形较小，切削力比常规切削力降低 30%～90%，刀具耐用度可提高 70%。同时，高速切削使传入工件的切削热的比例大幅度减少，加工表面受热时间短、切削温度低，有利于提高加工精度，有利于获得低损伤的表面结构状态和保持良好的表面物理性能及机械性能。因此，超高速加工特别适合于大型框架件、薄壁件、薄壁槽形件等刚性较差工件的高精度、高效加工。

3）加工能耗低，节省制造资源

高速切削时，单位功率所切削的切削层材料体积显著增大，切除率高，能耗低，工件的在制时间短，提高了能源和设备的利用率，降低了切削加工所占制造系统资源的比例。

高速切削也存在刀具材料昂贵及机床(包括数控系统)、刀具平衡性能要求高以及主轴寿命低等缺点。

3. 超高速加工技术的应用

1) 超高速切削技术的应用

在航空航天工业领域，为减轻重量，零部件应尽可能采用铝合金、铝钛合金或纤维增强塑料等轻质材料，这三种材料所占飞机材料的比重在70%以上。采用高速切削，其切削速度可提高到100～1 000 m/min，不但能大幅度提高机床生产率，而且能有效减少刀具磨损，提高工件表面加工质量。高速加工薄壁、细筋的复杂轻合金构件，材料切除率高达100～180 cm^3/min，是常规加工的3倍以上，可大大压缩切削工时。

汽车、摩托车工业领域，采用高速加工中心和其他高速数控机床组成高速柔性生产线，既能满足产品不断更新换代的要求，又有接近于组合机床刚性自动线的生产效率，实现了多品种、中小批量的高效生产。

模具工业领域，用高速铣削代替电加工是加快模具开发速度、提高模具制造质量的有效途径。用高速铣削加工模具，不仅可用高转速、大进给，而且粗、精加工一次完成，极大地提高了模具的生产效率。

高速切削的应用范围正在逐步扩大，不仅可用于切削金属等硬材料，也越来越多地用于切削软材料，如：橡胶、各种塑料、木头等，经高速切削后，这些软材料的被加工表面极为光洁，加工效果极好。

2) 超高速磨削技术的应用

高效深磨技术是近几年发展起来的一种集砂轮高速度、高进给速度(0.5～10 m/min)和大切深(0.1～30 mm)为一体的高效率磨削技术。高效深磨可以获得与普通磨削技术相近的表面粗糙度，同时使材料磨除率比普通磨削高得多。高效深磨可直观地看成是缓进给磨削和超高速磨削的结合。高效深磨与普通磨削不同，可以通过一个磨削行程，完成过去由车、铣、磨等多个工序组成的粗、精加工过程，获得远高于普通磨削加工的金属磨除率，表面质量也可达到普通磨削的水平。

超高速精密磨削是采用超高速精密磨床，并通过精密修整微细磨料磨具，采用亚微米级以下的切深和洁净的加工环境来获得亚微米级以下的尺寸精度，使用微细磨料磨具是精密磨削的主要形式。

超高速磨削是解决难磨材料加工的一种有效方法。超高速磨削能实现对硬脆材料延性域的磨削，因超高速磨削的磨屑厚度极小，当磨屑厚度接近最小磨屑厚度时，磨削区的被磨材料处于流动状态，所以使陶瓷、玻璃等硬脆性材料以塑性形式生成磨屑。难磨材料如钛合金、高温合金和淬硬钢、高强合金等采用超高速磨削工艺，都能获得良好的加工效果。

11.2.2 超精密加工技术

现代制造业持续不断地致力于提高加工精度和加工表面质量，主要目标是提高产品性能、质量和可靠性，改善零件的互换性，提高装配效率。超精密加工技术已成为衡量一个国家先进制造技术水平的重要指标之一。

1. 超精密加工技术的内涵

在目前的技术条件下，根据加工精度和表面粗糙度的不同，可以将现代机械加工划分为以下四种。

(1) 普通加工　加工精度在 1 μm、表面粗糙度 *Ra* 为 0.1 μm 以上的加工方法。在目前的发达工业国家中，一般都能稳定掌握。

(2) 精密加工　加工精度在 0.1～1 μm、表面粗糙度 *Ra* 为 0.011～0.1 μm 之间的加工方法，如金刚石精镗、精磨、研磨、珩磨加工等。

(3) 超精密加工　加工精度小于 0.1 μm，表面粗糙度 *Ra* 小于 0.01 μm 的加工方法，如金刚石刀具超精密切削、超精密磨削加工、超精密特种加工和复合加工等。

(4) 纳米加工　加工精度高于 1 nm(1 nm=10^{-3} μm)，表面粗糙度 *Ra* 小于 0.005 nm 的加工技术。这类加工方法已不是传统的机械加工方法，而是原子、分子单位的加工。目前多用于微型机械产品的加工，如直径是 50 μm 的齿轮的加工。

超精密加工在提高机电产品的性能、质量和发展高新技术方面有着非常重要的作用，它涉及被加工工件的材料、加工设备及工艺设备、光学、电子、计算机、检测方法、工作环境和工人的技术水平等，是一门综合多学科的高新技术。

2. 超精密加工的主要方法

超精密加工包括超精密切削(车削、铣削)、超精密磨削及超精密特种加工。

超精密切削加工主要指金刚石刀具超精密车削，主要用于加工软金属材料(如铜、铝等)，非铁金属及其合金以及光学玻璃、大理石和碳素纤维板等非金属材料，加工的主要对象是精度要求很高的镜面零件。目前，在使用极锋利的刀具和机床条件最佳的情况下，可以实现切削厚度为纳米级的连续稳定切削。

超精密磨削和磨料加工是利用细粒度的磨粒和微粉对钢铁金属、硬脆材料等进行加工，可分为固结磨料和游离磨料两大类加工方式。其中固结磨料加工包括：超精密砂轮磨削和超硬材料微粉砂轮磨削、超精密砂带磨削、ELID 磨削、双端面精密磨削以及电泳磨削等。超精密磨削是加工精度在 0.1 μm 以下、表面粗糙度 *Ra* 小于 0.025 μm 的砂轮磨削方法，采用人造金刚石、立方氮化硼(CBN)等超硬磨料砂轮。与普通磨削不同的是切削深度极小，超微量切除，除微切削作用外，还有塑性流动和弹性破坏等作用，主要用于加工难加工材料。超精密研磨是一种加工误差达 0.01 μm 以下，表面粗糙度 *Ra* 小于 0.02 μm 的研磨方法，是一种原子、分子加工单位的加工方法，从机理上来看，其主要是磨粒的挤压使被加工表面产生塑性变形，以及当有化学作用时使工件表面生成氧化膜的反复去除方法。

超精密特种加工的方法很多，多是分子、原子单位的加工方法，分为去除(分离)、附着(沉积)和结合以及变形等类型。分离(去除)加工是从工件上分离原子或分子，如电子束加工和离子束溅射加工等；附着(沉积)加工是在工件表面上覆盖一层物质，如电子镀、离子镀、分子束外延、离子束外延等；结合加工是在工件表面上渗入或涂入一些物质，如离子注入、氮化、渗碳等；变形加工是利用高频电流、热射线、电子束、激光、液流、气流和微粒子束等使工件被加工部分产生变形，改变尺寸和形状。电子束高能密度加工是利用电子束热效应进行的电子束加工，可通过调整功率密度来实现热处理、区域精炼、熔化，蒸发、穿孔、切槽、焊接等不同加工。在各种材料上加工圆孔、异形孔和切槽时，最小孔径或缝宽可达 0.02～0.03 mm。在电子束低能量密度加工中，功率密度相当低的电子束照射在工件表面上，几乎不会引起表面温升，入射的电子与高分子材料的分子碰撞时，会使它的分子链切断或重新聚合，使高分子材料的化学性质和分子量产生变化，这种现象称为电子束的化学效应。利用这种化学效应可进行电子束光刻。电子束光刻在实际应用中获得了很大成功，它是利用电子束透射掩膜(其上有所需集成电路图形)照射到涂有光敏抗蚀剂的半导体基片上，因化学反应，经显影后，在光敏抗蚀剂的涂层上就形成与掩膜相同的线路图形。电子束光刻可以实现精细图形的写图或复印，目前是大规模集成电路和超大规模集成电路的掩膜或基片图形光刻的重要方法。

3. 超精密加工技术的应用

超精密加工技术在仪器仪表工业、航空航天工业、电子工业、国防工业、计算机制造、各种反射镜的加工、微型机械等领域有着广阔的应用前景，尤其在尖端产品和现代化武器的制造中占有非常重要的地位。

1) 超精密切削加工技术的应用

金刚石超精密切削加工技术在航空、航天领域超精密零件的加工和精密光学器件及其民用产品的加工中，都取得了良好的效果。表 11-1 所示的是其应用实例。

表 11-1　超精密切削加工应用实例

领域	加工零件	可达到的精度
航空及航天	高精度陀螺仪浮球	球度 0.2～0.6 μm，表面粗糙度 *Ra* 为 0.1 μm
	气浮陀螺和静电陀螺的内外支承面	球度 0.05～0.5 μm，尺寸精度 0.6 μm，表面粗糙度 *Ra* 为 0.012～0.025 μm
	激光陀螺平面反射镜	平面度 0.05 μm，反射率 99.8%，表面粗糙度 *Ra* 为 0.012 μm
	液压泵、液压电动机转子及分油盘	转子柱塞孔圆柱度 0.5～1 μm，尺寸精度 1～2 μm，分油盘平面度 0.5～1 μm，表面粗糙度 *Ra* 为 0.05～0.1 μm
	雷达波导管	内腔表面粗糙度 *Ra* 为 0.01～0.02 μm，平面度和垂直度 0.1～0.2 μm
	航空仪表轴承	孔、轴的表面粗糙度 *Ra* 为 0.001～0.02 μm
光学	红外反射镜	表面粗糙度 *Ra* 为 0.01～0.02 μm
	激光制导反射镜	—
	其他光学元件	表面粗糙度 *Ra*<0.01 μm
民用	计算机磁盘	平面度 0.1～0.5 μm，表面粗糙度 *Ra* 为 0.03～0.05 μm
	磁头	平面度 0.04 μm，表面粗糙度 *Ra*<0.01 μm，尺寸精度 ±2.5 μm
	非球面塑料镜成形模	形状精度 0.3～1 μm，表面粗糙度 *Ra* 为 0.05 μm
	激光印字用多面反射镜	平面度 0.08 μm，表面粗糙度 *Ra* 为 0.016 μm

2) 超精密磨削加工技术的应用

超精密磨削可用于钢铁及其合金等金属材料，如耐热钢、钛合金、不锈钢等合金钢，特别是经过淬火等处理的淬硬钢的加工，也可用于磨削铜、铝及其合金等非铁金属的加工。超精密加工是陶瓷、玻璃、石英、半导体、石材等硬脆难加工非金属材料的主要加工方法。

未来超精密加工技术的发展趋势是向更高精度、更高效率的方向发展；向大型化、微型化方向发展；向加工检测一体化方向发展；机床向多功能模块化方向发展；不断探讨适合于超精密加工的新原理、新方法、新材料。

11.2.3　快速原型制造技术

快速原型制造技术(rapid prototype manufacturing,RPM)是 20 世纪 90 年代发展起来的制造技术之一,它是用材料逐层或逐点堆积出零件的一种快速制造方法,可以对产品设计进行快速评价、修改及功能试验,有效地缩短了产品的研发周期,满足了快速响应市场的需求,提高了企业的竞争力。RPM 技术是近几十年来制造技术领域的一次重大突破,是继数控技术之后制造技术领域的又一场技术革命。

1. RPM 技术的原理

RPM 技术是在计算机的控制与管理下,由零件的 CAD 模型直接驱动快速制造任意复杂形状三维实体的技术总称,是综合利用 CAD 技术、数控技术、材料科学、机械工程、电子技术和激光技术等现代多种先进技术的集成。快速原型技术是基于(软件)离散/(材料)堆积原理,通过离散获得堆积的路径和方式,通过精确堆积将材料"叠加"起来形成复杂的三维实体,最终完成零件的成形与制造的技术。人们把快速原型制造系统比喻为"立体打印机"(3D solid printer)是非常形象的。

离散/堆积的过程是由三维 CAD 模型开始的:先将 CAD 模型离散化,将某一方向(常取 Z 向)切成许多层面,即分层,属信息处理过程;然后在分层信息控制下顺序堆积各片层,并使层层结合,堆积出三维实体零件,这是 CAD 模型的物理体现过程。每种快速成形设备及其操作原理都是基于逐层叠加过程的。

2. RPM 技术的特点

不同于传统的去除成形(如车、铣、刨、磨等)、拼合成形(如焊接)或受迫成形(如铸、锻,粉末冶金)等加工方法,快速原型制造技术具有以下特点:

(1) 由 CAD 模型直接驱动,能自动、快速、精确地将设计思想转变成一定功能的产品原型甚至直接制造零件,对缩短产品开发周期、减少开发费用、提高企业市场竞争力具有重要意义。

(2) 可以在没有任何刀具、模具及工装夹具的情况下,快速直接地制成几何形状任意复杂的零件,而不受传统机械加工方法中刀具无法达到某些型面的限制。

(3) 曲面制造过程中,CAD 数据的转化(分层)可百分之百地全自动完成,而不像数控切削加工中需要高级工程技术人员复杂的人工辅助劳动才能转化为完全的工艺数控代码。

(4) 任意复杂零件的加工只需在一台设备上完成,不需要传统的刀具或工装等生产准备工作。大大缩短了新产品的开发成本和周期,加工效率远胜于数控加工。

(5) 设备投资低于数控机床。

(6) 在成形过程中无人干预或较少干预。

3. 典型的 RPM 工艺方法

(1) 光固化成形　光固化成形(stereo lithography apparatus ,SLA)又称光敏液相固化法、立体印刷和立体光刻。如图 11-2 所示,用紫外激光在光敏树脂表面扫描,令其有规律地固化,由点到线,再到面,完成一个层面的建造。在扫描的过程中,只有激光的曝光量超过树脂固化所需的阈值能量的地方,液态树脂才会发生聚合反应形成固态。因此在扫描过程中,对于不同量的固化深度,要自动调整扫描速度,以使产生的曝光量和固化某一深度所需的曝光量相适应。每一层固化完毕之后，升降工作台移动一个层片厚度的距离，然后将树脂涂在前一层上，再建造一个层。如此反复，每形成新的一层均黏附到前一层上，直到制作完零件的最后一层，成为一个三维实体。这样零件就堆积完毕，再对零件进行一些必要的后处理，整个制作过程就完成了。目前，立体印刷广泛用来为产品和模型的 CAD 设计提供样件和试验模型，是 RPM 技术领域中研究最多、技术最为成熟的方法。

(2) 熔融沉积成形　熔融沉积成形(fused deposition modeling ,FDM)是将热熔性材料(ABS、尼龙或蜡)通过加热器熔化，在移动头的运动过程中挤压喷出细丝，按零件的截面形状沉积成一薄层，这样逐层堆积制成一个零件，如图 11-3 所示。在沉积过程中，喷头受水平分层数据的控制沿 x、y 轴移动，同时半流动融丝从 FDM 喷头中挤压出来，必须精确控制从挤压头孔流出的材料数量和喷头的移动速度，当它和前一层相黏结时很快就会固化，整个零件是在一个活塞上制作的。该活塞可以上下移动，当制作完一层后活塞下降，为下一层制作留出层厚所需的空间。FDM 可以使用很多种材料，任何有热塑特性的材料均可作为其候选材料。目前，FDM 成形工艺已广泛应用于家用电器、办公用品、医疗器械、玩具、汽车、航空航天等产品的设计开发。

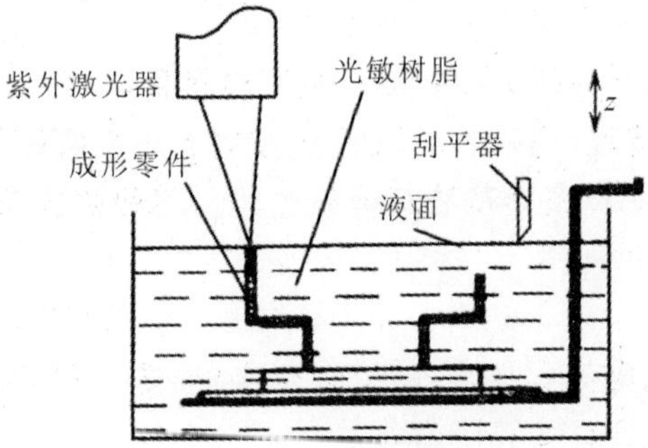

图 11-2　光固化成形

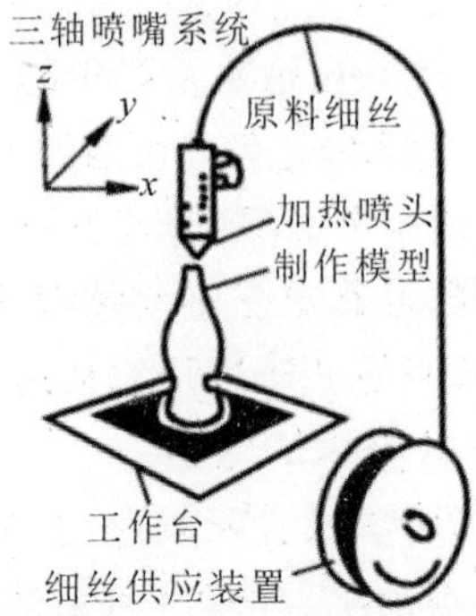

图 11-3　熔化沉积成形

(3) 选择性激光烧结　选择性激光烧结(selective laser sintering ,SLS)是利用红外激光光束所提供的热量熔化热塑性材料以形成三维零件。如图 11-4 所示，在制作区域均匀铺上一薄层热塑性粉末材料，然后用激光在粉末表面扫描零件的截面形状，激光扫描到的地方粉末烧结形成固体，激光未扫描到的地方仍是粉末，可以作为下一层的支撑并能在成形完成后去掉。上一层制作完毕后，再铺平一层粉末，继续扫描下一层，不断重复这个铺粉和选区烧结的过程直到最后一层，一个三维实体就烧结出来了。SLS 使用的设备是激光器，使用的原料有蜡、聚碳酸酯、尼龙、纤细尼龙、合成尼龙和金属、陶瓷材料等。

(4) 分层实体制造　分层实体制造(laminated object manufacturing，LOM)是通过逐层激光剪切箔材制造零件的一种技术。如图 11-5 所示，用激光按该层零件的轮廓剪切，零件轮廓以外的部分用激光剪切成网格状碎片以便零件制作完毕之后移去。每一层箔材之间涂有热溶胶，通过加热和加压粘到前一层上，层层的箔材逐层粘成一个固体块。当所有的层被黏结并进行剪切之后，整个零件就埋置在一大块支撑材料中，去掉支撑碎片，就获得所需的三维实体。这里所说的箔材可以是涂覆纸(涂有黏结剂覆层的纸)、涂覆陶瓷箔、金属箔或其他材质的箔材。LOM 的关键技术是控制激光的光强和切割速度，使之达到最佳配合以保证良好的切口质量和切割深度。

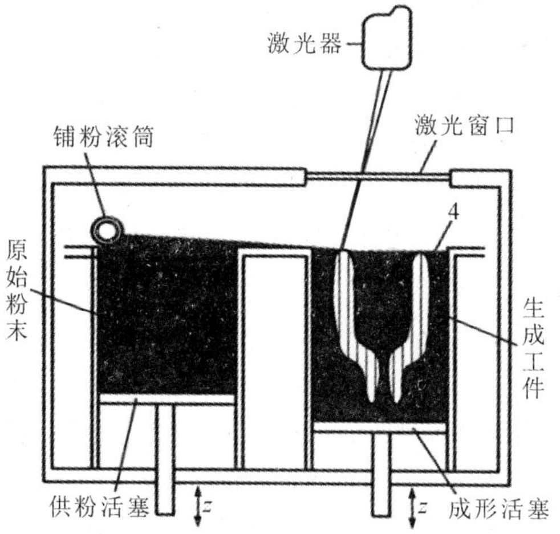

图 11-4　选择性激光烧结法

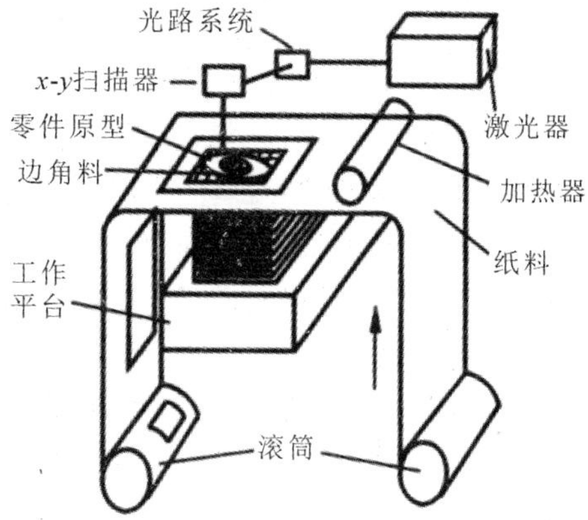

图 11-5　分层实体制造法

4. RPM 技术的应用

RPM 技术在国民经济极为广泛的领域得到了应用，目前已应用于制造业、与美学有关的工程、医学、康复、考古等领域，RPM 技术还可应用到首饰、灯饰和三维地图的设计制作等方面，并且还在向新的领域发展。

RPM 技术在新产品快速开发方面的应用主要有新产品研制、市场调研和产品使用。在新产品研制方面，主要通过快速成形制造系统制作原型来验证概念设计、确认设计、性能测试、制造模具的母模和靠模。在市场调研方面，可以把制造的原型展示给最终用户和各个部门，广泛征求意见，尽量在新产品投产之前完善设计，生产出适销对路的产品。在产品使用方面，可以直接利用制造的原型、零件或部件的最终产品。

RPM 技术在快速模具制造的应用可以大大简化模具的制造过程。应用快速成形方法制作模具的方法，即快速模具技术，已成为快速成形技术的主要应用领域之一。

5. RPM 技术的发展趋势

RPM 技术从研究、设计、工艺、设备直至应用都有了迅猛的发展，尤其是近几年来，研究范围不断扩大，应用领域不断增多。

(1) 面向制造的 RPM　RPM 工艺发展至今已出现了数十种不同的工艺方法和成形原理，仅基于 LOM 制造工艺的方法就达 30 多种。因此，研究新的成形工艺应与完善现有的技术同时并重。RPM 作为一种新型的制造技术，其实用性是未来发展的一个重要方向。要解决的主要问题是提高制造精度、降低制造成本、缩短制造周期、提高零件的复杂程度，甚至可以直接制作最终的零件。

(2) 研制更适合于 RPM 的新型材料　金属、陶瓷和复合材料的应用代表了新材料在 RPM 领域的研究进展，因为这些材料更适合于制造各种功能的零件，更符合工程的实际需要。如美国 DTM 公司开发了涂覆树脂的钢球材料用于生产注塑模。德国 EOS 公司和日本 CMIT 公司在环氧光敏树脂中添加陶瓷粉，可快速直接制模。

(3) RPM 的智能化　在 RPM 制造技术中，其工艺参数的选择仍需靠操作人员经验的积累。因此，研究加工参数的智能设定可降低操作人员对经验的依赖，稳定加工质量。适当引入人工智能(AI)和专家系统，自动选择出最佳的工艺参数是 RPM 发展的必然趋势。

大多数 RPM 工艺(如 SLA, FDM 等)需在成形过程中添加不同的支撑,以控制被加工件的收缩和变形。支撑的合理设计与施加,会直接影响到成形过程的好坏以及成形的制作质量。目前主要是借助于商品化软件,通过人机交互界面,依赖于操作人员的经验来施加支撑,可以预期,智能化施加支撑的方法与精确量化的手段将会引入 RPM 技术中。

(4) 桌面化的 RPM 制造系统　随着计算机技术、信息技术、多媒体技术、机电一体化技术的不断发展,将会出现基于 RPM 技术的桌面制造系统,其将与打印机、绘图机一样作为计算机的外围设备来使用,真正成为三维立体打印机或三维传真机,逐步使 RPM 设备变成经济型、大众化、易使用、绿色环保、通用化的计算机外围设备。

(5) 网络化的 RPM　随着信息高速公路的发展和普及,可实现资源和设备的充分共享。通过网络,可使不具备产品开发能力或快速成形设备的企业利用网络的优势,充分使用网络上的共享资源和设备,由具备快速成形制造能力的公司进行产品开发和成形制作,从而实现远程制造(remote manufacturing),并可根据用户的需求,智能选择系统可综合考虑各项需求指标,选择出最适合客户要求的成本低、周期短、材料适宜的 RPM 系统。

(6) 开发功能强大的 RPM 软件　随着 RPM 的不断发展,其软件所面临的问题也日益突出,尤其是 STL 文件自身的缺陷和不足,因此开发一种功能强大、具备 RPM 数据处理(分层处理)方法的商品化应用软件势在必行。改变目前平面等厚的分层方式,可拓宽为曲面分层、非均匀分层;直接从曲面模型中进行分层;采用更精确、快速的数学算法,以提高成形精度。

(7) 生长成形　随着生物工程、活性工程、基因工程、信息科学的发展,将会出现一种全新的信息制造过程,与制造物理过程相结合的、精美绝伦的生长成形(growth forming)方式,制造即生长,生长也就是制造,合为一体,密不可分,是 RPM 的里程碑。

11.2.4 微细加工技术

1. 微型机械及微细加工技术的概念

微型机械(micromachine,日本惯用词)或称微型机电系统(micro electro-mechanical systems,即 MEMS,美国惯用词)或微型系统(microsystems,欧洲惯用词),是指可以批量制作的、集微型机构、微型传感器、微型执行器以及信号处理器和控制电路,甚至外围接口、通信电路和电源等于一体的微型机械系统。微型机械的目的不仅仅在于缩小尺寸和体积,其目标更在于通过微型化、集成化来探索新原理、新功能的元件和系统,开辟一个新技术领域,形成批量化产业。其特征尺寸范围为 1～10 mm,其中尺寸在 1～10 mm 之间的机械为微小型机械;尺寸在 1 μm～1 mm 之间的机械为微型机械;而尺寸在 1 nm～1 μm 之间的机械为纳米机械,或称超微型机械。

微型机械加工技术是指制作微机械或微型装置的加工技术,涉及电子、电气、机械、材料、制造、信息与自动控制、物理、化学、光学、医学以及生物技术等多种工程技术和学科,并集成了当今科学技术的许多尖端成果。它是一个新兴的、多学科交叉的高科技领域,研究和控制物质结构的功能尺寸或分辨能力,达到微米至纳米尺度,加工尺度从亚毫米到微米量级,而加工单位则从微米到原子或分子线度量级。

微细加工技术的出现和发展最早是和大规模集成电路密切相关的。集成电路要求在微小面积的半导体材料中能够容纳更多的电子元件,以形成功能复杂而完善的电路,它的历史可以追溯到 20 世纪 60 年代初期。60 年代开发了微型机械电子学的重要技术——晶体各向异性腐蚀和阳极键合技术。70 年代进行了具体的器件研究。80 年代已经取得了初步成果，研制出了微电机、微型传感器等许多微机电系统。目前微细加工技术主要有基于从半导体集成电路微细加工工艺中发展起来的硅平面加工工艺和体加工工艺，80 年代中期以后，在 LIGA 加工、准 LIGA 加工、超微细机械加工、微细电火花加工(EDM)、等离子体加工、激光加工、离子束加工、电子束加工、快速原型制造技术(RPM)以及键合技术等微细加工工艺方面取得了相当大的进展。

微型机械由于其本身形状尺寸微小或操作尺度极小的特点，具有能够在狭小空间内进行作业，而又不干扰工作环境和对象的优势，目前在航空航天、精密仪器、生物医疗等领域有着广阔的应用潜力，并成为纳米技术研究的重要手段，被列为 21 世纪的关键技术之首及 21 世纪重点发展的学科之一。

微型机械涉及许多关键技术，主要包括微型机械设计技术、微细加工技术、微型机械组装和封装技术、微系统的表征和测量技术及微系统集成技术。

2. 微细加工技术的加工工艺

微细加工工艺主要有半导体加工技术、LIGA 技术、集成电路(IC)技术、特种精密加工、微细切削磨削加工、快速原型制造技术和键合技术等。

1) 半导体加工技术

半导体加工技术即半导体的表面和立体的微细加工，指在以硅为主要材料的基片上，进行沉积、光刻与腐蚀的工艺过程。半导体加工技术使微机电系统(MEMS)的制作具有低成本、大批量生产的潜力。

2) 表面微机械加工技术

表面微机械加工技术是在硅表面根据需要生长多层薄膜，如二氧化硅 (SiO_2)、多晶硅、氮化硅、磷硅玻璃膜层(PSG)等。采用选择性腐蚀技术，在硅片表面层上去除部分不需要的膜层，就形成了所需要的形状，甚至是可动部件，去除的部分膜层一般称为“牺牲层”，其核心技术是“牺牲层”技术。该技术的最大优势在于把机械结构与电子电路集成在一起，从而使微产品具有更好的性能和更高的稳定性。

3) LIGA 技术和准 LIGA 技术

LIGA(lithograph galvanoformung abformung，光刻电铸)技术是一种由半导体光刻工艺派生出来的采用光刻方法一次生成三维空间微机械构件的方法，经过近十年的发展已趋成熟。其机理是由深层 X 射线光刻、电铸成形及注塑成形三个工艺组成。在用 LIGA 技术进行光刻的过程中，一张预先制作模板上的图形被映射到一层光刻掩膜上，掩膜中被光照部分的性质发生变化，在随后的冲洗过程中被溶解，剩余的掩膜即是待生成的微结构的负体，在接下来的电镀成形过程中，从电解液析出的金属填充到光刻出的空间而形成金属微结构。为了能在数百微米厚的掩膜上进行分辨率为亚微米的光刻，LIGA 技术采用了特殊的光源——同步电子加速器产生的 X 光辐射，这种 X 光辐射能量高，强度大，波长短且高度平行，是进行分辨率深度光刻的一种理想光源。

4) IC 技术

IC 技术是一种发展十分迅速且较成熟的制作大规模电路的加工技术，在微型机械加工中使用较为普遍，是一种平面加工技术，但是该技术的刻蚀深度只有数百纳米，且只限于制作硅材料的零部件。

5）超微机械加工和电火花线切割加工技术

用小型精密金属切削机床及电火花线切割等加工方法，制作毫米级尺寸的微型机械零件，是一种三维实体加工技术，加工材料广泛，但多是单件加工、单元装配，加工费用较高。

精密微细切削加工可用于金属、塑料及工程陶瓷等材料的具有回转表面的微型零件加工，如圆柱体、螺纹表面、沟槽、圆孔及平面等，切削方式有车削、铣削和钻削。精密微细磨削可用于硬脆材料的圆柱体表面、沟槽、切断的加工，在精密微细磨削机床上加工的工件长度可达 1 mm、直径可至 50 μm。微细电火花加工是利用微型 EDM 电极对工件进行电火花加工，可对金属、聚晶金刚石和单晶硅等导体、半导体材料做垂直工件表面的孔、槽、异形成形表面的加工。微细电火花线切割加工（WEDG）也可以加工微细外圆表面，由于作用力小，适合于加工长径比较大的工件。

微型机械加工技术中除微细加工技术外，还包括了许多相关技术，如微系统设计技术、微系统表征和测试技术等。

11.2.5 复合加工技术

1. 复合加工技术的概念

复合加工是借助于机械、化学、光、电、磁、超声波等能量形式中的一种能量形式为主，辅助其他一种或多种能量进行的综合加工。它能成倍地提高加工效率和进一步改善加工质量，是特种加工发展的重要方向。

复合加工的工艺方法很多，并且还在不断涌现新的方法。根据加工材料的特性和精度及效率的要求就可以组合出众多各具特点的新复合加工方法。目前，复合加工尚没有形成统一的分类方法。一般认为复合加工主要包括机械复合加工、电化学复合加工、电火花复合加工和超声波复合加工等。

机械复合加工是以常规机械加工（切削和磨料加工）为主的综合加工方法，有机械－超声波、机械－激光、机械－磁力、机械－化学、机械－超声波－电火花、机械－电化学－电火花等多种组合方式。目前常用的工艺方法有机械化学研磨和抛光、激光辅助车削和磨削、电解在线修整磨削、电火花修整磨削、磁力研磨、超声波切削、超声波磨料加工（磨削、研磨和抛光）及超声波电火花磨削等。

电化学复合加工是以电化学加工为主的综合加工方法，有电化学－机械、电化学－电火花、电化学－电弧、电化学－超声波、电化学－磁力、电化学－机械－超声波等多种组合方式。目前常用的工艺方法有电解切削（铣、钻等）、电解磨削、电解珩磨、电解研磨和抛光及电解电火花加工、电解电弧加工及电解超声波加工等。

电火花复合加工是以电火花的蚀除作用为主的综合加工方法，有电火花－机械、电火花－超声波等多种组合方式。目前常用的工艺方法有电火花铣削、电火花磨削、电火花切割和电火花超声波加工等。

超声波复合加工是以超声波加工为主的综合加工方法，有超声波－机械、超声波－磁力等多种组合方式。目前常用的工艺方法有超声波研磨、超声波旋转加工、超声波电解加工等。

2. 复合加工技术的加工工艺

1) 机械化学抛光

机械化学抛光(chemical-mechanical polishing,CMP)是利用机械加工与化学加工相结合的一种复合加工方法。它是利用比工件材料软的磨料来进行抛光的。由于运动的磨料本身的活性以及磨料与工件间在微观接触度的摩擦产生的高压、高温,使工件表面能在很短的接触时间内出现固相反应,随后该反应的生成物被运动的机械摩擦作用去除,其去除量可小至 0.1 nm。图 11-6 所示为用机械化学抛光加工硅晶片,加工的表面粗糙度可达到 Ra 1.3～1.9 nm。

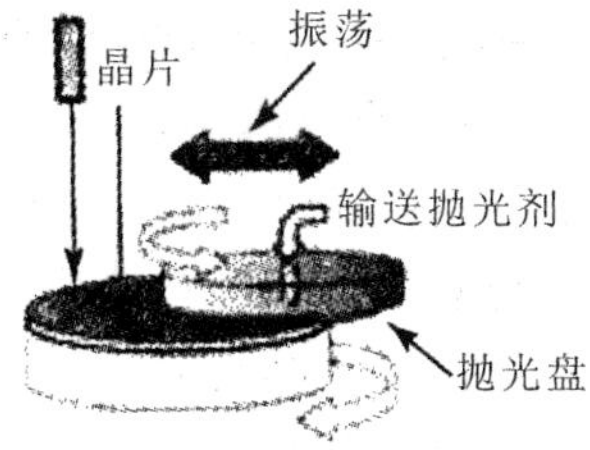

图 11-6　机械化学抛光

2) 电解磨削

电解磨削是利用电解作用与机械磨削相结合的一种复合加工方法。图 11-7 所示为电解磨削加工硬质合金车刀。加工时,导电砂轮接阴极,车刀接阳极,且两者之间保持一定的接触压力,往加工区域送入电解液,在电解和机械磨削的双重作用下,车刀很快达到加工要求。在电解磨削中,电解作用是主要的,金属主要靠电化学作用腐蚀下来,砂轮起着磨去电解产物阳极钝化膜和平整工件表面的作用。

电解磨削在加工时几乎不产生磨削力和磨削热,工件不会出现裂纹、烧伤和变形等缺陷,可以高效、高质地磨削各类硬质合金刀具、量具、挤压拉丝模具、轧辊和各种强度高、韧性与脆性大、热敏感材料所制成的工件以及普通磨削很难加工的小孔、深孔、薄壁筒和细长杆零件等。

3) 超声波电解加工

超声波电解加工是利用超声波作用与电解作用相结合的一种复合加工方法。它可以降低工具的损耗、提高加工速度。图 11-8 所示为超声波电解加工小孔示意图。加工时,工件表面在电解液的作用下,由于阳极溶解而生成的阳极钝化膜,较容易被超声振动的工具和磨料刮除。

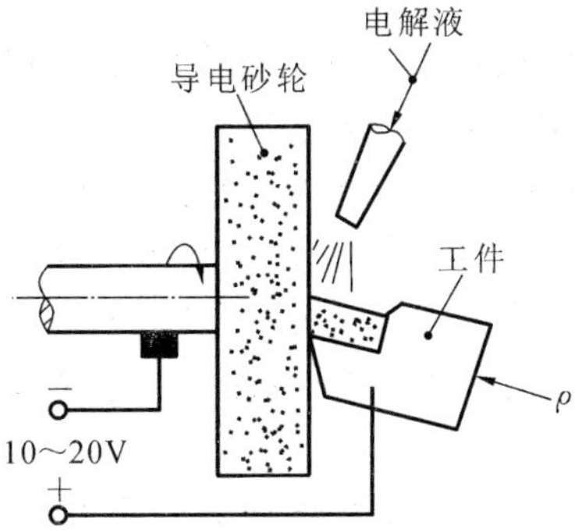

图 11-7　电解磨削

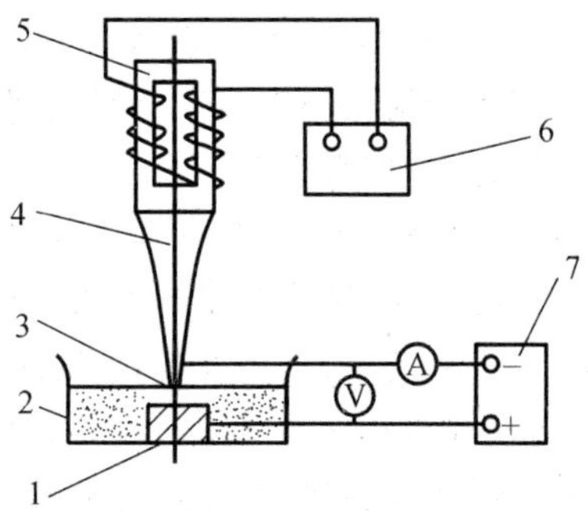

图 11-8　超声波电解加工小孔

1—工件;2—含磨料电解液;3—工具;4—变幅杆;5—换能器;6—超声波发生器;7—电源

4) 磨料水射流加工

磨料水射流(abrasive-water jet,AWJ)加工是在水射流加工(water jet machining,WJM)的基础上引入磨料射流加工(abrasive jet machining,AJM),集两种加工技术优点于

一身的复合加工技术。图 11-9 所示为超高压水射流切割，将过滤后的工业用水加压至 100 MPa～400 MPa，经过直径 ϕ0.08 mm～ϕ0.5 mm 的节流小孔后，使水压热能转变为射流动能，形成流速高达 900 mm/s 的超声速细径水柱，可切割塑料、石棉、碳纤维等软质材料。在超高压水射流中混入磨料（粒度在 0.1 mm～0.8 mm 的刚玉、石英砂、石榴石、碳化硅等），磨料颗粒便被加速，形成磨料高压水射流，可以切割石材、金属、玻璃、陶瓷和复合材料等硬质材料。

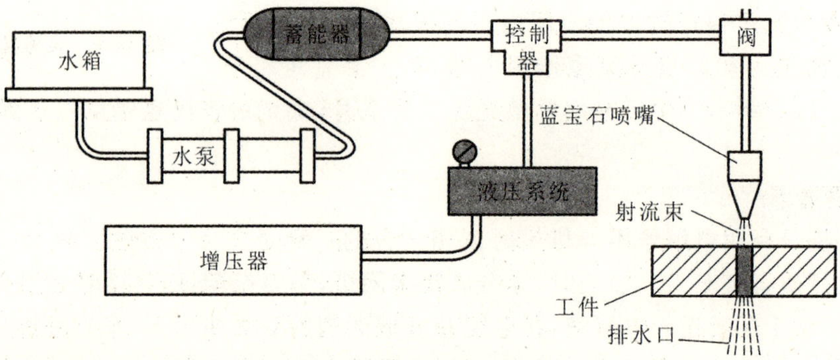

图 11-9 超高压水射流切割

3. 磁场辅助加工

磁场辅助加工是利用磁场作用下所形成的磁流体使悬浮其中的非磁性磨粒能在磁流体的流动力和浮力的作用下压向旋转的工件进行研磨和抛光，从而获得 $Ra \leqslant 0.01\ \mu m$ 的无变质层的加工表面，并能研抛复杂表面形状的工件。由于磁场的磁力线及由其形成的磁流体本身不直接参与材料的去除，故称之为磁场辅助加工，它主要用于解决精密加工的高效问题。目前常用的工艺方法有磁性浮动抛光（MFP）和磁性磨料精整加工（MAF）。

11.2.6 现代表面技术

1. 表面技术的概念

表面技术是一项通过改变固体金属表面或非金属表面的形态、化学成分和组织机构，以获得所需表面性能的系统工程。它是通过附着（电镀、涂层、氧化膜）、注入（多元共渗、渗氮、离子溅射）、热处理（激光表面处理）等手段，赋予材料表面耐磨、耐蚀、耐疲劳、耐热、耐辐射以及光、磁、电等特殊功能及特定功能来制造构件、零部件和元器件的。这是近几年来迅速发展的一项新技术，对制造技术的发展有着重要的意义。

表面技术的类别很多，主要分为表面处理技术和表面加工技术。表面处理技术又分为表面覆盖技术、表面改性技术和复合表面处理技术三种。

表面覆盖技术主要包括电镀、电刷镀、涂装、黏结、堆焊、熔结、热喷涂、塑料粉末涂敷、热浸涂、搪瓷涂敷、陶瓷涂敷、真空蒸镀、溅射镀、离子镀、化学气相沉积、分子束外延制膜、离子束合成薄膜技术等以及其他形式的覆盖层，如各种金属经氧化和磷化处理后的膜层、包箔、贴片的整体覆盖层、缓蚀剂的暂时覆盖层等。

表面改性技术主要包括喷丸强化、表面热处理、化学热处理、等离子扩渗处理、激光表面处理、电子束表面处理、高密度太阳能表面处理、离子注入表面改性等。

表面加工技术对金属材料而言主要包括电铸、包覆、抛光和蚀刻等方式。

2. 表面技术的加工工艺

1）热喷涂

热喷涂是将喷涂材料（粉末、熔丝）加热到熔融或半熔融状，通过高速气流使其雾化成微粒状，并喷射、沉积到经过预处理的工件表面，形成附着牢固的表面层的一种表面覆盖技术。热喷涂中常用的热源为气体或液体燃料、氧-乙炔焰、电弧、等离子弧、电子束、激光束等，喷涂材料为金属、合金、塑料、金属陶瓷、氧化物、碳化物及其复合材料等。若将喷涂层再加热重熔，则产生冶金结合。

图 11-10 所示为热喷涂涂层的形成过程。首先将喷涂材料加热到熔融或半熔融状，接着熔滴被雾化，并被气流或热源射流推动向前喷射，以一定的动能冲击基体表面，产生强烈碰撞而展出扁平状涂层且瞬间凝固（见图 11-10(a)）。在凝固冷却 0.1 秒的时间内，此扁平状涂层继续承受着环境和热气流的影响（见图 11-10(b)），每隔 0.1 秒又产生一层薄片，逐渐形成了层状结构的涂层（见图 11-10(c)）。喷涂涂层的结合是：涂层之间的结合以机械结合（碰撞成扁平状并随基体表面起伏的颗粒与凹凸不平的表面相互嵌合）为主，涂层与基体表面的结合以冶金-化学结合（涂层与基体表面出现扩散和合金化）为主。喷涂方法有氧-乙炔焰喷涂与喷熔、电弧线材喷涂、等离子喷涂和爆炸喷涂等。

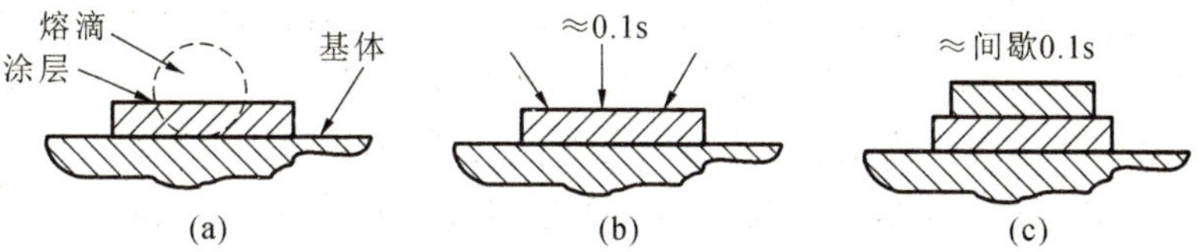

图 11-10　热喷涂涂层形成过程

采用热喷涂不仅能使零件表面获得各种不同的性能，如耐磨、耐腐蚀、耐热、抗氧化和润滑等，而且能在许多材料（金属、合金、陶瓷、塑料、水泥、石膏和木材等）表面上进行喷涂，如航天火箭喷嘴用等离子喷涂法在其出口管壁上喷涂一层 2 mm 厚的金属钨涂层。热喷涂的适用范围广、工艺灵活、喷涂层的厚度可调范围大（喷涂层厚度可达 0.5 mm～5 mm）、工件受热程度可控、生产效率高，并对基体材料的组织和性能的影响很小。目前，热喷涂技术已广泛应用于宇航、国防、机械、冶金、石油、化工、机车车辆和电力等行业。

2）激光表面处理

激光表面处理是高能密度表面处理技术中的一种主要手段，在表面处理领域占据了一定的地位。

激光表面处理的目的是改变工件表面层的成分和显微结构，激光表面处理工艺包括激光相变硬化、激光熔覆、激光合金化、激光非晶化和激光冲击硬化等，如图 11-11 所示。激光表面处理的许多效果是与快速加热和随后的急速冷却分不开的。加热和冷却速率可达 10^6 ℃/s～10^8 ℃/s。目前，激光表面处理技术已用于许多领域，并显示出越来越广泛的工业应用前景。

激光合金化是在工件基体的表面采用沉积法预先涂一层合金元素，然后用激光束照射在涂层的表面。当激光转化为热量后，合金元素和基体薄层被熔化，使基体与合金元素混合而形成合金。它与整体合金化相比，能节约大量贵重金属。如铬、钴和镍可熔进价格低廉的钢表面。

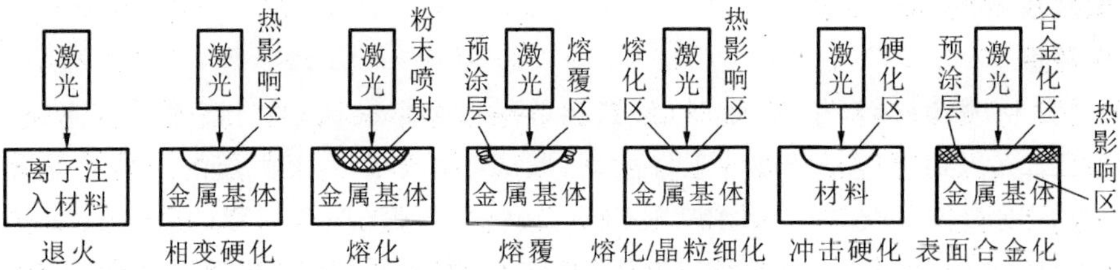

图 11-11 激光表面处理技术

3) 气相沉积

气相沉积(真空涂膜技术)是通过气相(气态)中发生的物理、化学过程,在零件表面上形成一层功能性或装饰性涂层的新技术。涂层厚度通常为 2～10 μm。按反应过程的性质的不同,气相沉积分为物理气相沉积(PVD)和化学气相沉积(CVD)两类。其中物理气相沉积应用更为广泛,目前有真空蒸发涂膜、离子涂膜和溅射涂膜三种。如在刀具上涂覆 2～5 μm 的 TiN,可提高其使用寿命 3～10 倍。

4) 化学转化膜

化学转化膜是指采用化学处理液使金属表面与溶液界面上产生化学或电化学反应,生成稳定的化合物薄膜的表面处理过程。该技术主要用于金属表面的防护,以增强金属表面的耐磨性或降低金属表面的摩擦力,适用于金属表面的装饰层和绝缘层以及涂装底层。化学转化膜在生产中的应用主要有磷化膜、氧化膜、钝化膜和着色膜等。

研究和发展现代表面技术对提高产品的使用寿命和可靠性,对改善产品的性能、质量,增强产品的竞争力,对推动高科技和新技术的发展,对节约材料和能源等都具有重要的意义。

11.3 制造自动化技术

11.3.1 制造自动化技术概述

1. 制造自动化技术的内涵

制造自动化技术是当代先进制造业技术的重要组成部分,是当前制造工程领域中涉及面广、研究活跃的技术,已经成为制造业获取市场竞争力的重要手段之一。

制造自动化是在“大制造概念(广义)”制造过程中的所有环节采用自动化技术,实现制造全过程的自动化。制造自动化的任务就是研究对制造过程的规划、管理、组织、控制与协调优化等过程的自动化,以使产品制造过程实现高效、优质、低耗、及时和洁净的目标。

制造自动化的广义内涵至少包括以下几个方面:

(1) 形式　制造自动化有三个方面的含义,即代替人的体力劳动,代替或辅助人的脑力劳动,制造系统中人、机器及整个系统的协调、管理、控制和优化。

(2) 功能　制造自动化的功能目标是多方面的,该体系可用 TQCSE 功能目标模型描述。在 TQCSE 模型中,T、Q、C、S、E 是相互关联的,它们构成了一个制造自动化功能目标的有机体系。

T 表示时间(time),是指采用自动化技术,缩短产品制造周期,产品上市快,提高生产率;Q 表示质量(quality),是指采用自动化技术,提高和保证产品质量;C 表示成本(cost),是指采用自动化技术有效地降低成本,提高经济效益;S 表示服务(service),是指利用自动化技术,更好地做好市场服务工作,也能通过替代或减轻制造人员的体力和脑力劳动,直接为制造人员服务;E 表示环境友善性(environment),含义是制造自动化应有利于充分利用资源,减少废弃物和环境污染,有利于实现绿色制造及可持续发展制造战略。

(3) 范围　制造自动化包括产品设计自动化、企业管理自动化、加工过程自动化和质量控制过程自动化。产品设计自动化包括计算机辅助设计(CAD)、计算机辅助工艺设计(CAPP)、计算机辅助产品工程(CAE)、计算机产品数据管理(PDM)和计算机辅助制造(CAM);企业管理自动化包括企业 ERP(enterprise resource planning);加工过程自动化包括各种计算机控制技术,如现场总线、计算机数控(CNC)、群控(DNC)、各种自动生产线、自动存储和运输设备、自动检测和监控设备等。质量控制自动化包括各种自动检测方法、手段和设备,计算机的质量统计分析方法、远程维修与服务等。

制造自动化代表着先进制造技术的水平,促使制造业逐渐由劳动密集型产业向技术密集型和知识密集型产业转变,是制造业发展的重要表现和重要标志。采用制造自动化技术可以有效改善劳动条件,提高劳动者的素质,显著提高劳动生产率,大幅度提高产品质量,促进产品更新,带动相关技术的发展,有效缩短生产周期,显著降低生产成本,提高经济效益,大大提高企业的市场竞争力。

2. 制造自动化技术的发展趋势

制造自动化的概念是一个动态发展过程。制造自动化的研究主要表现在制造系统中的集成技术和系统技术、人机一体化制造系统、制造单元技术、制造过程的计划和调度、柔性制造技术和适应现代生产模式的制造环境等。制造自动化技术的发展趋势主要是制造敏捷化、制造网络化、制造智能化、制造全球化、制造虚拟化和制造绿色化。

1) 制造敏捷化

敏捷制造是一种面向 21 世纪的制造战略和现代制造模式。敏捷化是制造环境和制造过程面向 21 世纪制造活动的必然趋势。制造环境和制造过程的敏捷化包括以下几个方面:① 柔性,包括机器柔性、工艺柔性、运行柔性、扩展柔性和劳动力的柔性及知识供应链等;② 重构能力,能实现快速重组重构,增强对新产品开发的快速响应能力;产品过程的快速实现、创新管理和应变管理;③ 快速化的集成制造工艺,如快速原型制造 RPM 是一种 CAD/CAM 的集成工艺。

2) 制造网络化

制造的网络化,特别是基于 Internet/Intranet 的制造已成为重要的发展趋势,正在给企业制造活动带来新的变革。基于网络的制造包括以下几个方面:① 制造环境内部的网络化,实现制造过程的集成;② 制造环境与整个制造企业的网络化,实现制造环境与企业中工程设计、管理信息系统等各子系统的集成;③ 企业与企业间的网络化,实现企业间的资源共享、组合与优化利用;④ 通过网络实现异地制造。

3) 制造智能化

智能化是制造系统在柔性化和集成化基础上进一步的发展和延伸,是未来制造自动化发展的重要方向。智能制造系统是一种由智能机器和人类专家共同组成的人机一体化智能系统,它在制造过程中能进行智能活动,诸如分析、推理、判断、构思和决策等。智能制造技术的宗旨在于通过人与智能机器的合作共事,去扩大、延伸和部分地取代人类专家在制造过程中的脑力劳动，以实现制造过程的优化。

4）制造全球化

智能制造系统计划和敏捷制造战略的发展和实施，促进制造业的全球化。制造全球化包括以下几个方面：① 市场的国际化，产品销售的全球网络正在形成；② 产品设计和开发的国际合作；③ 产品制造的跨国化；④ 制造企业在世界范围内的重组与集成，如动态联盟公司；⑤ 制造资源的跨地区及跨国家的协调、共享和优化利用；⑥ 全球制造的体系结构将要形成。

5）制造虚拟化

基于数字化的虚拟化技术主要包括虚拟现实（VR）、虚拟产品开发（VPD）、虚拟制造（VM）和虚拟企业（VE）。制造虚拟化主要指虚拟制造，又称拟实制造，是以制造技术和计算机技术支持的系统建模技术和仿真技术为基础，集现代制造工艺、计算机图形学、并行工程、人工智能、人工现实技术和多媒体技术等多种高新技术为一体，由多学科知识形成的一种综合系统技术。它将现实制造环境及其制造过程通过建立系统模型映射到计算机及其相关技术所支撑的虚拟环境中，在虚拟环境下模拟现实制造环境及其制造过程的一切活动和产品制造全过程，并对产品制造及制造系统的行为进行预测和评价。虚拟制造是实现敏捷制造的重要关键技术，对未来制造业的发展至关重要。

6）制造绿色化

绿色制造（green manufacturing）是一个综合考虑环境影响和资源效率的现代制造模式，其目标是使产品从设计、制造、包装、运输、使用到报废处理的整个产品生命周期中，对环境的负面影响最小，资源使用效率最高。绿色制造已成为全球可持续发展战略对制造业的具体要求和体现。绿色制造涉及产品的整个生命周期和多生命周期。对制造环境和制造过程而言，绿色制造主要涉及资源的优化利用、清洁生产和废弃物的最少化及综合利用。绿色制造是目前和将来制造自动化系统应该予以充分考虑的一个重大问题。

"知识化""创新化"已成为制造自动化技术的重要发展趋势。随着知识对经济发展重要性的加大，未来的制造业将是智力型的工业，产品的知识含量成为竞争的基础力量和决定胜负的关键。这要求制造业必然提高技术和知识含量，实施知识管理，注重知识共享，迎接"以知识为基础的产品"新时代创新作为知识经济的核心，将成为企业生存与发展的根本。制造业必须不断提高技术创新和知识创新的能力，增强企业的市场竞争力。

11.3.2 柔性制造系统

1. 柔性制造系统的概念

柔性制造技术（flexible manufacturing technology，FMT）是一种主要用于多品种中小批量或变批量生产的制造自动化技术，它是对各种不同形状加工对象进行有效地且适合转化为成品的各种技术的总称。FMT 是将计算机技术、电子技术、智能化技术与传统加工技术融合在一起，具有先进性、柔性化、自动化、效率高的制造技术，是从机械转换、刀具更换、夹具可调、模具转位等硬件柔性化的基础上发展，已成为自动变换、人机对话转换、智能化任意变化对不同加工对象实现程序化柔性制造加工的一种崭新技术，是自动化制造系统的基本单元技术。

柔性制造系统（flexible manufacturing system，FMS）是由数控加工设备、物料运储装置和计算机控制系统等组成的自动化制造系统。它包括多个柔性制造单元，能根据制造任务或生产环境的变化迅速进行调整，以适宜于多品种、中小批量的生产。用于切削加工的 FMS 主要由四部分组成：若干台数控机床、物料搬运系统、计算机控制系统和系统软件。

FMS 的柔性可以从几个方面评价，如图11-12所示。

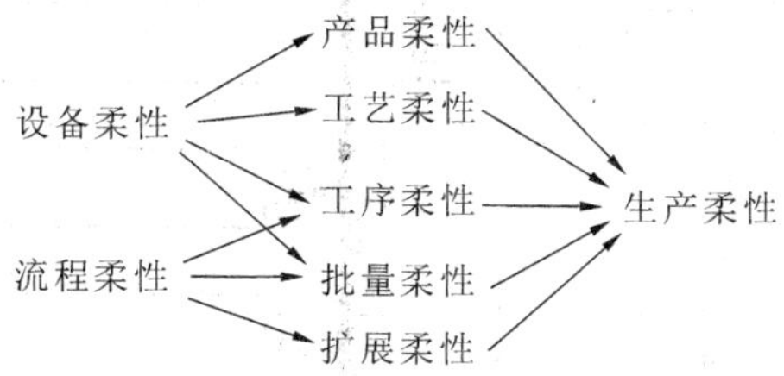

图 11-12　FMS 的各种柔性评价

(1) 设备柔性。指系统中的加工设备具有适应加工对象变化的能力。

(2) 产品柔性。指系统能够经济而迅速地转换到生产一族新产品的能力。产品柔性也称反应柔性。

(3) 工艺柔性。指系统能以多种方法加工某一族工件的能力。工艺柔性也称加工柔性或混流柔性。

(4) 工序柔性。指系统改变每种工件加工先后顺序的能力。

(5) 流程柔性。指系统处理其局部故障，并维持继续生产原定工件族的能力。

(6) 批量柔性。指系统在成本核算上能适应不同批量的能力。

(7) 扩展柔性。指系统能根据生产需要方便地进行模块化组建和扩展的能力。

(8) 生产柔性。

2. 柔性制造系统的组成

FMS 是数控机床或设备自动化的延伸，典型的 FMS 一般是由加工系统、物流系统和控制与管理系统组成，各系统的组成框图及功能特征如图 11-13 所示。此外，FMS 还包含冷却系统、排屑系统、刀具监控和管理等附属系统。

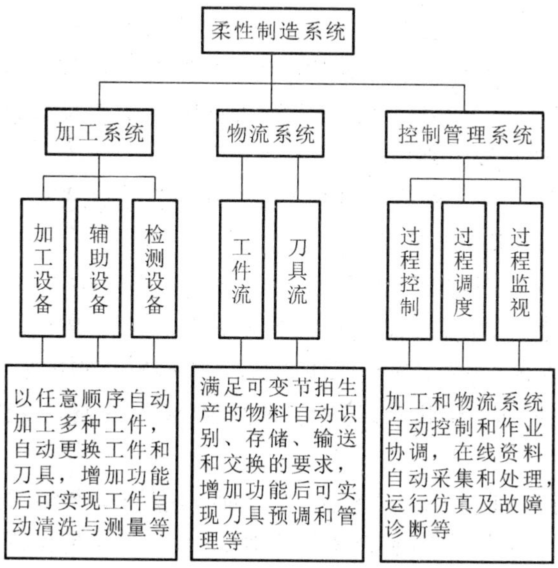

图 11-13　FMS 的组成框图及功能特征

各系统的有机结合，构成了一个制造系统的能量流(通过制造工艺改变工件的形状和尺寸)、物料流(主要指工件流和刀具流)和信息流(制造过程的信息和数据处理)，如图 11-14 所示。

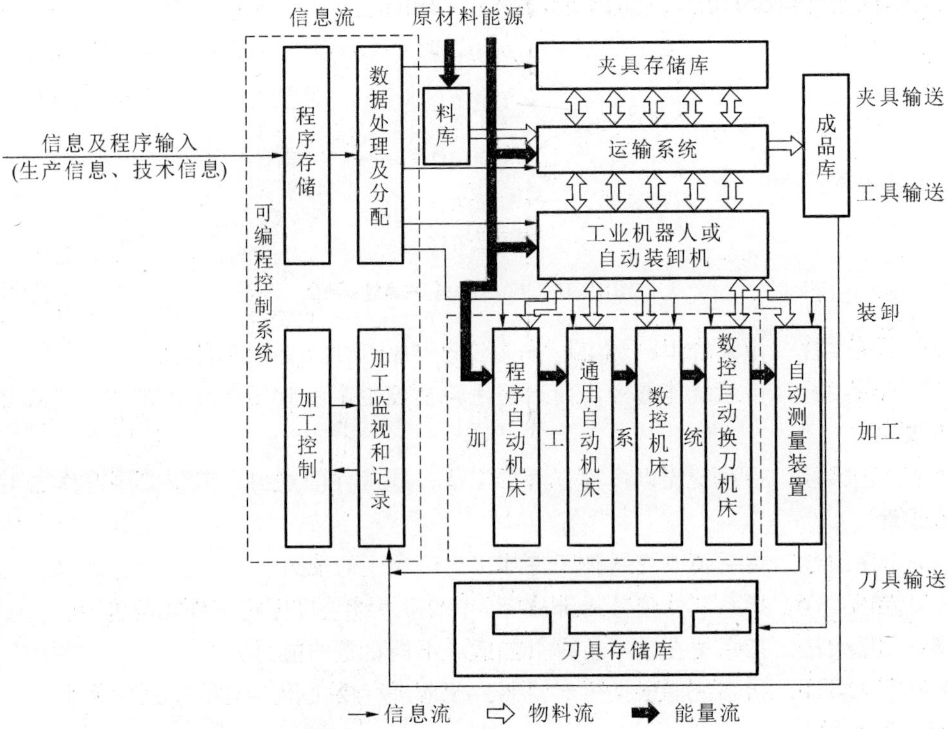

图 11-14 FMS 的信息流、物料流和能量流

柔性制造系统对产品设计、生产目标与计划、工作站、物料搬运和加工路线等的变化能实现实时调整的一种工厂经营方式。

3. 柔性制造系统的控制与管理

FMS 的控制与管理系统是实现 FMS 加工过程，物料流动过程的控制、协调、调度、监测和管理的信息流系统。它由计算机、工业控制机、可编程序控制器、通信网络、数据库和相应的控制与管理软件等组成，是 FMS 的神经中枢和命脉，也是各系统之间的联系纽带。

FMS 的控制与管理系统主要具备以下基本功能。

(1) 数据分配功能　向 FMS 内的各种设备发送数据，如工艺流程、工时标准、数控加工程序、设备控制程序、工件检验程序等。

(2) 控制与协调功能　控制系统内各设备的运行并协调各设备间的各种活动，使物料分配与传送能及时满足加工设备对被加工工件的需求，工件加工质量满足设计要求。

(3) 决策与优化功能　根据当前生产任务和系统内的资源状况，决策生产方案，优化资源分配，使各设备达到最佳使用状态，保证任务按时、保质完成和以最少的投入获得最大的利润。

(4) 操作支持功能　通过系统的人机交互界面，使操作者对系统进行操作、监视、控制和数据输入。在系统发生故障后使系统具有通过人工介入而实现再启动和继续运行的功能。

FMS 是一个复杂的制造系统，通常采用了多级计算机递阶控制结构，各层次分别独立进行处理，完成各自的功能，层与层之间在网络和数据库的支持下，保持信息交换，上层向下层发送命令，下层向上层回送命令的执行结果。以此来分散主计算机的负荷，提高控制系统的可靠性，同时也便于控制系统的设计和维护，减少全局控制的难度和控制软件开发的难度。通常采用两级或三级递阶控制结构形式，如图 11-15 所示。在上述各层中，从上层到下层的数据量逐级减少，而数据传送的时间逐级加快。在实际应用中，FMS 控制结构体系可根据企业在自动化技术更新方面的发展规划和系统目标而增减层次。

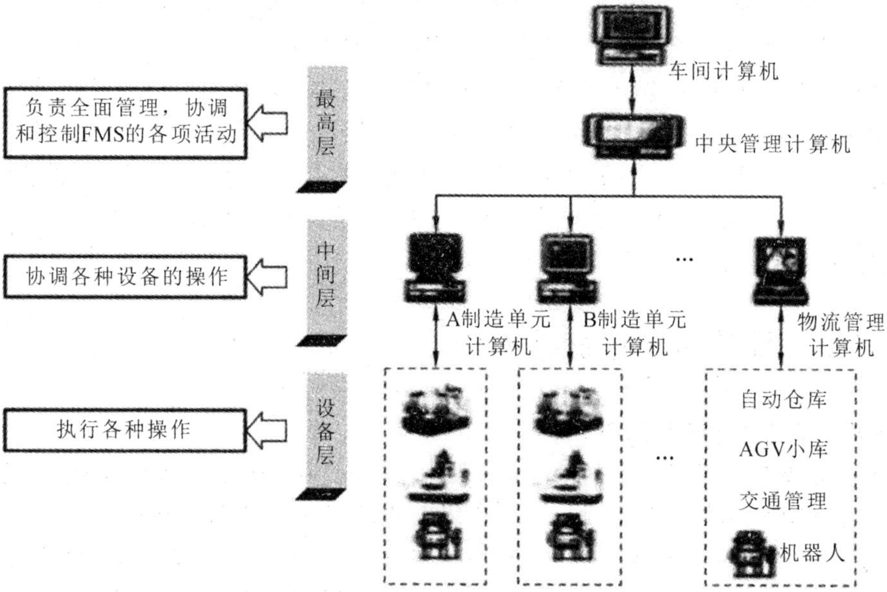

图 11-15　FMS 的递阶控制结构

4. 柔性制造系统的发展

目前，FMS 技术已臻完善，进入了实用阶段，并已形成高科技产业。随着科学技术的进步以及生产组织与管理方式的不断更换，FMS 作为一种生产手段也将不断适应新的需求，不断引入新的技术，不断向更高层次发展。

1）向小型化、单元化方向发展

20 世纪 90 年代开始，为了让更多的中小企业采用柔性制造技术，FMS 由大型复杂系统，向经济、可靠、易管理、灵活性好的小型化、单元化，即柔性制造单元（FMC）方向发展。

2）向模块化、集成化方向发展

为有利于 FMS 的制造厂家组织生产、降低成本，也有利于用户按需、分期、有选择性地购置系统中的设备，并逐步扩展和集成为功能更强大的系统，FMS 的软、硬件都向模块化方向发展。以模块化结构集成 FMS、再以 FMS 作为制造自动化基本模块集成 CIMS 是一种基本趋势。

3）单项技术性能与系统性能不断提高

构成 FMS 的各单项技术性能与系统性能不断提高，如采用各种新技术提高机床的加工精度、加工效率；综合利用先进的检测手段，运储技术、刀具管理技术、数据库和人工智能技术、控制技术以及网络通信技术的迅速发展，提高 FMS 各单元及系统的自我诊断、自我排错、自我修复、自我积累、自我学习能力等，大大提高 FMS 系统的性能。

4) 重视人的因素

重视人的因素，完善适应先进制造系统的组织管理体系，将人与 FMS 以及非 FMS 生产设备集成为企业综合生产系统，实现人-技术-组织的兼容和人机一体化。

5) 应用范围逐步扩大

FMS 初期只是用于非回转体类零件的箱体类零件机械加工，通常用来完成钻、镗、铣及攻螺纹等工序。后来随着 FMS 技术的发展，FMS 不仅能完成其他非回转体类零件的加工，还可完成回转体零件的车削、磨削、齿轮加工，甚至拉削等工序。

从机械制造行业来看，现在 FMS 不仅能完成机械加工，而且还能完成钣金加工、锻造、焊接、装配、铸造和激光、电火花等特种加工，以及喷漆、热处理、注塑和橡胶模制等工作。从整个制造业所生产的产品看，现在 FMS 已不再局限于汽车、车床、飞机、舰船，还可用于计算机、半导体、服装、食品以及医药品和化工等产品的生产。从生产批量来看，FMS 已从中小批量应用向单件和大批量生产方向发展。

11.3.3 计算机集成制造系统

1. 计算机集成制造系统的概念

计算机集成制造系统（computer integrated manufacturing system，CIMS）的概念是 1974 年由美国学者 Joseph Harrington 率先提出的，它含有两个基本观点：

(1) 系统的观点　企业生产的各个环节，即从市场分析、产品设计、加工制造、经营管理到售后服务的全部生产活动是一个不可分割的整体，要紧密连接，统一考虑。

(2) 信息化的观点　整个生产过程实质上是一个数据的采集、传递和加工处理的过程，最终形成的产品可以看作是数据的物质表现。

CIM 是一种组织、管理、企业生产的新哲理，它借助计算机软硬件，综合应用现代管理技术、制造技术、信息技术、自动化技术、系统技术，将企业生产全部过程中有关人、技术、经营管理三要素及其信息流与物质流有机地集成并优化运行，以实现产品高质、低耗、上市快、服务好的目标，从而使企业赢得市场竞争。

当前，CIM 被认为是企业用来组织生产的先进哲理和方法，是企业增强自身竞争能力的主要手段。在集成的环境下，生产企业通过连续不断地改进和完善，消除存在的薄弱环节，将合适的先进技术应用于企业内的所有生产活动，为企业提供竞争的杠杆，从而提高企业的竞争能力。

CIMS 是基于 CIM 哲理而组成的系统，是 CIM 思想的物理体现。CIMS 的核心在于集成，在于企业内的人、生产经营和技术这三者之间的信息集成，以便在信息集成的基础上使企业组成一个统一的整体，保证企业内的工作流程、物质流和信息流畅通无阻。

2. 计算机集成制造系统的组成

CIMS 从系统功能角度看，是由经营管理信息系统、工程设计自动化系统、制造自动化系统和质量保证系统这 4 个功能分系统以及计算机网络系统和数据库系统这两个支持分系统组成的，如图 11-16 所示。

1）生产经营管理信息系统

生产经营管理信息系统是企业在管理领域中应用计算机的统称。它以 MRP-Ⅱ或 ERP 为核心，从制造资源出发，考虑整个企业的经营决策、中短期生产计划、车间作业计划以及生产活动控制等，其功能覆盖了市场营销、物料供应、各级生产计划与控制、财务管理、成本、库存和技术管理等活动。生产经营管理信息系统是 CIMS 的神经中枢，指挥与控制着各个部分有条不紊地工作。

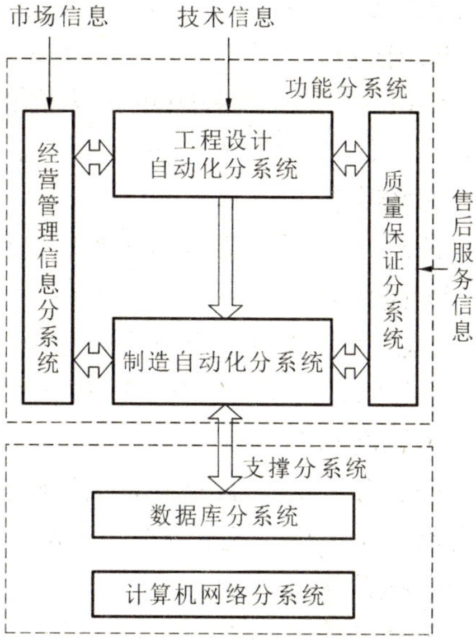

图 11-16　CIMS 的组成

2）工程设计自动化系统

工程设计自动化系统是在产品开发过程中利用计算机技术，进行产品的概念设计、工程与结构分析、详细设计、工艺设计与数控编程。具体包括：① 产品设计（CAD）；② 工程分析（CAE）；③ 工艺规划（CAPP）；④ 夹具/模具设计；⑤ 数控编程（包括刀具轨迹仿真等）。工程设计自动化系统是 CIMS 的主要信息源，为管理信息系统和制造自动化系统提供物料清单（BOM）和工艺规程等信息。

3）制造自动化系统

制造自动化系统是在计算机的控制与调度下，按照数控代码将一个毛坯加工成合格的零件，再装配成部件甚至产品，并将制造现场信息实时地反馈到相应部门。具体包括：① 车间控制器作业计划调度与监控；② 单元控制器作业调度与监控；③ 工作站作业调度与监控；④ 刀具/夹具/模具管理与控制；⑤ 加工设备管理与控制；⑥ 仓库管理与控制；⑦ 物流系统的调度与监控；⑧ 测量设备管理与控制、量具管理；⑨ 清洗设备管理与控制等。

4）质量保证系统

质量保证系统是采集、存储、处理与评价各种质量数据，对生产过程进行质量控制。该分系统具体包括：① 计算机辅助检验（CAI）；② 计算机辅助测试（CAT）；③ 计算机辅助质量控制（CAQC）等。

5）数据库系统

数据库系统是一个支持各分系统并覆盖企业全部信息的系统。它在逻辑上是统一的，在物理上可以是分布的，以实现企业数据共享和信息集成。

6）计算机网络系统

计算机网络系统是支持 CIMS 各个分系统集成的开放型网络通信系统，采用国际标准和工业标准规定的网络协议，可以实现异种机互联、异构局部网络及多种网络的互联。以分布为手段，满足各应用分系统对网络支持服务的不同需求，支持资源共享、分布处理、分布数据库、分层递阶和实时控制。

CAD/CAPP/CAM 集成系统是 CIMS 的重要组成部分，实现 CAD/CAPP/CAM 的信息集成是实现 CIMS 的基础与核心。

3. 计算机集成制造系统的发展

在面向用户、面向产品的竞争和面向信息时代科学技术的发展战略下，CIMS 技术的发展趋势主要是集成化、数字化、智能化、敏捷化、网络化和绿色化。

1) 集成化

CIMS 已从企业内部的信息集成和功能集成发展到过程集成(以并行工程为代表),并正在步入实现企业间集成的阶段(以敏捷制造为代表)。

2) 数字化

基于全数字化产品模型和仿真技术的虚拟制造技术将制造业带入了数字化时代。

3) 智能化

智能化是指制造系统在柔性化和集成化基础上进一步的发展与延伸,它已从制造设备和单元加工过程智能化、工作站控制智能化发展到集成化智能制造系统和知识化制造。

4) 敏捷化

敏捷化是指制造企业通过组织动态联盟、重组其企业过程以及在更广泛范围内集成制造资源,以对不断变化的市场需求做出迅速响应。

5) 网络化

随着"网络全球化""市场全球化""竞争全球化"和"经营全球化"的出现,许多企业正积极采用"全球制造"和"网络制造"的策略。制造网络化体现在信息高速公路及集成基础设施支持下的网络制造系统。

6) 绿色化

绿色制造、环境意识的设计与制造、生态工厂和清洁化生产等概念是全球可持续发展战略在制造业中的体现。绿色制造是一种综合考虑环境影响和资源效率的现代制造模式。

11.4 先进制造模式

11.4.1 先进制造模式概述

制造模式是一个制造企业的生产模式、组织模式、管理模式、信息模式的总称。它是将制造企业总的、战略级的配置资源,以及制造产品、占领市场的方式与行为准则,贯穿到企业的各项活动之中。随着科学技术的进步、产品市场的变化,制造模式就显得尤为重要。

先进制造模式(或称现代制造模式)是与先进制造技术密切相关的,先进制造技术是实施先进制造模式的基础。先进制造模式更加强调生产制造的哲理,以及环境和战略的协同,先进制造技术则强调功能的发挥。

先进制造模式是指现代制造企业组织和管理企业人、财、物、产、供、销等一系列生产与经营的活动方式,是确定整个企业资源配置、产品制造、销售的组织管理方式和行为准则。它将先进的制造技术、设备和科学的管理有机地结合在一起以使企业快速响应市场和周围环境的变化,获取最优、最大的效益。

信息化技术的进步和市场竞争的全球化促进了先进制造模式的发展。企业采用先进制造模式的目的是通过培育核心竞争力,发挥比较竞争优势(如质量、成本、时间等)使企业达到赢利等最终目的,核心是实现基于时间的市场竞争策略。

11.4.2　并行工程

1. 并行工程的概念

并行工程是对产品及其相关过程(包括制造过程和支持过程)进行并行、一体化设计的一种系统化的工作模式。它力图使开发者从一开始就考虑到产品整个生命周期(从概念形成到产品报废)中所有的因素,包括质量、成本、进度与用户需求。其定义中所说的支持过程,包括对制造过程的支持(如原材料的获取、中间产品库存、工艺过程设计、生产计划等)和对使用过程的支持(如产品销售、使用维护、售后服务、产品报废后的处理等)。

并行工程的核心是实现产品及其相关过程设计的集成。图 11-17 所示为以产品开发团队形式采用并行作业的工作模式,在产品设计阶段就集中产品生命周期中的各有关工程技术人员,同步地设计或考虑整个产品生命周期中的所有因素,对产品设计、工艺设计、装配设计、检验方式、售后服务方案等进行统筹考虑、协同进行,经系统的仿真和评估,对设计对象进行反复修改和完善,力争后续的制造过程一次成功。这样,设计阶段完成后一般能保证后续阶段(如制造、装配、检验、销售和维护等环节)顺利进行,但也要不断地进行信息反馈,如图 11-17 中的虚线所示,在特殊情况下,也需要对设计方案甚至产品的模型进行修改。

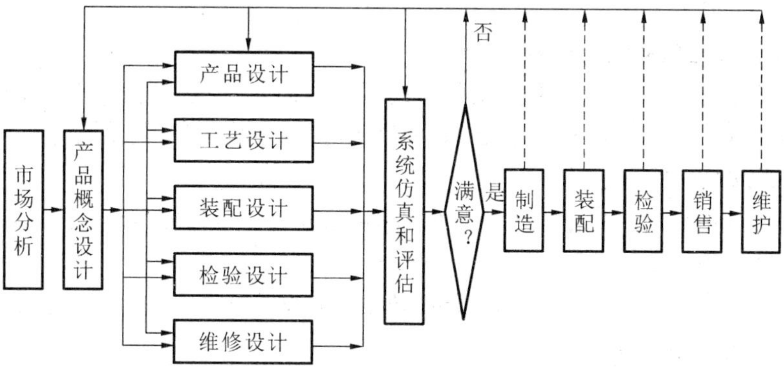

图 11-17　并行工程工作模式

2. 并行工程的基本特征

并行工程是企业组织生产的一种哲理和方法论,不是某种现成的系统或结构。并行工程与传统生产的串行工程相比较具有如下特征。

(1) 并行工程是把时间上的先后作业过程转变为同时考虑和尽可能同时处理的过程,在产品的设计阶段就并行地考虑了产品整个生命周期中的所有因素,避免将设计错误传递到下一阶段,减少不必要的环节,使产品开发过程更趋合理、高效。

(2) 并行工程强调从全局性考虑问题,即产品研制者从一开始就考虑到产品整个生命周期中的所有因素,追求整体最优,有时为了保证整体最优,甚至可以牺牲局部的利益。

(3) 并行工程特别强调团队设计小组的协同工作,强调一体化、并行地进行产品及其相关过程的协同设计,尤其注重早期概念设计阶段的并行和协调。

(4) 并行工程对信息管理技术提出了更高要求,不仅要对产品信息进行统一管理与控制,而且要求能支持多学科领域专家群体的协同合作,并要求把产品信息与开发过程有机地集成起来,做到把正确的信息在正确的时间以正确的方式传递给正确的人。

3. 并行工程的关键技术

并行工程是一种以空间换取时间来处理系统复杂性的系统化方法，它以信息论、控制论和系统论为基础，在数据共享、人机交互等工具的支持下，按多学科、多层次协同一致的组织方式工作。并行工程的实施具有如下关键技术。

1）产品开发过程的重构

并行工程的产品开发过程，是跨学科群组在计算机软硬件工具和网络通信环境的支持下，通过规划合理的信息流动关系及协调组织资源和逻辑制约关系，实现动态可变的开发任务流程。为了使产品开发过程实现并行、协调，并能面向全面质量管理做出决策分析，就必须对产品开发过程进行重构，即从产品特征、开发活动的安排、开发队伍的组织结构、开发资源的配置、开发计划，以及全面的调度策略等各个侧面进行不断的改进和提高。

2）集成的产品信息模型

并行工程强调产品设计过程上下游的协调与控制，以及多专家系统协调工作，因此一个集成的产品信息模型就成为关键问题。集成产品信息模型应能够全面表达产品信息、工艺信息、制造信息以及产品生命周期内各个环节的信息，能够表达产品各个版本的演变历史，能够表示产品的可制造性、可维护性和安全性，能够使设计小组成员共享模型中的信息。集成的产品信息模型，是实现产品设计、工艺设计、产品制造、产品装配和检验等开发活动信息共享和并行进行的基础和关键。

3）并行设计过程的协调与控制

并行设计的本质是一个反复迭代优化的过程。产品设计过程的管理、协调与控制是实现并行设计的关键。产品数据管理系统（ PDM）能对并行设计起到技术支撑的作用。

4. 并行工程的发展

并行工程作为现代制造技术的发展方向，近几年来正在迅速发展，其进一步的研究和发展主要有以下几方面。

（1）目前并行工程的支持环境是建立在“集成”基础之上的产品生命周期的宏观循环，正向着理想的方式微循环进军。

（2）并行工程作为一种有生命的理论越来越多地融合虚拟制造和拟实制造，通常认为并行工程以信息集成为基础，实现产品开发过程的集成与并行；这将为进一步实现企业间集成和企业经营过程重构等的敏捷制造打下基础。

（3）产品数据管理（PDM）是实现并行工程的关键，有待进一步发展。

并行工程作为一种理论，现阶段已成功地应用于机械、电子、化工等工程领域，其应用范围尚需进一步扩大。

11.4.3 精益生产

1. 精益生产的概念

精益生产（lean production，LP）是美国麻省理工学院在“国际汽车项目”（international motor vehicle program）研究中，基于对日本丰田生产方式的研究和总结，于 1990 年提出的制造模式。

精益生产是指运用多种现代管理方法和手段，以社会需求为依托，以充分发挥人的作用为根本，有效配置和合理使用企业资源为企业谋求经济效益的一种新型生产方式。实施精益生产方式，改进臃肿组织结构、高效使用厂房、消解超量的库存储备等状况。

精益生产方式彻底地消除了无效劳动，具有最大限度地满足市场多元化的需求和最大限度地降低成本的基本原则。

2. 精益生产的基本特征

精益生产方式综合了单件生产与大量生产的优点，既避免了前者的高成本，又避免了后者的僵化，在内容和应用上具有以下特征。

(1) 以"人"为中心，充分调动人的潜能和积极性，普遍推行多机操作，多工序管理，并把工人组成作业小组，不仅完成生产任务，而且参与企业管理，从事各种革新活动，提高劳动生产率。

(2) 以销售部门作为企业生产过程的起点，产品开发与产品生产均以销售为起点，按订货合同组织多品种小批量生产。

(3) 产品开发采用并行工程方法和主查制，确保高质量、低成本，缩短产品开发周期，满足用户要求。

(4) 在生产制造过程中实行"拉动式"的准时化生产，把上道工序推动下道工序生产变为下道工序拉动上道工序生产，杜绝一切超前、超量生产。

(5) 追求无废品、零库存、零故障等目标，降低产品成本，保证产品多样化。

(6) 消除一切影响工作的"松弛点"，以最佳工作环境、最佳条件和最佳工作态度从事最佳工作，从而全面追求尽善尽美，适应市场多元化要求，用户需要什么则生产什么，需要多少就生产多少，达到以尽可能少的投入获取尽可能多的产出。

(7) 把主机厂与协作厂之间存在的单纯买卖关系变成利益共同的"共存共荣"的"血缘关系"，把 70%左右零部件的设计、制造委托给协作厂进行，主机厂只完成约 30%的设计、制造任务。

3. 精益生产的体系结构

精益生产核心表现为最精简的中间管理层且雇用最少的非直接生产人员(管理人员)；尽可能小的生产部件变异以减少生产中失误的机会并可增大每批加工数量；所有生产过程，包括整个供应链的质量保证以减少任何环节上的低质量所带来的浪费，以及准时制生产。它的基本原则是"消灭一切浪费"和"不断改善"。准时制(JIT)生产、全面质量管理(TQC)、成组技术(GT)、弹性作业人数和尊重人性是精益生产的主要支柱。如果将精益生产体系看成一幢大厦，如图 11-18 所示，那么大厦的基础就是在计算机信息网络支持下的群体小组工作方式和并行工程，大厦的支柱就是及时生产、成组技术和全面质量管理，精益生产是大厦的屋顶。三根支柱代表着三个本质方面，缺一不可，它们之间还须相互配合。

图 11-18　精益生产的体系结构

1) 准时制(JIT)生产

准时制(just-in-time，JIT)生产是指在所需要的时间、按所需要的数量生产所需要的产品(或零部件)，其目的是加快半成品的流动，将资金的积压减少到最低限度，从而提高企业的生产效益。

传统的生产规划与调度方法是从生产线的头部将原材料“推”进去，让它逐个工序地通过，最终在生产线的尾部输出成品。这是一种“推”(push)的方式，如图 11-19(a)所示。JIT 的调度和规划方式是一种“倒数计时”的方法，每当需要一件成品时，就从生产线的尾端“拉”出一件，而其前面的各工序分别相应地发生动作，加工一件半成品，来填补后面的空虚。这是一种“拉”(pull)的方式，如图 11-19(b)所示。在这种调度模式下，只有在下一道工序需要零部件或半成品时，上一道工序才生产。这样，既能及时地满足下道工序的要求，又可防止材料、半成品、零部件或产品的积压。

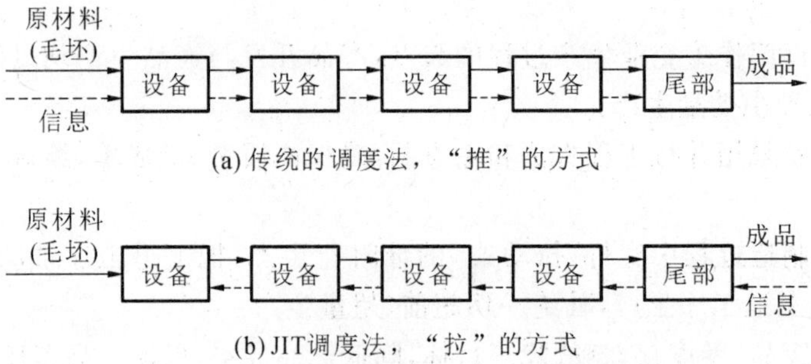

图 11-19　生产线的传统调度与 JIT 调度

JIT 的生产理念主要在于消除浪费，任何活动对于产出没有直接效益的便被视为浪费，且浪费的产生通常被认为是由不良的管理所造成的。JIT 生产是缩短生产周期，加快资金周转和降低生产成本的主要方法，采用 JIT 方法进行生产规划与调度，其难度较大。往往需要采用计算机来进行建模、仿真、信息传递和生产调度。

2) 成组技术(GT)

成组技术(group technology，GT)已经成为现代化生产不可缺少的组成部分。成组技术把相似的问题归类成组，寻求解决这一组问题相对统一的最优方案，以取得所期望的经济效益。成组技术应用于制造加工方面，乃是将多种零件按其工艺的相似性分类成组，以形成零件族，把同一零件族中零件分散的小生产量汇集成较大的成组生产量，从而使小批量生产能获得接近于大批量生产的经济效果。

成组技术是实现多品种、小批量、低成本、高柔性、按顾客订单组织生产的技术基础。通过采用成组技术就能够组织混流生产、优化车间布置、减少产品品种的多样化，并可以通过产品的模块化、标准化来减少企业复杂度，提高企业的反应能力和竞争能力等。

3) 全面质量管理(TQC)

全面质量管理(total quality control，TQC)是保证产品质量、树立企业形象和达到零缺陷的主要措施，是实施精益生产方式的重要保证。全面质量管理认为，产品质量不是检验出来的，而是制造出来的。它采用预防型的质量控制，强调精简机构，优化管理，赋予基层单位以高度自治权利，全员参与和关心质量工作。预防型的质量控制要求尽早排除产品和生产过程中的潜在缺陷源，全面质量管理体现在质量发展、质量维护和质量改进等方面，从而使企业生产出低成本、用户满意的产品。

作为基础的并行工程，代表了高效率，它要求产品的设计不仅要考虑产品的各项性能，还应考虑与产品有关的各工艺过程的质量及服务的质量，它要求通过优化生产过程来提高生产效率，通过设计质量来缩短设计周期。并行工程不仅要降低产品生产过程中某阶段的消耗，如原材料消耗、工时消耗等，而且要降低产品整个寿命周期的消耗，包括设计、制造、检验、使用和维修过程的消耗，以降低生产成本。

11.4.4 智能制造

1. 智能制造的概念

智能制造(intelligent manufacturing，IM)是指面向产品的全生命周期，以物联网、大数据、云计算等新一代信息技术为基础，以制造装备、制造单元、制造车间、制造生态系统和制造企业等不同层次的制造系统为载体，在其设计、生产、管理、服务等制造过程的关键环节，具有信息深度自感知、智慧优化自决策、精准控制自执行等功能，能动态地适应制造环境的变化，实现缩短产品研制周期、降低运营成本、提高生产效率、提升产品质量、降低资源能源消耗等目标。

智能制造通常泛指智能制造技术和智能制造系统，它是人工智能技术和制造技术相结合后的产物。

智能制造技术是在现代制造技术、新一代信息技术支撑下，面向产品全生命周期的智能设计、智能加工与装配、智能监测与控制、智能管理、智能运维、智能服务等专门技术及其集成。

智能制造系统是指应用智能制造技术、达成全面或部分智能化的制造过程或组织，按其规模与功能可分为智能制造装备、智能加工单元、智能生产线、智能车间、智能企业、智能制造联盟、智能制造生态系统等层级。

2. 智能制造的特点

智能制造的特点在于实时智能感知、智能优化决策、智能动态执行等三个方面：一是数据的实时感知，智能制造需要大量的数据支持，通过利用高效、标准的方法实时进行信息采集、自动识别，并将信息传输到分析决策系统；二是优化决策，通过面向产品全生命周期的海量异构信息的挖掘提炼、计算分析、推理预测，形成优化制造过程的决策指令；三是动态执行，根据决策指令，通过执行系统控制制造过程的状态，实现稳定、安全的运行和动态调整。

在制造全球化、产品个性化、“互联网＋制造”的大背景下，智能制造具有以下特点。

1) 大系统

大系统的基本特征是大型性、复杂性、动态性、不确定性、人为因素性、等级层次性、信息结构能通性。显然，智能制造系统(特别是车间级以上的系统)完全符合这些特征，具体体现为：全球分散化制造，任何企业或个人都可以参与产品设计、制造与服务，智能工厂和智能交通物流、智能电网等都将发生联系，通过工业互联网，大量的数据被采集并送入云网络。为了更好地分析大系统的特性和演化规律，需要用到复杂性科学、大系统理论、大数据分析等理论方法。

2) 信息驱动下的“感知—分析—决策—执行与反馈”的大闭环

制造系统中的每一个智能活动都必然具备该特征。以智能设计为例，所谓“感知”，即跟踪产品的制造过程，了解设计缺陷，并通过服务大数据，掌握客户需求；所谓“分析”，即分析各种数据并建立设计目标，所谓“决策”，即进行智能优化设计，所谓“执行与反馈”，即通过产品制造、使用和服务，使设计结果变为现实可用的产品，并向设计提供反馈。

3）系统进化和自学习

智能制造系统能够通过感知并分析外部信息，主动调整系统结构和运行参数，不断完善自我并动态适应环境的变化。在系统结构的进化方面，从车间与工厂的重构，到企业合作联盟重组，再到众包设计、众包生产，通过自学习、自组织功能，制造系统的结构可以随时按需进行调整，从而通过最佳资源组合实现高效产出的目标。在运行参数的进化方面，生产过程工艺参数的自适应调整、基于实时反馈信息的动态调度等。

4）集中智能与群体智能相结合

分散型智能或群体智能的思想体现为拥有信息物理融合系统（CPS）的物理实体将具有一定的智能，能够自律地工作，并能与其他实体进行通信与协作，同样，人与机器之间也能够互联互通，与集中管控所代表的集中型智能相比，它能够自组织、自协调、自决策，动态灵活，从而快速响应变化。

5）人与机器的融合

随着人机协同机器人、可穿戴设备的发展，生命和机器的融合在制造系统中会有越来越多的应用体现，机器是人的体力、感官和脑力的延伸，但人依然是智能制造系统中的关键因素。

6）虚拟与物理的融合

智能制造系统蕴含了一个是由机器实体和人构成的物理世界，另一个是由数字模型、状态信息和控制信息构成的虚拟世界，未来这两个将深度融合，难以区分彼此。一方面，产品的设计与工艺在实际执行之前，可以在虚拟环境中进行100%的验证；另一方面，生产与使用过程中，实际状态可以在虚拟环境中实时、动态、逼真地呈现出来。

3. 智能制造的技术体系

智能制造的技术体系主要包括智能制造装备技术、智能制造系统技术、智能制造服务技术、智能工厂技术，如图 11-20 所示。

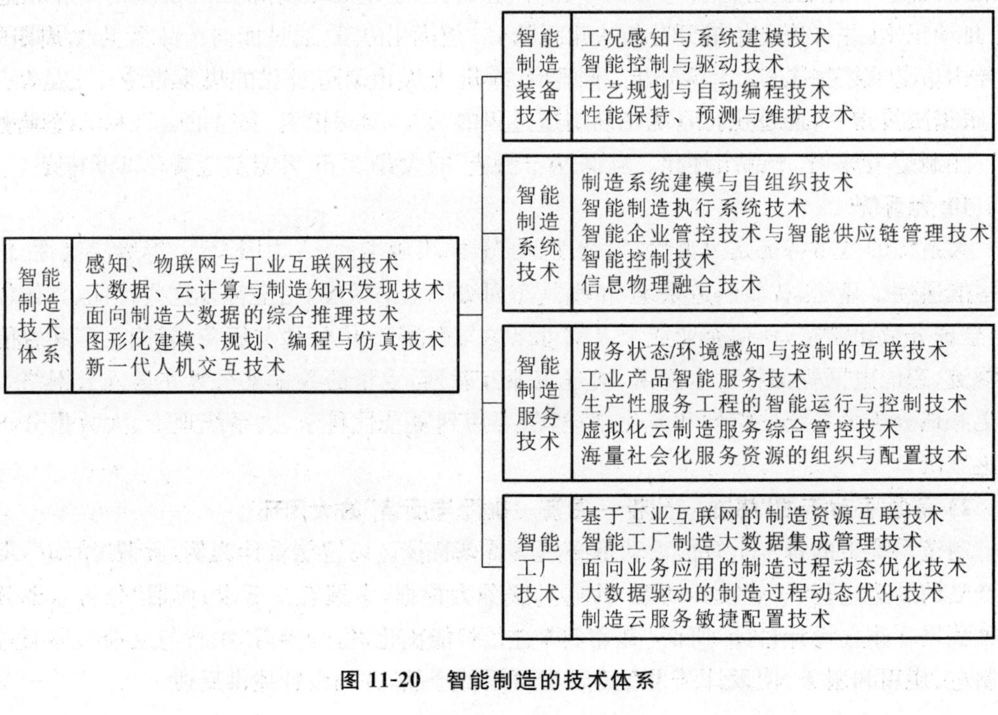

图 11-20 智能制造的技术体系

智能制造的关键技术是指与多个制造业务活动相关,并为智能制造基本要素(感知、分析、决策、通信、控制、执行)的实现提供基础支撑的共性技术。

1) 先进制造工艺技术

先进制造工艺技术可使得制造过程更加灵活和高效。比如高效精密加工技术和增材制造技术。

(1) 数字建模与仿真技术　以三维数字量形式对产品、工艺、资源等进行建模,并通过基于模型的定义(model based definition,MBD),实现将数字模型贯穿于产品设计、工程分析、工艺、设计、制造、质量和服务等产品生命周期全过程,用于计算、分析、仿真与可视化。由 MBD 技术进而演进成基于模型的系统工程(model based systems engineering,MBSE)和基于模型的企业(model based enterprise,MBE)。随着 CPS 等技术的发展,未来的数字模型和物理模型将呈现融合趋势,比如数字孪生(digital twin)。

(2) 现代工业工程技术　综合运用数学、物理和社会科学的专门知识和技术,结合工程分析和设计的原理与方法,对人、物料、设备、能源和信息等所组成的集成制造系统,进行设计、改善、实施、确认、预测和评价。

(3) 先进制造理念、方法与系统　并行工程、协同设计、云制造、可持续制造、精益生产、敏捷制造、虚拟制造、计算机集成制造、产品全生命周期管理(PLM)、制造执行系统(MES)、企业资源规划(ERP)等。

2) 新一代信息技术

新一代信息技术正成为制造业创新的重要原动力,通过信息获取、处理、传输、融合等各方面的先进技术手段,为人、机、物的互联互通提供基础,这些技术具体如下。① 智能感知技术:传感器网络、RFID、图像识别等。② 物联网技术:泛在感知、网络通信、物联网应用等。③ 云计算技术:分布式存储、虚拟化、云平台等。④ 工业互联网技术:CPS、服务网架构、语义互操作、移动通信、移动定位、信息安全等。⑤ 虚拟现实(virtual reality,VR)和增强现实(augmented reality,AR)技术:构建三维模拟空间或虚实融合空间,在视觉、听觉、触觉等感官上让人们沉浸式体验虚拟世界,VR/AR 技术可广泛应用于产品体验、设计与工艺验证、工厂规划、生产监控、维修服务等环节。

3) 人工智能技术

人工智能技术在制造过程的各个环节是非常有价值的,如智能产品设计、智能工艺设计、机器人、加工过程智能控制、智能排产、智能故障诊断等,同时它也是一些智能优化算法的基础。人工智能的实现离不开感知、学习、推理、决策等基本环节,其中知识的获取、表达和利用是关键。分布式人工智能(distributed artificial intelligence,DAI)是人工智能的重要研究领域,多智能体系统(multi agent system,MAS)是 DAI 的一种实现手段。在未来分散制造的大趋势下,CPS 是分布式制造智能的一种体现。

4) 智能优化技术

制造系统中许多优化决策问题的性质极其复杂,不可能找到精确求得最优解的多项式时间算法。具有约束处理机制、自组织自学习机制、动态机制、并行机制、免疫机制、协同机制等特点的智能优化算法,如遗传算法、禁忌搜索算法、模拟退火算法、粒子群优化算法、蚁群优化算法、蜂群算法、候鸟算法等,为解决优化问题提供了新的思路和手段。这些基于生命行为特征的智能算法广泛应用于智能制造系统,如智能工艺过程编制、生产过程的智能调度、智能监测诊断及补偿、设备智能维护、加工过程的智能控制、智能质量控制、生产与经营的智能决策等。

5）大数据分析与决策支持技术

数据挖掘、知识发现、决策支持等技术已在制造过程中得到广泛应用。工业大数据是由设备实时监控、RFID 数据采集、产品质量在线检测、产品远程维护等环节的大数据，与设计、工艺、生产、物流、运营等常规数据一起共同构成的。在制造领域，通过大数据分析，可以提前发现生产过程中的异常趋势，分析质量问题产生的根源，发现制约生产效率的瓶颈，为工艺优化、质量改善、设备预防性维护甚至产品的改进设计等提供科学的决策支持。

4. 智能制造的发展趋势

智能制造是 21 世纪最重要的先进制造技术，是国际制造业科技竞争的制高点。

1）建模与仿真技术应用于制造全系统、全过程

建模与仿真已是制造业不可或缺的工具与手段。构建基于模型的企业（ model-based enterprise，MBE）是企业迈向数字化智能化的战略路径，已成为当代先进制造体系的具体体现，代表了数字化制造的未来。基于模型的工程（MBe）、基于模型的制造（MBm）和基于模型的维护（MBs）作为单一数据源的数字化企业系统模型中的三个主要组成部分，涵盖从产品设计、制造到服务完整的产品全生命周期业务，从虚拟的工程设计到现实的制造工厂直至产品的上市流通，建模与仿真技术始终服务于产品生命周期的每个阶段，为制造系统的智能化及高效研制与运行提供了使能技术。

2）机器人和柔性生产线的广泛应用

柔性自动生产线和机器人的使用可以积极应对劳动力短缺和用工成本上涨。同时，利用机器人高精度操作，提高产品品质和作业安全，是市场竞争的取胜之道。以工业机器人为代表的自动化制造装备在生产过程中的应用日趋广泛，在汽车、电子设备、奶制品和饮料等行业已人量使用基于工业机器人的自动化生产线。

3）物联网和务联网的支撑作用

基于物联网和务联网构成的制造服务互联网（云），实现了制造全过程中制造工厂内外的人、机、物的共享、集成、协同与优化。通过虚拟网络-实体物理系统（ CPS），整合智能机器、储存系统和生产设施。通过物联网、服务计算、云计算等信息技术与制造技术融合，构成制造务联网（internet of serves），实现软硬制造资源和能力的全系统、全生命周期、全方位的深度的感知、互联、决策、控制、执行和服务化，使得从入厂物流配送到生产、销售、出厂物流和服务，实现泛在的人、机、物、信息的集成、共享、协同与优化的云制造。同时支持了制造企业从制造产品向制造产品加制造服务综合模式的发展。

4）供应链的动态管理、整合与优化

供应链管理是一个复杂、动态、多变的过程，通过应用物联网、互联网、人工智能、大数据等新一代信息技术，可以提高数据的可视化，访问数据的移动化；提升供应链管理的人机系统的协调性，实现人性化的技术和管理系统。企业通过供应链的全过程管理、信息集中化管理、系统动态化管理实现整个供应链的可持续发展，进而缩短了满足客户订单的时间，提高了价值链协同效率，提升了生产效率，使得全球范围的供应链管理更具效率。

5）先进制造技术的应用与作用进一步强化

3D 打印技术是综合材料、制造、信息技术的多学科技术，不需要机械加工或模具，就能直接从计算机图形数据中生成任何形状的物体，可极大地缩短产品的研制周期，提高生产率和降低生产成本。3D 打印与云制造技术的融合将是实现个性化、社会化制造的有效制造模式与手段。

11.4.5　虚拟制造

1. 虚拟制造的概念

虚拟制造又称拟实制造，主要利用信息技术、仿真技术、计算机技术等对现实制造活动中的人、物、信息及制造过程进行全面的仿真，以发现制造中可能出现的问题，在产品实际生产前就采取预防措施，使得产品一次性制造成功，以达到降低成本、缩短产品开发周期，增强企业竞争力的目的。在虚拟制造中的产品设计阶段，就借助建模与仿真技术及时地、并行地、模拟出产品未来制造过程乃至产品全生命周期的各种活动对产品设计的影响，预测、检测、评价产品性能和产品的可制造性等，提高对产品的预测和决策水平，从而更加有效地、经济地、柔性地组织生产，增强决策与控制水平，有力地降低由于前期设计给后期制造带来的回溯更改，达到产品的开发周期和成本最小化、产品设计质量的最优化、生产效率的最大化。

虚拟制造代表了一种全新的制造体系和模式，虽然不是实际的制造，但却实现实际制造的本质过程。在虚拟制造中，产品开发是基于数字化的虚拟产品开发方式，它概括了对真实制造世界的对象和活动的建模与仿真研究的各个方面。虚拟制造的基础是用计算机支持的技术对所有必要的制造活动进行彻底的建模与仿真，其中建立计算机化的工艺过程、数字化加工过程是虚拟制造研究的核心基础工作之一。

2. 虚拟制造的特点

虚拟制造从根本上讲就是要利用计算机生产出“虚拟产品”，虚拟制造技术是一个跨学科的综合性技术，它涉及仿真、可视化、虚拟现实、数据继承、优化等领域。虚拟制造具有以下特点。

1）高度集成

产品与制造环境是虚拟模型，在计算机上对虚拟模型进行产品设计、制造、测试，甚至“进入”虚拟的制造环境检验其设计、加工、装配和操作，而不依赖于传统的原型样机的反复修改。因此，虚拟制造是综合运用系统工程、知识工程、并行工程系统仿真和人机工程等多学科先进技术，实现信息集成、知识集成、串并行交错工作机制集成和人机集成。

2）分布合作

可使分布在不同地点、不同部门的不同专业人员在同一个产品模型上同时工作，相互交流、信息共享，减少大量的文档生成及其传递的时间和误差，从而使产品开发以快捷、优质、低耗的特色响应市场变化。

3）支持敏捷制造

开发的产品（部件）可存放在计算机里，不但大大节省仓储费用，更能根据用户需求或市场变化快速改型设计，快速投入批量生产，从而能大幅度压缩新产品的开发时间，提高质量，降低成本。

3. 虚拟制造的关键技术

虚拟制造是仿真、建模和分析技术及工具的综合应用，以增强各层制造设计和生产决策与控制。虚拟制造的关键技术主要包括建模技术、仿真技术和虚拟现实技术。

1）建模技术

建模技术是虚拟现实中的技术核心。虚拟制造系统是现实制造系统在虚拟环境下的映射，是模型化、形式化和计算机化的抽象描述和表示。虚拟制造建模的关键技术应包括：生产模型、产品模型和工艺模型的信息体系结构。

（1）生产模型　可归纳为静态描述和动态描述两个方面。静态描述是指系统生产能力和生产特性的描述。动态描述是指在已知系统状态和需求特性的基础上预测产品生产的全过程。

（2）产品模型　是制造过程中各类实体对象模型的集合。目前产品模型描述的信息有产品结构明细表、产品形状特征等静态信息。要使产品实施过程中的全部活动集成，就必须具有完备的产品模型。虚拟制造下的产品模型不是单一的静态特征模型，它能通过映射、抽象等方法提取产品实施中各活动所需的模型。

（3）工艺模型。将工艺参数与影响制造功能的产品设计属性联系起来。以反映生产模型与产品模型之间的交互作用。工艺模型必须具备以下功能：计算机工艺仿真、制造数据表、制造规划、统计模型以及物理和数学模型。

2）仿真技术

仿真就是应用计算机对复杂的现实系统经过抽象和简化形成系统模型，然后在分析的基础上运行此模型，从而得到系统一系列的统计性能。它可以缩短决策时间，避免资金、人力和时间的浪费，还可以重复仿真，优化实施方案。仿真的基本步骤如图 11-21 所示。

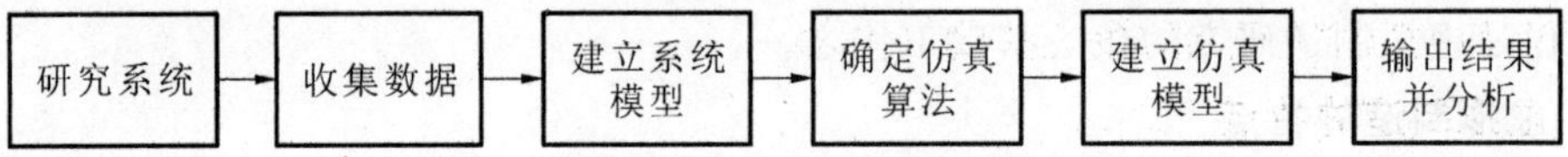

图 11-21　仿真分析步骤

对产品制造过程仿真，可归纳为制造系统仿真和加工过程仿真。虚拟制造系统中的产品开发涉及产品建模仿真、设计过程规划仿真、设计思维过程和设计交互行为仿真等，以便对设计结果进行评价，实现设计过程早期反馈，减少或避免产品设计错误。加工过程仿真，包括切削过程仿真、装配过程仿真，检验过程仿真以及焊接、压力加工、铸造仿真等。目前上述两类仿真过程尚不能集成，而虚拟制造中应建立面向制造全过程的统一仿真。

3）虚拟现实技术

虚拟现实技术是在为改善人与计算机的交互方式，提高计算机可操作性而产生的，它是综合利用计算机图形系统、各种显示和控制等接口设备，在计算机上生成可交互的三维环境（称为虚拟环境）中提供沉浸式感觉的技术。它不仅提高了人与计算机之间的和谐程度，也成为一种有力的仿真工具。

4. 虚拟制造的发展趋势

虚拟仿真作为数字化制造的重要组成部分在工程应用中呈现四大发展趋势，在强大的技术和迅猛发展的应用需求带动下，虚拟仿真技术已经朝着多学科综合、多方协同及集成化、平台化方向发展，朝着构建数字化的设计制造能力和体系方向发展。具体表现为：向高精度、高效率建模与仿真发展；向集成计算机材料工程与多尺度建模与仿真发展；向多学科综合化、全过程建模与仿真发展；向基于数字样机的协同仿真的集成化、平台化方向发展。

习题与思考题

11-1　与传统制造技术相比较，简述现代制造技术的特点。

11-2　简述现代制造技术的体系结构。

11-3　超高速加工有何特点？目前主要应用于哪些行业？

11-4　目前技术条件下，精密加工和超精密加工是如何划分的？

11-5　分析 RPM 工作原理和工作过程，列举典型的 RPM 工艺方法？

11-6　简述微机械的基本特征，目前有哪些微细加工工艺方法？

11-7　简述复合加工的定义及分类。

11-8　现代表面技术的含义是什么？主要分为哪几类？

11-9　简述制造自动化技术的内涵与发展趋势。

11-10　简述 FMS 的特点与发展。

11-11　FMS 由哪几部分组成？其组成的主要功能是什么？

11-12　简述 CIMS 的内涵与组成。

11-13　简述先进制造模式的基本内涵。

11-14　简述并行工程的工作模式与关键技术。

11-15　精益生产有哪些基本特征？简述精益生产的体系结构。

11-16　简述智能制造的基本定义与关键技术。

11-17　简述虚拟制造的基本定义、特点和关键技术。

参考文献

[1] 卢秉恒.机械制造技术基础[M].4版.北京:机械工业出版社,2018.

[2] 贾亚洲.金属切削机床[M].2版.北京:机械工业出版社,2011.

[3] 刘英. 机械制造技术基础[M]. 3版.北京:机械工业出版社,2018.

[4] 李言.机械制造技术基础[M].北京:电子工业出版社,2011.

[5] 胡黄卿.金属切削原理与机床[M].北京:化学工业出版社,2012.

[6] 李菊丽. 机械制造技术基础[M].2版. 北京:北京大学出版社.2017.

[7] 蔡安江.机械制造技术基础[M].北京:机械工业出版社,2007.

[8] 刘传绍,苏建修. 机械制造工艺学 [M].北京:电子工业出版社,2011.

[9] 郑修本.机械制造工艺学[M].3版.北京: 机械工业出版社,2016.

[10] 倪小丹.机械制造技术基础[M]. 2版.北京:清华大学出版社,2014.

[11] 李凯岭. 机械制造技术基础(3D版)[M].北京:机械工业出版社,2018.

[12] 李玉平,张洪涛.机械制造基础[M].北京:北京邮电大学出版社,2010.

[13] 杨舜洲.机械制造技术基础[M].长沙:中南大学出版社,2011.

[14] 武友德,张跃平.金属切削加工与刀具[M].北京:北京理工大学出版社,2011.

[15] 刘华明.金属切削刀具设计简明手册[M].北京:机械工业出版社,1994.

[16] 任小中.机械制造技术基础[M].北京:科学出版社,2012.

[17] 王先逵.机械制造工艺学[M]. 3版.北京:机械工业出版社,2015.

[18] 王丽英.机械制造技术[M].北京:中国计量出版社,2010.

[19] 陈明.机械制造工艺学[M].北京:机械工业出版社,2014.

[20] 李旦,韩荣第,巩亚东,等.机械制造技术基础[M].哈尔滨:哈尔滨工业大学出版社,2011.

[21] 融亦鸣,张发平,卢继平,等.现代计算机辅助夹具设计[M]. 北京:机械工业出版社,2010.

[22] 王荣,王维昌.机械制造技术[M].北京:北京理工大学出版社,2010.

[23] 蔡安江,葛云.机械制造技术基础[M].武汉:华中科技大学出版社,2014.

[24] 肖继德,陈宁平.机械夹具设计[M]. 北京:机械工业出版社,2011.

[25] 陆剑中,孙家宁.金属切削原理与刀具[M].4版.北京:机械工业出版社,2006.

[26] 张世昌.机械制造技术基础[M].北京:高等教育出版社,2007.

[27] 赵雪松.机械制造技术基础[M].武汉:华中科技大学出版社,2011.

[28] 许香穗,蔡建国.成组技术[M].北京:机械工业出版社,2003.

[29] 于骏一,邹青.机械制造技术基础[M].北京:机械工业出版社,2009.

[30] 陈宗舜.机械制造装配工艺设计与装配 CAPP 技术[M].北京:机械工业出版社,2007.

[31] 蔡安江,张建,张永贵.机械制造技术基础[M].武汉:华中科技大学出版社,2015.

[32] 顾新建,祁国宁.现代制造系统工程导论[M].杭州:浙江大学出版社,2007.

[33] 王润孝. 先进制造系统[M]. 西安:西北工业大学出版社,2010.
[34] 陈云,杜齐明,董万福,等. 现代金属切削刀具实用技术[M]. 北京:化学工业出版社,2008.
[35] 庄品,周根然,张明宝. 现代制造系统[M]. 北京:科学出版社,2010.
[36] 严隽薇. 现代集成制造系统概论[M]. 北京:清华大学出版社,2004.
[37] 黄健求. 机械制造技术基础[M]. 北京:机械工业出版社,2010.
[38] 李智勇,谢玉莲. 机械装配技术基础[M]. 北京:科学出版社,2009.
[39] 巩亚东,原所先,史家顾. 机械制造技术基础[M]. 北京:科学出版社,2010.
[40] 方子良. 机械制造技术基础[M]. 上海:上海交通大学出版社. 2016.
[41] 蔡安江,岳江,丁福志. 工程训练[M]. 北京:电子工业出版社,2018.
[42] 张策. 机械工程史[M]. 北京:清华大学出版社,2015.
[43] 陆名彰. 机械制造技术基础[M]. 长沙:中南大学出版社,2011.
[44] 王细洋. 现代制造技术[M]. 北京:国防工业出版社,2009.
[45] 王隆太. 先进制造技术[M]. 北京:机械工业出版社,2012.
[46] 卢秉恒,林忠钦. 智能制造装备产业培育与发展研究报告[M]. 北京:科学出版社,2015.
[47] 邓朝晖,万林林,邓辉,等. 智能制造技术基础[M]. 武汉:华中科技大学出版社,2015.
[48] 冯宪章. 先进制造技术基础[M]. 北京:北京大学出版社,2009.
[49] 唐一平. 先进制造技术[M]. 北京:科学出版社,2012.